国家科学技术学术著作出版基金资助出版

国家自然科学基金资助项目（31770222）

中国淡水硅藻科属志

王全喜　刘　妍　J.P. 科乔韦克（J.P. Kociolek）等　著

U0289678

科学出版社

北　京

内 容 简 介

　　本书将中国淡水硅藻研究的现有成果与国际上研究进展相结合,对我国现有的淡水硅藻科属进行梳理,提出我国淡水硅藻的分类体系,对每个属的特征、识别要点、分布等进行描述,并配有显示特征的照片,为淡水硅藻的鉴定、分类研究和教学提供依据。书后附有各科属中文名和拉丁名索引。

　　本书可为植物学、藻类学、水域生态学、生物地层学等方面的教学和科研提供有益的资料,也可供从事生态环境监测、古环境分析等方面工作的科技人员阅读及参考。

图书在版编目（CIP）数据

中国淡水硅藻科属志 ／ 王全喜等著. -- 北京 ： 科学出版社,
2025. 2. -- ISBN 978-7-03-080142-5

Ⅰ. Q949.27

中国国家版本馆 CIP 数据核字第 20245YB934 号

责任编辑：韩学哲／责任校对：严　娜
责任印制：肖　兴／封面设计：无极书装

斜 学 出 版 社 出版
北京东黄城根北街 16 号
邮政编码：100717
http://www.sciencep.com
北京天宇星印刷厂印刷
科学出版社发行　各地新华书店经销
*
2025 年 2 月第 一 版　开本：787×1092　1/16
2025 年 2 月第一次印刷　印张：21 1/4
字数：500 000
定价：228.00 元
（如有印装质量问题,我社负责调换）

Freshwater Diatom Families and Genera of China

By

Wang Quanxi, Liu Yan, J.P. Kociolek et al.

Science Press

Beijing

本书著者

王全喜　刘　妍　J.P. 科乔韦克

尤庆敏　范亚文　齐雨藻

（Wang Quanxi, Liu Yan, J.P. Kociolek

You Qingmin, Fan Yawen, Qi Yuzao）

自　序

　　硅藻是一类分布广泛、种类繁多的真核藻类，它是水生生态系统中的重要组成部分，在二氧化碳固定、生态环境监测、古环境分析等方面都有重要价值。近年来，从事与淡水硅藻相关工作的人员越来越多，在学习和研究中会遇到一些问题，比如国内有关硅藻的分类系统和种属名称。国内有关淡水硅藻的现有参考书主要是《中国淡水藻志》和《中国淡水藻类》等书籍，这些书籍中的分类系统是 20 世纪中期制订的，大多数属种的分类依据光镜（光学显微镜）下的形态特征。然而，近半个世纪以来，硅藻系统分类的研究有很大的发展，建立了许多新的分类等级，许多属种的名称也发生了改变，特别是 Round 等 1990 年基于电镜观察特征，提出了许多新属、新科等，分类系统也有了较大的改变。进入 21 世纪以后，随着分子系统学方法在硅藻中的应用，出现了更多的新观点。在这种情况下，我国现有书籍已不能满足当前的研究和鉴定需要。为此，我们将中国淡水硅藻研究现有成果与国际上研究进展相结合，对我国现有淡水硅藻科属进行梳理，提出我国淡水硅藻的分类体系，对每个属的特征、识别要点、分布等进行描述，并配以显示特征的照片，为淡水硅藻的鉴定、分类研究和教学提供依据。

　　这本书的筹划和写作已经有 7 年多了。早在刘妍博士在美国科罗拉多大学 J.P. Kociolek 教授实验室访学期间，他们就写了一个 "Freshwater Diatom of China" 初稿，主要目的是将中国报道的淡水硅藻整理一下，将常见的属进行描述并附以相关照片。刘妍博士回国以后，我们开展相关内容的探讨。2016 年，Kociolek、齐雨藻先生、刘妍等来到上海师范大学，我们一起商量了本书的基本架构和内容。2017 年，王全喜以"中国淡水硅藻分类修订及系统重建"为题申报了国家自然科学基金并获批，在本书初稿完成后，2020 年获得了国家科学技术学术著作出版基金资助。在后面的书稿修改中，由于各种原因，写写停停，几经修改，终于完稿。

　　在本书写作过程中，刘妍承担了物种收集整理、图版制作和大部分文稿初稿撰写任务，Kociolek 撰写了原英文的初稿，齐雨藻先生对本书的框架和内容提出建议并把关；尤庆敏、范亚文参与了部分内容的撰写和提供部分物种照片资料；王全喜撰写了第 1、4 章并修改全书。除此之外，于潘博士在书稿编辑过程中做了大量工作，刘琪、李扬、李艳玲、张伟、李宇航、于潘、杨琳、罗粉等提供资料和图片。谨此致谢！

王全喜　齐雨藻

2024 年 2 月

目　录

第1章 引 言

1.1 硅藻植物简介

硅藻（diatoms）是一类神奇的生物，多数学者将它作为真核藻类的一个门——硅藻门（Bacillariophyta）。它属于真核光合自养生物，含有叶绿素 a、叶绿素 c、叶黄素和类胡萝卜素，生活细胞呈棕黄色，光合作用的产物是脂类。硅藻细胞单生或由多个细胞彼此连成链状、带状、丛状、放射状的群体，大小通常为 1-100 μm。硅藻具有上下两个半片套合而成的硅质细胞壁，常以细胞分裂的方式进行繁殖，分裂之后，在母细胞壁里，各产生一个新的下壳，也可产生复大孢子进行有性生殖。

硅藻分布广泛，它不但是海洋浮游生物的主要组成成分，而且在河口及淡水生态系统中都存在。在内陆生态系统中，硅藻遍布全球，从热带到两极，出现在各种类型的生境中，包括静水环境，如各种大或小的湖泊、泉和沼泽；流水生境中，从溪流的上游直到河流的入海口都有硅藻分布。从温度梯度角度来说，硅藻能够生长在冰雪中，也是温泉中最先发现的真核生物。从水体盐度来说，硅藻能够生长在很多内陆的盐湖当中（Kociolek & Herbst 1992；Lange & Tiffany 2002），部分盐湖的盐度比海水还高好几倍；也能够生长在盐度极低的淡水中（Kharitonov & Genkal 2010）。硅藻能够生长在最自然原始的环境当中，也能够生长在工厂的排污口（Dakshini & Soni 1982）。从水体氢离子浓度的角度来说，硅藻的分布能够从 pH 很低的水体（如 pH 仅为 2.5 的酸性矿区排水）至 pH 高于 10 的碱性环境（pH 高于 10 会导致硅质细胞壁融化）。

除了能够在不同的环境条件下分布之外，硅藻在淡水生态系统中的生态位也很广。硅藻能够浮游或漂浮生活于湖泊或大型河流的水体表层，也能在近岸带和水流较快的区域，附生于石头、岩石、木头和其他植物体上。在相对静止的水体中，硅藻常形成休眠孢子或以其他形态营底栖生活，一些具壳缝的种类能在沉积物或基质中进行微移动（Harper 1977；Happey-Wood & Jones 1988；Janssen et al. 1999）。

硅藻的生活过程中，除了需要生境中的理化因子，对一些生物因子也能加以利用。例如，硅藻能够利用不同的碳源（Tuchman et al. 2006），有部分种类是完全异养的（Lewin 1953）。硅藻中也存在共生现象，包括形成松散的共生体（例如，生活在原生动物形成的黏质群体中）、生活于其他有机体内（如沟鞭藻类）或有的蓝藻生活于硅藻体内（将蓝藻整合为固氮的细胞器）（Kociolek & Hamsher 2016）。

从硅藻的全球化分布、广的生态位及重要的生态地位来看，我们很容易理解硅藻是一类系统发育多源化的类群。全球已定名的硅藻种类有 1 万种（Fourtanier & Kociolek 2011），一些研究认为全世界硅藻大约有 10 万种。硅藻种类繁多，分布广泛，在自然界和人类生活中有着重要作用。

首先，硅藻在全球碳、氧和硅循环中都起非常重要的作用。有研究者认为硅藻具有所有有机体中光合效率最高的光合机制，全球约 30%的氧气均来自硅藻（Falciatore & Bowler 2002）。虽然个体很小，但它是全球物质循环中非常重要的组成部分，在全球碳、氧循环过程中起到十分重要的作用（Field et al. 1998；Falkowski et al. 2004）。硅藻生长过程中需要二氧化硅来形成细胞壁（Darley & Volcani 1969），其在自然界硅循环过程中的作用也不容忽视（Ragueneau et al. 2000）。

其次，硅藻作为生产者，同其他藻类一样位于食物链的底端，它们是连接无机世界和有机世界的重要纽带。硅藻光合作用产生大量的油，使得其成为初级消费者喜好的美食，是鱼类、贝类以及其他水生动物的主要饵料之一（Ahlgren et al. 1990；Schnetzer & Steinberg 2002；Power & Dietrich 2002）。

此外，硅藻可作为水体监测的指示生物。不同种类硅藻具有不同的环境偏好和耐受范围，对环境的变化敏感，利用硅藻来评价水质已有一个世纪的历史了，世界上很多国家都有大量的研究，这种方法能够评价现在的水质状况，推测过去的环境条件并能预测未来环境变化的趋势。目前，许多国家和地区已建立了相对完善的硅藻指数评价体系，用于评估河流、湖泊等水体的环境状况。在欧洲，欧盟水框架指令推荐硅藻为评估水环境营养状态的生物指标，硅藻被许多国家作为一种水环境监测常规项目用来评价水环境。

硅藻还有许多其他方面的应用。硅藻的化石遗骸（海洋和淡水的都有），即我们常说的硅藻土，具有广泛的材料学应用价值，如可作为绝缘、磨蚀及过滤的材料。其脂类是石油价格的许多倍，也是日常膳食中 Omega-3 的重要来源（Abishek et al. 2014），硅藻因其光合作用形成脂类的能力引起了广泛的关注，成为可再生生物燃料的来源之一（Sheehan et al. 1998）。硅藻死后，其硅质细胞壁不会被分解，可长期保存，因此常被用于地层鉴定、古气候研究、法医鉴定等研究中。

目前，对硅藻的研究主要集中在纳米技术（Gordon et al. 2009；Dolatabadi & Guardia 2011）、生物多样性及环境保护（Cantonati & Lange-Bertalot 2006）等方面。由于其对时间（分裂快）和空间（体积小）利用的紧凑（高效利用）性，硅藻被用来从理论和实际应用的角度研究生态现象（Smol & Stoermer 2010）。分子生物学的研究也在硅藻中广泛开展，能够发现和评估一系列生命活动的遗传及生理机制，如产油（Hildebrand 2012；Yang et al. 2013）、温度和营养水平的波动对吸收和代谢的影响（Shrestha et al. 2012；Bender et al. 2014；Lauritano et al. 2015）及基因组转化等（Poulson et al. 2006；Radakovits et al. 2010）。

1.2　硅藻分类学的研究历史

最早观察到硅藻是在 18 世纪初，早在 1703 年，一位英国乡村绅士在用简单的显微镜观察浮萍的根部时，发现有些漂亮的分枝状物体附着在浮萍根部，或游离在水中，这些分枝状物体由规则的长方形和正方形结构组成，他对这一现象进行了描述并绘图。这是世界上关于硅藻的第一次报道，这个种有可能是我们现在所说的 *Tabellaria flocculosa*。现在没有人知道这位发现者的名字和工作，只知道后来有人把这个发现带到了伦敦皇家学会（Royal Society of London）并将它发表在 *Philosophical Transactions* 上，此人进一步大胆地论述了这些矩形和正方形的物体是植物。虽然我们不怀疑当年那位绅士发现的就是 *Tabellaria*，但这种硅藻着生于浮萍根部还是很少见的（Round et al. 1990）。

也有人认为列文虎克 1703 年也可能观察到了硅藻，但他对于硅藻的描述太过含糊，以至于我们不能确定他鉴定到的就是硅藻。

接下来一个确定的硅藻描述是 1753 年，Baker 在 *Employment for the Microscope*（显微镜的使用）一文中描述了一种发状的昆虫和生长在同一个泥塘中的一种"燕麦状动物"，前者可以确定是 *Oscilatoria*，后者可能是 *Craticula cuspidata*。Baker 对"燕麦状动物"的描述：两个质体，细胞核位于细胞质的中央桥中，具两个异染粒（volutin granules）和壳缝（胸骨）。这进一步证明了这种"燕麦状动物"是硅藻（Round et al. 1990）。

18 世纪后半期，人们开始描述各种硅藻并给予它们拉丁文命名。德国博物学家 Gmelin（1788）建立了硅藻的第一个属——*Bacillaria* Gmelin 1788，而模式种 *Bacillaria paradoxa* Gmelin 1791 被公认为正式命名的第一种硅藻，国际著名的硅藻期刊 *Bacillaria* 即由它而得名。Hendey 1951 年认为该种就是 Müller 所描述的 *Vibrio paxillifer* Müller 1786，将它作为 *Bacillaria paxillifer*（Müller）Henfey 1951 处理。事实上，早在 1901 年，Marsson 就已经将 Müller 描述的 *Vibrio paxillifer* 组合成了 *Bacillaria paxillifer*（Müller）Marsson 1901。

直到 19 世纪中叶，硅藻的本质仍然是一个备受争议的问题。当时，人们认为能运动、单细胞的个体就是动物，许多学者，如 Bory（1822）和 Ehrenberg 都把硅藻划入动物界。而一些在肉眼可见胶质管中的生长形式和固着生境中多变的硅藻群体形态，又同之前自然学家定义的植物特征很吻合，如 Dillwyn 1809 年和 Smith & Sowerby 1790—1814 年描述的 *Confervae* 中有一些硅藻，包括直链藻属（*Melosira*）、窗格平板藻（*Tabellaria flocculosa*）、曲壳藻属（*Achnanthes*）、杆线藻属（*Rhabdonema*）和其他一些种类。直到 1844 年，Kützing 的专论才结束了先前的混乱时期：不论是单细胞还是群体，运动的还是不运动的硅藻都被视为植物（Round et al. 1990）。

1844—1900 年，硅藻分类学和硅藻生物学其他方面的研究随着显微镜的发展而迅速发展。从某种程度上来说，两者是一种互相促进的关系。因为在很长时间里，硅藻是显微镜镜头最好的测试材料。这一时期也是考察和采集硅藻的黄金时期，Grunow 和 Cleve 等研究者在全世界范围内采集硅藻，并发表了许多关于硅藻属的文章。当时，欧洲和北美洲的一些国家，显微镜在受过良好教育的绅士中间非常流行（也有少数的女性硅藻学者）。这些观察者互相讨论以解决硅藻壳面最精细的细节问题，就新出现的问题交换观点，对硅藻的研究热情空前绝后地高涨。硅藻凭借它们不易被损坏、体积较小、形态各异及漂亮的外表，成为科学工作者研究的完美对象（Round et al. 1990）。

事实上，从 19 世纪初开始，有关硅藻的采集和鉴定就开始起步，de Candolle 在 1805 年建立了硅藻的第二个属——*Diatoma*，紧接着 Agardh 于 1812 年报道了 *Gloionema* 属。Agardh 在 1812—1832 年的 20 年时间里共报道了 21 个硅藻新属，并建立了第一个硅藻分类系统。

在 19 世纪中期到后期的这段时间内，硅藻的新属以令人难以置信的速度发表。Ehrenberg 在 1830—1873 年的 40 多年时间内发表了 135 个硅藻新属，其中有 62 个是在

1843—1844 年这两年时间内发表的。Kützing 在 1833—1854 年这 20 年时间里发表了 46 个新属。1844 年是收获的一年，这一年里一共有 55 个新属发表，其中 26 个是 Kützing 命名的，29 个是 Ehrenberg 命名的。同一时期内（1853—1868 年），Rabenhorst 报道了 17 个属，Greville（1827—1866 年）报道了 32 个属，其中 1863—1865 年这三年内增加了 20 个新属。19 世纪 60 年代到 80 年代的 20 年时间内，Grunow 报道了 42 个新属。19 世纪的最后几年是最丰产的几年，1886—1896 年，Brun、De Toni、Schütt、Van Heurck、Pantocsek 和 Cleve 等共报道了 125 个新属。到 1896 年为止，全世界共报道硅藻属 500 个（Fourtanier & Kociolek 2011）。除报道大量的新属新种之外，以壳面对称性和壳缝的有无作为依据的硅藻分类系统（Smith 1872；Schütt 1896）也是这个期间建立的。

进入 20 世纪以后，对硅藻新属的发现速度慢了下来，在 1900—1950 年的半个世纪内仅有 150 个新属被发现，这期间对硅藻属名贡献最大的是 Pantoscek 和 Peragallo 兄弟、Karsten、Mann、Hanna 和 Hendey。到 1970 年为止，全世界共报道硅藻 750 个属（Fourtanier & Kociolek 2011）。

然而，这期间却出版了几部重要的硅藻著作并建立了有影响力的分类系统，如 Schmidt（1874—1959 年）的 *Atlas der Diatomaceenkunde*，Karsten（1928）、Hustedt（1930）、Hendey（1964）、Cleve-Euler（1947—1955 年）、Silva（1962）和 Patrick & Reimer（1966，1975）等也都发表了相关的著作，这些区域硅藻志的出版以及分类系统的发表，为后来的硅藻鉴定和研究奠定了基础。

1970 年，扫描电镜（SEM）开始被许多硅藻研究者使用，人们可以观察到硅藻壳面的许多超微结构特征，研究者们将这些微细的超微结构特征引入到硅藻的分类中，大量的硅藻新属和新种被发现和命名，此时的新属多数是从先前描述过的属中分离出来的。20 世纪后半期对硅藻属的命名有突出贡献的是 Hasle、Ross、Sims、Glezer、Harwood、Gersonde、Lange-Bertalot、Komura 和 Round 等。截至 1997 年，全世界发表的硅藻属有 1016 个（Fourtanier & Kociolek 2011）。

进入 21 世纪以后，硅藻分类鉴定的主流仍然是在壳体的形态结构上，在最近的 20 年里，科学文献中提出了近 150 个新的硅藻属。几乎所有的硅藻类群、生境类型，化石的和现代的，都发现了新的硅藻属。可以看出，近 50 年来，硅藻新属的描述速度比该群体历史上任何时期都要快。

自 1970 年以来，Hasle & Ross 1972 年和 Sims & Patrick 1972 年先后发现了两种典型的突起：支持突（strutted proceses）和唇形突（labiate proceses），Simonsen（1979）将这两种突起存在的位置与数量作为分科属的分类依据，建立了新的分类系统，该系统被 Krammer & Lange-Bertalot 在 *Süßwasserflora von Mitteleuropa*（1997—2004 年）和 *Diatoms of Europe*（2000—2016 年）所采用，这是目前硅藻鉴定最常用的参考文献。Round 等（1990）基于细胞壁电镜观察的细微特征出版的 *The Diatoms, Biology and Morphology of the Genera* 一书，建立了一个新的分类系统，命名了大量的新属、新科以及目以上的新分类等级，这是当前人们使用最多的参考书。

除此之外，相关网站的建立，专门的期刊、丛书等的出版，为硅藻研究者提供了成果发表和交流平台，也为推进硅藻分类学的发展起到了重要作用。

硅藻分子系统学的研究始于 Medlin 等 1988 年对中肋骨条藻（*Skeletonema costatum*）的 18S rRNA 基因测序，后来越来越多的工作将分子数据引入到对种与属的鉴定和亲缘关系的探讨。基于分子数据的系统学研究，也对硅藻系统的认知带来了巨大冲击，Medlin & Kaczmarska（2004）基于 110 个种的 16S rRNA 和 18S rRNA 两个基因序列，建立了第一个硅藻系统发育树。Theriot 等（2009）对 673 个硅藻的 SSU 基因序列进行了分析，讨论了硅藻系统发育问题，结果未能支持 Medlin & Kaczmarska（2004）的观点，物种及基因的数量和选择会产生不同结果。后来 Theriot 等（2010）又测定了 136 种硅藻的两个基因序列，2015 年又测定了 207 种硅藻的 7 个基因序列，对硅藻的系统演化进行了分析，发现羽纹类硅藻相对清晰，中心类硅藻并非是单系的，各类群之间的关系比我们想象的更加复杂。

1.3　我国淡水硅藻研究概况

我国硅藻的研究历史比较长，迄今为止尚未有专门的文字总结和报道，本书从以下几个方面做一简要介绍。

（1）有关我国硅藻的最早报道：毕列爵等 2001 年的文章中记录，俄国人 Istvanffy 于 1886 年在 "*Algae nonnullae a cl. Przewalski in Mongolia lectae et a cl. C. J. Maximovicz. Comm. Magyar Nov. Lap.* 10: 4-7." 中记录了淡水藻类 31 种，其中有硅藻 21 种，标本是俄国军官 Przewalski 在我国东北采集的，由俄国植物学家 Maximovicz 鉴定、Istvanffy 发表的。

据 Kociolek 等（2020b）考证，早在 1848 年德国博物学家 Ehrenberg 在 "*Mittheilung über vor Kurzem vom dem Preufs. Seehandlungs Schiffe, der Adler, aus Canton mitgebrachte verkäufliche, chinesische Blumen-Cultur-Erde, wiefs deren reiche Mischung mit mikroskopischen Organismen und verzeichniss 124 von ihm selbst beobachteten Arten chinesischer kleinster Lebensformen.* Bericht über die zur Bekanntmachung geeigneten Verhandlungen der Königlich-Preussischen Akademie der Wissenschaften zu Berlin 1847: 476-485." 中就记载了采自中国的淡水硅藻 7 个新种，这应该是最早记载中国淡水硅藻的文献。

（2）早期外国人的研究：我国早期的硅藻研究都是由外国人完成的，除了上述两人外，1900 年（?）德国人 Schmidle 在 "*Einige von Dr. Holderer in Central Asien gesammelton, Algen,* Hedw. 39, Beibl.: 141-143" 中记述了新疆及西藏的藻类，其中就有硅藻；Gutwinski 1903 年的"*De algis. Praecipue diatomacees a Dr. J. Holderer anno 1898 in Asia centroli atqeue in China collectis,* Bull Acad. Sci. Cracovie Sci. Math. Nat. 1903: 201-227." 中包括硅藻新种和新变种。据毕列爵等 2001 年记载，这两个人的标本都是由 Holderer 采自新疆和西藏。

在这以后，俄国人 Mereschkowsky（1906）根据 Kozlov 提供的标本，记录了采自青海、西藏的硅藻 123 种 71 变种 1 变型（含 19 新种 18 新变种）；德国人 Hustedt 1922 年将 Sven Hedin 于 1894—1901 年在西藏北部和中部，以及帕米尔东部采集的标本进行鉴定，报道了采自西藏和新疆的硅藻 163 种 40 变种 3 变型（含 31 新种 4 新变种）；拉脱维亚人 Skuja（1937）报道了云南西北和四川西南横断山脉地区的硅藻 187 种 83 变种 11 变型（含 5 新种），他的标本是由奥地利人 Handel-Mazzetti 于 1914—1918 年采集的。

记录我国硅藻最多的是俄国人 Skvortzov（1890—1980 年），他于 1925 年来到哈尔滨，1962 年去巴西，殁于巴西。他曾任职于东省文物研究会（今黑龙江省博物馆）、东北林学院（今东北林业大学）、中国科学院林业土壤研究所（今中国科学院沈阳应用生态研究所）等单位。他的研究范围十分广泛，著作十分丰富，现已无法搜集他的全部论文与著作，据毕列爵等 2001 年记载，Skvortzov 自 1916 至 1970 年，出版的论著有 367 篇（卷），其中藻类方面的有 146 篇，占 40%左右。他发表的有关中国硅藻的文章大约有 50 篇，他的研究范围主要在我国东北，但也包括北京、天津、上海、杭州、福建，也有江西、成都、香港、台湾和西藏等地的标本，其中有许多标本是我国科学家寄给他的。他报道的硅藻种的数量还无法统计，但他描述的硅藻新种多达 478 个，占中国 1848—1999 年发表硅藻新种总数的三分之二。

（3）中国人有关淡水硅藻的研究：最早记载我国淡水硅藻的中国人应该是毕祖高，1918 年他发表在武昌高等师范学校《博物学杂志》上的《武昌长湖之藻类》一文中，记录了武汉长湖淡水藻类 21 属 40 种，其中有硅藻 9 属 14 种。

金德祥教授（1910—1997 年）从 1939 年开始研究中国海洋硅藻，发表了一系列论著。1964 年，饶钦止教授（1900—1998 年）发表了《西藏南部地区的藻类》，其中记录了硅藻 28 属 138 种（含变种变型，下同）；1973 年饶钦止、朱蕙忠和李尧英在《我国西藏南部珠穆朗玛峰地区藻类概要》中记录了硅藻 32 属 301 种，这是中国人写的两篇比较早的淡水硅藻的文章。接下来中国科学院水生生物研究所的朱蕙忠和陈嘉佑（1989a，1989b）记录了湖南索溪峪的硅藻 35 属 490 种，1994 年记录了武陵山区硅藻 39 属 567 种。2000 年，朱蕙忠、陈嘉佑两位先生编著的《中国西藏硅藻》正式出版，该书记载了西藏硅藻 906 种，是迄今为止记录我国硅藻最多的一本专著。

（4）《中国淡水藻志》的编写：1973 年开始的《中国淡水藻志》的编写，极大地推动了我国淡水硅藻的分类学研究，其中硅藻卷册由暨南大学齐雨藻教授主持，在他的组织下，全国由中国科学院水生生物研究所、中国地质科学院地质研究所、北京市环境保护科学研究所、北京市环境保护监测中心、上海师范大学、哈尔滨师范大学、辽宁师范大学、山西大学、陕西师范大学、广西师范大学等参加的"编志"工作全面开展，到目前为止，有关淡水硅藻的卷册已出版的有：《中国淡水藻志》第 4 卷-中心纲（齐雨藻 1995）；《中国淡水藻志》第 10 卷-无壳缝目和拟壳缝目（齐雨藻和李家英 2004）；《中国淡水藻志》第 12 卷-异极藻科（施之新 2004）；《中国淡水藻志》第 14 卷-舟形藻科（I）（李家英和齐雨藻 2010）；《中国淡水藻志》第 16 卷-桥弯藻科（施之新 2013）；《中国淡水藻志》第 19 卷-舟形藻科（II）（李家英和齐雨藻 2014）；《中国淡水藻志》第 22 卷-管壳缝目（王全喜 2018）；《中国淡水藻志》第 23 卷-舟形藻科（III）（李家英和齐雨藻 2018）。王全喜和尤庆敏主编的"单壳缝目"也正在出版中。在这 9 个卷册中，共收录了我国淡水硅藻 88 属 1114 种 383 变种 48 变型。《中国淡水藻志》的编写，极大地丰富了我国淡水硅藻资源，也为我国硅藻分类学的研究培养了一批人才。

（5）近期的研究：进入 21 世纪以来，随着我国经济实力的提高，各单位扫描电镜及硅藻研究相关设备的普及，硅藻研究的队伍不断扩大，国际合作广泛开展，我国淡水硅藻研究迅速发展。上海师范大学近年来开展了新疆、大兴安岭、横断山区、淮河流域、金沙江—长江干流、长江下游流域等区域的硅藻区系研究，已出版了《上海九段沙湿地自然保护区及其附近水域藻类图集》、《九寨沟自然保护区常见藻类图集》等著作；哈尔滨师范大学做了我国东北地区、云南、广西、海南等区系调查，已出版了《兴凯湖的硅藻》等著作；暨南大学做了珠海东江流域、广东、广西等部分区域的硅藻生态研究，并出版了《珠江水系东江流域底栖硅藻图集》；中国科学院南京地理与湖泊研究所、山西大学、上海海洋大学、云南大学等单位，也做了一些淡水硅藻分类的工作，发表了一些新种。

（6）在中国发现的淡水硅藻新类群情况：据我们统计，到 2021 年 12 月 30 日为止，我国记载淡水硅藻共有 166 属 4468 个分类单元（包括 2635 种 1584 变种 7 亚种 242 变型）；其中在我国发现的新属 8 个，新种 1194（含变种变型）。

我们根据 Kociolek 等（2020）的报道，可将我国 2019 年之前发现的淡水硅藻新类群分为 1848—1949 年、1950—1999 年和 2000—2019 年三个阶段。

关于新属：到 2019 年为止，在中国发现的淡水硅藻新属共有 8 个，其中 1848—1949 年报道 1 个，即 *Porosularia* Skv.；1950—1999 年发表过 1 个新属 *Amphiraphia* Zhu & Chen，但后来被否定；2000—2019 年发表 7 个，包括：*Edtheriotia* Kociolek et al., *Tibetiella* Li, *Gomphosinica* Kociolek, You & Wang, *Sinoperonia* Kociolek, Liu, Glushchenko & Kulikovskiy, *Pseudofallacia* Liu & Kociolek, *Sichuaniella* Li, Lange-Bertalot & Metzeltin, *Kulikovskiyia* Roy, Kociolek, Liu & Karthick。

关于新种（含变种变型）：截止到 2019 年，共有 1128 个新种（含 470 种 658 变种和变型）在我国首先发现并被命名，发表在 152 篇论文中。在这些新种（含变种变型）中，1848—1949 年有 449 个，发表在 21 篇论文中；1950—1999 年有 258 个，发表在 32 篇论文中；而在 2000—2019 年这 20 年间，有 421 个新分类群发表在 152 篇论文中。

当前，一批年轻的学者活跃在我国淡水硅藻研究中，包括分类区系、系统演化、环境监测与生态评价等领域，在硅藻的基因组学、蛋白组学、转录组学、生理生化等领域也开始了相关的工作，我国硅藻生物学的研究将蓬勃发展。

第2章　淡水硅藻标本的采集及处理方法

2.1　硅藻样品采集

硅藻广泛分布于淡水、咸水和海洋环境中，就淡水环境而言，江河、湖泊、沼泽、溪流、泉水等水体环境，或潮湿的墙壁、沙石、土壤、植物等表面的气生环境，都有硅藻植物的踪迹（图 2-1，图 2-2）。针对不同的生活环境，浮游或附生，硅藻研究者设计了不同的采集方法，现介绍三种主要的硅藻样品：浮游样品、附石样品和附植样品采集方法。

浮游硅藻的采集：生活在河流、湖泊、水塘，以及类似开阔水体的浮游硅藻样品，采集方法较为简单，一般采用 25 号（孔径 0.064 mm）浮游生物网捞取。将浮游生物网中收集的浮游植物样品放入可密封的塑料袋或塑料瓶中，根据不同研究工作的需求，用 4%甲醛或鲁哥试剂固定或活体保存。

根据生长基质的不同，附着藻类又主要分为以下两种类型，采集方法也略有不同。

附石硅藻的采集：一般把生长在石头上的藻类（主要是硅藻）称为附石藻类。在河流、小溪等流水生境中，各种石块是附石硅藻较为适宜的基质，这些硅藻群落可以用来监测水体污染程度、有机质含量的高低等。采集方法为捞取水里的石头，用牙刷刷取石块表面的生物膜（biofilm）。生物膜通常为棕色或金黄色的薄膜（即为硅藻群落），对于牢固附着于石头表面的硅藻，需要用小刀或其他利器刮取，然后将刮取的硅藻样品转移到盛有适量河水（或溪水）的可密封塑料袋或塑料瓶中，用 4%甲醛固定或活体保存。为了防止样品污染，每次取完一次样品，都需要把牙刷和小刀清洗干净，或每个样品更换新牙刷。

附植硅藻的采集：一般把生长在水生植物上的藻类（主要是硅藻）称为附植藻类。在湖泊、池塘等相对静止的水体中，浮水、挺水或沉水植物，如芦苇、香蒲、荇菜、莎草等，以及水中肉眼可见的绿色丝状藻类、岸边的苔藓植物等，都是硅藻群落生活的理想基质。附着于不同水生植物上的硅藻群落是不同的，因此，我们在采集样品时，要注意采集不同植物上附着的硅藻。与附石样品的采集工具类似，我们可以用牙刷或小刀刮（刷）取植物茎、叶和根表面的棕色薄膜或黏液，也可多次挤出水生植物中混浊且呈棕色的水样，放入塑料袋或塑料瓶中，固定或活体保存。

图 2-1　常见硅藻采集生境（1）

图 2-2 常见硅藻采集生境（2）

2.2　采集数据记录

在采集硅藻样品的过程中，需要详细记录采集的相关信息，包括采集的编号、日期、采集人、采集点的地理坐标和海拔、水体形态、水体颜色和气味、水体理化指标（如水温、pH、流速、电导率等）、植被分布及其他生境情况。

2.3　硅藻样品的处理

硅藻的鉴定主要依据壳面的形态及纹饰，为了能够在光镜和扫描电镜下清晰地观察到硅藻细胞壁上的纹饰，样品带回实验室后，需要对其进行氧化处理，去除细胞内外的有机质。常用强氧化剂对标本进行处理，包括高锰酸钾法（盐酸+高锰酸钾）、过氧化氢法（盐酸+过氧化氢）、重铬酸钾法（硫酸+硝酸+高锰酸钾）、三酸法（盐酸+硫酸+硝酸）、硝酸法（盐酸+硝酸）和微波消解法等。从操作简便、安全、处理效果好等几个方面来考虑，过氧化氢法、硝酸法及微波消解法在近些年的研究中较为常用。

①过氧化氢法：取混匀的样品 15-20 ml，置于玻璃管中，加入 15 ml 浓盐酸。将玻璃管放入恒温水浴锅中加热；当液体仅剩 1/2 时，加入 30 ml 过氧化氢，持续恒温加热，过程中要不断加入过氧化氢，直至沉淀变为淡黄色或白色。

优点：处理反应温和，安全性高。硅藻壳体处理后完整度较好。

缺点：由于反应温和，所需处理时间较长，过氧化氢用量较大。

②硝酸法：取混匀的样品 15-20 ml，置于 50 ml 玻璃烧杯中，加入 15 ml 浓盐酸，浸泡 2-4 h。将烧杯置于电炉上加热，加入等体积的浓硝酸，加热直至沉淀变为淡黄色或白色。处理全过程要在通风橱中进行，并佩戴护目镜及防酸手套。

优点：处理时间短，处理效果好。

缺点：反应较为剧烈，浓硝酸在使用过程中具有安全隐患。

③微波消解法：需要购置微波消解仪。在反应罐中加入适量体积的标本，再加入等体积的浓硝酸，按要求放入仪器中进行消解，消解温度为 180℃。

优点：处理时间短，安全性好。

缺点：仪器购置费用高；不同标本的处理程度难以控制。

理想的处理结果是，硅藻的细胞壁基本保持完整，细胞中的有机质被完全去除，样品中的石块等其他杂物能被去除，以防影响显微观察和鉴定。

氧化处理后，需要对样品进行清洗，一般使用蒸馏水清洗 5-7 次，直到样品的 pH 达到中性（pH=7）。处理好的样品（cleaned material）用塑料瓶或玻璃标本瓶保存。如果需要长期保存，最好将样品放入玻璃瓶中，因为玻璃瓶可以释放硅质，防止硅藻细胞溶解。为了避免硅藻细胞壁长期浸在水中被破坏，可加入甘油或将硅藻样品冷冻干燥保存（Karthick et al. 2013）。

2.4 显微观察的预处理

硅藻的封片

经过处理的硅藻样品，需要制作成永久封片，才能在光镜下观察到较为清楚的细胞壁形态，如壳缝、线纹等的特征。常用的封片胶有三种：Hyrax（折射系数 1.71）、Naphrax（折射系数 1.69）和 Pleurax（折射系数 1.73）。这些封片胶的折射系数比硅藻细胞壁的折射系数高，因此可以让硅藻在光镜下更加清晰可见（Nagy 2011）。目前，国内能够购买到的封片胶仅有 Naphrax，均为进口的（不含甲苯），需要在使用之前先进行浸泡溶解后再使用。封片方法如下：

①用甲苯浸泡 Naphrax 胶，比例约为 1∶3，浸泡 24 h，浸泡好的胶呈黏稠状。此过程要在通风橱中进行，操作过程佩戴口罩、护目镜及防酸手套。

②将干净的载玻片及盖玻片放在热平板上加热 5-10 min，温度恒定在 50-60℃。

③取用酸处理好的样品，20-30 μL，均匀涂布在盖玻片上，继续放在热平板上加热，直至样品完全干燥。

④使用玻璃棒或塑料棒蘸取封片胶，将一滴封片胶滴在载玻片正中央，将盖玻片涂有标本的一面向下，盖在封片胶上，胶会慢慢散开，扩散至整张盖玻片中，也可以用镊子轻轻压一下盖玻片，加速胶的扩散。

⑤封好的玻片用木质试管夹夹住一侧，放在酒精灯上烘烤 1-2 min，胶会沸腾，待出现大量气泡及白烟时，马上停止加热，放置在托盘里静置晾干（24 h），擦拭干净即可用于观察。

扫描电镜观察标本的制备

扫描电镜可以观察到硅藻细胞壁上更为精细的超微结构，如壳面孔纹的形态和大小、壳缝在内外壳面的结构等。用于扫描电镜观察的硅藻样品处理比较简单，取适量处理好的样品放在铜台上，自然风干后喷金，即可用于观察。

第3章 硅藻分类特征及形态术语

硅藻区别于其他藻类的主要特征是具有特殊的、不透明的硅质细胞壁。硅藻能够利用从环境中吸收的硅来形成细胞壁。硅藻细胞也称为壳体（frustule）。壳体由类似于培养皿的上下半片套合而成，在外略大的半片称为上壳（epitheca），在内略小的半片称为下壳（hypotheca）。位于两壳之间的多条硅质带状结构称为环带（girdle band；copula），所有环带总称为壳环（cingulum）。

在光学显微镜和电子显微镜下，可以清晰地观察到硅藻细胞壁的纹饰，硅藻分类学研究多基于其壳面的形态结构。部分硅藻类群因壳面（valve face）窄、带面（girdle view）宽的特点而常见带面观，能够被清晰地观察到其壳套面（valve mantle）和环带。

硅藻壳面的对称性是硅藻分类学研究的常用特征，壳面辐射对称或两侧对称是硅藻类群划分的最有效依据。在羽纹类硅藻中，不对称性可以体现在纵轴上，壳面多呈具背腹之分的弓形；或体现在横轴上，壳面多呈上下不等的棒形。

硅藻生活在硅质细胞壁中，以抵挡外来病菌的伤害，它需要特殊的方式来吸取营养，排出新陈代谢产生的废物。因此，硅藻壳面及环带上常有各种小孔，称为点（网）孔纹，小孔也可能被由更小的孔组成的筛板（也称筛膜，形态比较多样，可能出现在内壳面，也可能出现在外壳面）覆盖。孔纹排列成线纹，孔纹和线纹的结构及排列方式是硅藻分类研究的重要依据。硅藻壳面小孔排列方式多种多样（兼顾壳面对称性和美观性），这种结构使硅藻在重量很轻的情况下仍能够保持其结构的完整性。

壳缝和唇形突是硅藻划分大类（纲及目）的重要形态结构特征。除具壳缝类硅藻外，几乎所有硅藻都具有唇形突。具壳缝类硅藻能够以较快的速度移动很长距离，能够在相对静止的水体沉积物或基质上"微移动"。每个壳面可能只有一条连续的不间断的壳缝，也可能具有两个分支的壳缝；壳缝可能出现在一个壳面（单壳缝类硅藻）或两个壳面（双壳缝类硅藻）。除短壳缝目外，硅藻的壳缝均位于壳面，壳缝裂缝（raphe slit）的结构简单或复杂，贯穿于整个细胞壁。壳缝也可能存在于壳面一些特殊的槽或管状结构中。

硅藻壳面的其他形态特征还包括：横贯于壳面的硅质肋纹、环带向壳体内部延伸形成的硅质片状隔膜、形态特殊的孤点、壳面中部增厚的中部带、壳套合部上形成的隔室等。

本章重点介绍淡水硅藻的形态特征，并对硅藻分类中的常用特征进行说明。

3.1 硅藻的生活状态

硅藻细胞可以浮游（planktonic）、附生（attached）或底栖（benthic）生活。细胞可以单生（图 3-1：1-4），也可以形成各种形态的群体（colony）（图 3-2：1-6；图 3-3：1-7；图 3-4：1-5），如链状、带状、星形或扇形等。

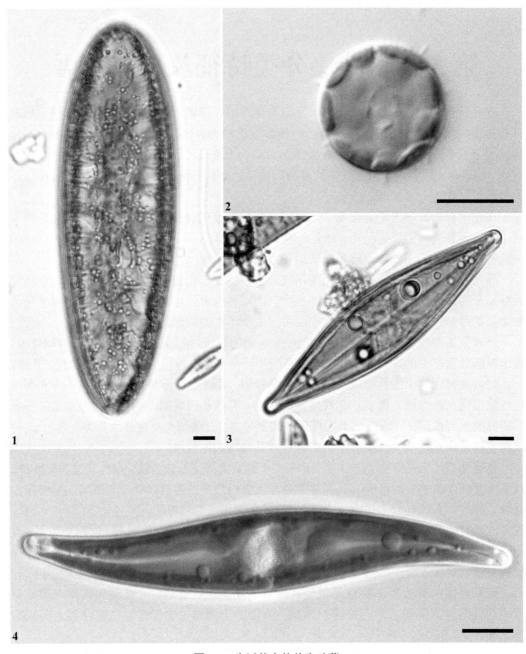

图 3-1　生活状态的单生硅藻

1. 双菱藻属(*Surirella*)；　2. 海链藻属(*Thalassiosira*)；　3. 格形藻属(*Craticula*)；　4. 布纹藻属(*Gyrosigma*)

标尺=10μm

硅藻细胞形成群体的方式主要有两种。

一是通过壳面的突起彼此连接形成链状或带状的群体，包括：

①通过壳针彼此连接，如沟链藻、脆杆藻等；

②通过壳面支持突彼此连接，如骨条藻等；

③通过壳面角毛或延伸突彼此连接，如角毛藻、尾管藻等。

二是通过顶孔区或壳缝分泌胶质连接成群体，包括：

①通过顶孔区分泌胶质，形成胶质柄或垫，如桥弯藻、异极藻、星杆藻等；

②通过壳缝分泌胶质，形成胶质管，如内丝藻、布纹藻。

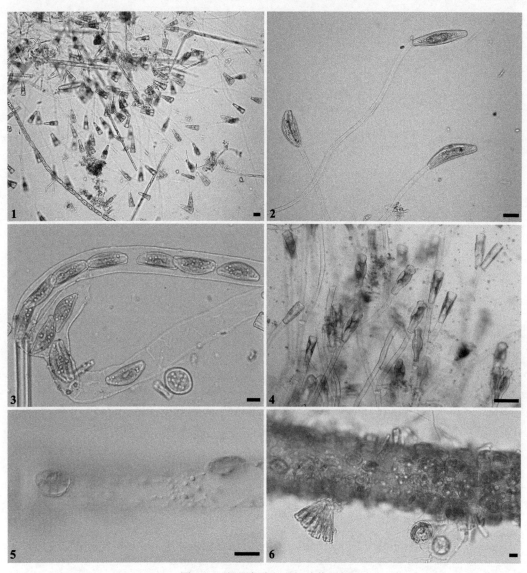

图 3-2　分泌胶质形成的硅藻群体

1,4. 异极藻属(*Gomphonema*)，产生胶质柄附生于基质上；　2. 桥弯藻属(*Cymbella*)，产生胶质柄附生于基质上；　3. 内丝藻属(*Encyonema*)，生活于胶质管中；　5,6. 卵形藻属(*Cocconeis*)，附生于丝状藻类上

标尺=10 μm

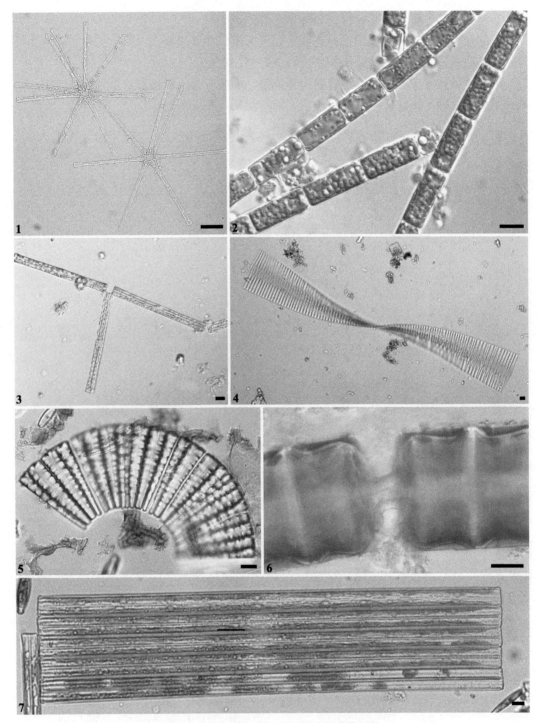

图 3-3　通过壳针或胶质连接成的硅藻群体

1. 星杆藻属(*Asterionella*), 细胞一端分泌黏质彼此连接形成星状群体;　2,6. 直链藻属(*Melosira*), 细胞壳面彼此相连形成链状群体;　3. 平板藻属(*Tabellaria*), 细胞一端彼此相连形成 "Z" 形群体;　4. 脆杆藻属(*Fragilaria*), 细胞壳面彼此连接形成链状群体;　5. 扇形藻属(*Meridion*), 细胞壳面彼此相连形成扇形群体;　7. 肘形藻属(*Ulnaria*), 细胞壳面彼此相连形成带状群体

标尺=10μm

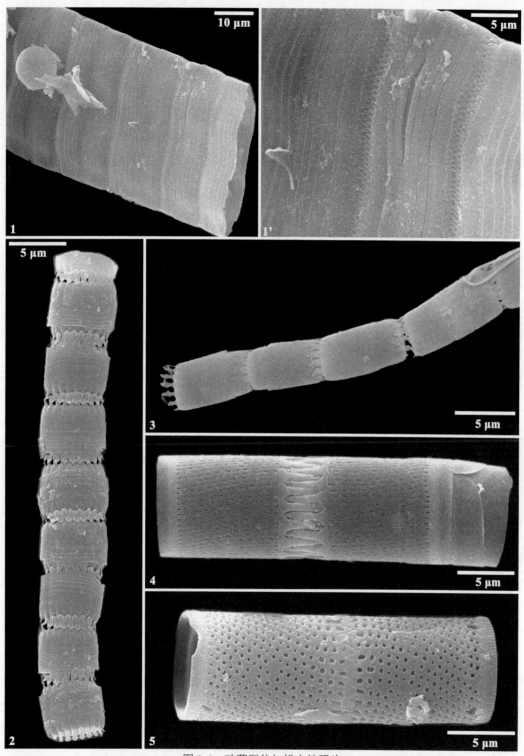

图 3-4　硅藻群体扫描电镜照片

1. 脆杆藻属(*Fragilaria*), 链状群体, 1'. 脆杆藻属(*Fragilaria*), 示壳针;　2,3. 十字脆杆藻属(*Staurosira*), 壳面通过壳针彼此连接成链状群体;　4,5. 沟链藻属(*Aulacoseira*), 壳面通过壳针彼此连接成链状群体

3.2 硅藻壳体的结构及对称性

3.2.1 硅藻壳体的结构

硅藻的壳体由上壳（epitheca）、下壳（hypotheca）及位于上、下壳之间的环带组成。硅藻环带的数目不是固定的，通常会随分裂次数而增加。硅藻细胞分裂后形成的新壳总是比原来的壳小一些，因此，我们始终把壳体中体积大的早形成的壳称为上壳，体积小的新形成的壳称为下壳。我们以一个羽纹类硅藻壳体横切面的示意图来说明硅藻壳体的结构（图 3-5）。

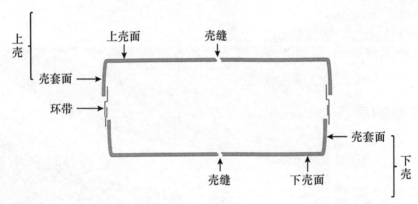

图 3-5 硅藻壳体横切面示意图

3.2.2 硅藻壳体的对称性

硅藻的壳体具三个轴，沿三个轴穿过壳体的面形成了硅藻壳体的三个对称面。

横轴（transapical axis）（图 3-6：1）：羽纹类硅藻的短轴。与纵轴垂直，沿横轴和贯壳轴贯穿壳面形成的切面称为中央横切面（transapical plane）。对于沿横轴不对称的类群，其上部称为上端或顶端（headpole），下部称为下端或底端（footpole）。

纵轴（apical axis）（图 3-6：2）：羽纹类硅藻的长轴，也称顶轴。沿纵轴和贯壳轴贯穿壳面形成的切面称为中央纵切面（apical plane）或顶面。沿纵轴不对称的壳面具有背腹面之分。

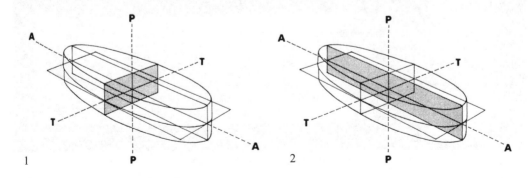

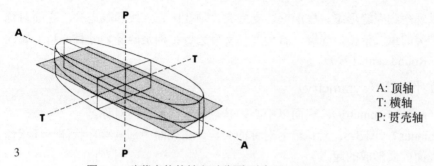

A: 顶轴
T: 横轴
P: 贯壳轴

图 3-6　硅藻壳体的轴和对称面(引自 Krammer & Lange-Bertalot 1986)
1. 阴影部分示中央横切面；　2. 阴影部分示中央纵切面；　3. 阴影部分示中央面

贯壳轴（pervalvar axis）（图 3-6：3）：硅藻中平行于两侧或带面，贯穿上壳面（epivalve）和下壳面（hypovalve）的轴。与贯壳轴垂直，沿横轴和纵轴形成的切面称为中央壳面（median valve plane）。

3.3　硅藻的壳面形态

壳面形态是硅藻分类鉴定的最主要依据（图 3-7）。早期的硅藻分类研究都是借助于光学显微镜来完成的，在光镜下，可以观察到壳面的形状、壳缝和线纹的排列方式等；随着扫描电镜的广泛使用，壳面超微特征在硅藻分类研究中起到越来越重要的作用。在

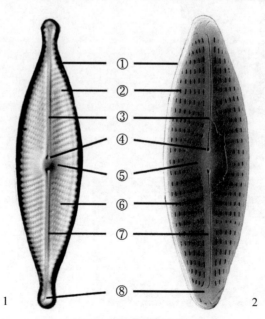

图 3-7　硅藻壳面结构
1. 壳面光镜照片；　2. 壳面扫描电镜照片　①壳面；②横线纹；③壳缝；④近缝端；⑤中央区；⑥点纹；⑦中轴区；⑧远缝端

扫描电镜下可以观察到壳缝形态、唇形突、支持突、顶孔区、点纹和眼斑等。壳面对称性是区分硅藻大类的重要依据，壳缝、唇形突和支持突等结构是硅藻划分目、科、属的主要特征依据（Round et al. 1990）。

3.3.1　壳面的对称性（symmetry）

辐射对称（radial symmetry）：壳面以中心为基点，沿任意方向对称。

环状体（annulus）（图3-8：5）：辐射对称的类群，在壳面中部具有环状体，环状体被认为是硅藻壳面硅质形成的起点。

两侧对称（bilateral symmetry）：壳面沿纵轴或横轴对称，或沿纵轴横轴都对称。

中央胸骨（central sternum）（图3-8：1，4）：壳面中部的硅质胸骨（在具壳缝的硅藻中，通常位于壳缝处）。相较于壳面其他部分，中央胸骨通常略隆起且硅质较厚。

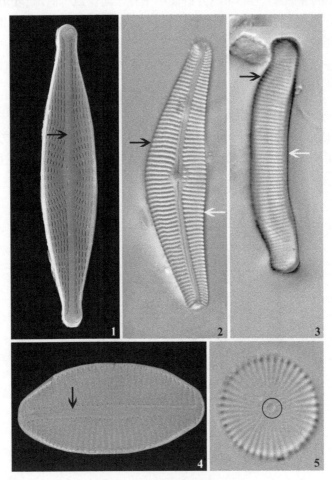

图 3-8　壳面对称性相关结构

1. 中央胸骨(黑色箭头);　2,3. 背缘(黑色箭头)，腹缘(白色箭头);　4. 中央胸骨内壳面观(黑色箭头);　5. 环状体(黑色圆圈)

壳面沿横轴对称、沿纵轴不对称的类群，凸起的一侧壳缘称背缘（dorsal margin）（图 3-8：2，3）；直或略凹入的一侧壳缘称腹缘（ventral margin）（图 3-8：2，3）。

3.3.2 唇形突（rimoportula）（图 3-9：1-13；图 3-14：4-6）

唇形突是贯穿壳面的短裂缝，在内壳面开口具两个较宽的、增厚的唇形硅质突起。唇形突的外壳面开口是一个简单的孔（和壳面孔纹类似）、略变形的孔（常大于壳面孔纹）或是管状结构。"labiate process"也是唇形突的意思，在近期的研究中使用较少。

唇形突是硅藻进化早期出现的结构，在进化过程中逐渐消失。中心纲、无壳缝目和短缝藻目的种类绝大多数具有唇形突结构。

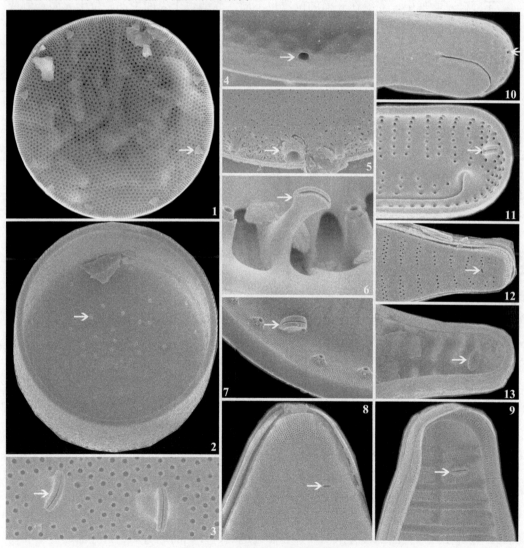

图 3-9　各种类型的唇形突结构

1-3,6,7. 中心纲硅藻唇形突, 内壳面观；　4,5. 中心纲硅藻唇形突, 外壳面观；　8,9. 等片藻属唇形突, 8. 外壳面观, 9. 内壳面观；10,11: 短缝藻属唇形突, 10. 外壳面观, 11. 内壳面观；　12,13: 脆杆藻属唇形突, 12. 外壳面观, 13. 内壳面观

3.3.3　壳缝（raphe）

壳缝是壳面上的一条裂缝，连续或不连续。壳缝不连续的情况下，每条壳缝都称为一个壳缝分支（raphe branch）。

1. 壳缝的数量（raphe number）

双壳缝类硅藻：壳体的两个壳面都具有壳缝（图 3-10：2-5）。

单壳缝类硅藻：壳体仅一个壳面具有壳缝，另一个壳面不具壳缝（图 3-10：1，1'）。

2. 壳缝的位置（raphe position）

不同硅藻类群中，壳缝在壳面的位置也不同，壳缝位于壳面中部、位于壳面一侧或位于壳缘。在部分类群中，壳缝也可能位于壳套面（图 3-10：8-12）。

3. 壳缝的形状（raphe shape）

壳缝分支可以是直的、波曲的，在窗纹藻属（*Epithemia*）中，壳缝分支呈"V"形（图 3-10：2-6）。

4. 壳缝的类型（raphe type）

①直壳缝（straight raphe）：可以想象为刀笔直地切下去，切口也是直的（图 3-10：8）；②偏侧壳缝（lateral raphe）：可以想象为刀是斜着切下去的，外壳面的裂缝和内壳面的裂缝位于不同的水平（垂直）位置上（图 3-10：3）；③反曲偏侧壳缝（reverse-lateral raphe）：在偏侧壳缝的基础上，壳面一侧的壳缝发生反曲（图 3-10：4）；④管壳缝（canal raphe）：壳缝位于一个管状或槽状结构中（图 3-10：9，14），管壳缝下常具龙骨。这种龙骨可能位于壳面一侧，也可能环绕整个壳缘。龙骨中的壳缝可能是一条连续的裂缝，也可能具两个分支。具有龙骨壳缝的硅藻种类还具有龙骨突，龙骨突是一些位于龙骨内部的小的支持物。

龙骨（keel）：壳缝隆起于壳面时具有的支持结构（图 3-10：12，14）。

龙骨突（fibula 或 keel punctum）：位于壳面内部，支撑壳缝管（raphe canal）的硅质结构，形态多样，具窄肋状、块状或更复杂的结构（图 3-10：11）。

拟窗龙骨（fenestrae）：龙骨隆起，两侧愈合形成的近似窗栏的结构（图 3-10：13）。

翼管（alar canal）：位于两拟窗龙骨之间的中空管状结构，连接壳缝管和壳体（图 3-10：13，15）。

5. 壳缝的结构（raphe structure）

近缝端和远缝端（proximal and distal raphe ends）（图 3-11：1-6，10-15）。

壳缝在壳面末端的结束处称为远缝端（distal raphe end 或 polar raphe end）；在壳面中部，两壳缝分支断开，此处壳缝末端称为近缝端（proximal raphe end，亦称 central raphe end）。壳缝在内外壳面都具有末端（外壳面近缝端、外壳面远缝端、内壳面近缝端和内壳面远缝端）。

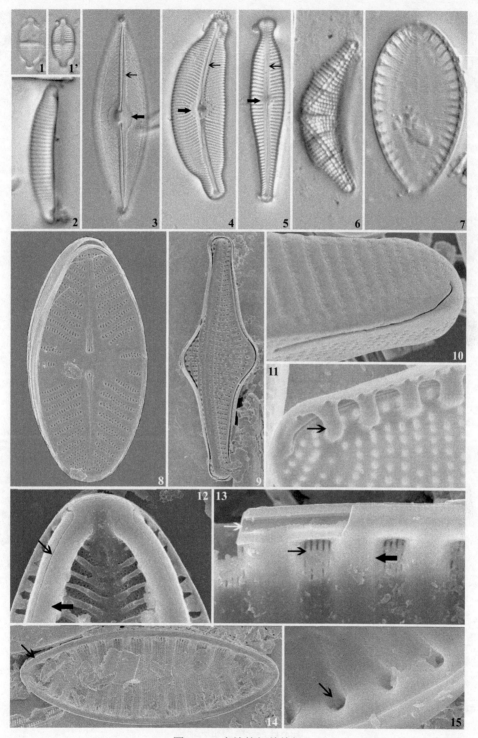

图 3-10　壳缝的相关特征

1,1'. 单壳缝; 2. 短壳缝; 3-5. 双壳缝(黑色宽箭头: 中央区; 黑色窄箭头: 中轴区); 6,7. 管壳缝; 8. 壳缝位于壳面; 9. 壳面位于壳面一侧; 10. 壳缝位于壳套面; 11. 龙骨突(黑色箭头); 12. 龙骨(黑色宽箭头), 壳缝(黑色窄箭头); 13. 中空的管壳缝(白色箭头), 拟窗龙骨(黑色窄箭头), 翼管(黑色宽箭头); 14. 管壳缝环绕壳缘; 15. 翼管内壳面开口(黑色箭头)

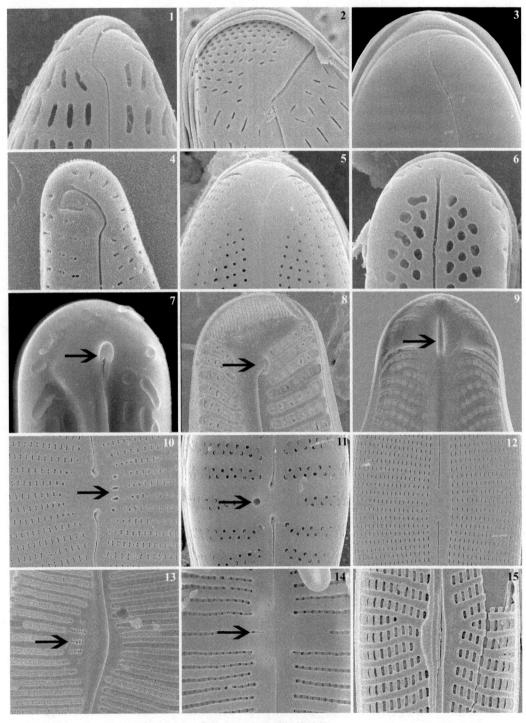

图 3-11　壳缝的相关结构

1-9: 不同类型的远缝端, 1-6. 外壳面观, 7-9. 内壳面观, 示螺旋舌(黑色箭头); 　10-15: 不同类型的近缝端, 10,11. 外壳面观, 壳面孤点(黑色箭头), 12,15. 内壳面观, 近缝端, 13,14. 内壳面观, 孤点内壳面开口(黑色箭头)

　　近缝端在不同的种类中形态变化多样，在外壳面通常略膨大，弯曲或不弯曲，在内壳面呈直、钩状或锚形等。

　　远缝端通常在外壳面呈钩状、"？"状或直，全部位于壳面或延伸到壳套面，在不同类群中差异明显。在内壳面，远缝端终止于略隆起的舌状结构中，称为螺旋舌（helictoglossa，复数 helictoglossae），亦称端节（terminal nodule）（图 3-11：7-9）。

　　中轴区（axial area）（图 3-10：3-5）：双壳缝类硅藻中，位于壳面壳缝两侧较宽的无纹区域。

　　中央区（central area）（图 3-10：3-5）：双壳缝类硅藻中，壳面中部壳缝两分支彼此分开的区域，无纹，形态多样。该区域常硅质增厚，称为中央节（central nodule）。

3.3.4　壳面纹饰（valve ornamentation）

1. 横线纹（stria，复数 striae）

　　壳面点纹沿横轴排列，形成横线纹。横线纹的排列方式多样，在不同的硅藻类群中差异明显。横线纹的排列方式有平行（parallel）、放射（radiate）、会聚（convergent）等。

　　组成横线纹的孔纹数量也不同。有些种类横线纹由单列孔纹组成（单列的，uniseriate）（图 3-12：1-4）；有些由双列点纹（双列的，biseriate）（图 3-12：9，10）或多列点纹（多列的，multiseriate）组成（图 3-12：12）；有些种类的点纹呈五点形（quincunx）排列（图 3-12：11）。

2. 孔纹

　　点孔纹（punctum，复数 puncta）（图 3-12：3，4）

　　贯穿硅藻细胞壁的壳面结构，通常成排或列出现（形成线纹），点孔纹内部或表面不具覆盖结构。

　　网孔纹（areola，复数 areolae）（图 3-12：1，2）

　　贯穿硅藻细胞壁的壳面结构，通常成排或列出现（形成线纹），网孔纹内部或表面常覆盖不同类型的硅质结构。

　　目前文章中多使用"areola"对贯穿壳面的孔状结构进行描述，中文常译为"点纹或孔纹"。"puncta"在近年的文章中较少出现。

　　外部闭塞板（external occlusion）

　　分支孔板（vola，复数 volae）（图 3-12：7，8）：存在于网孔开口处或内部的硅质结构。在部分类群中分支孔板具特定形状（如"C"或"S"形的开口）。该结构常见于羽纹类的部分类群中。

　　内部闭塞板（internal occlusion）

　　筛板（cribra）（图 3-12：5）：内壳面观覆盖网孔纹的硅质片状结构，表面具排列较规则的小孔。筛板与壳面齐平，隆起或凸起。筛板只出现在非羽纹类硅藻中。

　　盖板（hymenate occlusion）（图 3-12：6）：内壳面观，覆盖网孔纹的硅质片状结构，多孔（小孔非常细小，直径通常小于 15nm）。该结构只出现在羽纹类硅藻中。

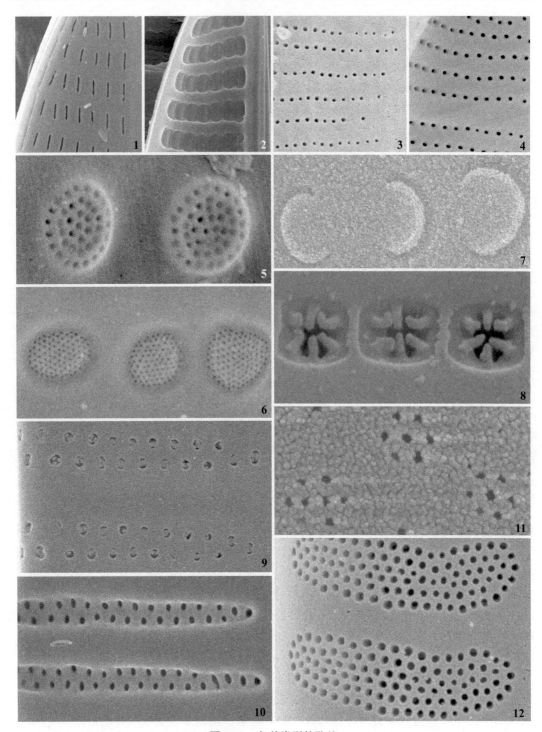

图 3-12　各种类型的孔纹

1,2: 网孔纹, 单列的, 1. 外壳面观, 2. 内壳面观;　3,4: 点孔纹, 3. 外壳面观, 4. 内壳面观;　5. 筛板;　6. 盖板;　7,8. 分支孔板;　9,10: 双列网孔纹, 9. 外壳面观, 10. 内壳面观;　11. 五点形点纹;　12. 多列点纹

3. 孔区（pore field）

由贯穿壳面的其他类型小孔组成，能够分泌黏多糖，通常分为顶孔区、边缘眼孔、眼斑和假眼斑等。

顶孔区（apical pore field）（图 3-13：1-8）

位于壳面特定区域的小孔，能够分泌黏多糖，帮助硅藻形成群体或形成黏质（mucilage）柄、垫而附生于其他基质上。顶孔区的小孔在形态和结构上与壳面点纹相同或不同。

边缘眼孔（ocellulimbus）（图 3-14：5，6）

脆杆藻目种类具有的位于壳面末端壳套面的小孔，沿贯壳轴方向具有小的硅质肋纹。

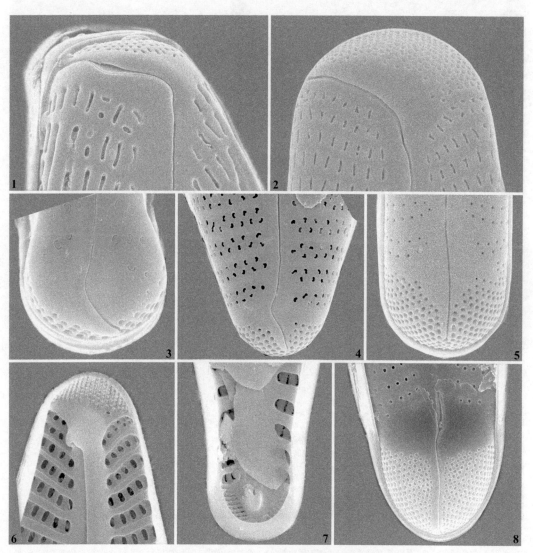

图 3-13 不同形态的顶孔区，扫描电镜照片

1-5, 8. 外壳面观； 6,7. 内壳面观

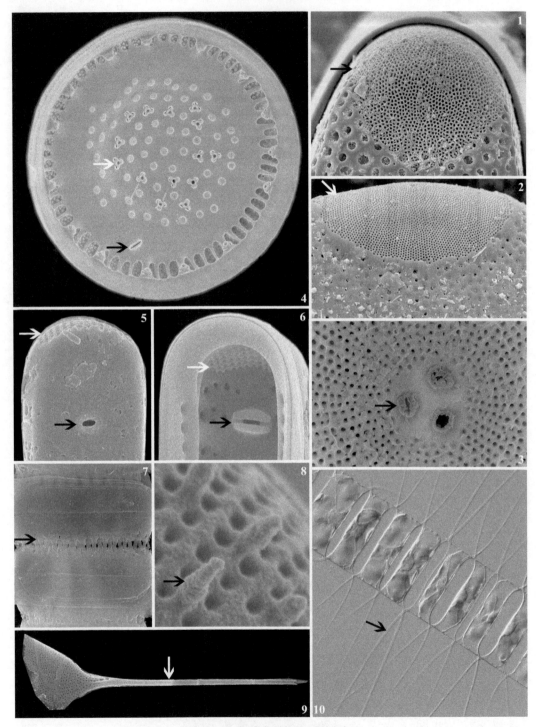

图 3-14　各种类型的孔区和突起

1. 假眼斑(黑色箭头)；　2. 眼斑(白色箭头)；　3. 脊突(黑色箭头)；　4. 内壳面观，唇形突(黑色箭头)，支持突(白色箭头)；　5. 外壳面观，边缘眼孔(白色箭头)，唇形突(黑色箭头)；　6: 内壳面观，边缘眼孔(白色箭头)，唇形突(黑色箭头)；　7. 壳针(黑色箭头)；　8. 刺(黑色箭头)；　9. 延伸突(白色箭头)；　10. 角毛(黑色箭头)

眼斑（ocellus）（图 3-14：2）

位于壳面上的一组密集小孔，具薄的硅质边缘而同壳面点纹区别开来，常见于侧链藻属（*Pleurosira*）中。

假眼斑（pseudocellus）（图 3-14：1）

位于壳面上的一组密集小孔，同壳面点纹的界线不明显。

4. 突起（processes）

支持突（fultoportula）（图 3-14：4）

中空的管状结构（同 strutted process），常伴有 2-4 个卫星孔（satellite pore），常见于海链藻目。支持突位于壳面边缘（称为边缘支持突），或位于壳面中部（称为中央支持突）。

脊突（carinoportula）（图 3-14：3）

正盘藻属（*Orthoseira*）外壳面中部具有的边缘加厚的开口结构，内壳面具圆形简单开口。

刺或壳针（spine）（图 3-14：7，8）

位于壳缘的实心或中空的硅质结构，圆锥形的、直的或剑形的，常用来同其他壳面相连接而形成群体。壳面较小的突起物常称为小刺（spinule）或硅质结。

角毛或延伸突（seta or extension）（图 3-14：9，10）

中空的长管状结构，充满细胞质和叶绿体。

5. 孤点（stigma）

在具壳缝的硅藻中，孤点的形态或结构有别于壳面的点纹。由于孤点的形态在不同种类中变化很大，因此推测不同类型的孤点可能不是同源的。通常从孤点分布的位置上较易于将其同形成线纹的点纹区分开。

孤点（也称为 stigmoid）在外壳面常具圆形或短裂缝状开口，内壳面具裂缝状开口（图 3-11：10，11，13，14），在桥弯类硅藻中较为常见，如桥弯藻属（*Cymbella*）、双楔藻属（*Didymosphenia*）、异楔藻属（*Gomphoneis*）和异极藻属（*Gomphonema*）等。

3.3.5　内板（internal plate）

中轴板（axial plate）（图 3-15：1）：硅质的内板位于中央胸骨之下，向壳面两边缘延伸。内板的边缘在中轴区两侧经常形成"纵线（longitudinal line）"，如羽纹藻属（*Pinnularia*）、美壁藻属（*Caloneis*）和异楔藻属（*Gomphoneis*）等。

边缘板（marginal lamina）（图 3-15：1）：硅质的内板包围着壳套，有时延伸到壳面下靠近壳缘处。这种情况也能形成"纵线"，如异楔藻属等。

纵管（longitudinal canal）：位于壳面或壳缘，纵贯整个或部分壳面的中空管状结构。纵管外部可能由闭合的或具孔的硅质结构包被；根据纵管在壳面的位置不同将其分为中位和边缘位。中位（axial）纵管位于靠近壳缝胸骨处或壳面中轴区，如缪氏藻属（*Muelleria*）（图 3-15：2）。边缘位（marginal/submarginal）纵管位于近壳缘处，如长篦藻属（*Neidium*）和长篦形藻属（*Neidiomorpha*）（图 3-15：3）。

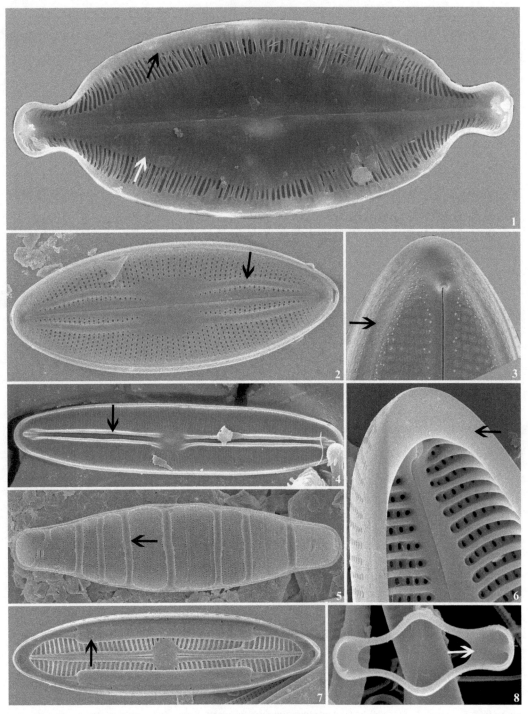

图3-15　内板上的结构

1. 中轴板(白色箭头), 边缘板(黑色箭头);　2. 中位纵管(黑色箭头);　3. 边缘纵管(黑色箭头);　4. 纵肋纹(黑色箭头);　5. 肋纹(黑色箭头);　6. 假隔膜(黑色箭头);　7. 隔室(黑色箭头);　8. 隔膜(白色箭头)

假隔膜（pseudoseptum）（图 3-15：6）：是壳面末端沿纵轴向壳面内部延展出的硅质结构，通常较短，常见于异极藻属（*Gomphonema*）等。

纵肋纹（longitudinal rib；axial costa）（图 3-15：4）：部分具壳缝类硅藻中轴区两侧隆起的实心硅质结构，有短的纵肋纹，如双肋藻属（*Amphipleura*），或长的纵肋纹，如肋缝藻属（*Frustulia*）。

肋纹（costa，复数 costae）（图 3-15：5）：位于内壳面的横贯整个或部分壳面的肋状硅质加厚。

3.3.6 环带或壳环（girdle band/cingulum）

环带（girdle band）指位于两壳面间的条带状硅质结构，每一条都可以称为环带。壳环（cingulum）是两壳面间的所有环带的总称。

开放或闭合环带（open or closed band）

每一个环带（band/copula，复数 bands/copulae）是闭合的整体，或是在一个末端具不闭合的开口，其上嵌套一个类似"发夹"的结构（图 3-16：2）。

壳套合部（valvocopula）（图 3-16：3）

位于最靠近壳面处的环带称为壳套合部。在一些类群中壳套合部同壳环其他部分的结构不同。

壳环可能具有的不同结构，包括穿孔或其他结构。

假孔（poroids 或 porelli）（图 3-16：1）：沿着壳环纵向开口的小孔。

舌状瓣（ligula）（图 3-16：4）：自较新的环带延伸出来的小的硅质突起，能够覆盖开放环带的开口部分。

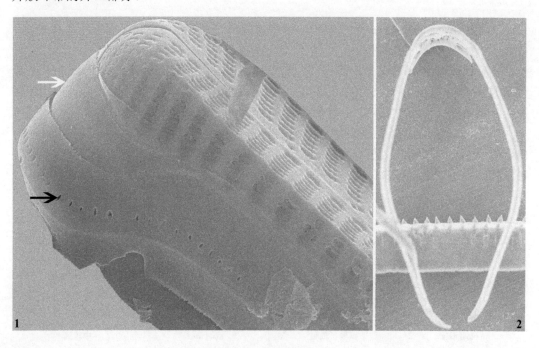

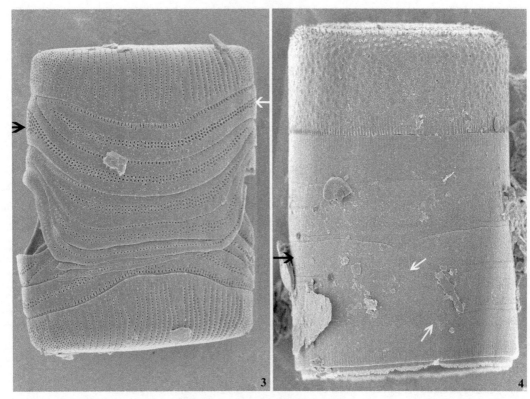

图 3-16 环带或壳环上的结构

1. 假孔(黑色箭头); 2. 开放环带; 3. 壳套合部(白色箭头), 环带(黑色箭头); 4. 环带(黑色箭头), 舌状瓣(白色箭头)

反舌状瓣（antiligula）：开放环带的末端延伸出的小的硅质突起，同舌状瓣相交叉，帮助闭合一个完整的开放环带。

隔室（partectum，复数 partecta）（图 3-15：7）：位于胸隔藻属（*Mastogloia*）壳套合部的室状结构，沿壳缘多个小室连成一串。隔室在外壳面具开口，通过这些开口分泌黏质到细胞外。早期的文献中也将此结构称为 locule（复数 locules）。

隔膜（septum，复数 septa）（图 3-15：8）：环带上出现的硅质结构，沿环带纵轴向内延展，同环带等宽但仅占环带长度的一部分，常见于平板藻属（*Tabellaria*）等。硅藻各结构的形态术语见表 3-1。

表 3-1 硅藻各结构的形态术语中英文对照表

英文	中文	英文	中文
alar canal	翼管	apical pore field	顶孔区
alveolus	长室孔	areola	网孔纹；点纹
annulus	环状体	attached	附生的
antiligula	反舌状瓣	auxospore	复大孢子
apical axis	纵轴；顶轴	axial area	中轴区
apical plane	纵切面；顶面	axial plate	中轴板

英文	中文	英文	中文
axial costa	纵肋纹	hypotheca	下壳
benthic	底栖的	hypovalve	下壳面
bilateral symmetry	两侧对称	initial valve	原始细胞
canal raphe	管壳缝	intercostae	间肋
carinoportula	脊突	internal occlusion	内部闭塞板
central area	中央区	internal plate	内板
central nodule	中央节	interstriae	间肋纹
central sternum	中央胸骨	internal valve	内壳面
cingulum	壳环	keel	龙骨
colony	群体	keel punctum	龙骨突
connecting band	连结带	labiate process	唇形突
conopeum	罩板	lateral raphe	偏侧壳缝
copula	环带	ligula	舌状瓣
costa	肋纹	linking spine	连结刺
craticula	支板	locule	隔室
cribra	筛板	longitudinal canal	纵管
distal raphe end	远缝端	longitudinal line	纵线
dorsal margin	背缘	longitudinal rib	纵肋纹
epicingulum	上壳环	mantle	壳套
epitheca	上壳	marginal lamina（e）	边缘板
epivalve	上壳面	median valve plane	中央壳面
extension	延伸突	mucilage	黏质
fascia	中部带	ocellulimbus	边缘眼孔
fenestrae	拟窗龙骨	ocellus	眼斑
fibula（e）	龙骨突	partectum	隔室
footpole	底端；下端	pervalvar axis	贯壳轴
frustule	壳体	planktonic	浮游的
fultoportula	支持突	pore field	孔区
ghost striae	假线纹	poroids, porelli	假孔
girdle band	环带	proximal raphe end	近缝端
girdle view	带面观	pseudocellus	假眼斑
headpole	顶端；上端	pseudoseptum	假隔膜
helictoglossa	螺旋舌	punctum, puncta	点孔纹
hyaline area	透明区	raphe	壳缝
hymenate occlusion	盖板	raphe branch	壳缝分支
hypocingulum	下壳环	raphe canal	壳缝管

续表

英文	中文	英文	中文
raphe keel	壳缝龙骨	stria(e)	线纹
raphe slit	壳缝裂缝	strutted process	支持突
resting spore	休眠孢子	terminal raphe fissure	端缝
rimoportula	唇形突	terminal nodule	端节
satellite pore	卫星孔	transapical axis	横轴
septum	隔膜	transapical costa	横肋纹
seta	角毛	transapical plane	横切面
spine	刺	valve face	壳面
spinule	小刺	valvocopula	壳套合部
stauros	辐节	ventral margin	腹缘
sternum	胸骨	voigt fault	沃氏点
stigma(ta)	孤点	volae	分支孔板
stigmoid	孤点	wing	翼
straight raphe	直壳缝		

第4章 淡水硅藻的分类系统

近两百年来，学者们做了大量的工作，试图建立一个科学合理的硅藻分类系统。硅藻分类系统的建立，一方面是为了反映各类群之间的进化关系，让研究更加接近自然分类；另一方面是为了建立一个分类规则，便于人们鉴定和研究。迄今为止，大多数的硅藻分类系统仍然是根据壳体的形态（对称性、壳缝有无、各种突起等结构）、群体类型、生殖细胞、色素体等特征建立的，属于人为的分类系统。近三十年来，随着分子生物学手段的引入，研究者能够从基因的角度探讨硅藻各类群之间的关系，很多研究表明，基于基因序列的分类研究结果往往与传统的分类系统有很大差异，这也引起了学者们的广泛兴趣。近年来有关硅藻分子系统学的研究成果越来越多，许多新观点被提出来。本章简要回顾国内外有关硅藻分类系统学方面的研究历史和观点，提出我国淡水硅藻的分类系统和科属排列顺序，为我国淡水硅藻的研究和应用提供依据。

4.1 硅藻分类系统的建立与发展

1. C.A. Agardh（1785—1859 年）

瑞典生物学家 Agardh（1824, in Agardh, 1823—1828）在 *Systema Algarum* 中首次发表了硅藻的分类系统，他将硅藻作为藻类的一个目，下设 9 属，分别为 *Achnanthes*、*Frustulia*、*Meridion*、*Diatoma*、*Fragilaria*、*Melosira*、*Desmidium*、*Schizonema* 和 *Gomphonema*，共包含 48 种，*Desmidium* 后来被确认不是硅藻。几年后，他在 *Conspectus Criticus Diatomacearum*（1832, in Agardh, 1830—1832）中，根据壳面的形状，将硅藻划分为 3 个科：Cymbelleae、Styllarieae 和 Fragilarieae。Cymbelleae 包含那些壳面呈弓形的属，Styllarieae 则包含壳面呈楔形的属，而 Fragilarieae 包含了壳面呈矩形的属，这个系统中包括了当时认为是硅藻的 20 属 111 种（Williams 2007）。

Agardh 系统是国际上第一个硅藻分类系统，该系统根据壳面形状将硅藻分成三类，又根据群体形态将 Fragilarieae 科分为两个类群。

2. H.L. Smith（1819—1903 年）

美国植物学家 Smith（1872）在 *Conspectus of the families and genera of the Diatomaceae* 一文中提出的硅藻分类方法，对后续的硅藻研究有非常重要的影响，他将壳缝（raphe）的有无和壳面的对称性作为分类的基本依据，据此他将硅藻分成三大类：无壳缝类（crypto-raphiaeae）、假壳缝类（pseudo-raphiaeae）和具壳缝类（raphiaeae）。无壳缝类就是我们常称的中心纲，后两类合起来就是我们说的羽纹纲。Smith 的观点为现代硅藻分类系统奠定了决定性的基础。其后，Karsten（1928）、Hustedt（1930）、Sabelina 等（1951）、Silva（1962）、Hendey（1964）和 Sieminska（1964）等发表的硅藻分类系统，基本上都是以 Smith（1872）的方法为依据的。

3. F. Schütt（1859—1921 年）

德国植物学家 Schütt（1896）在 Engler & Prantl 的 *Die Natürlichen Pflanzenfamilien*一书中，将硅藻设为一个科——Bacillariaceae，分为中心类（Centricae）和羽纹类（Pennatae），这是第一次将硅藻分为中心类和羽纹类，也就是我们现在常用的中心纲和羽纹纲，2 个大类下各设 4 个亚科，具体排列如下（Patrick & Reimer 1966）：

Family Bacillariaceae

A. Centricae	B. Pennatae
I. Discoideae	V. Fragilarioideae
II. Soleniodideae	VI. Achnanthoideae
III. Biddulphioideae	VII. Naviculoideae
IV. Rutilarioideae	VIII. Surirelloideae

Østrup（1910）的分类系统继承了 Schütt（1896）的分类观点，将硅藻分为中心类和羽纹类两大类，但在中心类下没有设亚类；羽纹类下的亚类划分与 Schütt（1896）略有差异。Cleve-Euler（1952）的分类系统与这个基本相同，只是将 Brachyraphideae 提升到同 Euraphideae 和 Kalyptoraphideae 相同水平的阶元位置（Patrick & Reimer 1966）。

4. G. Karsten（1863—1937 年）

德国植物学家 Karsten（1928）为 *Die Natürlichen Pflanzenfamilien* 第二版写了硅藻章节，第一次使用了 Bacillariophyta 这个名称，他将硅藻作为一个独立的门，下设中心目（Centrales）和羽纹目（Pennales）两个目，包含 6 个亚目 10 个科，具体划分方式如下：

Bacillariophyta

Centrales	Pennales
Eucyclicae	Araphideae
Discaceae	Fragilariaceae
Soleniaceae	Raphidioideae
Hemicyclicae	Eunotiaceae
Biddulphiaceae	Monoraphideae
Rutilariaceae	Achnanthaceae
	Biraphideae
	Naviculaceae
	Epithemiaceae
	Nitzschiiaceae

5. F. Hustedt（1886—1968 年）

德国植物学家 Hustedt 基本上沿袭了 Karsten（1928）的分类系统，他在 Pascher 1930年主编的 *Die Süsswasser-flora Mitteleuropa* 一书中，将硅藻作为一个门，下设中心目

（Centrales）和羽纹目（Pennales），但在目及以下的分类等级上做了调整，将其分为 7 亚目 15 科，在科下面又设立了一些亚科，具体科目排列如下：

Bacillariophyta
Klasse Diatomatae

A. Ordn. Centrales

I. Unterordn. Discineae

  1. Familie Coscinodiscaceae

    a）Unterfamilie Melosiroideae

    b）Unterfamilie Skeletonemoideae

    c）Unterfamilie Coscinodiscoideae

  2. Familie Actinodiscaceae

    a）Unterfamilie Stictodiscoideae

    b）Unterfamilie Actinoptychoideae

    c）Unterfamilie Asterolamproideae

  3. Familie Eupodiscaceae

    a）Unterfamilie Pyrgodiscoideae

    b）Unterfamilie Aulacodiscoideae

    c）Unterfamilie Eupodiscoideae

II. Unterordn. Soleniineae

  4. Familie Soleniaceae

    a）Unterfamilie Eauderioideae

    b）Unterfamilie Rhizosolenioideae

III. Unterordn. Biddulphiineae

  5. Familie Chaetocerotaceae

  6. Familie Biddulphiaceae

    a）Unterfamilie Eucampioideae

    b）Unterfamilie Triceratioideae

    c）Unterfamilie Biddulphioideae

    d）Unterfamilie Isthmioideae

    e）Unterfamilie Hemiaulioideae

  7. Familie Anaulaceae

B. Ordn. Pennales

  8. Familie Euodiaceae

IV. Unterordn. Araphidineae

  9. Familie Fragilariaceae

    a）Unterfamilie Tabellarioideae

    b）Unterfamilie Meridionoideae

    c）Unterfamilie Fragilarioideae

V. Unterordn. Raphidioidineae

  10. Familie Eunotiaceae

    a）Unterfamilie Peronioideae

    b）Unterfamilie Eunotioideae

VI. Unterordn. Monoraphidineae

  11. Familie Achnanthaceae

    a）Unterfamilie Achnanthoideae

    b）Unterfamilie Cocconeioideae

VII. Unterordn. Biraphidineae

  12. Familie Naviculaceae

    a）Unterfamilie Naviculoideae

    b）Unterfamilie Amphiproroideae

    c）Unterfamilie Gomphocymbelloideae

  13. Familie Epithemiaceae

    a）Unterfamilie Epithemioideae

    b）Unterfamilie Rhopalodioideae

  14. Familie Nitzschiaceae

    a）Unterfamilie Nitzschioideae

  15. Familie Surirellaceae

    a）Unterfamilie Surirelloideae

此后，也有一些学者在基于光镜观察的基础上，根据细胞壁的形态，提出了分类系统的观点，例如，Silva（1962）将硅藻作为一个独立的门，分为中心硅藻纲（Centrobacillariophyceae）和羽纹硅藻纲（Pennatibacillariophyceae）两个纲，中心硅藻纲包括 3 个目（Eupodiscales、Rhizosoleniales、Biddulphiales），羽纹硅藻纲包括 7 个目（Fragilariales、Eunotiales、Achnanthales、Naviculales、Phaeodactylales、Bacillariales、

Surirellales），值得注意的是，他的目的命名是按照植物学命名法规的规定以属名为基础建立的。

6. N.I. Hendey（1903—2004 年）

英国藻类学家 Hendey（1964）在 *An Introductory Account of the SmallerAlgae of British Coastal Waters* 将硅藻作为金藻门中的一个纲，他不赞成根据壳面对称性将硅藻分成中心类和羽纹类两大类的观点，他的处理方法是将硅藻设为 1 纲 1 目（Bacillariales），目下面再细分 10 亚目 22 科，具体排列如下：

Division Chrysophyta
Class Bacillariophyceae
Order Bacillariales

Suborder Coscinodiscineae
    Family Coscinodiscaceae
    Family Hemidiscaceae
    Family Actinodiscaceae
Suborder Aulacodiscineae
    Family Eupodiscaceae
Suborder Auliscineae
    Family Auliscaceae
Suborder Biddulphineae
    Family Biddulphiaceae
    Family Anaulaceae
    Family Chaetocerotaceae
Suborder Rhizosoleniineae
    Family Bacteriastraceae
    Family Leptocylindraceae
    Family Corethronaceae
    Family Rhizosoleniaceae

Suborder Fragliariineae
    Family Fragilariaceae
Suborder Eunotiineae
    Family Eunotiaceae
Suborder Achnanthineae
    Family Achnanthaceae
Suborder Naviculineae
    Family Naviculaceae
    Family Auriculaceae
    Family Gomphonemaceae
    Family Cymbellaceae
    Family Epithemiaceae
    Family Bacillariaceae
Suborder Surirellineae
    Family Surirellaceae

Patrick & Reimer（1966）将硅藻定为一个门，下设一纲 10 目，目的设置与 Silva（1962）的相比，没有包括 Phaeodactylales，但增加了 Epithemiales，其余的一致；科的设置与 Hendey（1964）的基本相同。

7. R. Simonsen（1931—2012 年）

20 世纪 60 年代以后，扫描电镜在硅藻研究上的广泛应用，加深了研究者对硅藻细胞壁超微结构的理解和认知。1972 年，Hasle & Ross 和 Sims & Patrick 先后发现了两种典型的突起：支持突（strutted proceses）和唇形突（labiate proceses），由于这两种突起存在的位置与数量在不同的科、属、种中表现不同，而成为这些等级的分类依据。Simonsen

（1979）在 *The diatom system: ideas on phylogeny* 一文中，将硅藻分为 1 纲 2 目 4 亚目 21 科，并将支持突和唇形突的位置和数量作为分科属的分类依据，具体排列如下：

Class Bacillariophyceae
 Order Centrales
  Suborder Coscinodiscineae
   Family Thalassiosiraceae Lebour emend. Hasle
   Family Melosiraceae Kützing
   Family Coscinodiscaceae Kützing
   Family Hemidiscaceae Hendey
   Family Asterolampraceae Smith
   Family Heliopeltaceae Smith
  Suborder Rhizosoleniineae
   Family Pyxillaceae Schütt
   Family Rhizosoleniaceae Petit
   Family Biddulphiaceae Kützing
    Subfamily Hemiauloideae Jousé, Kiselev & Poretskii
    Subfamily Biddulphioideae Schütt
   Family Chaetocerotaceae Smith
   Family Lithodesmiaceae H. & M. Peragallo
   Family Eupodiscaceae Kützing
    Subfamily Rutilarioideae Pantocsek
    Subfamily Eupodiscoideae Kützing
 Order Pennales
  Suborder Araphidineae
   Family Diatomaceae Dumortier
   Family Protoraphidaceae Simonsen
  Suborder Raphidineae
   Family Eunotiaceae Kützing
   Family Achnanthaceae Kützing
   Family Naviculaceae Kützing
   Family Auriculaceae Hendey
   Family Epithemiaceae Grunow
   Family Nitzschiaceae Grunow
   Family Surirellaceae Kützing

  Krammer & Lange-Bertalot（1997—2004）在 *Süsswasserflora von Mitteleuropa* 一书中采用的就是该系统，将硅藻作为一个纲，下设两个目，中心目和羽纹目，包括 4 个亚目，14 个科，63 个属。

8. Round，Crawford & Mann 的分类系统（1990 年）

　　扫描电镜在硅藻鉴定中的使用，使人们能够观察到更多更细微的硅藻细胞壁的结构，为人们认识硅藻带来重要进步。Round 等（1990）在 *The Diatoms* 一书中，建立了一个新的分类系统。该书依据扫描电镜下观察到的超微结构特征，对硅藻的分类系统进行了一次较重大调整和修订，建立了许多新的亚纲、目和科，他们将硅藻作为 1 个门——Bacillariophyta，下设 3 纲 11 亚纲 45 目 5 亚目 91 科 291 属，其中包括 1 个新纲，36 个新目，35 个新科，18 个新属，包含海水和淡水的种类，系统排列如下（括号内数字为科内属的个数）。

BACILLARIOPHYTA

Class Coscinodiscophyceae

　Subclass Thalassiosirophycidae

　　Order Thalassiosirales Glezer & Makarova

　　　Family Thalassiosiraceae Lebour（5）

　　　Family Skeletonemataceae Lebour（2）

　　　Family Stephanodiscaceae Glezer & Makarova（6）

　　　Family Lauderiaceae（Schütt）　Lemmermann（1）

　Subclass Coscinodiscophycidae

　　Order Chrysanthemodiscales Round

　　　Family Chrysanthemodiscaceae Round（1）

　　Order Melosirales Crawford

　　　Famliy Melosiraceae Kützing（2）

　　　Family Stephanopyxidaceae Nikolaev（1）

　　　Family Endictyaceae Crawford（1）

　　　Family Hyalodiscaceae Crawford（2）

　　Order Paraliales Crawford

　　　Family Paraliaceae Crawford（2）

　　Order Aulacoseirales Crawford

　　　Family Aulacoseiraceae Crawford（2）

　　Order Orthoseirales Crawford

　　　Family Orthoseiraceae Crawford（1）

　　Order Coscinodiscales Round & Crawford

　　　Family Coscinodiscaceae Kützing（5）

　　　Family Rocellaceae Round & Crawford（1）

　　　Family Aulacodiscaceae（Schütt）　Lemmermann（1）

　　　Family Gossleriellaceae Round（1）

　　　Family Hemidiscaceae Hendey emend. Simonsen（4）

　　　Family Heliopeltaceae Smith（3）

Order Ethmodiscales Round

　　Family Ethmodiscaceae Round（1）

Order Stictocyclales Round

　　Family Stictocyclaceae Round（1）

Order Asterolamprales Round & Crawford

　　Family Asterolampraceae Smith（2）

Order Arachnoidiscales Round

　　Family Arachnoidisceae Round（1）

Order Stictodiscales Round & Crawford

　　Family Stictodiscaceae（Schütt）　Simonsen（1）

Subclass Biddulphiophycidae

　Order Triceratiales Round & Crawford

　　Family Triceratiaceae（Schütt）　Lemmermann（10）

　　Family Plagiogrammaceae De Toni（4）

　Order Biddulphiales Kreiger

　　Family Biddulphiaceae Kützing（7）

　Order Hemiaulales Round & Crawford

　　Family Hemiaulaceae Heiberg（15）

　　Family Bellerocheaceae Crawford（2）

　　Family Streptothecaceae Crawford（2）

　Order Anaulales Round & Crawford

　　Family Anaulaceae（Schütt）　Lemmernann（3）

Subclass Lithodesmiophycidae

　Order Lithodesmiales Round & Crawford

　　Family Lithodesmiaceae Round（3）

Subclass Corethrophycidae

　Order Corethrales Round & Crawford

　　Family Corethraceae Lebour（1）

Subclass Cymatosirophycidae

　Order Cymatosirales Round & Crawford

　　Family Cymatosiraceae Halse, von Stosch & Syvertsen（9）

　　Family Rutilariaceae De Toni（2）

Subclass Rhizosoleniophycidae

　Order Rhizosoleniales Silva

　　Family Rhizosoleniaceae De Toni（6）

　　Family Pyxillaceae（Schütt）　Simonsen（5）

Subclass Chaetocerotophycidae

　Order Chaetocerotales Round & Crawford

Family Chaetocerotaceae Ralfs in Pritchard（3）

Family Acanthocerataceae Crawford（1）

Family Attheyaceae Round & Crawfod（1）

Order Leptocylindrales Round & Crawford

Family Leptocylindraceae Lebour（1）

Class Fragilariophyceae

Subclass Fragilariophycidae

Order Fragilariales Silva

Family Fragilariaceae Greville（26）

Order Tabellariales Round

Family Tabellariaceae Kützing（3）

Order Licmophorales Round

Family Licmophoraceae Kützing（2）

Order Rhaphoneidales Round

Family Rhaphoneidaceae Forti（6）

Family Psammodiscaceae Round & Mann（1）

Order Ardissoneales Round

Family Ardissoneaceae Round（1）

Order Toxariales Round

Family Toxariaceae Round（1）

Order Thalassionematales Round

Family Thalassionemataceae Round（3）

Order Rhabdonematales Round & Crawford

Family Rhabdonemataceae Round & Crawford（1）

Order Striatellales Round

Family Striatellaceae Kützing（3）

Order Cyclophorales Round & Crawford

Family Cycleophoraceae Round & Crawford（1）

Family Entopylcaceae Grunow（2）

Order Climacospheniales Round

Family Climacospheniaceae Round（2）

Order Protoraphidales Round

Family Protoraphidaceae Simonsen（2）

Class Bacillariophyceae

Subclass Eunotiophycidae

Order Eunotiales Silva

Family Eunotiaceae Kützing（4）

Family Peroniaceae（Karsten） Topachevs'kyj & Oksiyuk（1）

Subclass Bacillariophycidae

    Order Lyrellales Mann

        Family Lyrellaceae Mann（2）

    Order Mastogloiales Mann

        Family Mastogloiaceae Mereschkowsky（2）

    Order Dictyoneidales Mann

        Family Dictyoneidaceae Mann（1）

    Order Cymbellales Mann

        Family Rhoicospheniaceae Chen & Zhu（5）

        Family Anomoeoneidaceae Mann（2）

        Family Cymbellaceae Greville（5）

        Family Gomphonemataceae Kützing（5）

    Order Achnanthales Silva

        Family Achnanthaceae Kützing（1）

        Family Cocconeidaceae Kützing（5）

        Family Achnanthidiaceae Mann（2）

    Order Naviculales Bessey

Suborder Neidiineae Mann

        Family Berkeleyaceae Mann（4）

        Family Cavinulaceae Mann（1）

        Family Cosmioneidaceae Mann（1）

        Family Scolioneidaceae Mann（1）

        Family Diadesmidaceae Mann（2）

        Family Amphipleuraceae Grunow（4）

        Family Brachysiraceae Mann（1）

        Family Neidiaceae Mereschkowsky（1）

        Family Scoliotropidaceae Mereschkowsky（5）

Suborder Sellaphorineae Mann

        Family Sellaphoraceae Mereschkowsky（4）

        Family Pinnulariaceae Mann（4）

Suborder Phaeodactylineae Lewin

        Family Phaeodactylaceae Silva（1）

Suborder Diploneidineae Mann

        Family Diploneidaceae Mann（2）

Suborder Naviculineae Hendey

        Family Naviculaceae Kützing（7）

        Family Pleurosigmataceae Mereschkowsky（5）

        Family Plagiotropidaceae Mann（3）

Family Stauroneidaceae Mann（2）

Family Proschkiniaceae Mann（1）

Order Thalassiophysales Mann

Family Catenulaceae Mereschkowsky（3）

Family Thalassiophysaceae Mann（1）

Order Bacillariales Hendey

Family Bacillariaceae Ehrenberg（15）

Order Rhopalodiales Mann

Family Rhopalodiaceae（Karsten） Topachevs'kyj & Oksiyuk（3）

Order Surirellales Mann

Family Entomoneidaceae Reimer（1）

Family Auriculaceae Hendey（1）

Family Surirellacea Kützing（7）

Round 等的系统采用电镜下观察到的微细结构特征，建立了许多新科、新属，为硅藻的科属以下分类奠定了很好的基础，对近 30 年来硅藻的分类发展起到了重要作用，使得大量的硅藻新属、新种被发现。Round 等的系统提出以后，很长一段时间并没有人提出更好的分类系统，这并不意味着他们的系统是完美的，该系统的第一个特点就是根据壳面的对称性和壳缝的有无将硅藻门分为 Coscinodiscophyceae、Fragilariophyceae 和 Bacillariophyceae 三个纲，这种分类思路最早源于 H.L. Smith，只不过 Round 等把它们正式提升到纲的分类等级。有关这种三分法，早在以细胞壁形态结构为依据的分类时期就有异议，在近期的分子系统学研究中也没有得到支持（Williams & Kociolek 2011）；Round 等人的系统有 11 个亚门 44 个目，大多数都是新的，尤其有些目都是单属种，这种处理方法也被认为是"过度分类"的例子，饱受争议；实际上，自 Simonsen（1979）系统提出以来，硅藻系统分类的研究方法也在发生改变：一是研究初级分类群的焦点从种转移到属，二是分子数据时代的开始，三是令人困惑的新硅藻化石的暴发。这也许是这一时期硅藻研究的特点。

9. Medlin & Kaczmarska 的分类系统（2004 年）

基于基因序列的差异对硅藻进行分类学的研究始于 1988 年，Medlin 等对中肋骨条藻（*Skeletonema costatum*）的 18S rRNA 基因测序。1992 年，Bhattacharya 等（1992）分析了 6 种硅藻的 18S rRNA 序列，以后陆续有人开展这方面的研究。Medlin & Kaczmarska（2004）基于 110 个种的 16S rRNA 和 18S rRNA 两个基因序列，结合细胞和生殖特征，建立了第一个硅藻系统发育树。利用主要来自分子数据的证据，将硅藻分为三大类，提出了两个新亚门（Coscinodiscophytina 和 Bacillariophytina），将 Coscinodiscophyceae 和 Bacillariophyceae 进行了修订，将中心纲的一些细胞有极性的和海链藻类分出来，建立了一个新纲——中型硅藻纲（Mediophyceae），建立了海链藻目（Thalassiosirales）。将硅藻门分为圆筛藻亚门（Coscinodiscophytina）和硅藻亚门（Bacillariophytina）两个亚门，硅藻亚门下设两个纲（中型硅藻纲 Mediophyceae 和硅藻纲 Bacillariophyceae），认为中型硅藻与羽纹类硅藻的关系比中心类硅藻的关系更近，这种分类方法后来被命名为"CMB"假说（Theriot et al. 2009）。这篇文章里，提出了一个目以上的硅藻分类系统，将硅藻门分为 2 个亚门 3 个纲 38 个目，具体内容如下：

Division Bacillariophyta

Subdivision Coscinodiscophytina Medlin & Kaczmarska

  Class Coscinodiscophyceae Round & Crawford, emend. Medlin & Kaczmarska

    包括 13 个目：Coscinodiscales, Corethrales, Rhizosoleniales, Melosirales, Orthoseirales, Aulacoseirales, Chrysanthemodiscales, Stictocyclales, Asterolamprales, Arachnoidiscales, Stictodiscales, Ethmodiscales, Leptocylindrales。

Subdivision Bacillariophytina Medlin & Kaczmarska

  Class Mediophyceae（Jouse & Prosbkina-Lavrenko） Medlin & Kaczmarska

    包括 8 个目：Chaetocerotales, Biddulphiales, Cymatosirales, Thalassiosirales, Triceratiales, Herniaulales, Lithodesmiales, Toxariales（＝Ardissoneales）。

  Class Bacillariophyceae Haeckel, emend. Medlin & Kaczmarska

    包括 17 个目：Fragilariales, Tabellariales, Licmophorales, Rhaphoneidales, Thalassionematales, Rhabdonematales, Eunotiales, Lyrellales, Mastogloiales, Dictyoneidales, Cymbellales, Achnanthales, Naviculales, Thalassiophysales, Bacillariales, Rhopalodiales, Surirellales.

然而"CMB"假说并没有被普遍接受。Williams & Kociolek 2007 年报道，不同研究结果的差异表明 Coscinodiscophytina 和 Mediophyceae 可能不是单系的。后续的研究也表明，测试的种类数量和组成以及基因的选择不同也会出现不同的结果（Medlin et al. 2008；Theriot et al. 2009，2010，2015；Ashworth et al. 2013）。

Theriot 等 2015 年以 207 种硅藻为材料，测试了 7 个基因序列，对硅藻的系统发育进行了研究，绘制了硅藻系统进化树（图 4-1），他们的结果指出，硅藻可以分成 9 大类群，分别是：

辐射对称 1（Radials 1）：Leptocylindrales，全部是海产

辐射对称 2（Radials 2）：直链藻目（Melosirales），淡水、海洋均产

辐射对称 3（Radials 3）：圆筛藻目（Coscinodiscales），淡水、海洋均产

具极性中心硅藻 1（Polars 1）：盒形藻目（Biddulphiales）海洋多，淡水少

具极性中心硅藻 2（Polars 2）：角毛藻目（Chaetocerales）海洋多，淡水极少

具极性中心硅藻 3（Polars 3）：以前没有列为一个单独的类群，包括的属有 Trigonium、Lampriscus、Stictocyclus、Ismthmia、Climacosphenia、Toxarium 和 Ardissonea，全部海产

无壳缝 1（Araphids 1）：褐指藻科（Plagiogrammaceae），只有海产

无壳缝 2（Araphids 2）：脆杆藻目（Fragilariales），淡水为主

具壳缝类（Raphids）：硅藻亚纲（Bacillariophycidae），淡水海洋均产

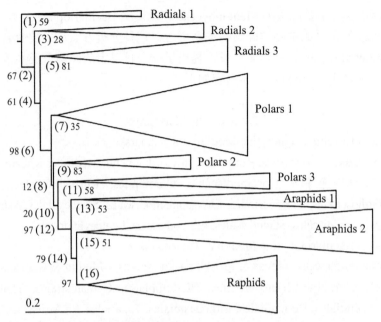

图 4-1 基于 207 种硅藻序列的建立的系统进化树 （Theriot et al. 2015）

Theriot 等的结果表明，无论把硅藻分成两大类（中心纲和羽纹纲），还是分成三大类（圆筛藻纲、脆杆藻纲和硅藻纲；或圆筛藻纲、中心纲和硅藻纲）都不是自然的分类系统，中心类硅藻和中型硅藻都不是单系的类群。

10. Cox 的分类系统（2015 年）

Cox（2015）在 *Syllabus of Plant Families* 一书中，将 Theriot 等（2011）和 Ashworth 等（2013）的研究结果同 Round 等（1990）分类系统相结合，重新对硅藻的分类系统进行了整理。在 Cox 的系统中，硅藻被分为 4 个纲 9 个亚纲，包含 41 目 91 科 397 属，具体内容和排列如下：

Division Bacillariophyta
Class Coscinodiscophyceae Round & Crawford
  Subclass Corethrophycidae Round & Crawford
    Order Corethrales Round & Crawford
      Family Corethraceae Lebour（1）
  Subclass Melosirophycidae Cox
    Order Melosirales Crawford
      Family Aulacoseiraceae Crawford（3）
      Family Endictyaceae Crawford（1）
      Family Hyalodiscaceae Crawford（2）
      Family Melosiraceae Kützing（2）

Family Orthoseiraceae Crawford（1）

Family Paraliaceae Crawford（2）

Family Stephanopyxidaceae Nikolaev（1）

地位未定属 Genus incertae sedis（3）

Subclass Coscinodiscophycidae Round & Crawford

Order Chrysanthemodiscales Round

Family Chrysanthemodiscaceae Round（1）

Order Coscinodiscales Round & Crawford

Family Aulacodiscaceae（Schütt） Lemmermann（1）

Family Coscinodiscaceae Kützing（5）

Family Gossleriellaceae Round（1）

Family Hemidiscaceae（Hendey） Simonsen（8）

Family Rocellaceae Round & Crawford（1）

Order Ethmodiscales Round

Family Ethmodiscaceae Round（1）

Order Stictocyclales Round

Family Stictocyclaceae Round（1）

Order Asterolamprales Round & Crawford

Family Asterolampraceae Smith（2）

Order Arachnoidiscales Round

Family Arachnoidiscaceae Round（1）

Order Stictodiscales Round & Crawford

Family Stictodiscaceae（Schütt） Simonsen（1）

Order Rhizosoleniales Silva

Family Pyxillaceae（Schütt） Simonsen（5）

Family Rhizosoleniaceae De Toni（6）

Class Mediophyceae Medlin & Kaczmarska

Subclass Biddulphiophycidae Round & Crawford

Order Biddulphiales Krieger

Family Atteyaceae Round & Crawford（1）

Family Biddulphiaceae Kützing（8）

Order Toxariales Round

Family Ardissoneaceae Round（1）

Family Climacospheniaceae Round（2）

Family Toxariaceae Round（1）

Subclass Cymatosirophycidae Round & Crawford

Order Cymatosirales Round & Crawford

Family Cymatosiraceae Hasle（11）

Family Rutilariaceae De Toni（2）

Subclass Chaetocerotophycidae Round & Crawford

  Order Hemiaulales Round & Crawford

    Family Hemiaulaceae Heiberg（18）

    Family Streptothecaceae Crawford（2）

  Order Anaulales Round & Crawford

    Family Anaulaceae（Schütt）Lemmermann （3）

  Order Chaetocerotales Round & Crawford

    Family Acanthocerataceae Crawford（1）

    Family Chaetocerotaceae Ralfs in Pritchard（3）

Subclass Thalassiosirophycidae Round & Crawford

  Order Eupodiscales Cox

    Family Eupodiscaceae Simonsen （11）

  Order Lithodesmiales Round & Crawford

    Family Bellerocheaceae Crawford（2）

    Family Lithodesmiaceae Round（3）

  Order Leptocylindrales Round & Crawford

    Family Leptocylindraceae Lebour（1）

  Order Thalassiosirales Glezer & Makarova

    Family Lauderiaceae（Schütt）Lemmermann（1）

    Family Skeletonemataceae Lebour（13）

    Family Thalassiosiraceae Lebour（7）

Class Fragilariophyceae Round

  Order Plagiogrammales Cox

    Family Plagiogrammaceae De Toni（5）

  Order Rhaphoneidales Round

    Family Psammodiscaceae Round & Mann（1）

    Family Rhaphoneidaceae Forti（9）

  Order Fragilariales Silva

    Family Fragilariaceae Greville（14）

  Order Tabellariales Round

    Family Tabellariaceae Kützing（7）

  Order Rhabdonematales Round & Crawford

    Family Grammatophoraceae Lobban & Ashworth （3）

    Family Rhabdonemataceae Round & Crawford（2）

  Order Cyclophorales Round & Crawford

    Family Cyclophoraceae Round & Crawford（4）

    Family Entopylaceae Grunow（2）

Order Licmophorales Round emend.

    Family Licmophoraceae Kützing（3）

    Family Ulnariaceae Cox（15）

Order Striatellales Round

    Family Striatellaceae Kützing（2）

Order Thalassionematales Round

    Family Thalassionemataceae Round（3）

Order Protoraphidiales Round

    Family Protoraphidaceae Simonsen（2）

Class Bacillariophyceae Haeckel

  Subclass Eunotiophycidae Mann

    Order Eunotiales Silva

      Family Eunotiaceae Kützing（7）

      Family Peroniaceae（Karsten） Topachevs'kyj & Oksiyuk（1）

  Subclass Bacillariophycidae Mann

    Order Lyrellales Mann

      Family Lyrellaceae Mann（2）

    Order Mastogloiales Mann

      Family Achnanthaceae Kützing emend. Mann（1）

      Family Mastogloiaceae Mereschkowsky emend.（4）

    Order Dictyoneidales Mann

      Family Dictyoneidaceae Mann（1）

    Order Cymbellales Mann

      Family Anomoeoneidaceae Mann（5）

      Family Cymbellaceae Greville emend.（9）

      Family Gomphonemataceae Kützing emend.（9）

      Family Rhoicospheniaceae Chen & Zhu（6）

        地位未定属 Genus incertae sedis（1）

    Order Cocconeidales Cox

      Family Achnanthidiaceae Mann（9）

      Family Cocconeidaceae Kützing（9）

    Order Naviculales Bessey

  Suborder Neidiineae Mann

      Family Amphipleuraceae Grunow（4）

      Family Berkeleyaceae Mann（5）

      Family Brachysiraceae Mann（2）

      Family Cavinulaceae Mann（1）

      Family Cosmioneidaceae Mann（1）

Family Diadesmidiaceae Mann（3）

Family Neidaceae Mereschkowsky（5）

Family Scolioneidaceae Mann（1）

Family Scoliotropidaceae Mereschkowsky（4）

Suborder Sellaphorineae Mann

Family Pinnularaiceae Mann（8）

Family Sellaphoraceae Mereschkowsky（8）

Suborder Diploneidineae Mann

Family Diploneidaceae Mann（2）

Suborder Naviculineae Hendey

Family Naviculaceae Kützing（9）

Family Plagiotropidaceae Mann（3）

Family Pleurosigmataceae Mereschkowsky（4）

Family Proschkiniaceae Mann（1）

Family Stauroneidaceae Mann（5）

位置不定的科 Familia incertae sedis

Family Phaeodactylaceae Lewin（1）

地位未定属 Genus incertae sedis（16）

Order Thalassiophysales Mann

Family Catenulaceae Mereschkowsky（3）

Family Thalassiophysaceae Mann（3）

Order Bacillariales Hendey

Family Bacillariaceae Ehrenberg（19）

Order Rhopalodiales Mann

Family Entomoneidaceae Reimer in Patrick & Reimer（1）

Family Rhopalodiaceae（Karsten ） Topachevs'kyj & Oksiyuk（3）

Order Surirellales Mann

Family Auriculaceae Hendey（1）

Family Surirellaceae Kützing（7）

4.2 中国使用的硅藻分类系统

我国学者金德祥等（1965）在《中国海洋浮游硅藻类》一书中首次提出了我国海洋硅藻的分类系统，与 Hustedt（1930）的系统相似，将硅藻门分为 1 纲 2 目 9 亚目 19 科。金德祥等 1982 年在《中国海洋底栖硅藻类（上卷）》一书中，用化石材料来研究硅藻的系统演化，结合 Hendey 1974 年的系统修改了原来的系统，硅藻门下设 2 个纲 9 个目 20 个科（表 4-1）。

表 4-1　金德祥等硅藻分类系统（1982） *

硅藻门 BACILLARIOPHYTA

中心纲 Centricae	羽纹藻纲 Pennatae
圆筛藻目 Coscinodiscales	舟形藻目 Naviculales
1. 圆筛藻科 Coscinodiscaceae	9. 舟形藻科 Naviculaceae
2. 眼纹藻科 Eupodiscaceae	10. 桥弯藻科 Cymellaceae
3. 辐盘藻科 Actinodiscaceae	11. 异极藻科 Gomphonemaceae
4. 星纹藻科 Asterolampraceae	12. 耳形藻科 Auriculaceae
盒形藻目 Biddulphiales	等片藻目 Diatomales
5. 盒形藻科 Biddulphiaceae	13. 等片藻科 Diatomaceae
6. 角毛藻科 Chaetocerotaceae	曲壳藻目 Achnanthales
7. 舟辐藻科 Rutilariaceae	14. 卵形藻科 Cocconeiaceae
根管藻目 Rhizosoleniales	15. 曲壳藻科 Achnanthaceae
8. 根管藻科 Rhizosoleniaceae	短缝藻目 Eunotiales
	16. 短缝藻科 Eunotialeceae
	褐指藻目 Phaeodactylales
	17. 褐指藻科 Phaeodactylaceae
	双菱藻目 Surirellales
	18. 窗纹藻科 Epithemiaceae
	19. 菱形藻科 Nitzschiaceae
	20. 双菱藻科 Surirellaceae

*根据金德祥等 1982 年的《中国海洋底栖硅藻类（上卷）》一书整理，后来的海洋硅藻书籍基本上是以此为基础，有的加以修改，如郭玉洁和钱树本 2003 年的《中国海藻志》（第 5 卷-中心纲）有较大的变动。

　　我国淡水硅藻的分类系统是按照 1979 年 9 月在广西桂林召开的"全国藻类系统发育及分类系统会议"上确定的方案制定的，将硅藻列为一个独立的门，即硅藻门（Bacillariophyta），下设两个纲，中心纲（Centricae）和羽纹纲（Pennatae）。朱蕙忠和陈嘉佑在 1980 年出版的《中国淡水藻类》一书中，将淡水硅藻列为 2 纲 8 个目，《中国淡水藻志》和国内许多书籍也都是按此系统排列。具体如下：

硅藻门 BACILLARIOPHYTA
　中心纲　Centricae
　　圆筛藻目　Coscinodiscales
　　根管藻目　Rhizoleniales
　　盒形藻目　Biddulphiales
　羽纹纲　Pennatae
　　无壳缝目　Araphidiales
　　短壳缝目　Raphidionales

双壳缝目 Biraphidinales
单壳缝目 Monoraphidinales
管壳缝目 Aulonoraphidinales

4.3 本书采用的硅藻分类系统

通过前面的回顾我们可以看到，自从 Agardh 建立第一个硅藻分类系统以来，学者们已建立多个分类系统。这些分类系统，多数是以细胞壁（壳体）的形态和壳缝及纹饰进行分类的，早期是基于光镜观察的形态，如 Schütt（1896）、Karsten（1928）、Hustedt（1930）、Silva（1962）、Hendey（1964）、金德祥（1978）等；后期基于电镜的结构，如 Simonsen（1979）、Round 等（1990）。这些基于细胞壁形态特征建立起来的分类系统，被认为都是人为的分类系统。

也有的学者试图用原生质体、生殖及运动方式等特征进行分类，如 Pfitzer（1871）提出了以原生质体的结构进行分类，Merezhkowsky 1901 年根据细胞的运动进行划分等。分子生物学的应用，为硅藻自然分类提供了契机，Medlin & Kaczmarska（2004）、Theriot 等（2009，2010）都提出了不同的硅藻系统分类的观点，但迄今为止，仍未有成熟的被广为认可的自然分类系统，目前的系统仍然以鉴定为基础。

本书基于国内外现有的分类系统，参考国际上新的研究成果，建立一个简明适用的淡水硅藻分类系统，为淡水硅藻的鉴定和研究提供依据。

1. 关于硅藻的分类地位：无论是形态还是分子系统学的研究，硅藻属于异鞭藻类的一个独立类群是大家公认的，有的将其作为一个独立的门，也有的将其作为一个纲，本书赞成将硅藻作为一个独立的门——硅藻门（Bacillariophyta）。

2. 关于硅藻门纲的划分：早期的研究者基于光镜的观察，多数将硅藻分为两大类，中心类（中心纲）和羽纹类（羽纹纲）（Karsten 1928；Hustedt 1930）；Round 等 1980 年基于电镜观察将硅藻分为圆筛藻纲、脆杆藻纲和硅藻纲；Medlin & Kaczmarska（2004）根据分子系统学的研究结果将硅藻分为圆筛藻纲、中型硅藻纲和硅藻纲；Cox（2015）综合各方面的研究将硅藻分为圆筛藻纲、中型硅藻纲、脆杆藻纲和硅藻纲 4 个纲；Theriot 2015 年根据 7 个基因的分析，认为硅藻分为 9 个组。我们将几个分纲的观点之间的关系绘制如图 4-2。

从图 4-2 可以看出，无论将硅藻分为两个纲、三个纲还是四个纲，都不能反映硅藻各类群之间的亲缘关系，都是人为的分类系统。从现在的研究成果看，最初的羽纹纲各类群之间关系相对较近，无壳缝类和具壳缝类之间有明显的区别；而中心纲则是一个多系的类群。既然 Round 和 Medlin 的三纲分法以及 Cox 的四纲分法都不能反映硅藻之间的亲缘关系，而且有可能带来新的混乱，我们又何必再做这些无意义的改动呢？因此，我们仍然采用两纲的分类方法，这样鉴定者使用时会更加容易和方便。

关于亚纲的设置：Round 等（1990）和 Cox（2015）在硅藻各纲下分别设置了 11 个和 10 个亚纲，但这些亚纲的设置，并没有得到分子系统学数据的支持，如果从单纯的分类角度看，我们倒认为将羽纹纲分为脆杆藻亚纲和硅藻亚纲，中心纲分为圆筛藻亚纲和

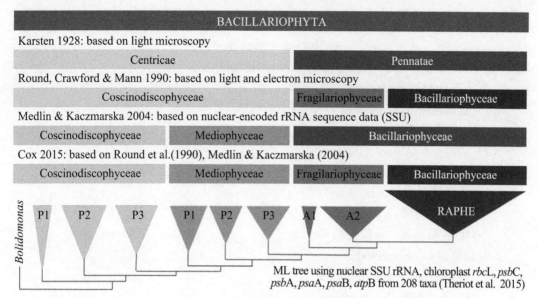

图 4-2　硅藻纲的划分关系示意图

中型硅藻亚纲，共 4 个亚纲更合适，但为了鉴定使用方便，我们还是认为不设亚纲为好。

3. 关于目的划分和设置：目的设置对藻类分类系统的建立至关重要，目的形态特征应该明确突出、易观察，目的数量与名称也应该适量、易记忆，当然，目的划分也应该尽可能地得到分子数据的支持。在基于光镜观察的研究中，最多的将硅藻分成 10 个目（Silva 1962；Patrick & Reimer 1966），当然他们目的设置内容也不是完全一致。Round 等（1990）的系统中，目的数量多达 45 个，有许多目只有 1 个种，这种处理也受到许多人反对（Williams 2007），Cox（2015）的系统中，沿用了 Round 的许多目，有 41 个目。但这些目的设置，并没有得到广泛的支持，分子系统学的研究，对合理设置目的观点尚不完全清晰。因此，本书对目的设置仍采取了相对保守的观点，仍以原有光镜下设置的目为基础，结合近几年分子系统学资料，将中国淡水硅藻的目设置如下：

中心纲包括 6 个目：直链藻目（Melosirales）、圆筛藻目（Coscinodiscales）、海链藻目（Thalassiosirales）、盒形藻目（Biddulphiales）、根管藻目（Rhizosoleniales）和角毛藻目（Chaetocerotales），与《中国淡水藻志》相比，增加了直链藻目和海链藻目，这两个目在形态学和分子系统学资料上都有较好的支持。

羽纹纲包括 5 个目：脆杆藻目（Fragilariales）、短缝藻目（Eunotiales）、舟形藻目（Naviculales）、曲壳藻目（Achnanthales）和双菱藻目（Surirellales）。

4. 关于科属划分和排列：科属是硅藻鉴定重要的分类等级，早期的科属划分主要依据光镜下观察到的特征。电镜的应用，使硅藻科属的划分得到飞跃，Round 等 1980 年依据电镜观察到的细胞壁微细结构，如壳缝、纹饰、支持突、唇形突等特征，将科属的数量大幅度增加。本书在科属层面上，采用了 Round 等的概念。

根据以上原则，本书收录了我国已发现的淡水硅藻 2 纲 11 目 31 科 150 属，排列顺序如下：

硅藻门 BACILLARIOPHYTA

中心纲 Centricae

（圆筛藻纲 Coscinodiscophyceae）

1　直链藻目 Melosirales

（1）直链藻科 Melosiraceae

　　[1] 直链藻属 *Melosira*

（2）沟链藻科 Aulacoseiraceae

　　[2] 沟链藻属 *Aulacoseira*

（3）正盘藻科 Orthoseiraceae

　　[3] 正盘藻属 *Orthoseira*

　　[4] 埃勒藻属　新拟 *Ellerbeckia*

2　圆筛藻目 Coscinodiscales

（4）圆筛藻科 Coscinodiscaceae

　　[5] 圆筛藻属 *Coscinodiscus*

（5）半盘藻科 Hemidiscaceae

　　[6] 辐环藻属 *Actinocyclus*

（6）辐盘藻科 Actinodiscaceae

　　[7] 辐裥藻属 *Actinoptychus*

3　海链藻目 Thalassiosirales

（7）海链藻科 Thalassiosiraceae

　　[8] 海链藻属 *Thalassiosira*

　　[9] 筛环藻属 *Conticribra*

（8）骨条藻科 Skeletonemataceae

　　[10] 骨条藻属 *Skeletonema*

（9）冠盘藻科 Stephanodiscaceae

　　[11] 冠盘藻属 *Stephanodiscus*

　　[12] 环冠藻属 *Cyclostephanos*

　　[13] 小环藻属 *Cyclotella*

　　[14] 蓬氏藻属　新拟 *Pantocsekiella*

　　[15] 碟星藻属 *Discostella*

　　[16] 琳达藻属 *Lindavia*

　　[17] 塞氏藻属　新拟 *Edtheriotia*

（10）微圆藻科 Clipeoparvaceae

　　[18] 微圆藻属　新拟 *Clipeoparvus*

4　盒形藻目 Biddulphiales

（11）盒形藻科 Biddulphiaceae

　　[19] 水链藻属 *Hydrosera*

　　[20] 侧链藻属 *Pleurosira*

[21]　三角藻属 *Triceratium*

5　根管藻目 Rhizosoleniales

（12）根管藻科 Rhizosoleniaceae

[22]　尾管藻属 *Urosolenia*

6　角毛藻目 Chaetocerotales

（13）角毛藻科 Chaetocerotaceae

[23]　角毛藻属 *Chaetoceros*

（14）刺角藻科 Acanthocerataceae

[24]　刺角藻属 新拟 *Acanthoceras*

羽纹纲　Pennatae

（硅藻纲 Bacillariophyceae）

7　脆杆藻目 Fragilariales

（15）脆杆藻科 Fragilariaceae

[25]　脆杆藻属 *Fragilaria*

[26]　肘形藻属 *Ulnaria*

[27]　西藏藻属 *Tibetiella*

[28]　栉链藻属 *Ctenophora*

[29]　平格藻属 *Tabularia*

[30]　蛾眉藻属 *Hannaea*

（16）十字脆杆藻科 Staurosiraceae

[31]　十字脆杆藻属 *Staurosira*

[32]　窄十字脆杆藻属 *Staurosirella*

[33]　假十字脆杆藻属 *Pseudostaurosira*

[34]　网孔藻属 *Punctastriata*

[35]　十字型脆杆藻属 *Stauroforma*

[36]　拟十字脆杆藻属 *Pseudostaurosiropsis*

（17）平板藻科 Tabellariaceae

[37]　平板藻属 *Tabellaria*

[38]　四环藻属 *Tetracyclus*

[39]　星杆藻属 *Asterionella*

[40]　细杆藻属 新拟 *Distrionella*

[41]　脆形藻属 *Fragilariforma*

[42]　等片藻属 *Diatoma*

[43]　扇形藻属 *Meridion*

8　短缝藻目 Eunotiales

（18）短缝藻科 Eunotiaceae

[44]　短缝藻属 *Eunotia*

[45]　长茅藻属 *Actinella*

[46] 双辐藻属 新拟 *Amphorotia*

（19）异缝藻科 新拟 Peroniaceae

[47] 中华异缝藻属 新拟 *Sinoperonia*

9 舟形藻目 Naviculales

（20）舟形藻科 Naviculaceae

[48] 舟形藻属 *Navicula*

[49] 格形藻属 *Craticula*

[50] 海氏藻属 *Haslea*

[51] 岩生藻属 *Petroneis*

[52] 科斯麦藻属 *Cosmioneis*

[53] 盘状藻属 *Placoneis*

[54] 劳氏藻属 新拟 *Rexlowea*

[55] 盖斯勒藻属 *Geissleria*

[56] 泥栖藻属 *Luticola*

[57] 北方藻属 *Boreozonacola*

[58] 拉菲亚属 *Adlafia*

[59] 洞穴藻属 *Cavinula*

[60] 努佩藻属 *Nupela*

[61] 全链藻属 *Diadesmis*

[62] 塘生藻属 *Eolimna*

[63] 根卡藻属 新拟 *Genkalia*

[64] 马雅美藻属 *Mayamaea*

[65] 荷语藻属 *Envekadea*

[66] 宽纹藻属（蹄形藻属） *Hippodonta*

[67] 鞍型藻属 *Sellaphora*

[68] 假伪形藻属 *Pseudofallacia*

[69] 日耳曼藻属 新拟 *Germainella*

[70] 微肋藻属 *Microcostatus*

[71] 伪形藻属 *Fallacia*

[72] 旋舟藻属 *Scoliopleura*

[73] 双壁藻属 *Diploneis*

[74] 长篦藻属 *Neidium*

[75] 长篦形藻属 *Neidiomorpha*

[76] 细篦藻属 *Neidiopsis*

[77] 缪氏藻属 *Muelleria*

[78] 异菱藻属 *Anomoeoneis*

[79] 暗额藻属 *Aneumastus*

[80] 交互对生藻属 *Decussiphycus*

[81]　小林藻属 *Kobayasiella*

[82]　短纹藻属 *Brachysira*

[83]　喜湿藻属　新拟　*Humidophila*

[84]　双肋藻属 *Amphipleura*

[85]　肋缝藻属 *Frustulia*

[86]　长肋藻属　新拟　*Fricken*

[87]　辐节藻属 *Stauroneis*

[88]　前辐节藻属 *Prestauroneis*

[89]　辐带藻属　新拟　*Staurophora*

[90]　卡帕克藻属 *Capartogramma*

[91]　胸隔藻属 *Mastogloia*

[92]　四川藻属 *Sichuaniella*

[93]　羽纹藻属 *Pinnularia*

[94]　美壁藻属 *Caloneis*

[95]　库氏藻属　新拟　*Kulikovskiyia*

[96]　矮羽藻属 *Chamaepinnularia*

[97]　等隔藻属 *Diatomella*

[98]　湿岩藻属 *Hygropetra*

[99]　布纹藻属 *Gyrosigma*

[100]　斜纹藻属 *Pleurosigma*

[101]　斜脊藻属　*Plagiotropis*

（21）桥弯藻科 Cymbellaceae

[102]　桥弯藻属 *Cymbella*

[103]　弯缘藻属 *Oricymba*

[104]　瑞氏藻属 *Reimeria*

[105]　弯肋藻属 *Cymbopleura*

[106]　内丝藻属 *Encyonema*

[107]　优美藻属 *Delicatophycus*

[108]　拟内丝藻属 *Encyonopsis*

[109]　近丝藻属　新拟　*Kurtkrammeria*

[110]　半舟藻属 *Seminavis*

（22）双眉藻科 Catenulaceae

[111]　双眉藻属 *Amphora*

[112]　海双眉藻属 *Halamphora*

[113]　四眉藻属　新拟　*Tetramphora*

（23）异极藻科 Gomphonemataceae

[114]　异极藻属 *Gomphonema*

[115]　异纹藻属　　新拟　*Gomphonella*

[116] 异楔藻属 *Gomphoneis*

[117] 中华异极藻属 *Gomphosinica*

[118] 双楔藻属 *Didymosphenia*

（24）弯楔藻科 Rhoicospheniaceae

[119] 弯楔藻属 *Rhoicosphenia*

[120] 楔异极藻属 *Gomphosphenia*

10 曲壳藻目 Achnanthales

（25）曲壳藻科 Achnanthaceae

[121] 曲壳藻属 *Achnanthes*

（26）卵形藻科 Cocconeidaceae

[122] 卵形藻属 *Cocconeis*

（27）曲丝藻科 Achnanthidiaceae

[123] 曲丝藻属 *Achnanthidium*

[124] 异端藻属 新拟 *Gomphothidium*

[125] 科氏藻属 *Kolbesia*

[126] 沙生藻属 *Psammothidium*

[127] 罗西藻属 *Rossithidium*

[128] 片状藻属 *Platessa*

[129] 泉生藻属 新拟 *Crenotia*

[130] 卡氏藻属 *Karayevia*

[131] 附萍藻属 *Lemnicola*

[132] 平面藻属 *Planothidium*

[133] 格莱维藻属 *Gliwiczia*

[134] 真卵形藻属 *Eucocconeis*

11 双菱藻目 Surirellales

（28）杆状藻科 Bacillariaceae

[135] 杆状藻属 *Bacillaria*

[136] 菱形藻属 *Nitzschia*

[137] 西蒙森藻属 *Simonsenia*

[138] 菱板藻属 *Hantzschia*

[139] 沙网藻属 *Psammodictyon*

[140] 盘杆藻属 *Tryblionella*

[141] 细齿藻属 *Denticula*

[142] 格鲁诺藻属 新拟 *Grunowia*

[143] 筒柱藻属 *Cylindrotheca*

（29）棒杆藻科 Rhopalodiaceae

[144] 棒杆藻属 *Rhopalodia*

[145] 窗纹藻属 *Epithemia*

（30）茧形藻科 Entomoneidaceae

　　[146]　茧形藻属 *Entomoneis*

（31）双菱藻科 Surirellaceae

　　[147]　双菱藻属 *Surirella*

　　[148]　长羽藻属 *Stenopterobia*

　　[149]　马鞍藻属 *Campylodiscus*

　　[150]　波缘藻属 *Cymatopleura*

第5章 中国淡水硅藻属的特征

自1848年我国首次报道淡水硅藻，截至2020年12月，我国共记录了淡水硅藻166属4468个分类单位（2635种1584变种7亚种242变型）。参照国际现行的淡水硅藻分类系统，本书对我国淡水硅藻150属（隶属于11目31科）进行了系统介绍。本章对各属的分类特征、识别要点、系统地位等进行了描述，并附显示特征的照片。

硅藻门 BACILLARIOPHYTA

硅藻为单细胞，可连接成各种形态的群体。细胞壁由两个套合的半片组成，大的半片称上壳，小的称下壳；成分为硅质、果胶质，无纤维素。细胞壁的形态、结构、纹饰等都是分类的依据。

硅藻绝大多数是单细胞，具有2条不等长的鞭毛；极少数为丝状体，仅在生殖时游动细胞具鞭毛。

硅藻色素体1至多数，小盘状或片状。叶绿素成分是叶绿素a和叶绿素c，辅助色素有β-胡萝卜素、叶黄素类，叶黄素包括墨角藻黄素、硅藻黄素、硅甲黄素，因此硅藻呈橙黄色、黄橙色。同化产物是金藻淀粉和油。

硅藻营养细胞没有游动细胞，仅精子具鞭毛。

硅藻的繁殖以细胞分裂为主，细胞分裂时，原母细胞壁的两个半片分别保留在两个子细胞上，子细胞新分泌形成一个下壳；由于新分泌的半片始终是作为子细胞的下壳，老的半片作为上壳，结果造成一个子细胞的体积和母细胞等大，另一个则比母细胞略小；随着细胞分裂的次数增加，后代细胞会越来越小。当缩小到一定程度时，会以产生复大孢子的方式恢复其大小。硅藻的有性生殖常与复大孢子相联系，有的种类可产生具鞭毛的精子。

硅藻分布非常广泛，淡水、海水、半咸水中均有分布，浮游或附着在基物上；在低温水体或温泉中、土壤、岩石、墙壁、树干等表面也大量分布。

中心纲 Centricae
（圆筛藻纲 Coscinodiscophyceae）

细胞单生或连接成链状群体，多为浮游种类，少数附生生活。壳体圆盘形、鼓形、球形、圆柱形或盒形；具唇形突、支持突、脊突或延伸突，有的类群具各种类型的刺。壳面圆形、三角形、多角形或不规则形，无壳缝，纹饰形态多样，多呈辐射状排列。

本纲共收录 6 目。

分 目 检 索 表

1. 壳体具眼斑或假眼斑 ·· 盒形藻目 Biddulphiales
1. 壳体不具眼斑或假眼斑 ·· 2
　2. 壳体具刺管突起或角毛 ··· 3
　2. 壳体不具管状突起或角毛 ··· 4
3. 壳体具管状突起 ··· 根管藻目 Rhizosoleniales
3. 壳体具角毛 ·· 角毛藻目 Chaetocerotales
　4. 细胞彼此连接成链状群体 ··································· 直链藻目 Melosirales
　4. 细胞单生或形成群体 ··· 5
5. 壳体具支持突，和数量较多的唇形突 ···················· 海链藻目 Thalassiosirales
5. 壳体无支持突，仅具唇形突 ······························· 圆筛藻目 Coscinodiscale

直链藻目 Melosirales Crawford 1990

细胞圆柱形或近球形，彼此之间通过壳针连接成链状或丝状群体。色素体小盘状。壳面平，不具纹饰或纹饰不明显，壳面筛板多孔；唇形突小，散生。环带开放，多数。广泛分布于内陆水体中，浮游或着生。

Round 等（1990）新建立了直链藻目（Melosirales），隶属于圆筛藻纲圆筛藻亚纲，下设 4 科。Cox（2015）建立了直链藻亚纲（Melosirophycidae），下设直链藻目 1 个目，并将 Round 等（1990）分类系统中的 Paraliales、Aulacoseirales、Orthoseirales 作为科来处理，移入直链藻目。这样 Cox 的直链藻目含有 7 科 Aulacoseiraceae、 Melosiraceae、Stephanopyxidaceae、Endictyaceae、Hyalodiscaceae、Orthoseiraceae 和 Paraliaceae。

在我国的相关著作中，多是将直链藻的藻类放在圆筛藻目圆筛藻科，本书采用 Cox（2015）的直链藻目的概念，对我国淡水硅藻进行科的划分。

本目共收录 3 科，直链藻科（Melosiraceae）、沟链藻科（Aulacoseiraceae）和正盘藻科（Orthoseiraceae）。

直链藻目分科检索表

1. 细胞圆柱形，具脊突 ··· 正盘藻科 Orthoseiraceae
1. 细胞圆柱形，不具脊突 ·· 2
　2. 壳套面具直或螺旋排列的线纹，具颈环 ················· 沟链藻科 Aulacoseiraceae
　2. 壳套面不具线纹，壳面纹饰不明显 ····················· 直链藻科 Melosiraceae

直链藻科 Melosiraceae Kützing 1844 emend. Crawford 1990

细胞圆柱形，彼此之间通过壳针或胶质连接成链状群体。唇形突小，靠近壳缘，丛生或离生。

直链藻科（Melosiraceae）是由 Kützing（1844）建立的，当时包含 5 属：*Cyclotella*、*Pyxidicula*、*Pododiscus*、*Podosira* 和 *Melosira*。Rabenhorst（1847）将直链藻作为 Diatomaceae 科下的一个亚科 Melosireae。Hustedt（1930）将 Melosiroideae 作为圆筛藻科的一个亚科。其后，Silva（1962）、Hendey（1964）、Patrick & Reimer（1966）都将其归入到圆筛藻科当中。Simonsen（1979）将直链藻科作为一个独立的科，隶属于圆筛藻目。

Round 等（1990）建立了直链藻目，下设 4 科，直链藻科为其中 1 科，下含 2 属。其中直链藻属（*Melosira*），附生或浮游生活，分布广泛，淡水海水中均有分布；另一个属 *Druridgea* 为海洋附生类群。

在我国的分类学文献中，多将直链藻作为圆筛藻科下的一个属。本书中将直链藻作为独立的一个科——直链藻科（Melosiraceae），放在直链藻目中，收录直链藻属 1 属。

1. 直链藻属 *Melosira* C.A. Agardh 1824

形态描述：细胞圆柱形，通过壳面彼此连接形成链状群体。壳套深，常示带面观，带面呈方形或长方形。壳面结构十分简单，在光镜下看不到纹饰，扫描电镜下观察，边缘及中部具密集的硅质小壳针；孔纹随机排列或辐射状排列。无支持突。唇形突在壳面零散或成组排列，在壳套上环形排列。

鉴别特征：①常形成链状群体（图 5-1：1-2）；②壳面平滑不具有肋纹或隔膜（图 5-1：3）；③壳面具细小的壳针，光镜下不可见，仅在电镜下能够观察到（图 5-1：5）。

生境：常见于缓流或静水水体中。有些研究者认为该种是有机物污染的指示种类。

分布：世界性广布。我国广泛分布。

模式种：*Melosira nummuloides* Agardh。

本属全世界报道种类有 500 多个分类单位，早期我国记录有 30 种 29 变种 10 变型。根据现在的分类修订，大部分种类隶属于沟链藻属（*Aulacoseira*）、正盘藻属（*Orthoseira*）等属，截至目前，还留在直链藻属的有 14 种 5 变种，*M. varians* 是最常见的种类。

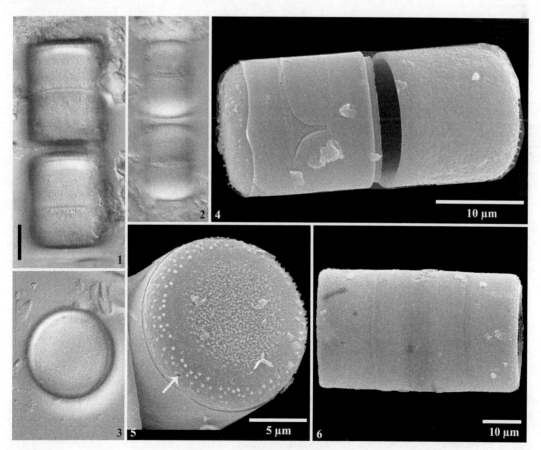

图 5-1　直链藻属（*Melosira*）

1-3: 光镜照片，标尺=10 μm，1,2. 带面观, 3. 壳面观；　4-6: 扫描电镜照片, 4,6. 带面观, 5. 外壳面观

沟链藻科 Aulacoseiraceae Crawford 1990

细胞圆柱形，通过壳缘的壳针连接成链状群体。壳面较平，壳套面具直的或螺旋排列的线纹。具颈环。

沟链藻科（Aulacoseiraceae）是 Crawford 于 1990 年建立的，将其放在 Round 等（1990）系统中的圆筛藻纲圆筛藻亚纲沟链藻目（Aulacoseirales）中，该目仅有这一个科。在 Cox（2015）的分类系统中，该科隶属于圆筛藻纲直链藻目。

沟链藻科包括 3 个属，沟链藻属（Aulacoseira）是淡水常见的浮游类群；另外两个属 Miosira 和 Strangulonema 均是化石类群。

我们将沟链藻科作为一个独立的科，放在直链藻目中。本书仅收录沟链藻属（Aulacoseira）1 属。

2. 沟链藻属　*Aulacoseira* G.H.K. Thwaites 1848

形态描述：细胞圆柱形，通过壳针彼此连接形成链状群体。壳套深，具直或弯曲排列的点纹；边缘具一圈窄的无纹区，称为颈（collum），颈的内部具一圈向内突起的硅质增厚，称为颈环（ringleiste）。壳面呈圆形，点纹贯穿壳面或仅出现在壳缘；边缘具 1 至多个壳针，壳针渐尖嵌入相邻壳面的凹槽中，或匙形与相对细胞的壳针互相交叉相连。无支持突。唇形突较小，位于颈环内侧。

鉴别特征：①壳体之间通过壳针彼此相连成链状群体（图 5-2：1-3, 6-8）；②壳套面深且具纹饰（图 5-2：6-8）；③壳套边缘具颈和颈环（图 5-2：6-8）。

生境：广泛分布在河流、湖泊等多种环境中。

分布：世界性广布。我国广泛分布。

模式种：*Aulacoseira crenulata*（Ehrenberg）Thwaites。

本属全世界报道种类约 150 个分类单位。我国记录有 13 种 7 变种 2 变型。在早期的研究中，大部分将该属种类归入到直链藻属（*Melosira*）中。该属与直链藻属最大的区别就是该属壳套面具纹饰。

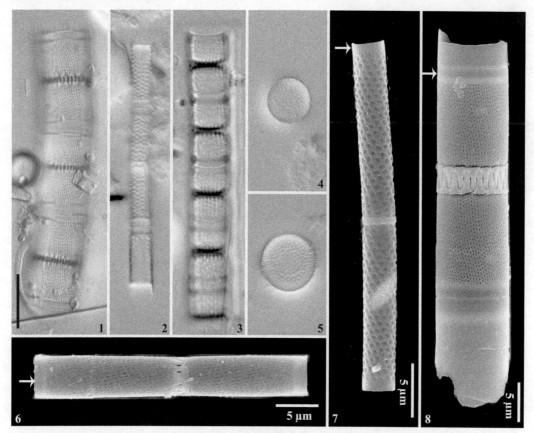

图 5-2　沟链藻属(*Aulacoseira*)

1-5: 光镜照片，标尺=10μm, 1-3. 带面观，4,5. 壳面观；　6-8: 扫描电镜照片，带面观

正盘藻科 Orthoseiraceae Crawford 1990

　　细胞圆柱形，壳面通过壳针彼此紧密相连形成短链状群体。壳面具放射排列的线纹，延伸至壳套面。壳面中部具 2-3 个脊突。合部内侧常见增厚。

　　正盘藻科（Orthoseiraceae）也是 Crawford 于 1990 年建立的，将其放在 Round 等（1990）的分类系统中的圆筛藻纲圆筛藻亚纲正盘藻目（Orthoseirales）。在 Cox（2015）的分类系统中，将正盘藻科归入圆筛藻纲直链藻目。

　　在 Cox（2015）的分类系统中，正盘藻科仅含正盘藻属（Orthoseira）1 个属。

　　本书设立正盘藻科，将其放在直链藻目中，并将 Cox（2015）系统中隶属于直链藻目帕拉利亚藻科（Paraliaceae）中的 Ellerbeckia 并入本科。共收录 2 属：正盘藻属（Orthoseira）和埃勒藻属（Ellerbeckia）。

3. 正盘藻属 *Orthoseira* G.H.K. Thwaites 1848

形态描述：细胞单生或形成链状群体。壳面圆形，线纹由不同类型的点纹组成，长短不一；边缘具刀片状的壳针，一些种类，如 *O. dendrophila*（Ehrenberg）Round et al. 的点纹被刀片状壳针分隔成簇状排列；中部具有特殊类型的开口，较壳面点纹大，外壳面开口周围具硅质增厚，称为脊突（carinoportulae）。带面圆柱形。

鉴别特征：①细胞彼此相连形成短链状群体（图 5-3：2-3）；②壳缘具壳针（图 5-3：5，白色宽箭头）；③壳面中部具 1 或多个脊突（图 5-3：5，白色窄箭头）。

生境：亚气生，常生于碱性基质上的苔藓植物群落中。在湖泊及溪流中很少见。

分布：世界性广布。我国分布于黑龙江、浙江等地。

模式种：*Orthoseira americana*（Kützing）Spaulding & Kociolek。

本属全世界报道 35 种 2 变种，我国记录有 1 种 2 变种 1 变型。在早期研究中均将该属种类置于直链藻属（*Melosira*）中。该属与直链藻属的主要区别在于该属壳面中部具脊突。

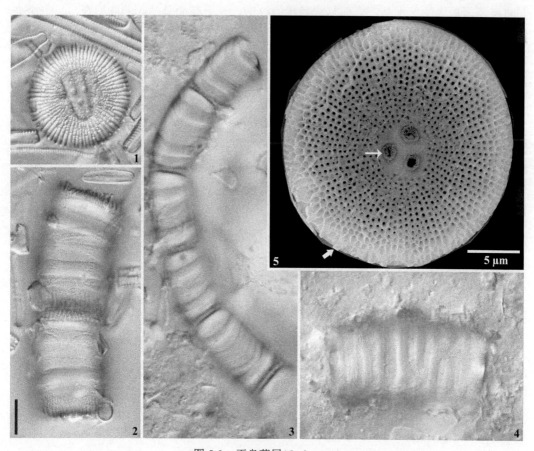

图 5-3 正盘藻属(*Orthoseira*)

1-4: 光镜照片，标尺=10μm, 1. 壳面观, 2-4. 带面观； 5: 扫描电镜照片，壳面观，示脊突

4. 埃勒藻属 *Ellerbeckia* R.M. Crawford 1988

形态描述：细胞圆柱形，彼此连成链状群体。壳面圆形，具放射状的纹饰，但不具有点纹；两个相邻的壳面在结构上"互补"，一个壳面具凸起的硅质脊（"浮雕"面），另一个壳面具相对应的硅质凹槽（"凹雕"面）。壳套具成列的管状结构，是一种十分独特的支持突类型。

鉴别特征：①细胞连成链状群体；②壳面圆形，具放射状的纹饰（图 5-4：1）；③相邻的壳面在结构上"互补"，一个壳面具凸起的硅质脊，另一个壳面具相对应的硅质凹槽（图 5-4：1-2）。

生境：亚气生、底栖，常见于贫营养水体中。

分布：世界广布种。我国见于云南、河南。

模式种：*Ellerbeckia arenaria*（Moore & Ralfs）Dorofeyuk & Kulikovskiy。

本属全世界报道 9 种 1 变种 1 变型，我国仅记录 1 种 *E. arenaria*，常见于大型贫-中营养湖泊的沙质沉积物中。大部分种类之前都被置于直链藻属（*Melosira*）中。该属与直链藻属最大的区别是：壳面具放射状的纹饰，一个壳面具凸起的硅质脊，另一个壳面具相对应的硅质凹槽。

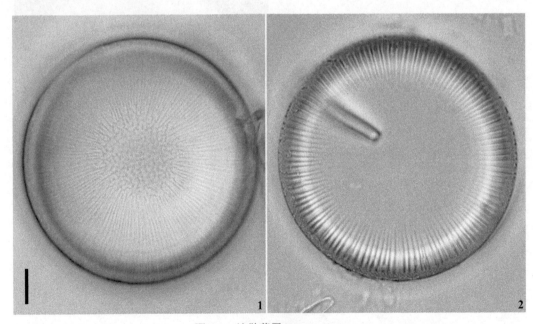

图 5-4 埃勒藻属(*Ellerbeckia*)

1-2：光镜照片，壳面观，标尺=10μm

圆筛藻目 Coscinodiscales Round & Crawford 1990

细胞盘状、圆柱状或半盘状，单生或连成链状群体。壳面常具边缘刺，少数具长刺；壳面具筛室，筛膜多孔；唇形突位于壳缘，无支持突。在中心纲的硅藻中，本目多为海洋浮游种类，少数分布在内陆水体中。

虽然圆筛藻目（Coscinodiscales）的有效名称建立较晚，但该类群作为科或亚目被当做一个独立的类群却由来已久（Hustedt 1930；Hendey 1964；Simonsen 1979），而且是一个包含种类较多的类群。Round 等（1990）建立了圆筛藻亚纲，下设 11 目，圆筛藻目是其中的一个目，包含 6 个科：Coscinodiscaceae、Rocellaceae、Aulacodiscaceae、Gossleriellaceae、Hemidiscaceae 和 Heliopeltaceae，该目的种类范围已经缩小了。

本书采用 Round 等（1990）圆筛藻目的概念，收录 3 科，圆筛藻科（Coscinodiscaceae）、半盘藻科（Hemidiscaceae）和辐盘藻科（Actinodiscaceae）。

圆筛藻目分科检索表

1. 壳面圆形，具蜂窝状网孔纹 ··2
1. 壳面常被纹饰分为不同的区域 ···························· 辐盘藻科 Actinodiscaceae
  2. 点纹辐射状排列，壳缘具刺 ·························· 圆筛藻科 Coscinodiscaceae
  2. 壳缘具一圈唇形突 ································· 半盘藻科 Hemidiscaceae

圆筛藻科 Coscinodiscaceae Kützing 1844

细胞鼓形或圆柱形，单生或连成链状群体。壳面圆形或椭圆形，常隆起或略凹入；具多个唇形突；筛室多辐射状排列，筛膜位于壳面外侧。

圆筛藻科（Coscinodiscaceae）是 Kützing 于 1844 年建立的，隶属于 Disciformes 目。Schütt（1896）将圆筛藻科放在中心类盘状硅藻（Discoides）类群。Hustedt（1930）在中心目下设 Discineae 亚目，包含 3 个科，圆筛藻科、辐盘藻科（Actinodiscaceae）和角盘藻科（Eupodiscaceae）；Patrick & Reimer（1966）在中心目下设圆筛藻亚目，包含 6 个科，圆筛藻科是其中一科，包含 11 个属。

Round 等（1990）、Cox（2015）都将圆筛藻科放在圆筛藻目圆筛藻亚目中，包含 *Brightwellia*、*Craspedodiscus*、*Palmeria*、*Stellarima* 和 *Coscinodiscus* 等 5 个属。本科多为海产及化石类群，仅圆筛藻属（*Coscinodiscus*）在淡水、半咸水及咸水中均有分布。

本书设圆筛藻科，隶属于圆筛藻目，仅收录圆筛藻属（*Coscinodiscus*）1 属。

5. 圆筛藻属 *Coscinodiscus* C.G. Ehrenberg 1839

形态描述：细胞单生，不形成链状群体。壳面圆形，或同心波曲，或中心略隆起或略凹入；点纹较粗大，多为六角形，辐射状排列，或分束，或螺旋列，或弯曲的切线列；中央常具特别粗大的网孔，形成中央玫瑰纹区。壳缘具一圈小的唇形突和两个大的唇形突。无支持突。

鉴别特征：①细胞单生，不形成链状群体；②壳面具六角形粗网孔（图 5-5：1-2）；③壳缘具一圈唇形突，其中两个较大。

生境：淡水、海水均有分布，浮游生活。

分布：世界性广布。我国广泛分布。

模式种：*Coscinodiscus argus* Ehrenberg。

本属全世界报道 1000 余个分类单位，我国淡水分布的种类有 13 种 4 变种。

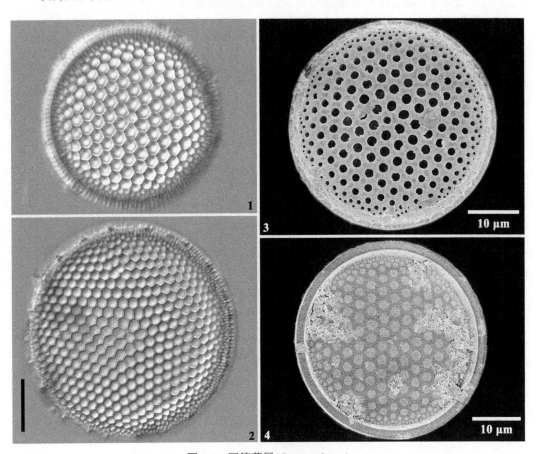

图 5-5 圆筛藻属(*Coscinodiscus*)

1,2: 光镜照片, 壳面观, 标尺=10 μm; 3,4: 扫描电镜照片, 3. 外壳面观, 4. 内壳面观

半盘藻科 Hemidiscaceae Hendey 1964 emend. Simonsen 1975

细胞圆盘形。壳面圆形或半圆形，具蜂窝状的网孔纹和假节，唇形突位于壳缘。

半盘藻科（Hemidiscaceae）是由 Hendey 于 1964 年建立的，将其放在金藻门硅藻纲硅藻目圆筛藻亚目中，Simonsen（1979）将半盘藻科进行了修订并作为中心目圆筛藻亚目的一个科。Round 等（1990）和 Cox（2015）将半盘藻科放在圆筛藻纲圆筛藻目中。

在 Round 等（1990）的分类系统中，半盘藻科下含 4 属：*Hemidiscus*、*Actinocyclus*、*Azpeitia* 和 *Roperia*，绝大多数多为海产。

我国淡水硅藻中本科只报道辐环藻属（*Actinocyclus*）1 属，在《中国淡水藻志》（第 4 卷-中心纲）中，将其放在圆筛藻目角盘藻科（Eupodiscacea）中。

本书中采用了 Round 等（1990）的分类观点，保留半盘藻科，收录辐环藻属（*Actinocyclus*）1 属。

6. 辐环藻属 *Actinocyclus* C.G. Ehrenberg 1837

形态描述：细胞盘状，单生。壳面平或波曲，圆形，边缘具一圈唇形突，点纹规则排列形成线纹，线纹扇形排列，无加厚的肋纹；具假节，假节是一种特殊的开口，功能尚不清楚。无支持突。壳缘具多个唇形突。壳套面窄，壳环较宽。

鉴别特征：①壳面边缘具假节（图 5-6：4）；②壳缘具多个唇形突（图 5-6：5）。

生境：该属多数是海产种，常出现在高电导率、高盐度的河口及富营养水体中。

分布：世界性广布。我国分布于天津、河北、山西、内蒙古、上海、江苏、安徽、福建、江西、河南、湖北、湖南、广东、四川等地。

模式种：*Actinocyclus octonarius* Ehrenberg。

本属全世界报道约 400 个分类单位，我国记录有 6 种 4 变种。淡水常见种类为诺氏辐环藻 *A. normanii*（Gregory ex Greville）Hustedt。

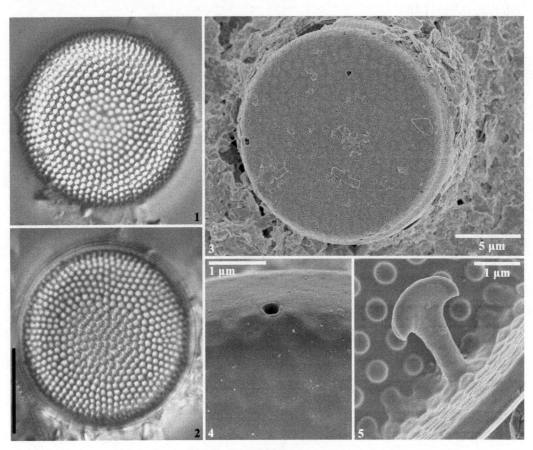

图 5-6　辐环藻属(*Actinocyclus*)

1,2: 光镜照片, 壳面观, 标尺=10 μm; 3-5: 扫描电镜照片, 3. 外壳面观, 4. 外壳面观, 示唇形突开口, 5. 内壳面观, 示唇形突

辐盘藻科　Actinodiscaceae Schütt 1896

细胞圆盘形或鼓形。壳面圆形，偶见三角形；壳面自中心起具辐射状的隆起或凹陷，常被分成 6 至多个近乎相等的区域。壳缘具齿及爪状附属物。唇形突位于壳缘。

Schütt（1896）建立了辐盘藻科（Actinodiscaceae），隶属于中心类（Centricea），下含 4 属：*Actinodiscus*、*Actinoptychus*、*Lepidodiscus* 和 *Aulacodiscus*。Simonsen（1979）将该科中的 *Actinoptychus*、*Lepidodiscus* 和 *Aulacodiscus* 移入到 Heliopeltaceae 科中，Round 等（1990）保留了 Heliopeltaceae 科的地位，包含 3 个属，分别为 *Actinoptychus*、*Glorioptychus* 和 *Lepidodiscus*。而 Cox（2015）取消了 Heliopeltaceae 科，并将该科中的各属归入到半盘藻科（Hemidiscaceae）中。

我国淡水硅藻中本科只报道辐裥藻属（*Actinoptychus*）1 属，在《中国淡水藻志》（第 4 卷-中心纲）中将其放在辐盘藻科中。本书仍采用这一观点，保留辐盘藻科，收录辐裥藻属（*Actinoptychus*）1 属。

7. 辐裥藻属　*Actinoptychus* C.G. Ehrenberg 1843

　　形态描述：细胞单生或形成小群体。壳面圆形、三角形或多角形；中央区无纹饰，壳面纹饰分为辐射小区，一凸一凹相间排列；网孔多呈六边形。

　　鉴别特征：①壳面圆形、三角形或多角形（图 5-7：1-4）；②壳面纹饰分为辐射小区，凸凹相间排列（图 5-7：5-6）。

　　生境：多分布在海洋中，在河口及沿岸带也广泛分布。

　　分布：世界性广布。我国分布于天津、辽宁、山东、上海、浙江、福建、广东等地。

　　模式种：*Actinoptychus senarius*（Ehrenberg）　Ehrenberg。

　　本属全世界报道 300 多个分类单位，我国内陆水体报道了 4 种。

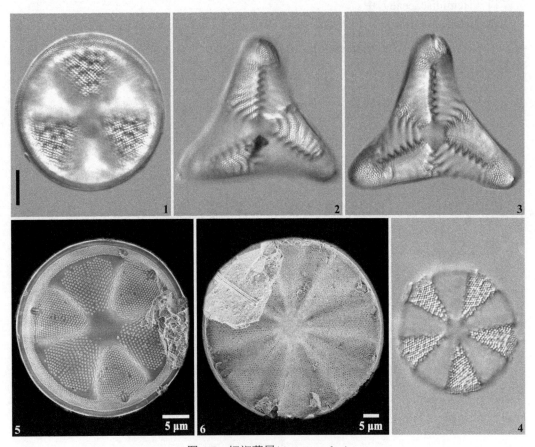

图 5-7　辐裥藻属(*Actinoptychus*)

1-4: 光镜照片，壳面观，标尺=10 μm；　5-6: 扫描电镜照片，内壳面观

海链藻目　Thalassiosirales Glezer & Makarova 1986

细胞单生或通过支持突连接形成链状群体。壳面多圆形，具筛室，多辐射状排列，筛膜多位于壳面内侧。多数种类具唇形突和壳缘支持突。本目是内陆水体中分布广、种类多的中心纲硅藻。

长期以来，海链藻目的种类常被放在圆筛藻类群中，Round 等（1990）在圆筛藻纲下建立了海链藻亚纲（Thalassiorirophycidae），下设一个海链藻目（Thalassiosirales），包含 4 个科：Thalassiosiraceae、Skeletonemataceae、Stephanodiscaceae 和 Lauderiaceae。

本书采用 Round 等（1990）海链藻目的概念，并新设了微圆藻科（Clipeoparvaceae），共收录 4 个科：海链藻科（Thalassiosiraceae）、骨条藻科（Skeletonemataceae）、冠盘藻科（Stephanodiscaceae）和微圆藻科。

海链藻目分科检索表

1. 壳体近球形，具密集刺状壳针，无唇形突及支持突 ························微圆藻科 Clipeoparvaceae
1. 壳体圆盘形、圆柱形，无壳针，具唇形突及支持突 ··2
　2. 壳体常为圆柱形，壳缘具较长的支持突，由支持突连成链状群体·····骨条藻科 Skeletonemataceae
　2. 壳体常为圆盘形，支持突短，位于壳缘或散生在壳面中部，细胞单生或呈链状群体·············3
3. 细胞由胶质丝连接成链状群体 ··海链藻科 Thalassiosiraceae
3. 细胞常单生 ··冠盘藻科 Stephanodiscaceae

海链藻科　Thalassiosiraceae Lebour 1930

细胞通过胶质丝连接成链状群体或单生。环带数量较多，因此贯壳轴较长。壳面圆形，平或半球状突起，具肋纹、筛室或假筛室，筛膜位于壳面内侧。点纹从壳面中心向壳缘辐射状排列。多具 1-2 个唇形突；支持突多数，多位于壳缘。

海链藻科（Thalassiosiraceae）由 Lebour 于 1930 年建立，隶属于中心目，下设 5 个属。Hasle（1973）将海链藻科作为圆筛藻目下的一个亚目，Glezer & Malkarova（1986）以海链藻科为模式科建立了海链藻目。

Round 等（1990）在圆筛藻纲下建立了海链藻亚纲海链藻目，海链藻科下含 5 个属，分别为海链藻属（*Thalassiosira*）、*Planktoniella*、*Porosira*、*Minidiscus* 和 *Bacteriosira*；Cox（2015）又将 *Conticribra* 和 *Thalassiocyclus* 并入该科。海链藻科也是以海洋种类为主，我国淡水中报道过 2 属。

本书采用了海链藻目的观点，将海链藻科放在海链藻目中，收录 2 属：海链藻属（*Thalassiosira*）和筛环藻属（*Conticribra*）。

8. 海链藻属 *Thalassiosira* P.T. Cleve 1873 emend. G.R. Hasle 1973

形态描述：细胞圆盘状，单生或通过胶质丝连接成链状群体。壳面平或不规则波曲；线纹由点纹组成，但不成束。壳面中部具 1 至多个支持突。唇形突 1 个，常位于壳面边缘。带面呈长方形。

鉴别特征：①壳面平或不规则波曲（图 5-8：1-2）；②壳面中部具 1 至多个支持突（图 5-8：5）；③壳缘具壳针（图 5-8：4）。

生境：多为海产；淡水中多分布在河口或受人类活动影响较大的富营养水体中。

分布：世界性广布。我国广泛分布。本属也广泛分布于淡水化石中，多数现代种类常见于河口及内陆电导率高的水体中。

模式种：*Thalassiosira nordenskioeldii* Cleve。

该属全世界报道有 370 余个分类单位，我国淡水种类记录有 6 种 2 变种。

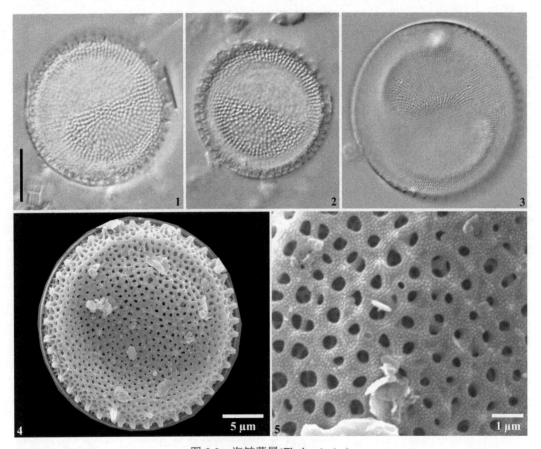

图 5-8　海链藻属(*Thalassiosira*)

1-3: 光镜照片, 壳面观, 标尺=10μm;　4,5: 扫描电镜照片, 外壳面观

9. 筛环藻属　*Conticribra* K. Stachura-Suchoples & D.M. Williams 2009

形态描述：细胞圆盘状，单生或通过胶质丝连接成链状群体。壳面圆形，平坦；点纹室状，外壳面开口圆形，内壳面开口具半连续或连续的具线状排列点纹的筛板。壳面多具支持突，壳缘支持突环状排列，外壳面开口常呈长管状，内壳面开口管状。壳缘具一个唇形突。带面点纹具连续的筛板。

鉴别特征：①壳面网孔内壳面开口具半连续或连续的筛板（图 5-9：5）；②壳面多具支持突，壳缘支持突环状排列（图 5-9：4，5）。

生境：分布在咸水或淡水生境中。

分布：世界性广布。我国分布于上海、江苏、安徽等地。

模式种：*Conticribra tricircularis* Stachura-Suchoples & Williams。

本属全世界报道 6 种。我国记录 2 种，其中威氏筛环藻 *C. weissflogii* 当时被归入海链藻属中。本属与海链藻属最为接近，主要区别在于内壳面的纹饰不同，该属内壳面孔纹具半连续或连续筛板。

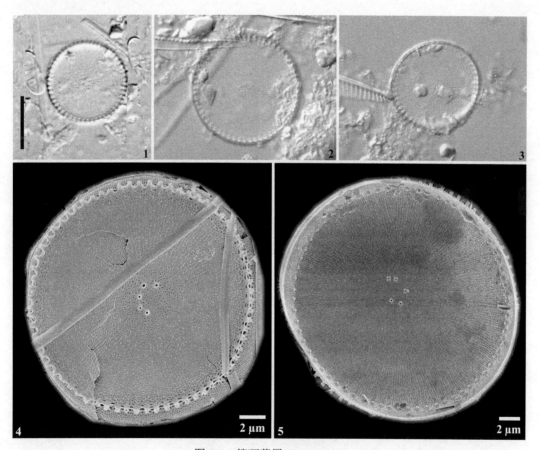

图 5-9　筛环藻属(*Conticribra*)

1-3: 光镜照片, 壳面观, 标尺=10 μm;　4,5: 扫描电镜照片, 4. 外壳面观, 5. 内壳面观

骨条藻科 Skeletonemataceae Lebour 1930 emend. Round 1990

细胞透镜形，或圆柱形，靠壳缘支持突彼此连接形成群体。壳面具筛室，筛膜位于壳面内侧；具 1 个唇形突，支持突多数。环带多数，开放。

Lebour（1930）将骨条藻作为一个独立科——骨条藻科（Skeletonemaceae），隶属于中心目。Simonsen（1979）将骨条藻科被并入海链藻科中，隶属于海链藻目。Round 等（1990）对骨条藻科的定义进行了修订，放在圆筛藻纲海链藻亚纲海链藻目，下含两个属 Skeletonema 和 Detonula。Cox（2015）将冠盘藻科同骨条藻科合并，仍隶属于海链藻目，但原隶属于冠盘藻科的属都被移到骨条藻科中，骨条藻科下含 13 个属。

本书中采用 Round 等（1990）的分类观点，将骨条藻科同冠盘藻科分开，保持各自的独立地位，收录骨条藻属（Skeletonema）1 属。

10. 骨条藻属　*Skeletonema* R.K. Greville 1865

形态描述：骨条藻细胞呈透镜形、短圆柱形或近球形，细胞壁薄，细胞单生或由多个细胞组成长短不一的直或弯曲长链状群体。细胞壳面圆形，平或突起似冠状。壳面孔纹放射状排列成网状，壳缘具一圈管状支持突，支持突长短不一，数目变化范围大。相邻细胞间的支持突以 1 : 1 或 1 : 2 方式相互连接。壳面具一个唇形突，位于壳面中央或边缘。色素体的数目和形状多变。

鉴别特征：①壳面孔纹放射状排列成网状，形成肋纹（图 5-10：4）；②壳缘具管状支持突（图 5-10：5，6，8，9，白色窄箭头）；③壳面具一个唇形突（图 5-10：7，10，白色宽箭头）。

生境：该属主要分布在海洋和河口，仅有几个种类分布在淡水中。

分布：世界性广布。我国分布于河北、上海、江苏、浙江、广东等地。

模式种：*Skeletonema costatum*（Greville）Cleve。

本属全世界报道 22 种 1 变种。我国淡水生境中仅记录有 3 种。由于壳面硅质化程度较低，淡水骨条藻的壳体在酸处理的过程中较易破碎。

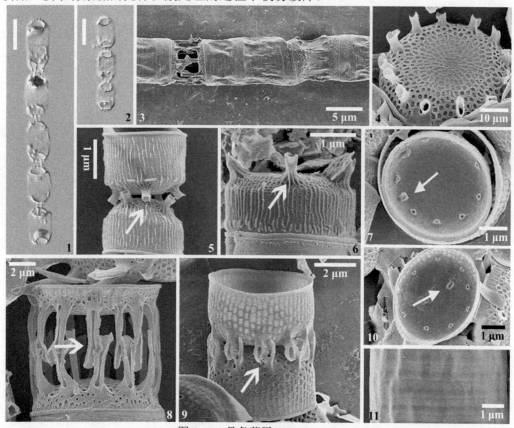

图 5-10　骨条藻属(*Skeletonema*)

1,2: 光镜照片，带面观，标尺=5 μm；　3-11: 扫描电镜照片，3. 带面观，4. 外壳面观，5,6,8,9. 示支持突(白色窄箭头)，7,10. 内壳面观，示唇形突(白色宽箭头)，11. 示环带

冠盘藻科 Stephanodiscaceae Glezer & Makarova 1986

细胞单生或连接成链状群体。壳面圆形，具网孔纹，筛膜位于壳面内侧，具唇形突和支持突。

冠盘藻科（Stephanodiscaceae）是 Glezer & Makarova（1986）以冠盘藻属（*Stephanodiscus*）为模式属建立的，在许多研究中，冠盘藻属隶属于圆筛藻科（Hustedt 1930；Krammer & Lange-Bertalot 2000），或海链藻科（Simonsen 1979；齐雨藻 1995）。Round 等（1990）的分类系统中，基于支持突的结构，将冠盘藻科放在海链藻目中，下含 6 属，*Cyclotella*、*Cyclostephanos*、*Stephanodiscus*、*Mesodictyon*、*Pleurocyclus* 和 *Stephanocostis*。

本书中采用 Round 等（1990）的观点，保留冠盘藻科，隶属于海链藻目，共收录 7 属，科内各属按照壳面纹饰的组成形式排列，分别为：冠盘藻属（*Stephanodiscus*）、环冠藻属（*Cyclostephanos*）、小环藻属（*Cyclotella*）、蓬氏藻属（*Pantocsekiella*）、碟星藻属（*Discostella*）、琳达藻属（*Lindavia*）和塞氏藻属（*Edtheriotia*）。

11. 冠盘藻属 *Stephanodiscus* C.G. Ehrenberg 1845

形态描述：细胞常单生。壳面圆形、卵形或近菱形；线纹束状排列，被外壳面略隆起的肋纹分隔开，点纹在内壳面由隆起的圆顶状筛板覆盖；壳缘具壳针，部分或全部与边缘支持突对向排列；壳缘具一圈支持突，多数种类具中央支持突。唇形突 1-2 个，位于壳缘处。带面观呈矩形；壳套面具点纹。

鉴别特征：①壳面具放射状排列的成束线纹（图 5-11：1-4，6）；②壳缘具壳针（图 5-11：5）。

生境：常见于各种类型的水体中。

分布：世界性广布。我国广泛分布，是分布最广的淡水浮游硅藻之一。

模式种：*Stephanodiscus niagarae* Ehrenberg。

本属全世界报道约 240 个分类单位，我国记录有 13 种 3 变种 1 变型。

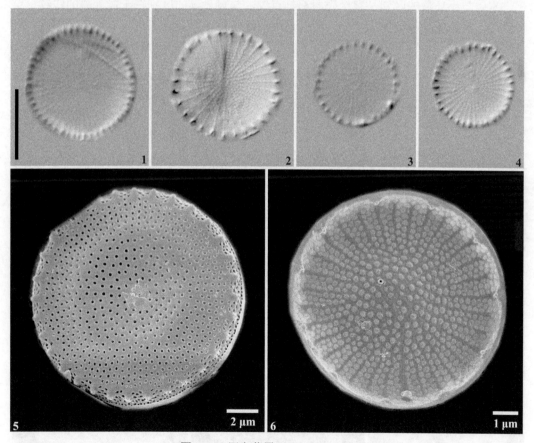

图 5-11　冠盘藻属(*Stephanodiscus*)

1-4: 光镜照片, 壳面观, 标尺=10 μm；　5,6: 扫描电镜照片, 5. 外壳面观, 6. 内壳面观

12. 环冠藻属 *Cyclostephanos* E.F. Round 1987

形态描述：细胞常单生。壳面圆形，平或略波曲；中部点纹放射状排列，壳缘具放射状的肋纹，肋纹间的线纹延伸到壳套面。壳缘有时具壳针，具一圈支持突。唇形突一个，位于壳缘处。带面观呈矩形。

鉴别特征：①壳面中央点纹放射状排列（图 5-12：6），壳缘多列点纹簇生成肋纹（图5-12：8）；②壳缘具较粗的肋纹（图 5-12：7）；③壳缘具一圈支持突（图 5-12：5，9）。

生境：常见于河流、湖泊等水体中，很多种类是水体富营养化的指示种。

分布：世界性广布。我国分布于北京、山西、黑龙江、安徽、河南、云南、陕西等地。本属分布广泛，但由于其分类鉴定较难导致报道较少。

模式种：*Cyclostephanos novaezeelandiae*（Cleve in Cleve & Moller）Round。

本属全世界报道 31 种，我国仅记录 2 种。

本属与小环藻的区别是整个壳面都具点纹，与冠盘藻的区别在于冠盘藻的线纹呈束状排列，而本属的线纹明显被分为两种，中部线纹由单排孔纹组成，而近壳缘则由多排点纹组成肋纹。

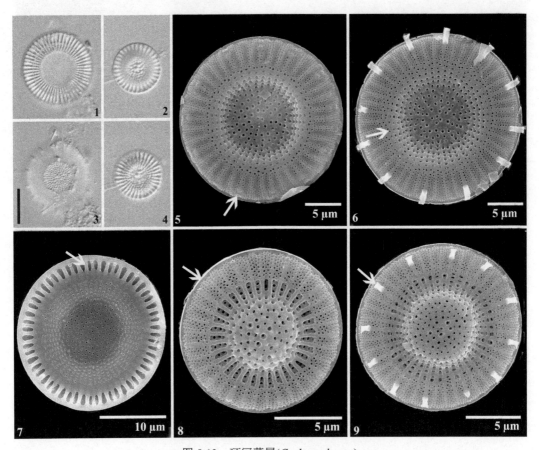

图 5-12　环冠藻属(*Cyclostephanos*)

1-4: 光镜照片, 壳面观, 标尺=10 μm；　5-9: 扫描电镜照片, 5,6,8,9. 外壳面观, 7. 内壳面观

13. 小环藻属　*Cyclotella*（Kützing）de A. Brébisson 1838

形态描述： 细胞常单生。壳面圆形，中央平或波曲；中部及壳缘具不同类型的纹饰，壳面中部多不具纹饰；壳缘具成束状排列的肋纹，在内部具有隆起的硅质脊；壳缘和壳面中部均具支持突，壳缘支持突一圈，壳面支持突数个，位置不定，散生。唇形突常一个，通常位于壳缘处。带面观呈矩形。

鉴别特征： ①壳面具两种类型的纹饰（图 5-13：1-4）；②壳面中部平或波曲（图 5-13：4）；③壳缘肋纹上具一个唇形突（图 5-13：5）。

生境： 广泛分布于各种类型的水体中，部分种类喜生于电导率和营养水平略高的环境中。

分布： 世界性广布。我国广泛分布。

模式种： *Cyclotella distinguenda* Hustedt。

本属全世界报道 600 余个分类单位，我国共记录了 42 种 27 变种 4 变型。根据现行的分类修订，部分种类被移入 *Discostella*、*Lindavia* 和 *Pantocsekiella* 等属中。

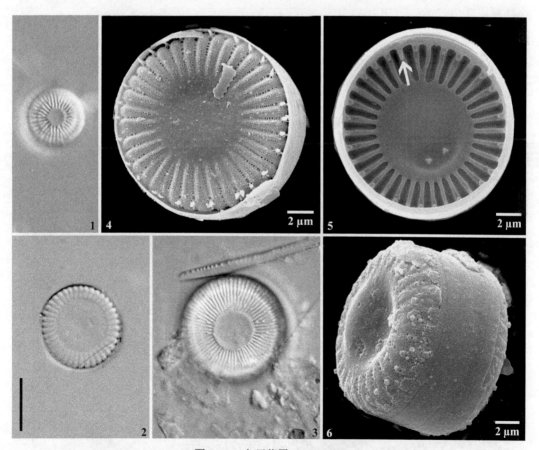

图 5-13　小环藻属(*Cyclotella*)

1-3: 光镜照片，壳面观，标尺=10 μm；　4-6: 扫描电镜照片，4. 外壳面观，5. 内壳面观，6. 带面观

14. 蓬氏藻属 *Pantocsekiella* K.T. Kiss & E. Ács 2016

形态描述：细胞单生或形成短链状群体。壳面圆形或略呈四边形，平或波曲；中部或大或小，具大或小的凹陷，具或不具硅质的乳头状突起，或具一些不贯穿壳面的小孔；壳缘处具放射排列的室状线纹，彼此之间由带状无纹区分隔，线纹直，长短不一，部分具分支，内壳面可见具圆形或长圆形开口的室状纹饰，小室之间的肋纹近等长。壳缘具一圈支持突，在外壳面较难观察到。唇形突 1 至多个，位于近边缘处的肋纹上。带面观呈矩形。

鉴别特征：①壳面平或波曲，具两种不同类型的纹饰（图 5-14：1-2）；②壳面中央具凹陷、乳头状突起或一些不贯穿壳面的小孔（图 5-14：4）；③内壳面边缘可见室状纹饰开口，具 1 至多个唇形突和支持突（图 5-14：5）。

生境：多分布在湖泊及沉积物中。

分布：世界性广布。我国广泛分布。

模式种：*Pantocsekiella ocellata*（Pantocsek）Kiss & Ács。

本属全世界共报道 42 种 2 变种。我国前期的研究中共记录该属种类 6 种，将其放在小环藻属（*Cyclotella*）中。

本属与小环藻属的主要区别是壳面中部具大或小的凹陷。

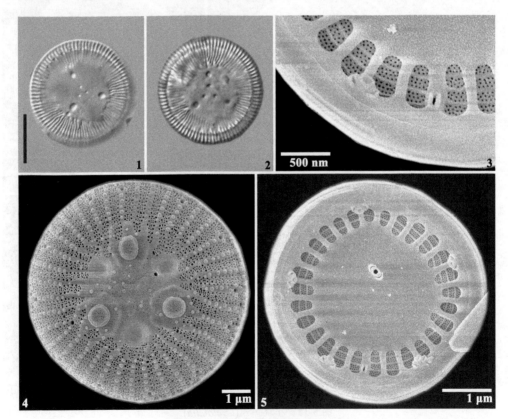

图 5-14　蓬氏藻属(*Pantocsekiella*)

1-2: 光镜照片, 壳面观, 标尺=10 μm;　3-5: 扫描电镜照片, 4. 外壳面观, 5. 内壳面观

15. 碟星藻属 *Discostella* V.Houk & R. Klee 2004

形态描述：细胞圆盘状，常形成较短的链状群体。壳面圆形至椭圆形；具两种明显不同的纹饰，中部具星状的硅质脊，壳缘具线纹，孔纹细密，在光镜下不易观察；壳缘具一圈支持突，位于两肋纹之间，且具两个无规则排列的围孔，在外壳面开口通常增厚或是短管状。唇形突一个，位于壳套面两肋纹之间。带面观呈矩形。

鉴别特征：①壳面中央具簇生成星状排列的点纹（图 5-15：6，白色窄箭头）；②壳缘具多列点纹簇生的线纹（图 5-15：6，白色宽箭头）；③壳套面具一圈支持突（图 5-15：7，白色窄箭头）和一个唇形突（图 5-15：7，白色宽箭头）。

生境：常见于湖泊中。

分布：世界性广布。我国分布于广东、四川、新疆等地。

模式种：*Discostella stelligera*（Cleve & Grunow）Houk & Klee。

本属全世界报道 16 种 6 变种，报道最多的种类为 *D. stelligera*（Cleve & Grunow）Houk & Klee。我国记录有 5 种 1 变种，我国早期的报道将该属部分种类归入小环藻属（*Cyclotella*）中。

本属与小环藻属的主要区别是壳面具两种明显不同的纹饰，中部具星状的硅质脊。

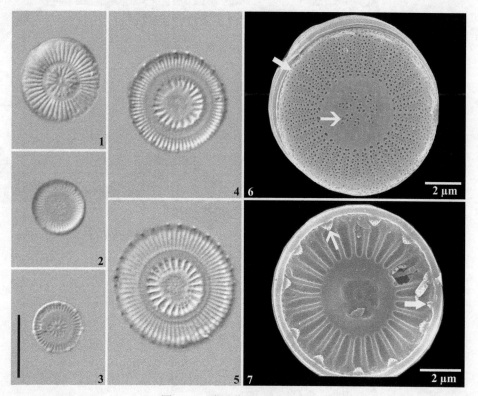

图 5-15　碟星藻属(*Discostella*)

1-5: 光镜照片, 壳面观, 标尺=10 μm；　6,7: 扫描电镜照片, 6. 外壳面观, 示星状点纹(白色窄箭头)和壳缘线纹(白色宽箭头),
7. 内壳面观, 示壳缘支持突(白色窄箭头)和唇形突(白色宽箭头)

16. 琳达藻属　*Lindavia*（Schütt）De G.B. Toni & A. Forti 1900

形态描述：细胞单生。壳面圆形至卵形，平坦或同心波曲；具两种不同类型的纹饰，中部具点纹；壳缘处具长或短的线纹，内壳面的肋纹将这些线纹分成室状区域或长室孔。壳缘和壳面中部均具支持突，壳缘支持突一圈，壳面支持突多个散生。唇形突一个，位于壳面上。带面观呈矩形。

鉴别特征：①壳面平或波曲，具两种不同类型的纹饰（图 5-16：1-3）；②壳面中央具点纹和支持突（图 5-16：4-5）。

生境：广泛分布于贫-富营养的湖泊中。

分布：世界性广布。我国分布于四川、贵州等地。

模式种：*Lindavia socialis*（Schutt）De Toni & Forti。

本属全世界共报道 71 个分类单位。我国早期的研究中都将本属的种类归入小环藻属（*Cyclotella*）中，在 2017 年才开始使用该属名（Xu et al.，2017），目前使用该属名进行报道的种类有 7 种。

本属与小环藻属的主要区别是：壳面中部具点纹，唇形突位于壳面上。

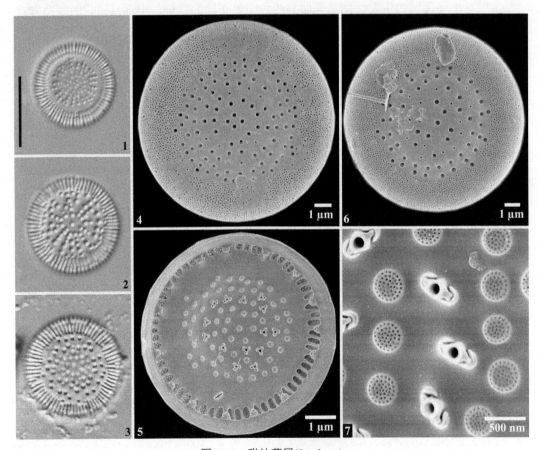

图 5-16　琳达藻属(*Lindavia*)

1-3: 光镜照片, 壳面观, 标尺=10 μm；　4-7: 扫描电镜照片, 4,6. 外壳面观, 5. 内壳面观, 7. 示支持突和筛板

17. 塞氏藻属　*Edtheriotia* J.P. Kociolek, Q.M.You, J. Stepanek, R.L. Lowe & Q.X. Wang 2016

　　形态描述：细胞单生。壳面圆形，平坦；具两种类型的点纹，中部线纹束状放射排列，具小的不规则分布的硅质结，点纹圆形较壳缘大，内壳面具筛板；靠近壳缘处点纹小，放射排列，星形或小圆形的硅质结分布其上，内壳面观这部分为无纹区；壳缘具一圈均匀分布的支持突。唇形突 1-3 个，位于壳面边缘。带面观呈矩形。

　　鉴别特征：①壳面具两种类型点纹，靠近壳缘处点纹小，壳面中部点纹大（图 5-17：1-4）；②点纹上具星形或圆形的硅质结（图 5-17：5）；③大点纹内壳面具筛板（图 5-17：6）；④每个壳面具唇形突 1-3 个，支持突沿壳缘均匀分布（图 5-17：6）。

　　生境：附生或浮游，分布在湖泊及河流中。

　　分布：亚洲。我国分布于山西、湖北、湖南、贵州、云南、陕西等地。

　　模式种：*Edtheriotia guizhoiana* Kociolek, You & Stepanek。

　　本属全世界报道 2 种，我国均有记录。

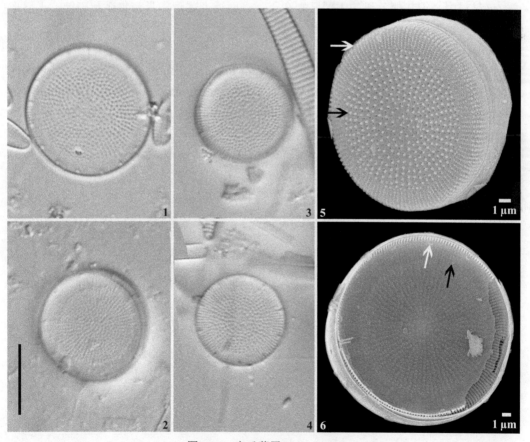

图 5-17　塞氏藻属(*Edtheriotia*)

1-4: 光镜照片，壳面观，标尺=10 μm；　5,6: 扫描电镜照片，5. 外壳面观，示壳缘小点纹(白色箭头)，壳面中部大点纹(黑色箭头)，6. 内壳面观，示支持突(白色箭头)，示唇形突(黑色箭头)

微圆藻科 Clipeoparvaceae Wang & Liu fam. nov.

细胞近球形，常成对出现或连接成短链状群体；具两个圆形色素体。壳面近半球形，较厚；壳面中央具圆形无纹区，边缘具圆孔状辐射状排列的点纹，点纹内壳面具筛板。壳面点纹区常具密集的短刺及不规则的硅质突起。壳套面窄，无纹。环带窄且无纹。无唇形突及支持突。

模式属：*Clipeoparvus* Woodbridge, Cox & Robert 2010。

该科仅含 1 属，微圆藻属（*Clipeoparvus*）。

该属种类在淡水、半咸水生境及化石标本中都有分布。

该属建立之初，定名人未明确指出该属隶属于哪个科，在 Cox（2015）的分类系统中，将其放在直链藻目下，但科的归属仍未明确，将其隶属于"genera incertae sedis"。该属在形态特征上与直链藻科、沟链藻科、冠盘藻科种类差异都较大，本书将其独立为科，放在海链藻目当中。

该科与中心纲其他各科的主要区别在于：壳面近半球形，具密集刺状壳针，无唇形突及支持突。

Clipeoparvaceae Wang & Liu fam. nov.

Description：Cell subglobsoe, occur singly, or in pairs or form short chains；two round chloroplast. Valve domed, relatively thick, with hyline central area and radiating striae towards the margin. Areolae small and round externally, occluded internally with criba. Short spines present on valve face, and some valve has irregular granules. Mantle very shallow. Girdle bands narrow, unornamented. Rimportula and fultoportula absent.

Type genus：*Clipeoparuvs* Woodbridge, Cox & Robert 2010

18. 微圆藻属　*Clipeoparvus* J. Woodbridge, E.J. Cox & N. Roberts 2010

形态描述： 细胞单生，或成对，或呈链状出现。壳面小，隆起呈半球形；线纹放射排列，由单列点纹组成，点纹小圆形；部分壳面具刺状壳针。

鉴别特征： ①壳面小，隆起呈半球形（图 5-18：7，8）；②线纹放射排列，具单列小圆形点纹（图 5-18：8）；③部分壳面具刺状壳针（图 5-18：7）。

生境： 在略碱性水体河流中附生。

分布： 亚洲。我国分布于西藏。

模式种： *Clipeoparvus anatolicus* Woodbridge, Cox & Roberts。

本属全世界报道仅 2 种。我国记录有 1 种 *C. tibeticus*。

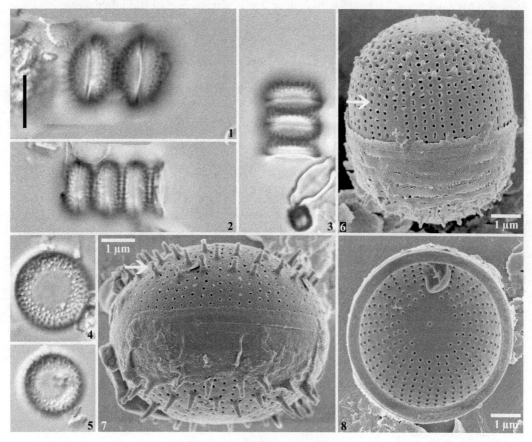

图 5-18　微圆藻属(*Clipeoparvus*)

1-5: 光镜照片，标尺=10 μm，1-3. 群体，带面观；6-8: 扫描电镜照片，6. 带面观，示点纹，7. 带面观，示壳针，8. 内壳面观

盒形藻目 Biddulphiales Krieger 1954

细胞短柱形，单生或通过角隅处的眼斑或假眼斑分泌的黏质连接成群体。壳面平或波曲，具唇形突，无支持突。多为海洋种类，内陆水体中种类很少。

Hustedt（1930）的分类系统中，在中心目下设盒形藻亚目（Biddulphiineae），包括 3 个科。Krieger 于 1954 年建立了盒形藻目（Biddulphiales），Silva（1962）、Hendey（1964）、Patrick & Reimer（1966）等都设立了盒形藻目。Round 等（1990） 在圆筛藻纲下建立了盒形藻亚纲（Biddulphiophycidae），下设 4 目：Triceratiales、Biddulphiales、Hemiaulales 和 Anaulales，盒形藻目下仅包含 1 科 Biddulphiaceae。Cox（2015）将盒形藻目归入中型硅藻纲（Mediophyceae）盒形藻亚纲，下设 2 科：Atteyaceae 和 Biddulphiaceae。

本书参照 Round 等（1990）的分类系统，设盒形藻目，下设 1 科，即盒形藻科（Biddulphiaceae）。

盒形藻科 Biddulphiaceae Kützing 1844

细胞单生或连成疏松的链状群体。壳面椭圆形、近圆形、三角形或多角形，角隅处具眼斑或假眼斑。具唇形突，无支持突。

盒形藻科（Biddulphiaceae）是 Kützing 于 1844 年建立的，置于 Appendiculatae 目，下含 4 属。Hustedt（1930）将它放在中心目盒形藻亚目中，下含 5 亚科。Simonsen（1979）将盒形藻科放在中心目根管藻亚目（Rhizosoleniineae）中，下含两个亚科。Round 等（1990）的分类系统中，将盒形藻科作为盒形藻目的唯一科，下含 7 属：*Biddulphia*、*Biddulphiopsis*、*Hydorsera*、*Isthmia*、*Pseudotriceratium*、*Trigonium* 和 *Terpsinoë*，而将侧链藻属（*Pleurosira*）和三角藻属（*Triceratium*）放在三角藻目（Triceratiales）三角藻科（Triceratiaceae）中。

本书将盒形藻科放在中心纲盒形藻目中，将 *Pleurosira* 和 *Triceratium* 并入盒形藻科，收录 3 属：水链藻属（*Hydrosera*）、侧链藻属（*Pleurosira*）和三角藻属（*Triceratium*）。

19. 水链藻属 *Hydrosera* G.C. Wallich 1858

形态描述： 细胞通过顶孔区分泌的黏质连接成"Z"形群体。壳面呈具波曲的六角形；点纹形状和大小各异；假眼斑位于三个角隅处；假隔膜位于壳面角隅具假眼斑的地方。无支持突。唇形突一个，大，位于壳面近中央处。带面观呈长方形。

鉴别特征： ①壳面呈六角形（图 5-19：1）；②三个角隅处具眼斑（图 5-19：7）；③壳面具一个大的唇形突（图 5-19：6，8）。

生境： 主要分布在亚热带地区，常见于河流等流动的水体中，呈附着生活。

分布： 世界性广布。我国在长江流域的河流中常见，在内蒙古、福建、河南、广东、广西、贵州、台湾等地也有报道。

模式种： *Hydrosera triquetra* Wallich。

本属全世界报道 20 余个分类单位，我国仅记录黄埔水链藻（*H. whampoensis*）1 种。

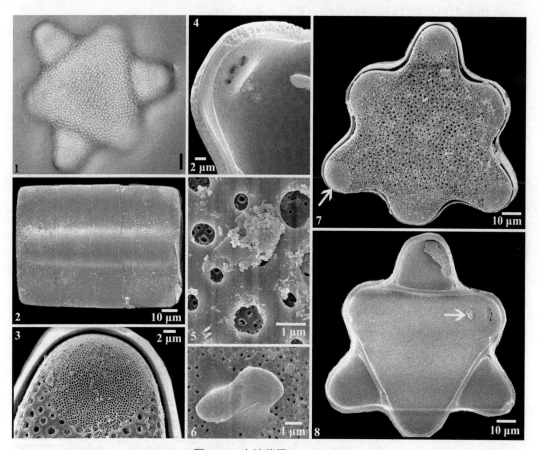

图 5-19 水链藻属(*Hydrosera*)

1: 光镜照片, 壳面观, 标尺=10 μm; 2-8: 扫描电镜照片, 2. 带面观, 3. 外壳面观, 示假眼斑, 4. 内壳面观, 5. 外壳面观, 示点纹结构, 6. 内壳面观, 示唇形突, 7. 外壳面观, 8. 内壳面观

20. 侧链藻属 *Pleurosira*（G. Meneghini）V.B.A.Trevisan 1848

形态描述：细胞常通过眼斑处分泌的黏质形成"Z-Z"形的群体，常附生于硬质的基质上，用肉眼能够观察到。壳面近圆形；具直或弯的线纹，从壳面中部延伸到壳缘，点纹外壳面开口具筛板覆盖；壳面长轴的两端各具一个明显的眼斑。无支持突。唇形突2-4个，大，位于壳面近中部。带面观长圆柱形；形态多样，具多列细小的假孔。

鉴别特征：①壳面边缘具 2-3（4）个眼斑（图 5-20：1，2，6）；②中部具 2-4 个唇形突（图 5-20：1，2，7）。

生境：常见于具盐度及略污染的水体中。

分布：世界性广布。我国在长江流域的河流中广泛分布，常与黄埔水链藻生长在一起，也分布于海南等地。

模式种：*Pleurosira thermalis*（Meneghini） San Leon。

本属全世界报道 13 个分类单位，我国记录有 3 种。

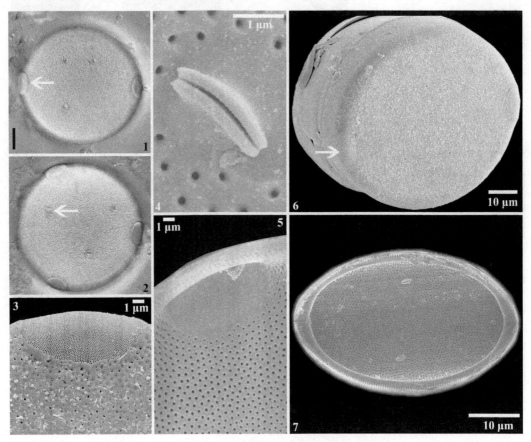

图 5-20　侧链藻属(*Pleurosira*)

1,2: 光镜照片，壳面观，标尺=10μm；　3-7: 扫描电镜照片，3. 外壳面观，眼斑，4. 内壳面观，唇形突，5. 内壳面观，眼斑，
6. 外壳面观，示眼斑，7. 内壳面观

21. 三角藻属　*Triceratium* C.G. Ehrenberg 1839

形态描述：细胞单生。壳面三角形或正方形，平或略凸，壳套面浅，壳缘具匙形、管状或刺状的壳针。点纹室状，放射排列，外壳面开口为圆形大孔，内壳面开口具筛板。壳面角隅处具近柱状突起，突起上多具眼斑。唇形突位于壳缘。

鉴别特征：①壳面三角形或正方形（图 5-21：1-2）；②点纹较大，室状（图 5-21：1-4）；③角隅处具突起（图 5-21：3）。

生境：常见于海洋及河口区域。

分布：世界性广布。我国分布于长江、珠江等的入海口。

模式种：*Triceratium favus* Ehrenberg。

本属全世界报道 1000 多个分类单位，我国记录有 3 种。

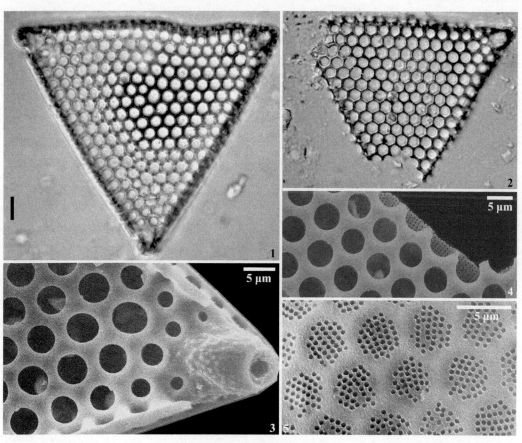

图 5-21　三角藻属(*Triceratium*)

1,2: 光镜照片, 壳面观, 标尺=10μm；　3-5: 扫描电镜照片, 3. 外壳面观, 壳面角隅处的突起, 4. 外壳面观, 室状孔纹, 5. 内壳面观, 筛板

根管藻目 Rhizosoleniales Silva 1962

植物体为单细胞，壳体扁棒形或长圆柱形，壁薄，轻度硅质化，透明；具间生带，无隔片；壳面结构很细致，难以分辨，具长角毛或棘刺；色素体多数，小颗粒状，极少为大的片状。主要为海产浮游种类，内陆水体中很少。

Silva（1962）建立根管藻目（Rhizosoleniales），下设 1 科 Rhizosoleniaceae。许多学者也都把它作为中心类硅藻的一个目或亚目。Round 等（1990）建立了根管藻亚纲（Rhizosoleniophycidae），下设 1 个目，即根管藻目，包含 2 科：Rhizosoleniaceae 和 Pyxillaceae。Cox（2015）也采用了这一观点。

本书采用 Round 等（1990）的观点，本目淡水中只有 1 科，本书收录根管藻科（Rhizosoleniaceae）1 科。

根管藻科 Rhizosoleniaceae De Toni 1890

细胞窄圆柱形。壳面边缘具圆锥形或近圆锥形的刺，细胞通过长刺与相邻细胞壳面的凹痕相连形成群体；环带面较长，环带数量多；具 1 个唇形突。

De Toni（1890）以根管藻属（*Rhizosolenia*）为模式属建立了根管藻科（Rhizosoleniaceae），隶属于 Bacillarieae。Lemmermann（1899）将根管藻科作为 Solenioideae 亚目下的 1 个科，下含 3 属。Silva（1962）建立根管藻目，下设根管藻科 1 科。Hendey（1964）、Patrick & Reimer（1966）、Simonsen（1979）等均将根管藻科作为独立的科来处理，隶属于根管藻目或中心目根管藻亚目或盒形藻目。在 Round 等（1990）和 Cox（2015）的分类系统中，都将根管藻科置于圆筛藻纲根管藻目，下含 *Dactyliosolen*、*Guinardia*、*Proboscia*、*Pseudosolenia*、*Rhizosolenia* 和 *Urosolenia* 等 6 个属，其中绝大多数是海洋种。

长期以来，我国淡水硅藻中本科仅报道根管藻属（*Rhizosolenia*）1 属，《中国淡水藻志》（第 4 卷-中心纲）将其放在管形藻科（Solenicaceae）中。

由于我国报道的根管藻属经考证应为尾管藻属（*Urosolenia*）（Liu Y. et al. 2016），现在的根管藻属种类全部为海产。本书将根管藻科作为一个独立的科，收录尾管藻属（*Urosolenia*）1 属。

22. 尾管藻属　*Urosolenia*（F.E. Round & R.M. Crawford）McGregor 2006

形态描述：细胞单生，多见带面观。壳面圆锥形；点纹排列不规则；两端各具一个长的管状突起，及多条具密集点纹的叠瓦状环带。无支持突。无唇形突。带面观呈管状，环带为相互交错的半环形。

鉴别特征：①壳面具一个长的管状突起（图 5-22：5）；②环带为相互交错的半环形，具密集点纹（图 5-22：4）。

生境：常见于富营养的湖泊河流中。

分布：世界性广布。我国各地广泛分布，由于该属种类壳体易碎，在酸处理过程中多被损坏，常常在观察鉴定中被忽视。

模式种：*Urosolenia eriensis*（Smith）　Round & Crawford。

本属全世界报道种类 18 种。我国记录有 4 种。

本属与根管藻属（*Rhizosolenia*）的区别在于无唇形突，细胞单生，环带为相互交错的半环形，而根管藻属具一个唇形突，细胞通过壳面末端小刺插入壳面与小刺形态一致的凹痕（或沟）或紧贴这一凹痕连接成群体，环带鳞状。

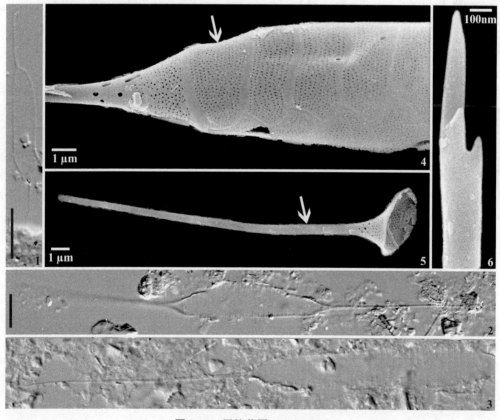

图 5-22　尾管藻属(*Urosolenia*)

1-3: 光镜照片, 带面观, 标尺=10 μm;　4-6: 扫描电镜照片, 4. 带面观, 5. 壳面及管状突起, 6. 管状突起末端

角毛藻目 Chaetocerotales Round & Crawford 1990

植物体常单生或由少数细胞形成暂时群体；壳体盒型，短柱状，细胞壁薄，具间生带或无，无隔片；壳面椭圆形或圆形，具 2 至多条长角毛或角；色素体小颗粒状或较大片状。主要为海产浮游种类，内陆水体中很少。

在早期的文献中，角毛藻目的种类常被放在盒形藻目（或亚目）中（Hustedt 1930；Hendey 1964）。Round 等（1990）建立了角毛藻目（Chaetocerotales），下设 Chaetocerotaceae、Acanthocerataceae 和 Attheyaceae 3 科；Cox（2015）将 Attheyaceae 移入到盒形藻目中，本目只有 2 个科。

本书采用 Cox（2015）角毛藻目的概念，收录 2 科：角毛藻科（Chaetocerotaceae）和刺角藻科（Acanthocerataceae）。

角毛藻目分科检索表

1. 壳面末端具角毛 ··· 角毛藻科 Chaetocerotaceae
1. 壳面末端具 2 根较长的管状突起 ································· 刺角藻科 Acanthocerataceae

角毛藻科 Chaetocerotaceae Ralfs 1861

细胞扁圆柱形，通过侧面的角毛连接成链状群体。壳体硅质化程度较弱。壳面椭圆形或近圆形；带面观矩形；无支持突，有或无唇形突。

在早期的文献中，角毛藻科（Chaetocerotaceae）常被放在盒形藻目（或亚目）中（Hustedt 1930；Hendey 1964）。Round 等（1990）建立了角毛藻目（Chaetocerotales），下设角毛藻科、刺角藻科和四棘藻科 3 科；Cox（2015）将四棘藻科（Attheyaceae）移到盒形藻目中。角毛藻科包含 3 属：*Bacteriastrum*、*Chaetoceros* 和 *Gonioceros*，除个别种类生长在沿海的河口、湖泊、池塘外，都是海洋种类。

本书采用角毛藻科（Chaetocerotaceae），将其放在角毛藻目中，只收录角毛藻属（*Chaetoceros*）1 属。

23. 角毛藻属 *Chaetoceros* C.G. Ehrenberg 1844

形态描述：细胞扁圆柱形，连成长或短的、直的或扭曲的、紧密或疏松的链状群体，群体中细胞间具间隙。壳面椭圆形或圆形；具辐射状的点纹；两端各具一条粗或细的长角毛，角毛中空，表面具小刺、点纹或横线纹，长度多变。无支持突。有或无唇形突。带面观呈矩形。

鉴别特征：①壳体连接成链状群体（图 5-23：1，2）；②壳面相对的两端各具一条长角毛（图 5-23：3，5）。

生境：海洋及河口种类，淡水中偶见。浮游生活。

分布：世界性广布。淡水种类在我国分布于上海、浙江、福建、广东、新疆等地。

模式种：*Chaetoceros tetrachaeta* Ehrenberg。

本属全世界报道近 800 分类单位，我国在淡水生境中记录有 2 种。金德祥（1951）将该属名译为长毛藻属，1965 年改为角毛藻属，《中国淡水藻志》（第 4 卷-中心纲）中将该属名译为角刺藻属。本书中采用了"角毛藻属"这一使用较为广泛的中文名。

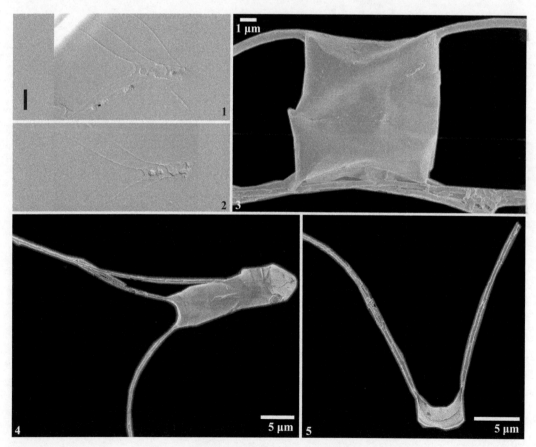

图 5-23 角毛藻属(*Chaetoceros*)

1,2: 光镜照片, 带面观, 标尺=10 μm； 3-5: 扫描电镜照片, 带面观

刺角藻科 Acanthocerataceae Crawford 1990

细胞扁圆柱形或近圆柱形。壳面椭圆形或圆形,由两个近帽状的结构连接而成,每个帽状结构上具一个长的管状延伸;带面长方形,环带多数,具孔纹。无唇形突。

刺角藻科(Acanthocerataceae)是 Crawford 于 1990 年建立的,将其放在 Round 等(1990)系统中的圆筛藻纲角毛藻目中,仅有刺角藻属(*Acanthoceras*)1 属。

长期以来,在我国淡水硅藻的研究中,没有使用刺角藻属这个属名,而是使用四棘藻属(*Attheya*),扎卡四棘藻(*Attheya zachariasi* Brun)广泛存在于各种报道中。Simonsen(1979)的研究认为,淡水中的扎卡四棘藻应该属于刺角藻属,将其修订为扎卡刺角藻(*Acanthoceras zachariasi*(Brun)Simonsen),隶属于角毛藻科(Chaetocerotaceae),而真正的四棘藻属全部为海洋种类。

《中国淡水藻志》(第 4 卷-中心纲)中收录了四棘藻属(*Attheya*),放在盒形藻科(Biddulphiaceae)中。本书采用刺角藻科,收录刺角藻属(*Acanthoceras*)1 属。

24. 刺角藻属 *Acanthoceras* H. Honigmann 1910

形态描述：细胞单生，常见带面观。壳面较小，圆锥形；两端各具两个长的中空的管状突起。无支持突。无唇形突。带面观呈矩形；壳环由许多具密集点纹的覆盖状环带组成。

鉴别特征：①壳面具两个中空的管状突起（图 5-24：3）；②环带覆瓦状，具密集点纹（图 5-24：4）。

生境：偶见属，能够在浅的富营养湖泊及池塘中形成水华。

分布：世界性广布。本属在我国各地广泛分布，由于该属种类壳体易碎，在酸处理过程中多被损坏，常在观察鉴定中被忽视。

模式种：*Acanthoceras madgeburgense* Honigmann。

本属全世界有 2 种 1 变种，我国记录有 1 种 1 变种。由于其壳面硅质化程度较弱（极易在常规处理方法中被破坏），在研究过程中很容易被忽略。

本属与四棘藻属（*Attheya*）的区别在于无唇形突，壳面圆锥形，末端各具两个长的中空的管状突起，环带覆瓦状，而四棘藻属具一个唇形突，壳面椭圆形，末端各具两个由多数螺旋状排列的细丝组成的角状突起，环带裂片状。

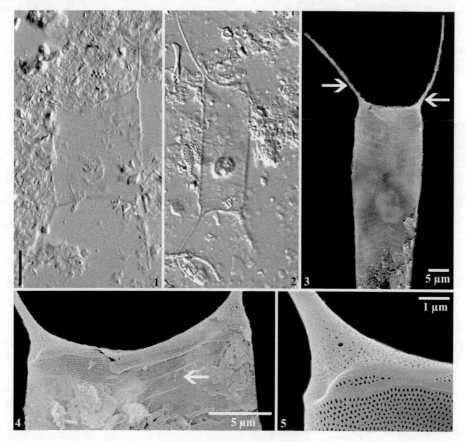

图 5-24 刺角藻属(*Acanthoceras*)

1,2: 光镜照片, 带面观, 标尺=10 μm; 3-5: 扫描电镜照片, 3,4. 带面观, 5. 壳面观

羽纹纲 Pennatae
（硅藻纲 Bacillariophyceae）

细胞单生或连接成带状、扇状或星状等各种类型的群体；浮游生活或附生。壳面形态多样，常呈披针形、椭圆形、卵形、舟形、弓形或棒形，具壳缝或假壳缝，壳面的花纹纹饰多两侧对称。

本纲下设 5 目。

分 目 检 索 表

1. 壳体的两壳面不具壳缝，具假壳缝 ………………………………………脆杆藻目 Fragilariales
1. 壳体的两壳面具壳缝或一面具壳缝，另一面具假壳缝 …………………………………………2
　 2. 壳体仅一面具壳缝，另一面具假壳缝 …………………………… 曲壳藻目 Achnanthales
　 2. 壳体的两壳面均具壳缝…………………………………………………………………………3
3. 壳缝很短，位于壳面两端的一侧，具唇形突 ………………………… 短缝藻目 Eunotiales
3. 壳缝发达，位于壳面的中间或壳缘，不具唇形突 …………………………………………4
　 4. 壳缝线性，位于壳面的中间…………………………………………… 舟形藻目 Naviculales
　 4. 壳缝管状，位于壳缘部分…………………………………………… 双菱藻目 Surirellales

脆杆藻目 Fragilariales Silva 1962
（无壳缝目 Araphidiales）

细胞多形成群体，浮游或附生。壳面线形、披针形、椭圆形、菱形、棒形等；具假壳缝，在假壳缝的两侧具有点纹连成的横线纹或横肋纹；壳面末端具顶孔区，靠近末端处具 1 至多个唇形突。色素呈小颗粒状、盘状，多数，或 1-2 个片状，色素体一般具蛋白核。生长在沼泽、池塘、湖泊、河流沿岸带，常着生，偶然性浮游。

脆杆藻目是羽纹硅藻中没有壳缝的一个类群，长期以来，人们把它归于无壳缝类（Araphideae）或假壳缝类（Pseudoraphidees）中，Silva（1962）将脆杆藻亚目（Fragilarioideae）提升为脆杆藻目，下设 2 科：Tabellariaceae 和 Fragilariaceae。Round 等（1990）建立脆杆藻纲（Fragilariophyceae），下设 12 目；Cox（2015）的分类系统中，将脆杆藻纲下设 10 目。可以看出，无壳缝是一个独立的类群，但这个类群的分类处理存在着很大差异。

我们依然将无壳缝类作为一个独立的目，在我国长期以来根据壳缝的类型称之为无壳缝目（Araphidiales），但由于根据命名法规，目应该以一个模式科的名字命名目的名称，称之为脆杆藻目（Fragilariales）更为合适。

本目共收录 3 科：脆杆藻科（Fragilariaceae）、十字脆杆藻科（Staurosiraceae）和平板藻科（Tabellariaceae）。

脆杆藻目分科检索表

1. 壳面具唇形突 ·· 2
1. 壳面无唇形突 ···································· 十字脆杆藻科 Staurosiraceae
　2. 壳面多具壳针，细胞通过壳面或其他壳面结构连接成链状群体 ············ 脆杆藻科 Fragilariaceae
　2. 细胞通过分泌的黏质连接成群体 ···································· 平板藻科 Tabellariaceae

脆杆藻科　Fragilariaceae Greville 1833

　　细胞通过壳针或其他壳面结构连接成链状群体。壳面两端对称或不对称，具顶孔区和唇形突。

　　脆杆藻科（Fragilariaceae）是在最早的 Agardh（1832）分类系统中就存在的一大类群，主要鉴别特征是带面观矩形，下含 9 个属。以后的大部分学者 Smith（1872）、Schütt（1896）、Peragallo（1897）、Mereschkowsky（1903）、Karsten（1928）、Hustedt（1930）、Silva（1962）、Hendey（1964）、Patrick & Reimer（1966）等，都承认脆杆藻科独立地位，将其置于无壳缝类（Araphideae）或假壳缝类（Pseudoraphidees）中。Simonsen（1979）将无壳缝亚目（Araphidineae）分为两个科，等片藻科（Diatomaceae）和 Protoraphidaceae，Protoraphidaceae 中仅包含 2 个属；等片藻科包含 37 个属，原来脆杆藻科中的各属均被移入到等片藻科中。

　　Round 等（1990）建立脆杆藻纲，下设 12 个目，脆杆藻科隶属于脆杆藻目（Fragilariales），下含 26 个属。Cox（2015）将该科的 *Asterionella*、*Diatoma*、*Meridion* 等转入到平板藻目（Tabellariales）平板藻科（Tabellariaceae）中；并建立肘形藻科（Ulnariaceae），隶属于楔形藻目 Licmophorales，将 *Ctenophora*、*Hannaea*、*Tabularia* 等移入该科中；脆杆藻纲下设 10 目，脆杆藻科隶属于脆杆藻目，下含 14 属。

　　《中国淡水藻志》中，无壳缝目仅收录脆杆藻科 1 科。

　　本书设脆杆藻科，是无壳缝类 3 个科之一，共收录脆杆藻属（*Fragilaria*）；肘形藻属（*Ulnaria*）；西藏藻属（*Tibetiella*）；栉链藻属（*Ctenophora*）；平格藻属（*Tabularia*）；蛾眉藻属（*Hannaea*）6 个属。各属顺序按照壳面结构及纹饰的变化趋势排列。

25. 脆杆藻属　*Fragilaria* H.C. Lyngbye 1819

形态描述：细胞常通过壳针彼此连接形成带状群体。壳面线形、披针形至椭圆形，末端钝圆成小头状或喙状；无壳缝，具窄的假壳缝；线纹由小的、圆形的单列点纹组成。壳缘具小刺状壳针。两端具顶孔区，多位于壳套面上。唇形突 1 个，位于壳面末端。带面观矩形。色素体单个、片状或多个小盘状。

鉴别特征：①壳缘具壳针，常形成带状群体；②壳面末端具顶孔区；③每个壳面仅具一个唇形突（图 5-25：7，8）。

生境：分布广泛，常见于池塘、水沟、缓流的河流和湖泊等水体中。

分布：世界性广布。我国广泛分布。

模式种：*Fragilaria pectinalis*（Müller）Lyngbye。

本属全世界报道 1500 多个分类单位。我国共记录有 41 种 61 变种 2 变型，根据现行的分类系统，部分种类已转入 *Fragilariforma*、*Odontidium*、*Pseudostaurosira*、*Staurosirella* 等属中。

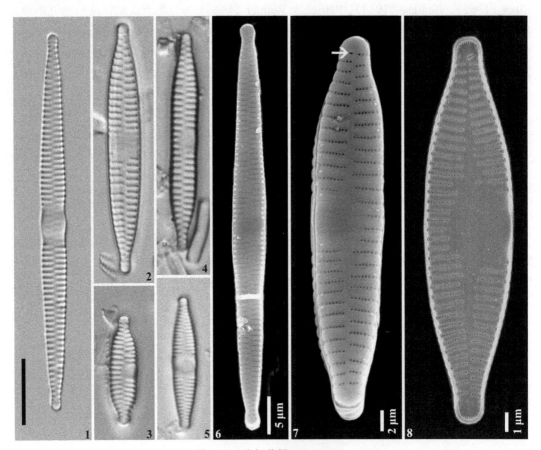

图 5-25　脆杆藻属(*Fragilaria*)

1-5: 光镜照片, 壳面观, 标尺=10μm；　6-10: 扫描电镜照片, 6,7. 外壳面观, 8. 内壳面观

26. 肘形藻属　*Ulnaria*（Kützing）P. Compère 2001

形态描述：细胞单生或形成短链状群体或附生于一处形成放射状或簇状群体。壳面线形或披针形；无壳缝，中轴区窄且直；中央区圆形、椭圆形或矩形，有时具幽灵线纹；线纹由单列点纹组成，少数种类具双列点纹。壳面两末端壳套处具眼斑状的顶孔区。在部分种类中，壳面末端顶孔区两侧各具一个壳针。唇形突 2 个，分别位于两个末端。带面观矩形。

鉴别特征：①壳面长，中轴区窄（图 5-26：1，2）；②壳面两末端各具一个唇形突（图 5-26：8）；③两末端具眼斑状的顶孔区（图 5-26：7）。

生境：常附生，偶见浮游，分布于各种类型水体中。

分布：世界性广布。我国广泛分布。

模式种：*Ulnaria ulna*（Nitzsch）Compère。

本属全世界报道 50 种 10 变种，我国早期的研究都将该属种类归入针杆藻属（*Synedra*）或脆杆藻属（*Fragilaria*）中，使用该属名进行报道的种类仅有 13 种 2 变种。Compère（2001）将针杆藻属的亚属 *Ulnaria* 提升到属的水平，并将 *Synedra ulna* 及近似种移到新属 *Ulnaria* 中，而留在针杆藻属中的都是海洋种，遗憾的是海洋硅藻研究者也没有珍惜 *Synedra* 这个名字，*Synedra* 这个属名面临废弃的状态。目前，这一观点得到学者们的广泛认可，我国记录该属的种类有 24 种 4 变种。

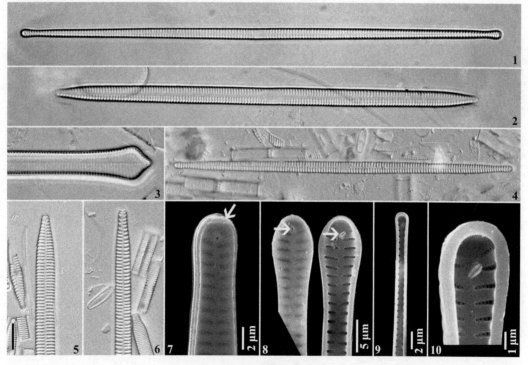

图 5-26　肘形藻属(*Ulnaria*)

1-6: 光镜照片，壳面观，标尺=10 μm；　7-10: 扫描电镜照片，7. 顶孔区，8-10. 唇形突

27. 西藏藻属 *Tibetiella* Y.L. Li, D.M. Williams & D. Metzetltin 2010

形态描述：细胞单生或形成很短的链状群体或星状群体。壳面线形，中部略缢缩，末端头状；中轴区明显，线纹由单列点纹组成，同中轴区垂直；中央区矩形。壳面末端壳套处具眼斑状的顶孔区；每个末端具两个角状壳针。唇形突位于壳面末端，每个末端具 2-5 个，同一壳体两壳面具有的唇形突数量及两末端的唇形突数量常不一致。带面观矩形，环带闭合，具一列点纹。

鉴别特征：①壳面较长，末端头状（图 5-27：1，2）；②壳面末端唇形突 2-5 个（图 5-27：5-7）。

生境：河流，附生在石头表面。

分布：亚洲。我国分布于西藏和新疆。

模式种：*Tibetiella pulchra* Li, Williams & Metzeltin。

本属全世界仅报道 1 种，即美丽西藏藻（*T. pulchra*），由李艳玲等采自中国西藏怒江流域（Li et al. 2010d）。

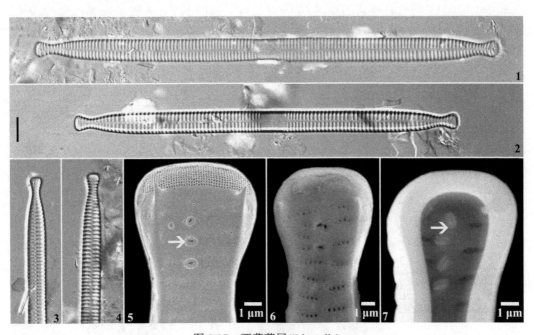

图 5-27　西藏藻属(*Tibetiella*)

1-4: 光镜照片, 壳面观, 标尺=10μm；　5-7: 扫描电镜照片, 5,6. 壳面末端放大, 外壳面观, 7. 壳面末端放大, 内壳面观, 示唇形突

28. 栉链藻属　*Ctenophora*（Grunow）D.M. Williams & F.E. Round 1986

形态描述：细胞常单生或通过壳面一端彼此相连形成群体。壳面线形-披针形；无壳缝，具窄的假壳缝，具加厚的中央辐节及假线纹；点纹较大，外壳面开口具花纹状的筛板覆盖。两端具顶孔区，多位于壳套面上。唇形突 2 个，位于壳面末端近中轴区处。带面观矩形至披针形。

鉴别特征：①壳面点纹粗糙（图 5-28：1-3）；②具延伸至壳缘的中央辐节，中央辐节较厚且具假线纹（图 5-28：1-3）；③壳面两端各具一个唇形突（图 5-28：4，5）。

生境：广泛分布于内陆淡水、半咸水及盐渍化生境中。

分布：世界性广布。我国分布于黑龙江、广东、海南、上海、江苏、江西、安徽等地。

模式种：*Ctenophora pulchella*（Ralfs & Kützing）Williams & Round。

本属全世界报道 2 种 2 变种，我国均有报道。

除 *Ctenophora sinensis* 是 2020 年新报道的，其余种之前均被置于针杆藻属（*Synedra*）中，栉链藻属与针杆藻属的区别在于具加厚的中央辐节；孔纹较大，外壳面开口具花纹状的筛板覆盖。

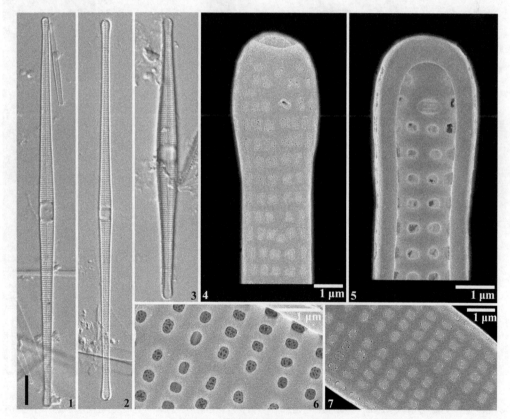

图 5-28　栉链藻属(*Ctenophora*)

1-3: 光镜照片，标尺=10 μm；　4-7: 扫描电镜照片，4. 外壳面观，壳面末端，示唇形突，5. 内壳面观，壳面末端，6. 内壳面观，点纹放大，7. 外壳面观，示点纹盖板

29. 平格藻属 *Tabularia*（Kützing）D.M. Williams & F.E. Round 1986

形态描述：细胞单生或通过壳面一端附生于基质上形成放射状或簇状群体。壳面线形或披针形；无壳缝，中轴区较宽；线纹短，外壳面观由单列长圆形点纹组成，点纹具筛板覆盖。两端具顶孔区，多位于壳套面上。唇形突一个，位于壳面末端近中轴区处。带面观矩形。

鉴别特征：①壳面具较宽的胸骨，线纹很短（图 5-29：1）；②边缘眼孔位于壳面两末端壳套处（图 5-29：6）；③每个壳面具一个唇形突（图 5-29：5，7）。

生境：常见于电导率较高及受盐度影响的水体中。

分布：世界性广布。我国分布于广东、四川、青海、江西、安徽、江苏、上海等地。

模式种：*Tabularia barbulata*（Kützing）Williams & Round。

本属全世界报道种类 19 种 1 变种，我国记录有 3 种。

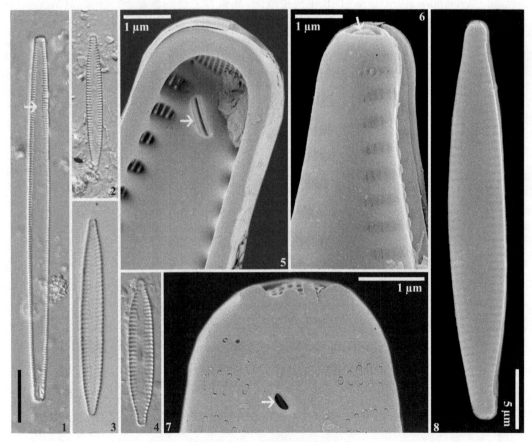

图 5-29　平格藻属(*Tabularia*)

1-4: 光镜照片, 壳面观, 标尺=10 μm；　5-8: 扫描电镜照片, 5. 内壳面观,示唇形突, 6,7. 外壳面观, 壳面末端放大, 示边缘眼孔和唇形突, 8. 外壳面观

30. 蛾眉藻属　*Hannaea* P.M. Patrick 1966

形态描述：细胞单生或形成短带状。壳面常弓形，背缘凸出，腹缘凹入或近平直，末端头状；腹缘中部膨大，具无纹区，可见幽灵线纹（ghost striae），但不具点纹，内壳面略凹，边缘增厚。无壳缝，具窄的假壳缝。唇形突 1-2 个，位于壳面末端。带面观矩形。

鉴别特征：①壳面弓形或直，末端呈头状（图 5-30：1-5）；②腹缘中部膨大，具无纹区（图 5-30：6，9）；③壳面末端具 1-2 个唇形突（图 5-30：7，8）。

生境：常见于山溪和大型的冷水湖泊中。

分布：世界性广布。我国分布于内蒙古、辽宁、吉林、黑龙江、浙江、福建、湖北、湖南、广西、四川、贵州、西藏、陕西、青海、宁夏、新疆等地。

模式种：*Hannaea arcus*（Ehrenberg）Patrick。

本属全世界报道 19 种 1 变种 1 变型，我国共记录 12 种 2 变种 1 变型。

长期以来，本属在我国都采用蛾眉藻属（*Ceratoneis*）的名称。1966 年，美国硅藻学家 Patrick 认为 Ehrenberg（1839）建立的属 *Ceratoneis* 概念不明确，重新以化石硅藻学家 Hanna 博士的名字命名了新属 *Hannaea*，并指定了模式种 *Hannaea arcus*（Ehrenberg）Patrick，现已被广泛采纳。Jahn & Kusber（2005）考证认为 Ehrenberg（1839）描述的 *Ceratoneis* 的特征与 *Cylindrotheca* 吻合，建议将 *Cylindrotheca* 属名改为 *Ceratoneis*。我国所报道的淡水蛾眉藻属种类都属于 *Hannaea* 这个属，因此我们保留了原有中文属名，使用 *Hannaea* 这个拉丁学名。

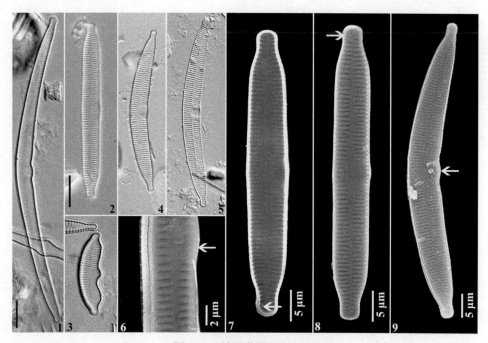

图 5-30　蛾眉藻属(*Hannaea*)

1-5: 光镜照片, 壳面观, 标尺=10 μm;　6-9: 扫描电镜照片, 6. 外壳面观, 壳面中部放大, 7. 内壳面观, 8,9. 外壳面观

十字脆杆藻科 Staurosiraceae Medlin 2016

细胞单生或连成带状群体。壳面线形至椭圆形，无壳缝，中央区宽窄不一，顶孔区有或无，无唇形突。

Medlin & Desdevises（2016）依据 SSU rDNA 基因对无壳缝类各属的分类地位进行了重新分析，并建立十字脆杆藻科（Staurosiraceae），包含 4 个属：*Staurosira*、*Nanofrustulum*、*Opephora* 和 *Plagiostriata*，该科同脆杆藻科的主要区别在于无唇形突，且各个类群的种类都营浮游或底栖生活。之前的分类系统中（Round et al. 1990；Cox 2015）该科中的各属均属于脆杆藻科。

无壳缝类中，还有一些属，具有类似形态学特征但没有足够的基因序列信息也可能隶属于该科，包括 *Belonastrum*、*Martyana*、*Pseudostaurosira*、*Pseudostaurosiropsis*、*Punctastriata*、*Sarcophagodes*、*Stauroforma*、*Staurosirella*、*Synedrella*、*Trachysphenia*（Medlin & Desdevises 2016）。

本书设十字脆杆藻科，共收录 6 属：十字脆杆藻属（*Staurosira*）、窄十字脆杆藻属（*Staurosirella*）、假十字脆杆藻属（*Pseudostaurosira*）、网孔藻属（*Punctastriata*）、十字型脆杆藻属（*Stauroforma*）、拟十字脆杆藻属（*Pseudostaurosiropsis*），各属按照中央胸骨及孔纹形态顺序排列。

31. 十字脆杆藻属 *Staurosira* C.G. Ehrenberg 1843

形态描述： 细胞常通过壳针彼此相连，形成链状群体。壳面椭圆形或十字形，末端圆形；无壳缝，中轴区明显；线纹窄，由小而圆的点纹组成。壳面两端均具顶孔区，大小和结构各不相同，常退化。壳缘具从线纹末端延伸出来的壳针。不具唇形突。带面观矩形，壳环具少数环带，环带逐渐变小，壳套合部宽于其他环带。

鉴别特征： ①点纹小且圆，偶见长圆形（图 5-31：6）；②壳缘具壳针（图 5-31：7）；③壳面两末端具顶孔区，不具唇形突。

生境： 常见于较浅的河流和湖泊中。

分布： 世界性广布。我国分布于吉林、黑龙江、广东、四川、新疆等地。

模式种： *Staurosira construens* Ehrenberg。

本属全世界报道 100 余个分类单位，我国共记录 6 种 2 变种。早期的研究中将该属种类归入脆杆藻属（*Fragilaria*）中，该属与脆杆藻属的区别在于无唇形突，而脆杆藻属具一个唇形突。

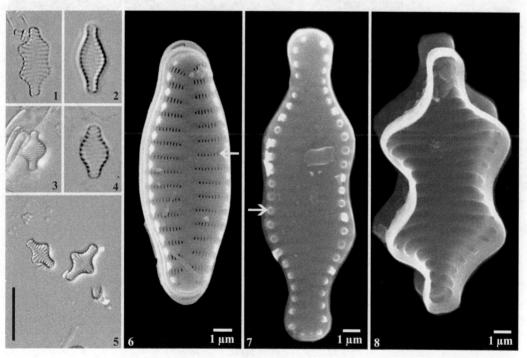

图 5-31　十字脆杆藻属(*Staurosira*)

1-5: 光镜照片, 壳面观, 标尺=10 μm;　6-8: 扫描电镜照片, 6,7. 外壳面观, 6. 示点纹, 7. 示壳针, 8. 内壳面观

32. 窄十字脆杆藻属　*Staurosirella* D.M. Williams & F.E. Round 1988

形态描述：细胞常形成链状群体。壳面椭圆形，线形或十字形，沿横轴对称或不对称，沿纵轴对称；无壳缝，线纹在光镜下看较宽，由单列、纵向短线形的点纹组成。壳面两端均具顶孔区或一端不具顶孔区。无唇形突。壳体带面观矩形。

鉴别特征：①点纹短线形（图 5-32：4）；②具顶孔区，无唇形突（图 5-32：5）。

生境：常见于浅的静水及流水中。

分布：世界性广布。我国分布于黑龙江、广东、四川、甘肃等地。

模式种：*Staurosirella lapponica*（Grunow）Williams & Round。

本属全世界报道 53 种 3 变种，我国使用该属名记录了 6 种，早期的研究将该属的种类归入脆杆藻属（*Fragilaria*）中，该属与脆杆藻属的区别在于无唇形突，而脆杆藻属具一个唇形突，其次在光镜下该属的线纹比脆杆藻属的宽，该属的孔纹由纵向短线形的点纹组成，而脆杆藻属由小的，圆形的点纹组成。

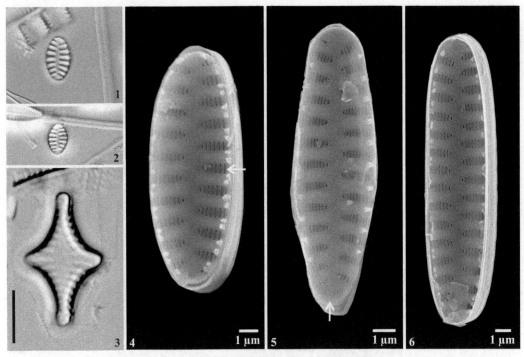

图 5-32　窄十字脆杆藻属(*Staurosirella*)

1-3: 光镜照片, 壳面观, 标尺=10 μm;　4-6: 扫描电镜照片, 外壳面观, 4. 示点纹, 5. 示顶孔区, 6. 外壳面观

33. 假十字脆杆藻属　*Pseudostaurosira* D.M. Williams & F.E. Round 1988

形态描述：细胞常形成链状群体。壳面线形至披针形，末端圆形或亚喙状；无壳缝，中轴区较宽；线纹由单列点纹组成，点纹多大而椭圆形，或小而圆形；每条线纹具有少于 4 个点纹。壳面两末端具顶孔区。壳缘具分枝状的壳针。不具唇形突。带面观矩形，具多条环带，环带不断变小，壳套合部多宽于其他环带。

鉴别特征：①线纹短，中轴区宽（图 5-33：1，2）；②壳面末端具顶孔区（图 5-33：5）；③点纹长圆形（图 5-33：7）。

生境：常见于较浅的溪流和湖泊中。

分布：世界性广布。我国分布于黑龙江、广东、四川、甘肃等地。

模式种：*Pseudostaurosira brevistriata* Williams & Round。

本属全世界报道 80 种 9 变种，我国共记录 6 种 2 变种。该属是根据壳面的形态和线纹的结构从脆杆藻属（*Fragilaria*）分出来的，我国前期的研究都将该属种类归入到脆杆藻属（*Fragilaria*）中。

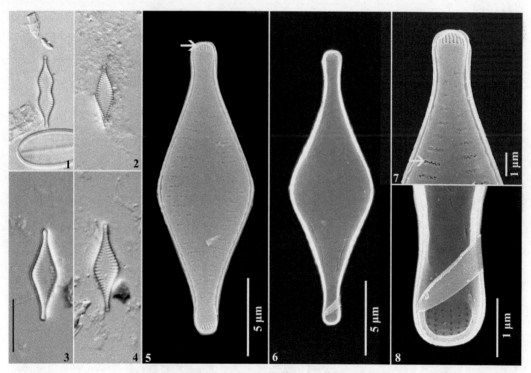

图 5-33　假十字脆杆藻属(*Pseudostaurosira*)

1-4: 光镜照片, 壳面观, 标尺=10 μm;　5-8: 扫描电镜照片, 5. 外壳面观, 6. 内壳面观, 7. 外壳面末端放大,

8. 内壳面末端放大

34. 网孔藻属 *Punctastriata* D.M. Williams & F.E. Round 1988

形态描述：细胞彼此连接成链状群体，壳体较小。壳面线形椭圆形，中部多膨大；无壳缝，中轴区明显；线纹由多列小圆形点纹组成，近似网格状。壳面和壳套接合处具壳针，壳针多位于两线纹之间的肋间纹上，壳针形态多样；壳面两端或仅一端具顶孔区。带面观矩形。

鉴别特征：①线纹由多列小圆形点纹组成（图 5-34：5）；②壳针位于肋间纹上（图 5-34：4）。

生境：多分布在湖泊、池塘及沼泽中。

分布：世界性广布。我国分布于黑龙江、四川、云南和西藏等地。

模式种：*Punctastriata linearis* Williams & Round。

本属全世界报道 11 种，我国记录有 3 种。由于该属种类个体较小，在光镜下较难鉴定，很容易同窄十字脆杆藻属（*Staurosirella*）的种类相混淆，在电镜下，本属线纹由多列小圆形点纹组成，近似网格状，而窄十字脆杆藻属线纹由单列、纵向短线形的点纹组成。

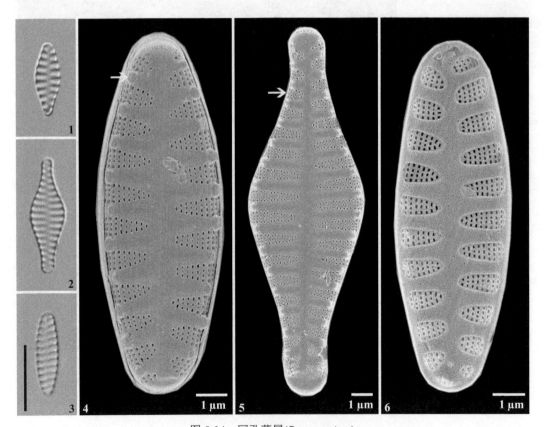

图 5-34　网孔藻属(*Punctastriata*)

1-3: 光镜照片, 壳面观, 标尺=10 μm；　4-6: 扫描电镜照片, 4,5. 外壳面观, 6. 内壳面观

35. 十字型脆杆藻属 *Stauroforma* R.J. Flower, V.J. Jones & F.E. Round 1996

形态描述： 细胞常连接形成线形群体，壳体较小。壳面椭圆形至披针形；无壳缝，中轴区不明显；线纹连续贯穿整个壳面，由小的圆形孔纹组成。小（壳）刺有或无。无唇形突。

鉴别特征： ①无中轴区，线纹连续贯穿整个壳面（图 5-35：1-4）；②线纹单列，点纹小圆形（图 5-35：5）。

生境： 多分布在贫营养的水体中。

分布： 北半球广布。我国分布在横断山区。

模式种： *Stauroforma exiguiformis*（Lange-Bertalot）Flower, Jones & Round。

本属全世界报道 5 种，我国记录有 1 种，即 *S. exiguiformis*。

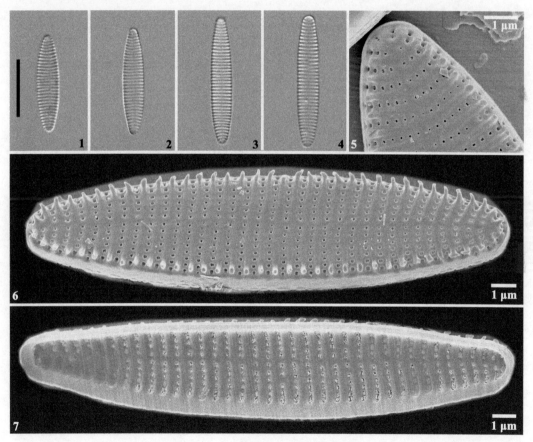

图 5-35 十字型脆杆藻属(*Stauroforma*)

1-4: 光镜照片，壳面观，标尺=10 μm； 5-7: 扫描电镜照片，5. 外壳面观，壳面末端放大，6. 外壳面观，7. 内壳面观

36. 拟十字脆杆藻属 *Pseudostaurosiropsis* E.A. Morales 2001

形态描述：细胞常形成链状群体，壳体较小。壳面圆形至椭圆形；无壳缝，中轴区较宽；线纹较短，由 1-3 个闭圆形点纹组成，点纹外壳面具筛板覆盖。顶孔区两个，由少数几个独立的孔隙组成；壳刺位于壳面边缘，末端分叉。无唇形突。

鉴别特征：① 壳体较小，中轴区宽（图 5-36：1-3）；② 线纹由圆形点纹组成，通常 1-3 个，外壳面具筛板覆盖（图 5-36：4）。

生境：分布在 pH 近中性的中营养湖泊、温泉和沼泽中。

分布：世界性广布。我国分布于四川省。

模式种：*Pseudostaurosiropsis connecticutensis* Morales。

本属全世界报道 5 种，我国记录有 2 种。

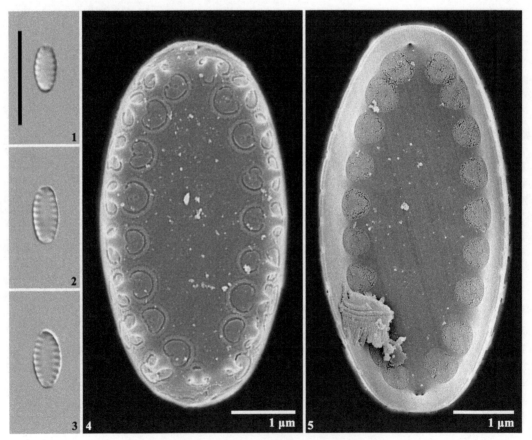

图 5-36 拟十字脆杆藻属(*Pseudostaurosiropsis*)

1-3: 光镜照片, 壳面观, 标尺=10 μm; 4,5: 扫描电镜照片, 4. 外壳面观, 5. 内壳面观

平板藻科　Tabellariaceae Kützing 1844

细胞长圆或盒形，通过分泌的胶质垫连接成链状、星状或 "Z" 形群体。具唇形突和顶孔区。

Kützing（1844）建立了平板藻科（Tabellariaceae），隶属于 Stomaticae 目。长期以来，有的学者将平板藻类（Tabelloarioides）作为一个独立的类群，同脆杆藻类（Fragilarioides）平行，都隶属于假壳缝（Pseudoraphidees）类群中（Peragallo 1897）；Hustedt（1930）将其作为脆杆藻科（Fragilariaceae）的一个亚科；也有人将脆杆藻科和平板藻科合并，使用等片藻科（Diatomaceae）（Simonsen 1979）或脆杆藻科（Krammer & Lange-Bertalot 1991a，1997b，2000）的名字。

Round 等（1990）建立了平板藻目（Tabellariales），只有平板藻科 1 个科，含 3 属：*Oxyneis*、*Tabellaria*、*Tetracyclus*。Cox（2015）将 *Asterionella*、*Diatoma*、*Meridion* 和 *Distrionella* 归入到平板藻科中。Medlin & Desdevises（2016）基于 SSU rDNA 建立的系统进化树也支持这一分类观点。

本书保留了平板藻科的独立地位，但将其归入到脆杆藻目中，共收录 7 属，平板藻属（*Tabellaria*）、四环藻属（*Tetracyclus*）、星杆藻属（*Asterionella*）、细杆藻属（*Distrionella*）、脆形藻属（*Fragilariforma*）、等片藻属（*Diatoma*）和扇形藻属（*Meridion*）。按照壳体是否具有隔膜及壳面是否具有横肋纹进行排序。

37. 平板藻属 *Tabellaria* C.G. Ehrenberg & F.T. Kützing 1844

形态描述：细胞通过顶孔区分泌胶质垫形成长"Z"形或直的丝状或星状群体。壳面长圆形，末端头状，中部膨大；无壳缝，中轴区不明显。壳面和壳套连接处常具短圆锥形的壳针，顶孔区也具壳针。唇形突一个，位于壳面中部一侧。带面观矩形。合部具完全或不完全的隔膜；合部的类型和数量曾用做区分种类的依据。

鉴别特征：①壳面长圆形，中部膨大，末端头状（图 5-37：1-4）；②具隔膜（图 5-37：1，3，6）；③每个壳面具一个唇形突（图 5-37：7，8）；④壳面两末端均具顶孔区（图 5-37：7）。

生境：广泛分布在各种类型的水体中。

分布：世界性广布。我国分布于内蒙古、辽宁、吉林、黑龙江、浙江、福建、山东、湖北、湖南、广东、贵州、云南、重庆、西藏、甘肃、青海、新疆等地。

模式种：*Tabellaria fenestrata*（Lyngbye）Kützing。

本属全世界报道超过 80 个分类单位，我国仅记录有 2 种 2 变种。

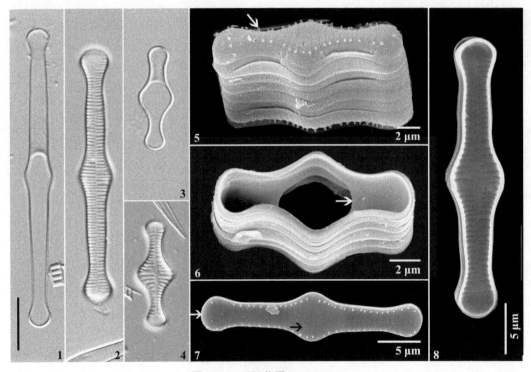

图 5-37　平板藻属(*Tabellaria*)

1-4: 光镜照片, 壳面观, 标尺=10 μm, 1,3. 示隔膜；　5-8: 扫描电镜照片, 5. 带面观,示壳针, 6. 带面观, 示隔膜, 7. 外壳面观, 示顶孔区(白色箭头), 唇形突(黑色箭头), 8. 内壳面观

38. 四环藻属　*Tetracyclus* J. Ralfs 1843

形态描述：细胞单生或彼此连接形成"Z"形或链状群体。壳面平，常椭圆形、菱形、披针形、长圆形，常具头状末端，中部膨大或缢缩；壳套面明显且高；无壳缝，中轴区不明显；线纹由单列点纹组成，具横肋纹，点纹连续分布不被横肋纹隔断，内壳面观，横肋纹较多，硅质化程度明显；不具或具 3 个唇形突，位于壳面近中部，沿胸骨横向排列，也可以位于末端或壳套边缘。带面观矩形或椭圆形。

鉴别特征：①壳面具明显横肋纹（图 5-38：1）；②具隔膜（图 5-38：3）。

生境：常见于湖泊和河流中，是贫营养水体代表种类。

分布：世界性广布。我国分布于内蒙古、吉林、山东、广西、云南、西藏等地。

模式种：*Tetracyclus lacustris* Ralfs。

本属全世界报道种类超过 160 个分类单位，我国记录有 27 种 12 变种 2 变型。该属种类常见于化石中。我国报道的大部分来自化石标本，仅少部分来自现存标本。

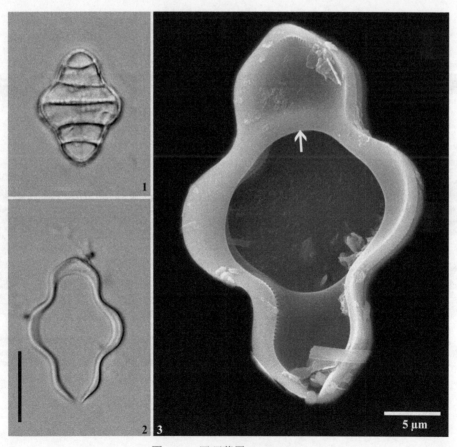

图 5-38　四环藻属(*Tetracyclus*)

1,2: 光镜照片，壳面观，标尺=10 μm；3: 扫描电镜照片，示隔膜

39. 星杆藻属 *Asterionella* A.H. Hassall 1850

形态描述：细胞通过顶端同其他个体连接形成星形群体。壳面线形，末端头状，沿横轴不对称，沿纵轴对称；无壳缝，中轴区不明显；线纹由单列小圆形点纹组成，平行排列；末端具顶孔区。壳缘具一些小的壳针。唇形突 1-2 个，位于壳面末端。带面观矩形，向末端略弯曲。

鉴别特征：①壳面线形，末端头状，沿横轴不对称（图 5-39：1，2）；②壳面末端具顶孔区（图 5-39：3，5）；③壳面末端具唇形突（图 5-39：4，6）。

生境：常见于湖泊中，是湖泊浮游生物的主要种类之一。

分布：世界广布种。我国广泛分布。

模式种：*Asterionella formosa* Hassall。

本属全世界报道 90 余个分类单位，我国记录有 3 种 3 变种，最常见的种是美丽星杆藻（*A. formosa*），可在春、夏及秋季形成水华。

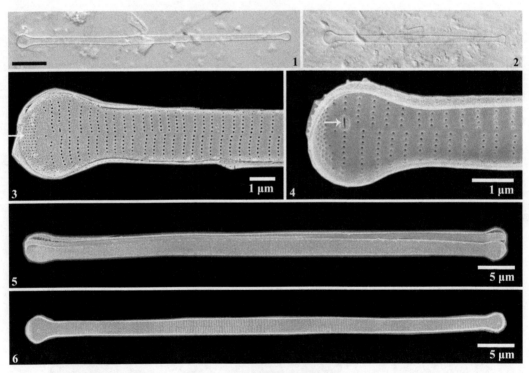

图 5-39　星杆藻属(*Asterionella*)

1,2: 光镜照片, 标尺=10 μm;　3-6: 扫描电镜照片, 3,5. 外壳面观, 3. 示顶孔区, 4,6. 内壳面观, 4. 示唇形突

40. 细杆藻属 *Distrionella* D.W. Williams 1990

形态描述：细胞单生。壳面线形，末端头状，两端略不对称；无壳缝，中轴区不明显；壳面具横肋纹；横线纹排列略不均等，靠近壳面末端较稀疏略不规则，点纹单列，小圆形。壳面两端均具顶孔区。唇形突一个，通常位于末端线纹的中央。

鉴别特征：①壳面线形（图 5-40：1-3）；②具横肋纹，中央胸骨不明显（图 5-40：1-3）；③唇形突位于壳面末端线纹的中央（图 5-40：4）。

生境：多分布在河流中，附生在石头上。

分布：世界性广布。我国分布于四川、西藏等地。

模式种：*Distrionella asterionelloides* Williams。

本属全世界报道 5 种。我国记录 2 种。本属与星杆藻属（*Asterionella*）壳体形态相近，主要区别在于本属壳缘不具壳针，细胞单生。

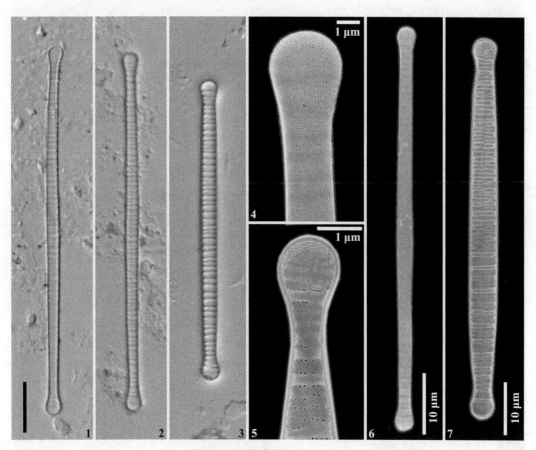

图 5-40 细杆藻属(*Distrionella*)

1-3: 光镜照片，标尺=10 μm；4-7: 扫描电镜照片，4. 外壳面观，壳面末端放大，示顶孔区和唇形突，5. 内壳面观,壳面末端放大, 6. 外壳面观, 7. 内壳面观

41. 脆形藻属　*Fragilariforma* D.M. Williams & F.E. Round 1988

形态描述：细胞彼此连接形成线形或"Z"形群体。壳面椭圆形，披针形或线形，末端喙状或头状，壳缘常波曲或在中部膨大；无壳缝，中轴区不明显；线纹较细弱，由单列点纹组成。壳缘具壳针。唇形突一个，位于壳面末端的线纹中。带面观矩形。

鉴别特征：①壳缘常波曲或中部膨大，线纹细弱（图 5-41：1-3）；②中轴区不明显（图 5-41：1-3，6）；③每个壳面具一个唇形突（图 5-41：4）。

生境：多分布在临时性水体中。

分布：在北半球的沼泽、亚热带及亚热带地区分布较多。我国分布于内蒙古、广东等地。

模式种：*Fragilariforma virescens*（Ralfs）Williams & Round。

本属全世界报道约 33 种 8 变种，我国仅记录有 1 种，即淡绿脆形藻（*Fragilariforma virescens*）。该属同细杆藻属（*Distrionella*）较为接近，两属的主要区别在于后者具横肋纹，不具壳针。

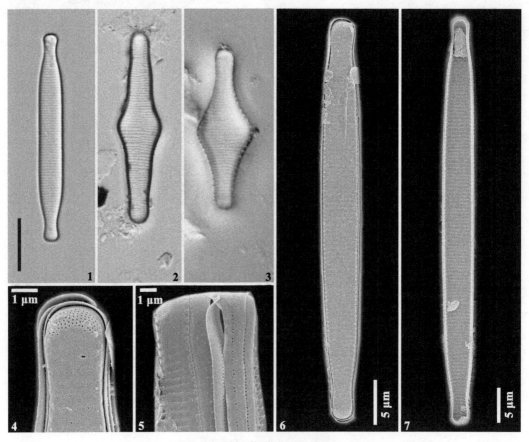

图 5-41　脆形藻属(*Fragilariforma*)

1-3: 光镜照片, 标尺=10 μm；　4-7: 扫描电镜照片, 4. 外壳面观, 末端放大, 5. 带面观, 6. 外壳面观, 7. 内壳面观

42. 等片藻属 *Diatoma* J.B.M. Bory de Saint-Vincent 1824

形态描述：细胞形成"Z"形或线形群体。壳面线性至窄椭圆形；无壳缝，中轴区不明显；具线纹及增厚的横肋纹，线纹由单列点纹组成；内壳面观，横肋纹突起，从胸骨处延伸到壳套部。靠近顶孔区处有散生的壳针。唇形突 1 个，位于壳面近末端。带面观矩形，环带不具隔膜，壳套面的顶端通过一个重叠的内部隆起相互连接。

鉴别特征：①壳面具明显横肋纹（图 5-42：7）；②两端具顶孔区（图 5-42：8）；③具一个唇形突（图 5-42：6）。

生境：常见于沟渠或流水生境中，特别是在山区冷清的缓流的水体中，浮游或附生生活于水草及其他基质上。

分布：世界性广布。我国广泛分布。

模式种：*Diatoma vulgaris* Bory de Saint-Vincent。

本属全世界报道超过 400 个分类单位。我国共记录有 14 种 13 变种 1 变型，最常见的种是普通等片藻（*Diatoma vulgaris*）。

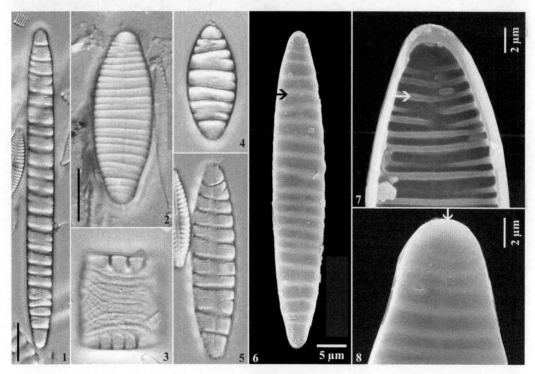

图 5-42 等片藻属(*Diatoma*)

1-5: 光镜照片，标尺=10 μm，1,2,4,5. 壳面观，3. 带面观； 6-8: 扫描电镜照片，6. 外壳面观,7. 内壳面观,示唇形突,8. 外壳面观，示唇形突及顶孔区

43. 扇形藻属 *Meridion* C.A. Agardh 1824

形态描述：细胞通过壳面彼此相连形成扇状群体。壳面呈异极的线棒形，沿横轴不对称；无壳缝，中轴区不明显；具横线纹，横肋纹，横线纹较细弱，点纹小圆形，在光镜下较难观察到。唇形突一个，位于壳面较宽的末端。带面观楔形。

鉴别特征：①细胞常连成扇形群体，壳体带面观楔形；②壳面两端不对称（图 5-43：1-3）；③具明显横肋纹（图 5-43：3）；④壳面较宽一端具一个唇形突（图 5-43：5-7）。

生境：广泛分布于各种水体中，特别是在山区冷清的缓流的水体中，浮游或附生生活于水草及其他基质上。

分布：世界性广布。我国广泛分布于山西、内蒙古、辽宁、吉林、黑龙江、上海、浙江、安徽、福建、山东、河南、湖南、四川、西藏、陕西、宁夏、新疆等地。

模式种：*Meridion vernale* Agardh。

本属全世界报道约 70 个分类单位。我国记录有 8 种 2 变种。

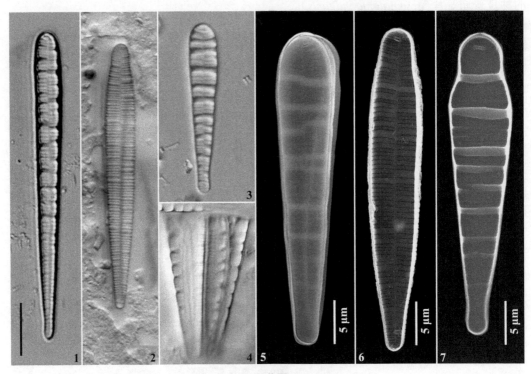

图 5-43 扇形藻属(*Meridion*)

1-4: 光镜照片, 标尺=10 μm, 1-3. 壳面观, 2. 为不具横肋纹的内部壳面, 4. 带面观, 具内部壳面； 5-7: 扫描电镜照片, 5. 外壳面观, 6. 内部壳面内壳面观, 7. 正常壳面内壳面观

短缝藻目　Eunotiales Silva 1962
（拟壳缝目 Raphidionales）

　　细胞单生或形成带状群体。壳面两侧不对称或对称，月形、弓形或棒形，具短的壳缝，位于壳面中部或末端，具极节，不具中央节。具唇形突。色素体片状，大型，2 个。多生于偏酸的贫营养淡水水体中。

　　短壳缝目是一个独立的类群，Silva（1962）建立了短缝藻目，用 Eunotiales 取代了 Raphidionales 这个名称，得到了广泛的认可。Round 等（1990）建立了短缝藻亚纲（Eunotiophycidae），隶属于硅藻纲（Bacillariophyceae），下设短缝藻目 1 个目，含 2 科：Eunotiaceae 和 Peroniaceae。Cox（2015）也采纳了这个观点。

　　本书按命名法规采用短缝藻目（Eunotiales）的名称，收录短缝藻科（Eunotiaceae）和异缝藻科（Peroniaceae）2 科。

短缝藻目分科检索表

1. 壳面两端常对称，两侧不对称，壳缝位于壳面末端 ································· 短缝藻科 Eunotiaceae
1. 壳面两端不对称，两侧常对称，一个壳面具二分支的壳缝，另一个壳面具短的壳缝或不具壳缝 ······
··· 异缝藻科 Peroniaceae

短缝藻科　Eunotiaceae Kützing 1844

　　细胞单生或连成带状群体。壳面两侧不对称，月形或弓形，壳缝位于壳面末端腹缘，多从壳套面延伸至壳面。具唇形突。

　　Kützing（1844）建立短缝藻科（Eunotiaceae），隶属于 Astomaticae。Karsten（1928）等将其放在无壳缝目中。Silva（1962）建立了短缝藻目，下设短缝藻一科。短缝藻科的独立地位在后续的一些分类系统中都得到了承认，如 Hendey（1964），Patrick & Reimer（1966），Simonsen（1979），Round 等（1990）和 Cox（2015）等。短缝藻科下含 7 属，*Actinella*、*Amphorotia*、*Colliculoamphora*、*Desmogonium*、*Eunophora*、*Eunotia* 和 *Semiorbis*。

　　本书设短缝藻科，收录短缝藻属（*Eunotia*）、长茅藻属（*Actinella*）和双辐藻属（*Amphorotia*）3 属。

44. 短缝藻属 *Eunotia* C.G. Ehrenberg 1837

形态描述：细胞常单生或由胶质连接形成带状群体。壳面弓形或弯线形，沿纵轴、横轴均不对称，背缘隆起、平滑或具波曲，腹缘直或凹；壳缝位于末端壳套处，壳缝端隙轻微或强烈弯曲；有的种类具线性假壳缝，线纹由单排点纹组成。唇形突一个，位于壳面末端。带面观长方形或线形。具 2 个大的色素体。

鉴别特征：①壳面常弓形，沿纵轴、横轴均不对称（图 5-44：1-5）；②壳缝短，多位于壳套处（图 5-44：7）；③每个壳面具一个唇形突（图 5-44：8）。

生境：常见于软水或略呈酸性的水体中。

分布：世界性广布。我国广泛分布。

模式种：*Eunotia arcus* Ehrenberg。

本属全世界报道超过 2400 个分类单位，我国记录有 99 种 92 变种 7 变型。

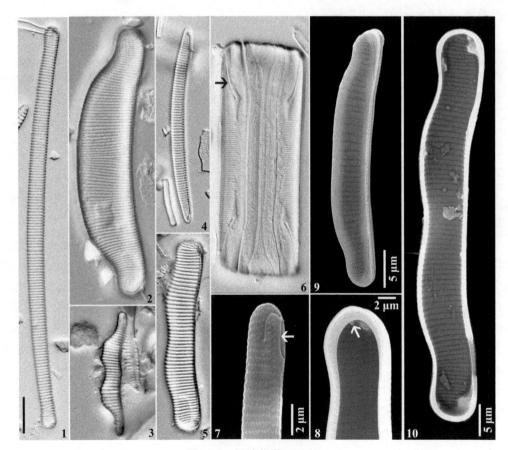

图 5-44　短缝藻属(*Eunotia*)

1-6: 光镜照片, 标尺=10 μm, 1-5. 壳面观, 6. 带面观；　7-10: 扫描电镜照片, 7. 外壳面观, 壳面末端, 示壳缝, 8. 内壳面观, 壳面末端, 示唇形突, 9. 外壳面观, 10. 内壳面观

45. 长茅藻属　*Actinella* F.W. Lewis 1864

　　形态描述：细胞单生或通过壳面较窄的一端连接形成带状群体。壳面沿纵轴和横轴都不对称；壳缝短且不明显，位于壳面末端的壳套处，偶见延伸到壳面；螺旋舌可见。线纹清晰，壳缘常具小的壳针。

　　鉴别特征：①壳面沿纵轴、横轴均不对称（图 5-45：1，2）；②壳缝短，多位于壳套面；③壳缘具壳针。

　　生境：多分布在软水或酸性水体中。

　　分布：主要分布在南美洲和大洋洲，北美洲、欧洲和亚洲都仅有个别种类分布。我国分布于吉林、云南等地。

　　模式种：*Actinella punctata* Lewis。

　　本属全世界报道超过 70 个分类单位。我国报道 2 种 1 变种。

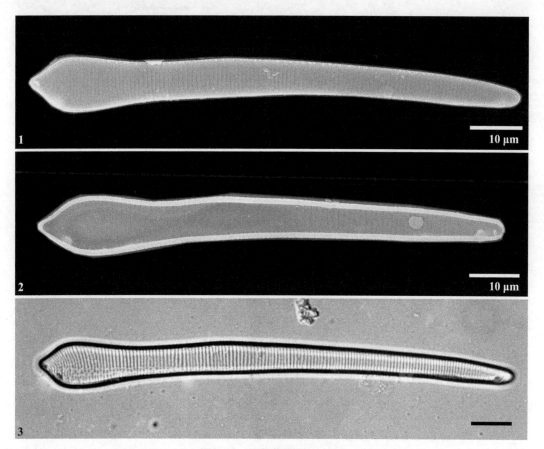

图 5-45　长茅藻属(*Actinella*)

1-2: 扫描电镜照片, 标尺=10 μm, 1. 外壳面观, 2. 内壳面观；3: 光镜照片, 壳面观

46. 双辐藻属　*Amphorotia* D.M. Williams & G. Reid 2006

形态描述：细胞较大，壳体通常长于 60μm。壳面弓形，沿中轴板不对称，背缘宽于腹缘。壳面沿横轴对称，沿纵轴不对称；壳面具明显的中轴区；点纹排列不规则。壳面具两个唇形突，位于近末端处。

鉴别特征：①壳体较大，沿横轴对称，沿纵轴不对称（图 5-46：1，2）；②壳面具明显的中轴区（图 5-46：1，2）；③点纹排列不规则（图 5-46：1，2）。

生境：分布在贫营养的湖泊中，或化石标本中。

分布：欧洲、北美洲、亚洲。我国分布于内蒙古、吉林、山东、湖北、福建等地。

模式种：*Amphorotia clevei* Williams & Reid。

本属全世界报道种类 20 种。我国报道 8 种。

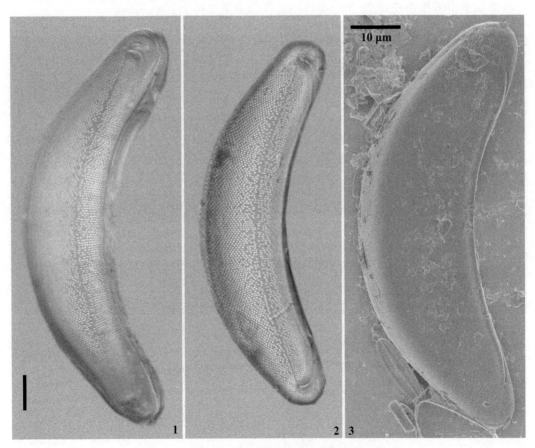

图 5-46　双辐藻属(*Amphorotia*)

1-2: 光镜照片，壳面观，标尺=10 μm；　3: 扫描电镜照片，外壳面观

异缝藻科　Peroniaceae（Karsten）Topachevs'kyj & Oksiyuk 1960

细胞单生，带面观楔形。壳面两端不对称。壳体异面，一个壳面具 2 分支的壳缝，一个壳面具短的壳缝或不具壳缝，两个壳面均具唇形突。壳缘常具壳针。

Hustedt（1930）的分类系统中，将异缝藻作为短缝藻科中的 1 个亚科 Peronioideae，放在 Round 等（1990）和 Cox（2015）的分类系统中都将异缝藻科作为一个独立科，隶属于短缝藻目，只有 1 个属—*Peronia*。刘妍等 2018 年报道了该科的第二个属，中华异缝藻属（*Sinoperonia*），故本科目前只有 2 属。

本书设异缝藻科，收录中华异缝藻属 1 属。

47. 中华异缝藻属 *Sinoperonia* J.P. Kociolek, Y. Liu, A. Glushchenko & M. Kulikovskiy 2018

形态描述：壳体多异面，一个壳面具壳缝，一个壳面不具壳缝，部分个体两壳面都具壳缝，或两壳面都不具壳缝。具壳缝面略凹，近缝端略膨大，较大的个体的壳面两近缝端相距较远，形成哑铃形中央区；线纹在壳面中部放射排列，靠近末端突然会聚，形成"＞"形线纹，点纹单列，小圆形；唇形突 2 个，位于末端；部分壳面壳缘具圆锥形的壳针。无壳缝面，两末端各具一个唇形突，线纹平行排列，点纹单列，小圆形。带面观楔形。

鉴别特征：①壳体可见单壳缝、双壳缝和无壳缝三种形态（图 5-47：5，6，7）；②具壳缝面和无壳缝面均在两末端各具一个唇形突（图 5-47：10，11）；③具壳缝面，壳缝近缝端略膨大，端隙直（图 5-47：9）；④具壳缝面线纹在中部放射排列，向末端会聚形成"＞"形线纹（图 5-47：9）；⑤无壳缝面线纹平行排列（图 5-47：10）。

生境：附生在 pH、电导率均较低的溪流中。

分布：亚洲。我国分布于广西。

模式种：*Sinoperonia polyraphiamorpha* Kociolek，Liu，Glushchenko & Kulikovskiy 本属全世界仅报道 1 种，采自越南和我国的广西壮族自治区。

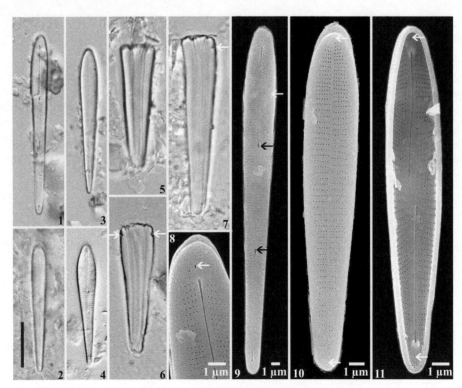

图 5-47　中华异缝藻属(*Sinoperonia*)

1-7: 光镜照片, 标尺=10 μm, 1,4. 具壳缝面, 2,3. 无壳缝面, 5. 无壳缝的壳体, 6. 双壳缝的壳体, 示螺旋舌, 7. 单壳缝的壳体, 示螺旋舌; 8-11: 扫描电镜照片, 8. 外壳面观, 壳面末端, 示唇形突, 9. 具壳缝面外壳面观, 示"＞"形线纹(白色箭头), 近缝端(黑色箭头), 10. 无壳缝面外壳面观, 示唇形突, 11. 具壳缝面内壳面观, 示唇形突

舟形藻目 Naviculales Bessey 1907
（双壳缝目 Biraphidinales）

细胞单生或形成各种类型的群体。上下壳面均具壳缝，多位于壳面中部，具中央节和极节，上下壳面纹饰相同。无唇形突。色素体片状，大型，1-2 个。本目是淡水硅藻中种类最多的类群，广布于各种水体中，浮游或着生。

早在 1907 年，Bessey 就建立了舟形藻目，但当时的舟形藻目几乎包括了羽纹纲的所有类群，下设 6 科：Tabellariaceae、Meridionaceae、Fragilariaceae、Naviculaceae、Bacillariaceae 和 Surirellaceae。Karsten（1928）和 Hustedt（1930）中都将舟形藻作为科 Naviculaceae 来处理。我们现在常用的舟形藻目是建立在 Silva（1962）、Patrick & Reimer（1966）的概念上的，下设 3 科：Naviculaceae、Cymbellaceae 和 Amphiproraceae。

Round 等（1990）对舟形藻目进行了重新定义，将原来的舟形藻目分成了 5 目 25 科，新的舟形藻目下设 5 亚目 18 科；Cox（2015）基本沿用了 Round 等（1990）的划分方法，只是增加了一些位置不定的科与属。但这样的处理方法，由于新目、新科过多，产生了许多混乱，被认为是"过度分类"的例子，饱受争议。

在目前没有定论的前提下，为了便于鉴定和使用，本书仍将两壳面均具双分支壳缝的类群作为一个独立的目，按照命名法规，采用舟形藻目（Naviculales）名称，共收录 5 科，舟形藻科（Naviculaceae）、桥弯藻科（Cymbellaceae）、双眉藻科（Catenulaceae）、异极藻科（Gomphonemataceae）和弯楔藻科（Rhoicospheniaceae）。

舟形藻目分科检索表

1. 壳面两侧、两端对称 ·· 舟形藻科 Naviculaceae
1. 壳面两侧或两端不对称 ·· 2
  2. 壳面两侧对称，两端不对称 ·· 3
  2. 壳面两侧不对称，两端对称 ·· 4
3. 壳面一端具顶孔区，中央区具 1 至多个孤点 ················ 异极藻科 Gomphonemataceae
3. 壳面中央区不具孤点 ·· 弯楔藻科 Rhoicospheniaceae
  4. 壳缝位于壳面中部，或具顶孔区或具中央区孤点 ············ 桥弯藻科 Cymbellaceae
  4. 壳缝位于壳面腹缘，无顶孔区和中央区孤点 ················ 双眉藻科 Catenulaceae

舟形藻科 Naviculaceae Kützing 1844

细胞单生，少数由胶质互相粘连成群体。壳面两端及两侧对称，舟形、披针形、椭圆形或菱形；多数种类两壳面均具正常发育的壳缝，壳缝位于壳面中部。

舟形藻科（Naviculaceae）是由 Kützing（1844）建立的，隶属于 Stomaticae 目，下含 14 属。以后多数学者将其放在羽纹纲双壳缝类中的一个科，随着观察方法的进步，本科不断有新属新种被发现，它也是硅藻中种类最多的科。在 Simonsen（1979）的分类系统中，舟形藻科几乎包括所有双壳缝的种类。在 Round 等（1990）的分类系统中，重新限定了舟形藻目（Naviculales），下设 5 亚目 18 科，将舟形藻科与斜纹藻科（Pleurosigmataceae）、斜脊藻科（Plagiotropidaceae）、辐节藻科（Stauroneidaceae）和 Proschkiniaceae 放在舟形藻亚目中，舟形藻科的概念变"窄"了，仅含 7 属。

本书采样广义舟形藻科的概念，收录 54 属，按照壳面结构由简单到复杂原则，进行各属排列。

48. 舟形藻属 *Navicula* J.B.M. Bory de Saint-Vincent 1822

形态描述: 细胞单生,罕有连成管状群体。壳面形态多样,多为线形、披针形,少见菱形,末端多为圆形或延长至头状或喙状;中轴区和中央区因种类不同而异;壳缝形态多样,中央胸骨较发达,多两侧发育不均等,一侧较发达;具或不具假隔膜;线纹多由单列点纹组成,点纹多纵向短裂缝状。

鉴别特征: ①中央胸骨两侧发育不均等(图 5-48:7);②点纹多纵向短裂缝状(图 5-48:8);

生境: 广泛分布在各种类型的水体中。

分布: 世界性广布。我国各地都有分布。

模式种: *Navicula tripunctata*(Müller)Bory。

本属全世界报道种类超过 9800 个分类单位。我国记录有 344 种 181 变种 37 变型。该属在早期的研究中包含种类非常多,随着研究的深入,逐渐有许多类群被分离出来,建立了新的属,如微肋藻属(*Microcostatus*)、宽纹藻属(*Hippodonta*)等。

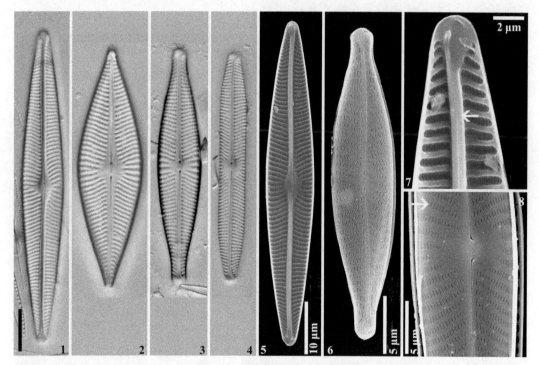

图 5-48 舟形藻属(*Navicula*)

1-4: 光镜照片, 壳面观, 标尺=10 μm; 5-8: 扫描电镜照片, 5. 内壳面观, 6. 外壳面观, 7. 内壳面观, 壳面末端, 示胸骨, 8. 外壳面观, 壳面中部, 示点纹

49. 格形藻属 *Craticula* A. Grunow 1867

形态描述：细胞单生。壳面披针形，末端窄，喙状或头状；中轴区窄；中央区微扩大；壳缝直线形，近缝端直或微弯斜，远缝端钩状；线纹平行或近平行，由单列点纹组成，点纹小，排列较紧密，在光镜下观察线纹近似网格形排列。该属具典型的多态性特征；内壳面具明显的板片，是受渗透压影响产生的。

鉴别特征：①壳面披针形，具窄的喙状或头状末端（图 5-49：1-5）；②线纹平行或近平行排列（图 5-49：3-5）；③部分种类具有硅质的板片（图 5-49：2）。

生境：常见于各种淡水或咸水水体中，多营附生生活。

分布：世界性广布。我国分布于北京、山西、内蒙古、吉林、黑龙江、上海、江苏、安徽、浙江、江西、福建、湖南、四川、广东、贵州、云南、重庆、西藏、甘肃、香港等地。

模式种：*Craticula perrotetii* Grunow。

本属全世界已报道 61 种 10 变种 1 变型。我国记录有 11 种 2 变种 1 变型。虽然该属在 1867 年就已经建立，但我国早期的研究中一直将该属种类归入到舟形藻属（*Navicula*），直到 2008 年才开始使用格形藻属（*Craticula*）这个名字。

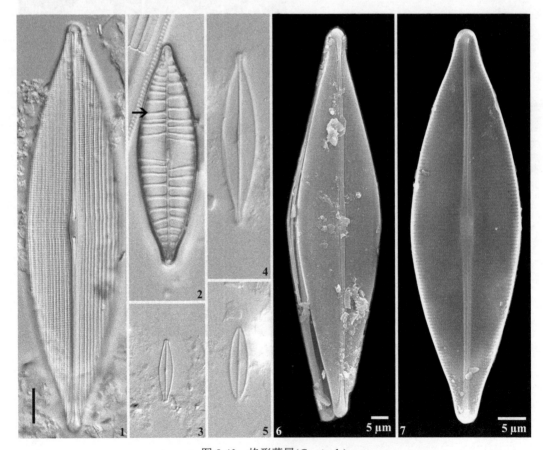

图 5-49　格形藻属(*Craticula*)

1-5: 光镜照片，壳面观，标尺=10 μm, 2. 示硅质板片；　6,7: 扫描电镜照片, 6. 外壳面观, 7. 内壳面观

50. 海氏藻属　*Haslea* R. Simonsen 1974

形态描述：细胞单生。壳面窄披针形，末端窄圆形；中轴区窄线形；中央区窄横矩形，延伸到壳缘；壳缝直线形，外壳面近缝端末端略膨大；线纹由单列矩形至方形的点纹组成，外壳面具纵向的硅质带贯穿整个壳面。

鉴别特征：①壳面窄披针形（图 5-50：1-3）；②中轴区窄，中央区具窄的横矩形中部带（图 5-50：1）；③壳面具纵向贯穿壳面的硅质带（图 5-50：4）。

生境：多数种类都分布在海洋生境中。淡水仅记录有一种，多分布在内陆盐度较高的水体中。

分布：世界性广布。我国分布于吉林、甘肃、新疆等地。

模式种：*Haslea ostrearia*（Gaillon）Simonsen。

本属全世界报道 37 种 3 变种，我国仅记录 1 种，即 *H. specula*。

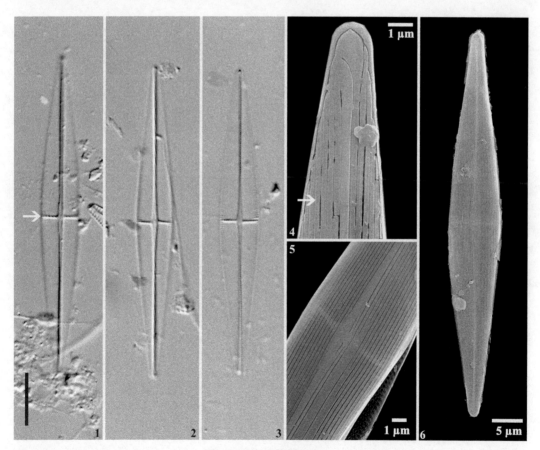

图 5-50　海氏藻属(*Haslea*)

1-3: 光镜照片, 壳面观, 标尺=10 μm, 1. 示中部带；　4-6: 扫描电镜照片, 4. 外壳面观, 壳面末端, 示壳面纵向硅质带, 5. 外壳面观, 壳面中部, 6. 外壳面观

51. 岩生藻属 *Petroneis* A.J. Stickle & D.G. Mann 1990

形态描述：细胞单生，舟形。壳面宽线形至宽椭圆形，硅质化程度较重，结构较粗糙，末端略延长呈喙状；中轴区线形披针形；中央区圆形或矩形；壳缝直，位于壳面中部，近缝端位于一个近"T"形的凹槽中，远缝端弯向壳面同侧；横线纹放射状排列，由单列点纹组成，点纹圆形或横向长圆形，点纹具复杂的分支孔板。

鉴别特征：①壳面宽线形至宽椭圆形，末端喙状；②远缝端弯向壳面同侧；③横线纹由单列点纹组成，点纹具复杂的分支孔板。

生境：多分布在海水中，半咸水和淡水中也有，常附生。

分布：世界性广布。我国分布于福建、广东、广西、海南、湖南、贵州、西藏等地。

模式种：*Petroneis humerosa*（Brébisson ex Smith）Stickle & Mann。

本属全世界报道种类 16 种 1 变种，我国记录有 2 种。

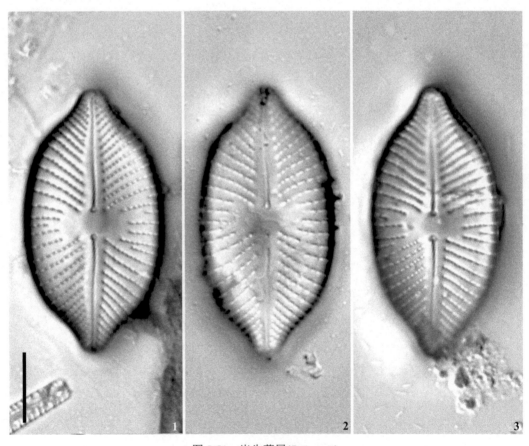

图 5-51　岩生藻属(*Petroneis*)

1-3: 光镜照片，壳面观，标尺=10 μm

52. 科斯麦藻属　*Cosmioneis* D.G. Mann & A.J. Stickle 1990

形态描述：细胞单生。壳面披针形至圆形，末端头状或喙状；中轴区窄线形；中央区圆形或椭圆形；壳缝直线形，两远缝端弯向壳面同侧，近缝端外壳面观膨大，内壳面观钩状；线纹放射状排列由单列圆形或卵形点纹组成，靠近中央区处点纹长度渐不规则。

鉴别特征：①壳面披针形至圆形，末端头状或喙状（图 5-52：1，2）；②线纹放射状排列，点纹明显（图 5-52：1，2）。

生境：生活于碱性、气生的生境中。

分布：亚洲、欧洲、北美洲。我国分布于西藏。

模式种：*Cosmioneis pusilla* Mann & Stickle。

本属全世界共报道 14 种。我国仅记录有 1 种，即 *C. pusilla*。

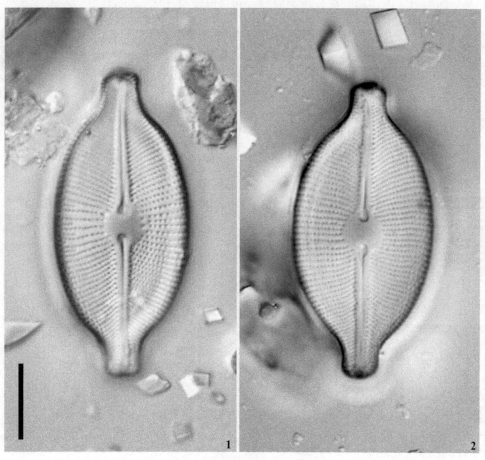

图 5-52　科斯麦藻属(*Cosmioneis*)

1,2: 光镜照片，标尺=10 μm

53. 盘状藻属　*Placoneis* C. Mereschkowsky 1903

形态描述：细胞单生，舟状。壳面线形至披针形，末端喙状或头状；中轴区窄；中央区通常扩大形成圆形或矩形；壳缝直或略偏侧，近缝端略膨大，端隙弯曲；部分种类中央区具 1-2 个小孤点；线纹由单列点纹组成，点纹多呈圆形，内壳面具膜覆盖。

鉴别特征：①壳面线形至披针形，末端喙状或头状（图 5-53：1-4）；②线纹由单列点纹组成，点纹多呈圆形（图 5-53：6）。

生境：常见于湖泊和溪流等附生生境中。

分布：世界性广布。我国广泛分布。

模式种：*Placoneis gastrum*（Ehrenberg）Mereschkowsky。

本属全世界报道种类超过 170 个分类单位。我国共记录该属种类 18 种 11 变种 3 变型。在早期的研究中该属的部分种类被归入到舟形藻属（*Navicula*）中。

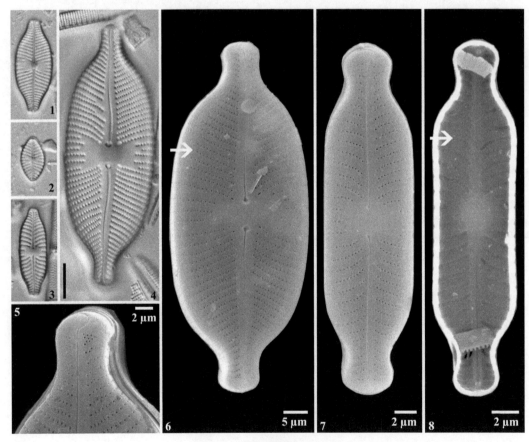

图 5-53　盘状藻属(*Placoneis*)

1-4: 光镜照片, 壳面观, 标尺=10 μm；5-8: 扫描电镜照片, 5. 外壳面观, 壳面末端. 6. 外壳面观, 示点纹, 7. 外壳面观, 8. 内壳面观, 示点纹

54. 劳氏藻属　*Rexlowea* J.P. Kociolek & E.W. Thomas 2010

形态描述：壳面大，边缘略波曲；中轴区窄；中央区椭圆形，周围具孤立的点纹；壳缝偏侧，近缝端末端膨大，两端隙弯向壳面同侧；线纹放射排列，在壳面中部排列较稀疏，多由单列点纹组成，点纹较大，靠近壳缘部分排列较稀疏，靠近中轴区的点纹多双列，靠近末端的几排线纹都是由双列点纹组成的；具隔膜和假隔膜。

鉴别特征：①壳面大，边缘略波曲（图 5-54：1-3）；②中央区周围具孤立的点纹（图 5-54：2，3）；③线纹放射排列，在壳面中部排列较稀疏，多由单列点纹组成，靠近中轴区和末端多具双列点纹（图 5-54：4）。

生境：分布在 pH 略低的浅湖和沼泽中。

分布：欧洲、亚洲、北美洲。我国分布于内蒙古。

模式种：*Rexlowea navicularis*（Ehrenberg）Kociolek & Thomas。

本属全世界报道 2 种。我国记录有 1 种，即：*R. navicularis*。

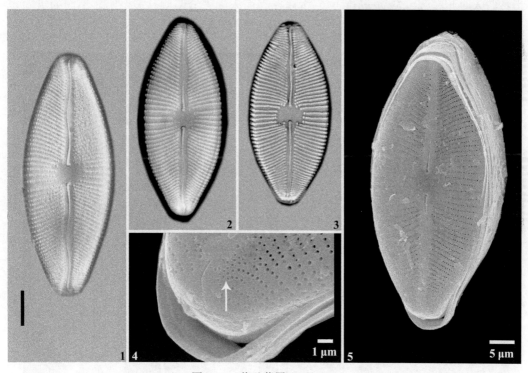

图 5-54　劳氏藻属(*Rexlowea*)

1-3: 光镜照片, 标尺=10 μm;　4,5: 扫描电镜照片, 外壳面观, 4. 壳面末端放大, 示末端线纹靠近中轴区处由双列点纹组成

55. 盖斯勒藻属 *Geissleria* H. Lange-Bertalot & D. Metzeltin 1996

形态描述：细胞单生。壳面椭圆形至线形-披针形，末端钝圆至宽圆或呈头状；中轴区窄线形；中央区圆形、椭圆形或矩形，具一个或不具孤点；壳缝直，近缝端末端直或不明显弯曲，远缝端弯曲；线纹由点纹组成，在壳面末端壳缝两侧具多个明显不同的纵向点纹。

鉴别特征：①壳面椭圆形至线形-披针形，末端钝圆至宽圆或呈头状（图 5-55：1-3）；②壳面末端壳缝两侧具多个明显不同的纵向点纹（图 5-55：3，5）；③中央区具一个孤点或不具孤点（图 5-55：6）。

生境：广泛分布在各种类型的水体中。

分布：世界性广布。我国分布于山西、内蒙古、吉林、上海、浙江、山东、湖北、湖南、广东、四川、贵州、西藏等地。

模式种：*Geissleria moseri* Metzeltin, Witkowski & Lange-Bertalot。

本属全世界报道超过 80 个分类单位。我国报道有 12 种。在早期的研究中，该属种类被归入舟形藻属（*Navicula*）中，本属在壳面末端壳缝两侧具多个明显不同的纵向点纹与舟形藻属予以区别。

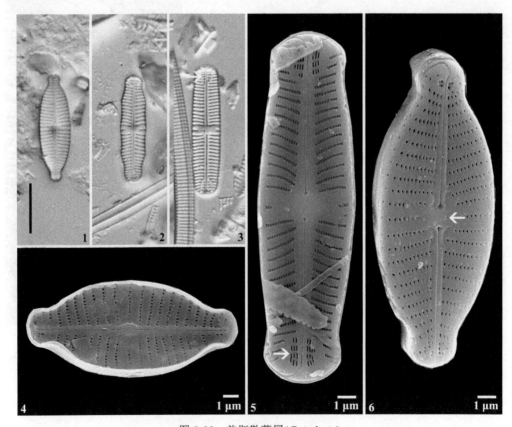

图 5-55 盖斯勒藻属(*Geissleria*)

1-3: 光镜照片，标尺=10 μm；4-6: 扫描电镜照片，4. 内壳面观，5. 外壳面观，示壳面末端不规则点纹，6. 外壳面观，示中央区一侧孤点

56. 泥栖藻属　*Luticola* D.G. Mann 1990

形态描述：细胞单生，少有形成丝状群体。壳面披针形至线形椭圆形，末端圆形或延长呈头状；中轴区线形披针形，中央区较大且具一个孤点；壳缝直，近端端两末端略弯向壳面同侧，远缝端钩状或直；线纹由单列点纹组成，点纹较大在光镜下可观察到，点纹多长圆形。

鉴别特征：①壳面披针形至线形椭圆形，末端圆形或延长呈头状（图 5-56：1-5）；②中央区较大且具一个孤点（图 5-56：7）；③线纹由单列点纹组成，点纹较大在光镜下可见（图 5-56：6）。

生境：多分布在气生和半气生生境中。

分布：世界性广布。我国分布于山西、内蒙古、黑龙江、上海、江苏、安徽、浙江、江西、福建、山东、河南、湖北、湖南、广东、四川、贵州、重庆、甘肃、西藏、香港等地。

模式种：*Luticola mutica*（Kützing）Mann。

本属全世界报道种类超过 120 个分类单位。我国记录有 27 种 13 变种 1 变型。该属部分种类在早期的研究中被归入到舟形藻属（*Navicula*）中。

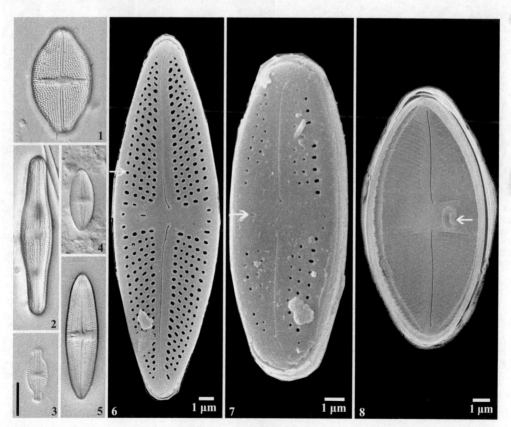

图 5-56　泥栖藻属(*Luticola*)

1-5: 光镜照片，壳面观，标尺=10 μm；　6-8: 扫描电镜照片，6. 外壳面观，示点纹，7. 外壳面观，示中央区孤点，8. 内壳面观，示中央区孤点

57. 北方藻属 *Boreozonacola* H. Lange-Bertalot, M. Kulikovskiy & A.J. Witkowski 2010

　　形态描述：壳面线形，部分种类壳面中部膨大明显；中轴区线形；中央区较小；壳缝直，两远缝端弯向壳面同侧并延伸至壳套面；线纹由单列点纹组成，点纹在光镜下清晰，电镜下观察，点纹小圆形；沃氏点明显。

　　鉴别特征：①壳面线形，部分种类中部膨大（图 5-57：1-3）；②点纹明显（图 5-57：3）；③两远缝端弯向壳面同侧（图 5-57：5）。

　　生境：多分布在清洁的冷水中

　　分布：仅分布于北半球。我国分布于黑龙江。

　　模式种：*Boreozonacola hustedtii* Lange-Bertalot, Kulikovskiy & Witkowski。

　　本属全世界报道 4 种，我国仅记录 1 种，即 *B. hustedtii*。该属包含的其余 3 个种类之前被置于舟形藻属（*Navicula*）中，但这 3 个种类在我国均没有过报道。

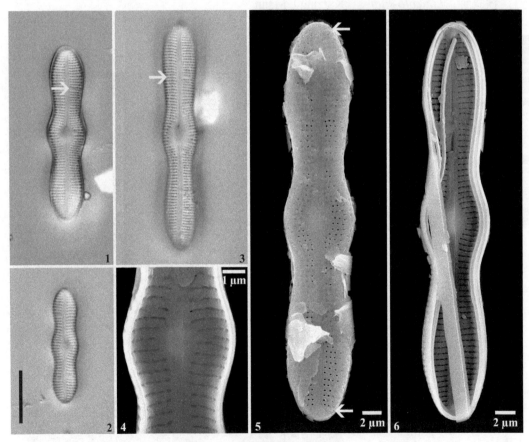

图 5-57　北方藻属(*Boreozonacola*)

1-3: 光镜照片, 壳面观, 标尺=10 μm, 1. 示沃氏点, 3. 示点纹；　4-6: 扫描电镜照片, 4. 内壳面观, 壳面中部, 5. 外壳面观,
示端隙弯向壳面同侧, 6. 内壳面观

58. 拉菲亚属　*Adlafia* G. Moser, H. Lange-Bertalot & D. Metzeltin 1998

　　形态描述：细胞单生。壳面长度通常小于 25 µm，线形至线形披针形或椭圆形，末端急剧地喙状或头状；中轴区窄线形；中央区多变；壳缝丝状，两远缝端明显弯向壳面同侧；线纹放射排列由单列点纹组成，点纹外壳面具膜覆盖。

　　鉴别特征：①壳体较小（图 5-58：1-4）；②两远缝端弯向壳面同侧（图 5-58：6）；③点纹外壳面具膜覆盖（图 5-58：5）。

　　生境：多气生，常见于潮湿的苔藓中，也出现在贫营养的湖泊中。

　　分布：世界广布种。我国分布于辽宁、上海、江苏、安徽、江西、湖南、广东、四川、贵州、西藏等地。

　　模式种：*Adlafia muscora*（Kociolek & Reviers）Moser, Lange-Bertalot & Metzeltin。

　　本属全世界报道 32 种 1 变种 1 变型，我国记录有 9 种。该属的种类之前归入舟形藻属（*Navicula*）中，包括 *A. muscora* 和 *A. bryophila* 等。同其他属的主要区别是远缝端的特征及点纹结构。

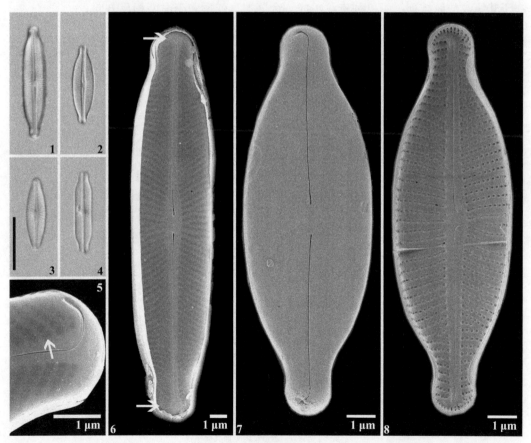

图 5-58　拉菲亚属(*Adlafia*)

1-4: 光镜照片，壳面观，标尺=10 µm；　5-8: 扫描电镜照片，5. 外壳面观，壳面末端，示点纹具膜覆盖，6. 外壳面观，示端隙，

7. 外壳面观，8. 内壳面观

59. 洞穴藻属 *Cavinula* D.G. Mann & A.J. Stickle 1990

形态描述：细胞单生。壳面线形披针形、椭圆形或近圆形，末端圆形或微喙状；中轴区窄线形；中央区微扩大；壳缝直，近缝端外壳面观略膨大，远缝端直或弯向壳面两相反方向；部分种类在远缝端一侧具一个近圆形的大孔；线纹多放射排列，由单列圆形的点纹组成，点纹内壳面具膜覆盖。

鉴别特征：①壳面线形披针形、椭圆形或近圆形（图 5-59：1，2）；②线纹放射状排列（图 5-59：3，4）；③点纹单列圆形，内壳面具膜覆盖（图 5-59：7）；④远缝端直或弯向壳面两相反方向（图 5-59：5）。

生境：常见于贫营养的湖泊和潮湿的半气生生境中。

分布：世界性广布。我国分布于黑龙江、湖南、福建、四川、贵州、西藏等地。

模式种：*Cavinula cocconeiformis* Mann & Stickle。

本属全世界报道种类 30 个分类单位。我国使用该属名记录的种类有 6 种。在早期的研究中，将该属部分种类归入到舟形藻属（*Navicula*）中，该属同舟形藻属的主要区别在于其线纹放射排列，由单列点纹组成，远缝端直或弯向壳面两相反方向。

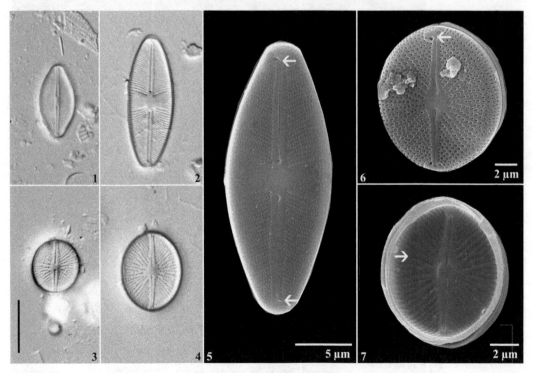

图 5-59　洞穴藻属(*Cavinula*)

1-4: 光镜照片, 壳面观, 标尺=10 μm；　5-7: 扫描电镜照片, 5. 外壳面观, 示端隙弯向壳面两相反方向, 6. 外壳面观, 示直端隙, 7. 内壳面观, 示点纹内壳面具膜覆盖

60. 努佩藻属　*Nupela* W. Vyverman & P. Compère 1991

形态描述：壳体较小。壳面长椭圆形，沿纵轴对称或略不对称；中轴区线形披针形；中央区椭圆形；部分种类仅一个壳面具壳缝，近缝端外壳面观略膨大，内壳面观略弯曲或呈"T"形；线纹多由单列长圆形点纹组成，点纹外壳面开口通常具膜覆盖，内壳面开口小圆形，点纹的外壳面开口大于内壳面开口。

鉴别特征：①壳面沿纵轴略不对称，部分种类仅一个壳面具壳缝（图 5-60：1，2）；②点纹单列，外壳面开口通常具膜覆盖（图 5-60：3）；③近缝端内壳面观弯曲或呈"T"形（图 5-60：4）。

生境：多分布在 pH 近中性的低电导率水体中。

分布：世界性广布。我国分布于黑龙江、安徽、浙江、广东、贵州等地。

模式种：*Nupela giluwensis* Vyverman & Compère。

本属全世界已报道种类 90 种 1 变种，我国记录有 5 种。

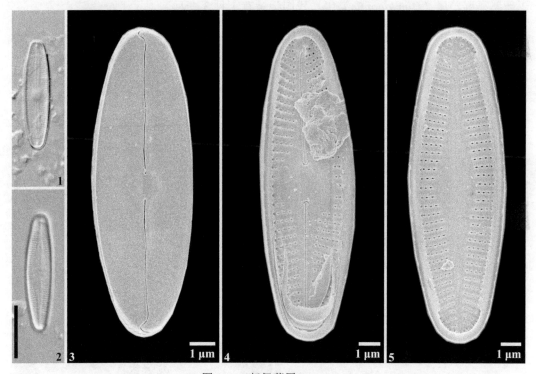

图 5-60　努佩藻属(*Nupela*)

1,2: 光镜照片，标尺=10 μm;　3-5: 扫描电镜照片，3. 具壳缝面外壳面观，4. 具壳缝面内壳面观，5. 无壳缝面内壳面观

61. 全链藻属 *Diadesmis* F.T. Kützing 1844

形态描述：细胞单生或形成带状或链状群体。壳体较小，常小于 20μm。壳面椭圆形或披针形，末端圆形或尖圆形；中轴区线形披针形；中央区圆形；两个壳面均具壳缝，有些壳面的壳缝常被新积累的硅质覆盖，外壳面近缝端末端膨大圆形；线纹放射状排列，由单列点纹组成，点纹长圆形，向壳面中部逐渐变为小圆形。

鉴别特征：①壳体小，椭圆形或披针形（图 5-61：1-4）；②点纹单列，多长圆形（图 5-61：5）；③壳缝常被新积累的硅质覆盖（图 5-61：6）。

生境：常见于沟渠和其他类型的静水水体中。

分布：世界性广布。我国分布于上海、吉林、黑龙江、江苏、安徽、浙江、江西、福建、湖北、湖南、广东、四川、贵州、云南、重庆、西藏等地。

模式种：*Diadesmis confervacea* Kützing。

本属全世界报道 31 个分类单位。Lowe 等（2014）等将该属中一些气生种类转移到了新属喜湿藻属（*Humidophila*）中。我国记录有 1 种 3 变种。

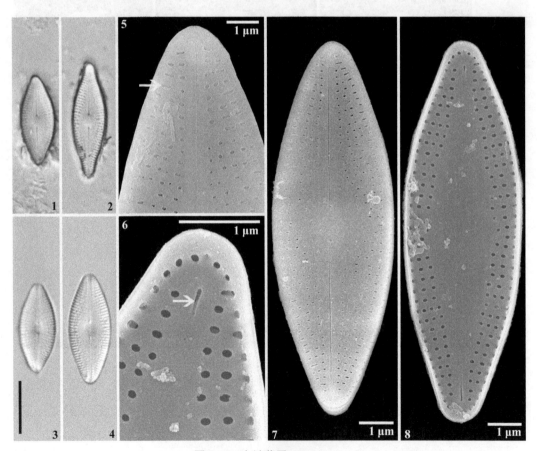

图 5-61　全链藻属(*Diadesmis*)

1-4: 光镜照片, 壳面观, 标尺=10 μm; 5-8: 扫描电镜照片, 5. 外壳面观, 壳面末端, 示点纹. 6. 内壳面观, 壳面末端, 示壳缝, 7. 外壳面观, 8. 内壳面观

62. 塘生藻属　*Eolimna* H. Lange-Bertalot & W. Schiller 1997

形态描述：细胞单生。壳面线形或近椭圆形；中轴区窄线形；中央区小；壳缝直，远缝端弯向壳面同侧，近缝端直；线纹由单列或双列点纹组成，点纹多小圆形，点纹内壳面开口具膜覆盖。

鉴别特征：①壳体小，线形或近椭圆形（图 5-62：1-3）；②点纹单列或双列（图 5-62：4）；③点纹内壳面开口具膜覆盖（图 5-62：5）。

生境：多出现在化石标本中；在湖泊附生生境中也有分布。

分布：世界广布种。我国分布于黑龙江、上海、江苏、安徽、江西、山东、湖南、湖北、广东、四川、贵州、云南、西藏等地。

模式种：*Eolimna martinii* Lange-Bertalot & Schiller。

本属全世界报道近 40 个分类单位，该属部分种类在早期的研究中被归入到舟形藻属（*Navicula*）中。我国记录的该属种类均使用舟形藻属的名称进行的报道，共报道 4 种。

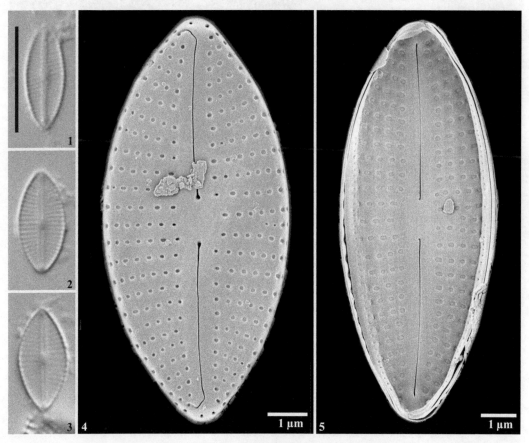

图 5-62　塘生藻属(*Eolimna*)

1-3: 光镜照片, 壳面观, 标尺=10 μm；　4,5: 扫描电镜照片, 4. 外壳面观, 5. 内壳面观

63. 根卡藻属 *Genkalia* M. Kulikovskiy, H. Lange-Bertalot & D. Metzeltin 2012

形态描述：细胞单生。壳面线形椭圆形或线形披针形，末端圆形或头状；中轴区窄线形；中央区椭圆形；壳缝直，远缝端弯向壳面同侧，近缝端弯曲或直；线纹由单列点纹组成，点纹圆形或椭圆形，大而明显，在光镜下可见，内壳面具膜覆盖。

鉴别特征：①壳面线形椭圆形或线形披针形，末端圆形或头状（图 5-63：1-4）；②远缝端弯向壳面同侧（图 5-63：7）；③点纹单列，圆形或椭圆形，内壳面具膜覆盖（图 5-63：5，6）。

生境：多分布在湖泊中。

分布：亚洲。我国分布于四川。

模式种：*Genkalia similis* Kulikovskiy, Lange-Bertalot & Metzeltin。

本属全世界报道种类 16 种，我国记录有 1 种，即 *G. alpina*。

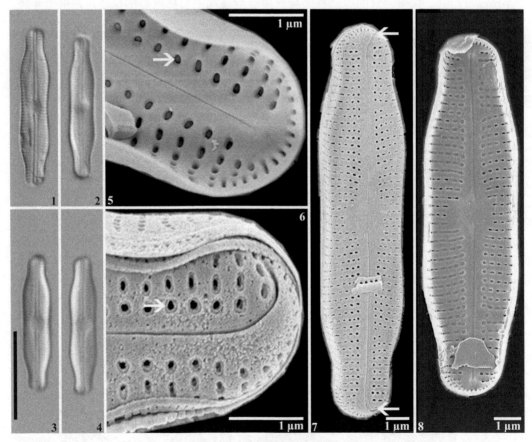

图 5-63　根卡藻属(*Genkalia*)

1-4: 光镜照片, 壳面观, 标尺=10 μm；5-8: 扫描电镜照片, 5. 内壳面观, 壳面末端, 示点纹, 6. 外壳面观, 壳面末端, 示点纹, 7. 外壳面观, 示端隙, 8. 内壳面观

64. 马雅美藻属　*Mayamaea* H. Lange-Bertalot 1997

形态描述：细胞较小，单生。壳面椭圆形，末端圆形；中央胸骨较粗壮，比壳面其他部分更能抵抗酸的处理；中轴区线形披针形；中央区扩大呈横向矩形；壳缝丝状，近缝端向同一边偏斜，远缝端向同一边偏斜呈钩状（镰刀状），与近缝端方向相对；线纹较细弱，在光镜下通常只能观察到明显的胸骨，而观察不到线纹，线纹由单列点纹组成，放射排列。在扫描电镜下观察，点纹外壳面开口具膜覆盖。

鉴别特征：①线纹较细弱，在光镜下通常只能观察到明显的胸骨（图 5-64：3）；②点纹单列，点纹外壳面开口具膜覆盖（图 5-64：4, 5）。

生境：多分布在临时性水体及富营养的水体中。

分布：世界性广布。我国分布于黑龙江、吉林、上海、安徽、福建、广东、西藏等地。

模式种：*Mayamaea atomus*（Kützing）Lange-Bertalot.

　　本属全世界报道种类 26 个分类单位。我国记录有 11 个分类单位，该属部分种类在早期的研究中被归入到舟形藻属（*Navicula*）中，其中使用该属名报道的有 8 种 1 变种 1 变型，使用舟形藻属名称进行报道的 1 种。

图 5-64　马雅美藻属(*Mayamaea*)

1-3: 光镜照片, 标尺=10 μm;　4-6: 扫描电镜照片, 4,5. 外壳面观, 6. 内壳面观

65. 荷语藻属 *Envekadea* B. Van de Vijver, M. Gligora, F. Hinz, K. Kralj & C. Cocquyt 2009

形态描述：细胞单生。壳面披针形或线形，末端圆形或延长呈头状；中轴区窄线形；中央区不明显或横矩形；壳缝直，远缝端弯向壳面两相反方向，远缝端外围具空白的无纹区，部分种类内壳面观，壳缝两侧具纵向的硅质脊；线纹由单列点纹组成，排列较紧密，点纹近矩形，外壳面开口具膜覆盖。

鉴别特征：①壳面披针形或线形，末端圆形或延长呈头状（图5-65：1，2）；②壳缝直，远缝端弯向壳面两相反方向（图5-65：3）；③线纹排列紧密，由单列点纹组成，点纹外壳面开口具膜覆盖（图5-65：3）。

生境：除了分布在海洋和河口以外，该属在内陆咸水中也有分布。

分布：世界性广布。我国分布于新疆和云南。

模式种：*Envekadea hedinii*（Hustedt）Van de Vijver et al.。

本属全世界报道7种，我国记录有1种（未发表）。

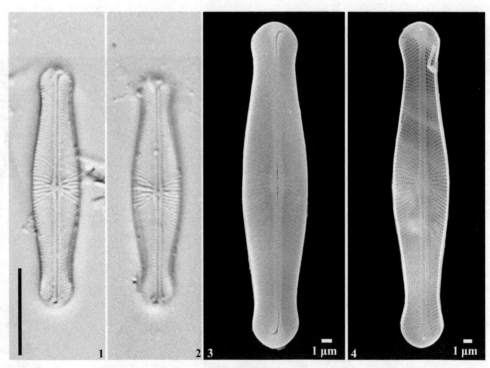

图 5-65 荷语藻属(*Envekadea*)

1,2: 光镜照片, 标尺=10 μm;　3,4: 扫描电镜照片, 3. 外壳面观, 4. 内壳面观

66. 宽纹藻属　*Hippodonta* H. Lange-Bertalot, A. Witkowski & D. Metzeltin 1996

形态描述：细胞单生。壳面披针形、椭圆形或线形，具一个条带状的无纹区，在内壳面可见一条明显的硅质增厚（polar bar），末端圆形或头状；中轴区窄线形；中央区微扩大；壳缝直线形，近缝端末端膨大，远缝端直或略弯曲；光镜下观察，线纹较宽，扫描电镜下观察线纹由两列点纹或一列纵向短裂缝状的点纹组成。

鉴别特征：①壳面披针形，末端圆形或头状（图 5-66：1，2）；②线纹较宽，由单列或双列点纹组成（图 5-66：3，4）；③壳面末端具一个条带状的无纹区（图 5-66：3，5）。

生境：广泛分布于附生生境，部分种类能够耐受内陆封闭湖泊的高盐度。

分布：世界性广布。我国分布于内蒙古、吉林、黑龙江、上海、江苏、安徽、江西、湖北、湖南、广东、四川、贵州、青海 、新疆等地。

模式种：*Hippodonta lueneburgensis*（Grunow）Lange-Bertalot，Witkowski & Metzeltin。

本属全世界报道 92 种 3 变种。早期的研究将该属部分种类归入到舟形藻属（*Navicula*）中进行报道。我国使用该属名报道的种类有 9 种，使用舟形藻属名称记录的有 1 种。该属最初中文名报道为蹄形藻属，但同绿藻门一个属重名，因此本书中对其进行了重新命名。

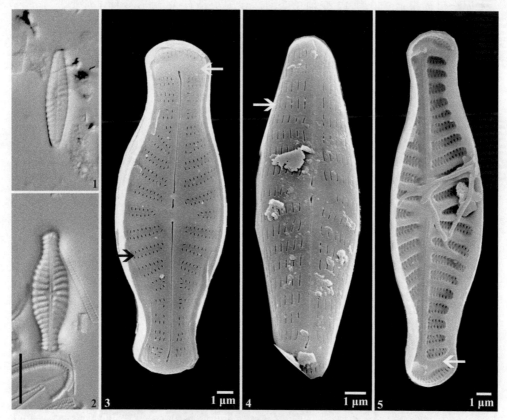

图 5-66　宽纹藻属(*Hippodonta*)

1,2: 光镜照片, 壳面观, 标尺=10 μm; 3-5: 扫描电镜照片, 3. 外壳面观, 示双列点纹(黑色箭头), 示壳面末端无纹区(白色箭头), 4. 外壳面观, 示单列点纹, 5. 内壳面观, 示壳面末端硅质增厚

67. 鞍型藻属　*Sellaphora* C. Mereschkowsky 1902

形态描述：细胞单生。壳面线形披针形至椭圆形，末端圆形或延长呈头状；中轴区明显，常沿纵轴延展形成硅质罩，部分种类不具硅质罩，但在中轴区两侧具明显的纵向凹陷；中央区椭圆形或哑铃形；壳缝直或略偏侧，近缝端末端膨大，远缝端弯曲；线纹由 1-2 列点纹组成，点纹多圆形；部分种类内壳面末端具横向硅质增厚，称为端肋（polar bar），也有些种类在末端螺旋舌前端具一个圆形的大孔（pit）。

鉴别特征：①壳面线形披针形至椭圆形，末端圆形或延长呈头状（图 5-67：1-7）；②中轴区常沿纵轴延展形成硅质罩或两侧具明显的纵向凹陷（图 5-67：10）；③线纹由 1-2 列点纹组成，点纹多圆形（图 5-67：9）；④部分种类内壳面末端具横向硅质增厚，称为端肋（图 5-67：11）；⑤有些种类在末端螺旋舌前端具一个圆形的大孔（图 5-67：8）。

生境：多分布于碱性淡水或咸水，pH 中性的水体中。

分布：世界性广布。我国分布于北京、山西、内蒙古、辽宁、吉林、黑龙江、江西、福建、湖南、广西、广东、海南、四川、贵州、云南、西藏、甘肃、新疆等地。

模式种：*Sellaphora pupula*（Kützing）Mereschkowsky。

本属全世界报道 250 种 12 变种 3 变型。我国记录有 36 种 6 变种 1 变型。

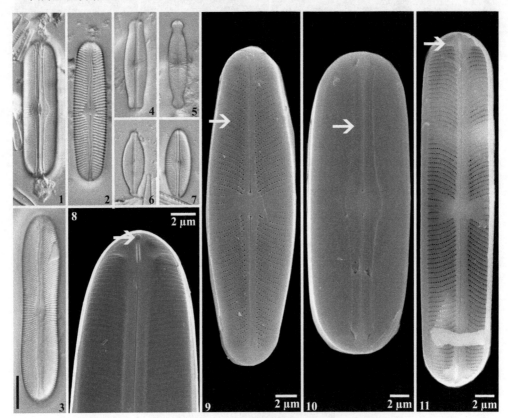

图 5-67　鞍型藻属(*Sellaphora*)

1-7: 光镜照片, 壳面观, 标尺=10 μm；　8-11: 扫描电镜照片, 8. 内壳面观, 示壳面末端大孔, 9. 外壳面观, 示点纹, 10. 外壳面观, 示硅质罩, 11. 内壳面观, 示端肋

68. 假伪形藻属　*Pseudofallacia* Y. Liu & J.P. Kociolek 2012

形态描述：壳体较小。壳面线形或披针形，末端圆形或略延长呈头状；中轴区两侧具琴形的无纹区，这个无纹区是由向内壳面隆起的硅质肋纹形成的（伪形藻属 *Fallacia* 的中央无纹区是由壳面的管状结构形成的）；中央区常膨大；硅质罩表面具小孔；线纹由单列点纹组成，点纹圆形或长圆形，每条线纹通常只具一个点纹。

鉴别特征：①壳体较小，壳面线形或披针形，末端圆形或略延长呈头状（图 5-68：1-5）；②中轴区两侧具琴形的无纹区，这个无纹区是由向内壳面隆起的硅质肋纹形成的（图 5-68：7）。

生境：该属分布于高电导率，营养积聚的水体中。

分布：世界性广布。我国分布于黑龙江、安徽、江西等地。

模式种：*Pseudofallacia occulta*（Krasske）Liu, Kociolek & Wang。

本属全世界报道 6 种。之前的研究将该属种类归入到伪形藻属（*Fallacia*）和舟形藻属（*Navicula*）中。我国记录有 3 种。

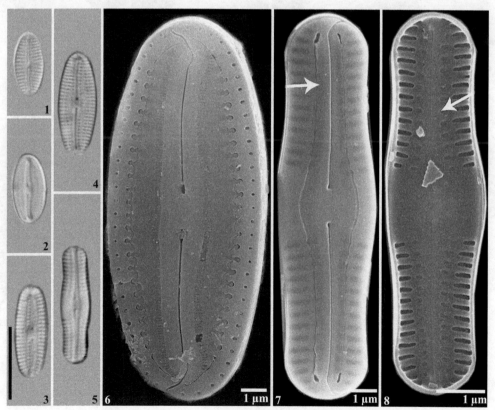

图 5-68　假伪形藻属(*Pseudofallacia*)

1-5: 光镜照片, 壳面观, 标尺=10 μm；　6-8: 扫描电镜照片, 6. 外壳面观, 7. 外壳面观, 示硅质罩, 8. 内壳面观, 示壳面凹陷内的点纹

69. 日耳曼藻属 *Germainella* H. Lange-Bertalot & D. Metzeltin 2005

形态描述：细胞单生。壳面线形至披针形，末端钝圆至宽圆形；中轴区窄线形；中央区不明显；壳缝直，近缝端直，远缝端弯向壳面同侧；线纹由长圆形或圆形的点纹组成，整个壳面被硅质罩覆盖，硅质罩延伸至壳缘或壳套面，部分种类的硅质罩上具裂缝状或圆形的点纹。

鉴别特征：①壳面线形至披针形，末端钝圆至宽圆形（图5-69：1-3）；②整个壳面被硅质罩覆盖，硅质罩延伸至壳缘或壳套面（图5-69：4，5）。

生境：附生生活，分布在溪流、水渠、沼泽等生境中。

分布：该属分布于欧洲、亚洲及南美洲。我国分布于贵州。

模式种：*Germainella enigmaticoides* Lange-Bertalot & Metzeltin。

本属全世界报道9种。我国记录有8种。

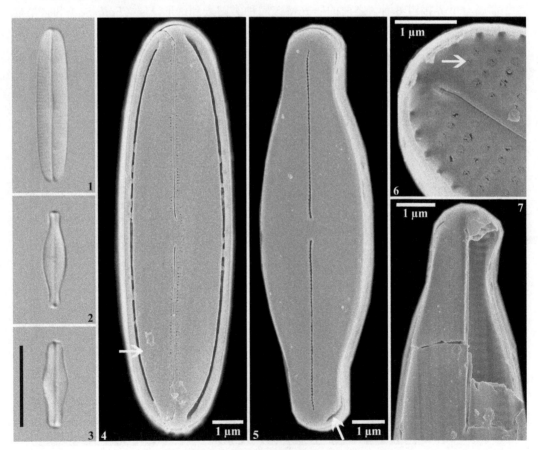

图 5-69　日耳曼藻属(*Germainella*)

1-3: 光镜照片, 壳面观, 标尺=10 μm;　4-7: 扫描电镜照片, 4. 外壳面观, 示硅质罩, 5. 外壳面观, 示硅质罩开口, 6. 内壳面观, 壳面末端, 示点纹, 7. 破碎壳面末端

70. 微肋藻属 *Microcostatus* J.R. Johansen & J.C. Sray 1998

形态描述：壳体较小。壳面线形披针形或近椭圆形，末端圆形或延长呈头状；中轴区在中央胸骨两侧具凹陷，凹陷内也有横向的肋纹（微肋），同中央区形成在光镜下看起来近似琴形的结构，内壳面观，壳面平，中轴区宽；壳缝直，远缝端弯向壳面同侧；线纹由单列点纹组成，在光镜下很难观察到。

鉴别特征：①壳面线形披针形或近椭圆形，末端圆形或延长呈头状（图 5-70：1-3）；②中轴区在中央胸骨两侧具凹陷（图 5-70：5）；③中轴区凹陷内具微肋（图 5-70：4）。

生境：多分布在气生和半气生生境中。

分布：世界性广布。我国分布于黑龙江、广东、四川等地。

模式种：*Microcostatus krasskei*（Hustedt）Johansen & Sray。

本属全世界报道种类 25 种。该属部分种类在早期的研究中被归入舟形藻属（*Navicula*）中。我国记录有 5 种，使用该属名记录的有 3 种，使用舟形藻属名称报道的有 2 种。

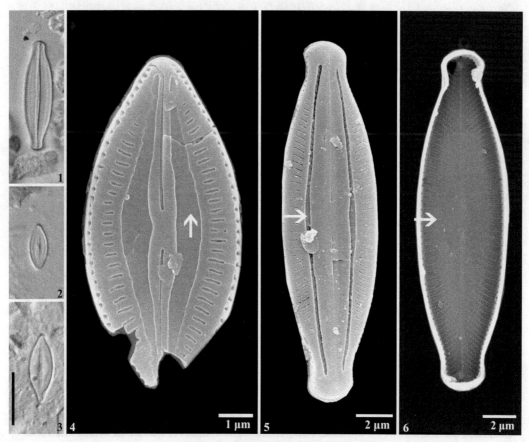

图 5-70　微肋藻属(*Microcostatus*)

1-3: 光镜照片, 壳面观, 标尺=10 μm；　4-6: 扫描电镜照片, 4. 外壳面观, 示微肋, 5. 外壳面观, 示中轴区两侧的凹陷, 6. 内壳面观, 示中轴区

71. 伪形藻属 *Fallacia* A.J. Stickle & D.G. Mann 1990

形态描述：细胞单生。壳面线形-披针形至椭圆形，末端截圆；中轴区窄，内壳面观两侧具向内突起的管状结构，在光镜下观察，可看到中轴区两侧具琴形的无纹区；壳缝直线形，近缝端直或向一侧偏斜，远缝端直、弯曲或钩状；线纹由单列点纹组成，极少出现双列，硅质罩在外壳面覆盖线纹，虽然这个硅质罩在光镜下观察不到，但硅质罩在壳面末端壳缝两侧各具一个线形的开口。

鉴别特征：①壳面线形-披针形至椭圆形（图 5-71：1，2）；②壳面中轴区两侧具琴形无纹区（图 5-71：2）。

生境：常见于高电导率的附生生境。

分布：世界性广布。我国分布于内蒙古、上海、江苏、安徽、浙江、江西、湖南、广东、云南、贵州、西藏等地。

模式种：*Fallacia pygmaea*（Kützing）Stickle & Mann。

本属全世界报道种类超过 120 个分类单位。该属部分种类之前被归入到舟形藻属（*Navicula*）中，我国使用该属名记录的种类有 7 种，使用舟形藻属种名进行报道的有 2 种。

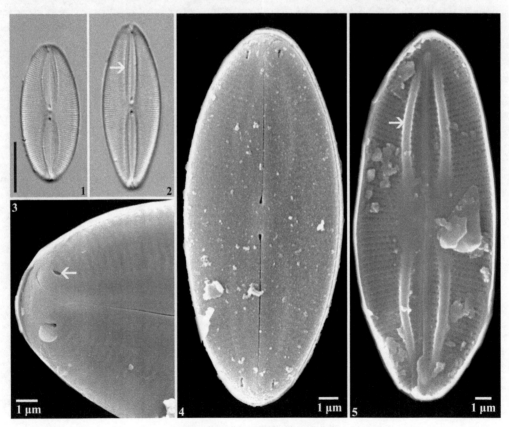

图 5-71　伪形藻属(*Fallacia*)

1,2: 光镜照片, 壳面观, 标尺=10 μm;　3-5: 扫描电镜照片, 3. 外壳面观, 壳面末端, 示硅质罩开口, 4. 外壳面观, 5. 内壳面观, 示内壳面管状结构

72. 旋舟藻属　*Scoliopleura* A. Grunow 1860

形态描述：壳面沿纵轴扭曲，线形披针形；中轴区窄；中央区小圆形；壳缝略呈"S"形，两侧具纵管，外壳面观，近缝端较长，弯向壳面两相反方向，远缝端分歧；线纹由明显的室状点纹组成。

鉴别特征：①壳面沿纵轴扭曲，线形披针形（图 5-72：1，2）；②近缝端较长，弯向壳面两相反方向（图 5-72：3）；③壳缝略呈"S"形，两侧具纵管（图 5-72：4）。

生境：多分布在矿物质含量较高的水体中。

分布：欧洲、亚洲、北美洲、大洋洲。我国分布于内蒙古、福建、西藏等地。

模式种：*Scoliopleura peisonis* Grunow。

本属全世界报道种类超过 50 个分类单位。我国记录有 3 种。

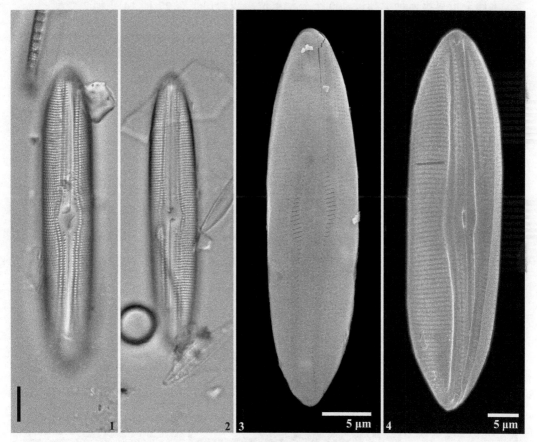

图 5-72　旋舟藻属(*Scoliopleura*)

1,2: 光镜照片, 标尺=10 μm；　3,4: 扫描电镜照片, 3. 外壳面观, 4. 内壳面观

73. 双壁藻属 *Diploneis*（Ehrenberg）P.T. Cleve 1894

形态描述：细胞单生。壳面椭圆形或长椭圆形至近菱形椭圆形，末端圆形或钝圆形；壳缝直线形，两侧具发育良好的、增厚的纵向硅质管，纵管上具单个的孔或长圆形的点孔；线纹由 1-2 列点纹组成，点纹较大，结构较复杂。

鉴别特征：①点纹较大，结构复杂（图 5-73：4）；②壳缝两侧具纵向硅质管（图 5-73：5）。

生境：多数种类分布在海洋中，在淡水附生生境中也有广泛分布。

分布：世界性广布。我国分布于天津、山西、辽宁、吉林、黑龙江、内蒙古、浙江、福建、山东、湖北、湖南、广东、四川、贵州、陕西、西藏、香港、台湾等地。

模式种：*Diploneis didyma*（Ehrenberg）Cleve。

本属全世界报道种类超过 900 个分类单位，我国记录有 27 种 14 变种 2 变型。

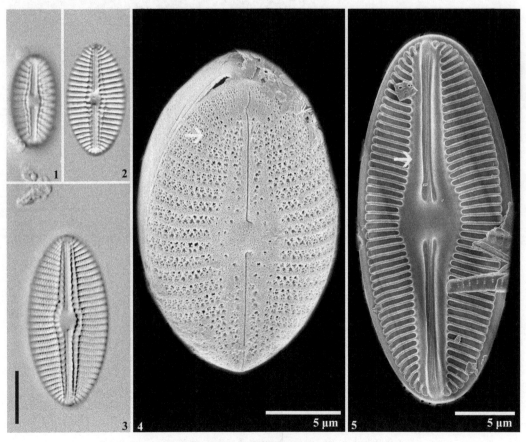

图 5-73　双壁藻属(*Diploneis*)

1-3: 光镜照片, 壳面观, 标尺=10 μm;　4,5: 扫描电镜照片, 4. 外壳面观, 示点纹, 5. 内壳面观, 示纵向硅质管

74. 长篦藻属　*Neidium* E. Pfitzer 1871

形态描述：细胞单生，舟状。壳面线形、披针形至椭圆形，末端钝或喙状；中轴区线形，近中央区或末端通常变窄；中央区变化较大，呈椭圆形、卵形、长方形等；壳缝直，近缝端长，弯向壳面两相反方向，端隙末端被壳套面延伸处的瓣状结构覆盖，呈"Y"形；壳面靠近壳缘处具一或多条纵线（由内壳面的管状结构构成）；线纹由单列点纹组成，点纹在光镜下清晰。

鉴别特征：①端隙末端被壳套面延伸处的瓣状结构覆盖，呈"Y"形（图 5-74：7）；②近缝端长，弯向壳面两相反方向（图 5-74：8）；③壳面具一或多条纵线（图 5-74：6）；

生境：多分布于中至略酸的水体中。

分布：世界性广布。我国各地都有分布。

模式种：*Neidium affine*（Ehrenberg）Pfitzer。

本属全世界报道种类超过 650 个分类单位。我国记录有 60 种 32 变种 21 变型。

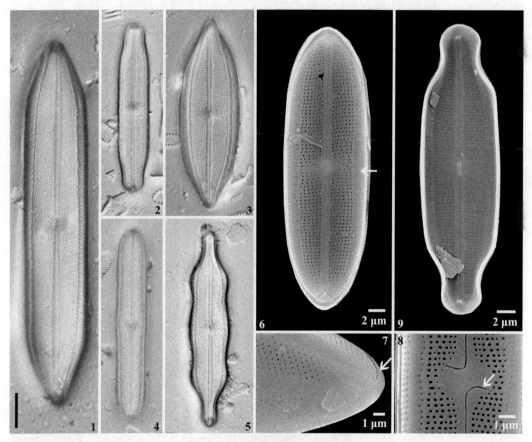

图 5-74　长篦藻属(*Neidium*)

1-5: 光镜照片，壳面观，标尺=10 μm；　6-9: 扫描电镜照片，6. 外壳面观，示纵线，7. 外壳面观，壳面末端，示瓣状结构，
8. 外壳面观，壳面中部，示近缝端，9. 内壳面观

75. 长篦形藻属 *Neidiomorpha* H. Lange-Bertalot & M. Cantonati 2010

形态描述：细胞单生，舟状。壳面线形披针形，末端延长呈头状或喙状，部分种类壳面中部缢缩；中轴区线形；中央区扩大形成椭圆形、长方形或方形；壳缝简单，近缝端末端直，略膨大，两端隙弯向壳面同侧；壳面两侧具纵向的条带状区域，具很小的点纹，是光镜下可见的"纵线"；线纹由单列点纹组成，点纹内壳面具膜覆盖。

鉴别特征：①壳面线形披针形，部分种类壳面中部缢缩（图 5-75：1-4）；②近缝端末端直，略膨大，两端隙弯向壳面同侧（图 5-75：5）；③壳面两侧具纵向的条带状区域，具很小的点纹（图 5-75：5）。

生境：多分布在电导率中-高的水体中。

分布：世界性广布。我国分布于上海、青海、四川等地。

模式种：*Neidiomorpha binodiformis*（Krammer）Cantonati, Lange-Bertalot & Angeli。

本属全世界报道种类 5 种，我国记录有 4 种。该属在早期的研究中被归入到长篦藻属（*Neidium*）中，但该属有纵线和瓣状结构的缺失是与长篦藻属的主要区别。

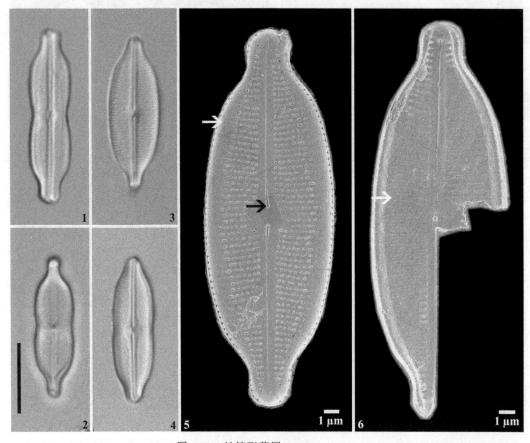

图 5-75　长篦形藻属(*Neidiomorpha*)

1-4: 光镜照片, 壳面观, 标尺=10 μm;　5,6: 扫描电镜照片, 5. 外壳面观, 示近缝端(黑色箭头), 示小型点纹(白色箭头),
6. 内壳面观, 示点纹

76. 细篦藻属　*Neidiopsis* H. Lange-Bertalot & D. Metzeltin 1999

　　形态描述：壳面线形披针形至线形椭圆形，末端圆形或延长呈头状；中轴区窄线形；中央区椭圆形；壳缝简单且直，近缝端末端简单或略向一侧弯曲，端隙弯曲；壳面两侧具纵向的无纹区，形成"纵线"；线纹多由单列点纹组成，部分种类靠近中轴区处的点纹呈双列。

　　鉴别特征：①壳面线形披针形至线形椭圆形，末端圆形或延长呈头状（图 5-76：1-4）；②近缝端末端简单或略向一侧弯曲，端隙弯曲（图 5-76：5）；③壳面两侧具纵向的无纹区，形成"纵线"（图 5-76：5）。

　　生境：多分布在贫营养，电导率低的湖泊或池塘中。

　　分布：世界性广布。我国分布于黑龙江、四川等地。

　　模式种：*Neidiopsis vekhovii*（Lange-Bertalot & Genkal）Lange-Bertalot。

　　本属全世界报道种类 8 种，我国仅报道 1 种，即：*N. levanderi*。该属部分种类在早期的研究中被归入到舟形藻属（*Navicula*）和长篦藻属（*Neidium*）中。

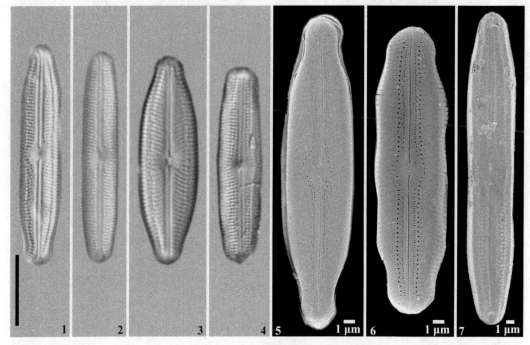

图 5-76　细篦藻属(*Neidiopsis*)

1-4: 光镜照片，标尺=10 μm；　5-7: 扫描电镜照片，5,6. 外壳面观，7. 内壳面观

77. 缪氏藻属 *Muelleria*（Frenguelli）J. Frenguelli 1945

形态描述：壳面线形至线形椭圆形，末端圆形或略延长；中轴区窄；中央区小椭圆形；壳缝直，近缝端长钩状，弯向壳面同侧，远缝端"Y"形，内壳面观，壳缝两侧各具一条隆起的硅质脊；线纹由单列点纹组成，点纹较大，在光镜下明显，圆形或长圆形，内壳面具膜覆盖。

鉴别特征：①壳面线形至线形椭圆形，末端圆形或略延长（图 5-77：1，2）；②近缝端长钩状，弯向壳面同侧，远缝端"Y"形（图 5-77：3，4）；③线纹由单列点纹组成，点纹圆形或长圆形（图 5-77：5）。

生境：多分布在气生、半气生或临时性水体中。

分布：世界性广布。我国分布于广东、四川等地。

模式种：*Muelleria linearis*（Müller）Frenguelli。

本属全世界报道种类 42 种，我国记录有 2 种。

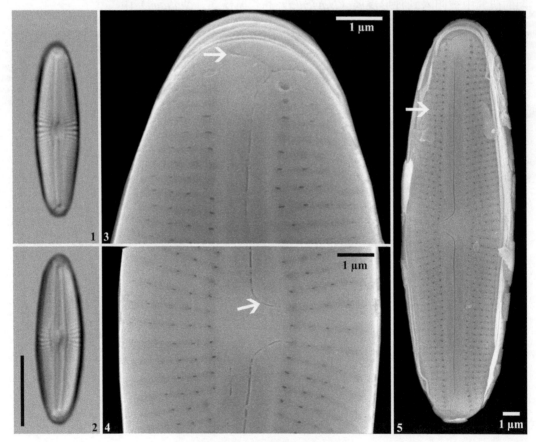

图 5-77　缪氏藻属(*Muelleria*)

1,2: 光镜照片, 壳面观, 标尺=10 μm；3-5: 扫描电镜照片, 3. 外壳面观, 壳面末端, 示端隙, 4. 外壳面观, 壳面中部, 示近缝端, 5. 外壳面观, 示点纹

78. 异菱藻属　*Anomoeoneis* E. Pfitzer 1871

形态描述：细胞单生。壳面披针形至椭圆形披针形，末端宽圆至头状；中轴区宽，靠近壳缝处具一列点纹围绕胸骨；中央区对称（琴状）或不对称，部分种类中央区一侧延伸至壳缘；壳缝丝状，远缝端弯曲且明显；线纹由单列点纹组成，点纹排列不规则，在光镜可清晰地观察到。色素体 1 个，板状或裂片状。

鉴别特征：①壳面披针形至椭圆形披针形（图 5-78：1-3）；②点纹排列不规则（图 5-78：5）；③中轴区靠近壳缝处具一列点纹（图 5-78：5）；④中央区一侧多延伸至壳缘（图 5-78：4）。

生境：常见于电导率较高的咸水中，尤其是盐度较高的内陆水体、河口带的咸水水体中。多附生生活。

分布：世界广布种。我国分布于山西、内蒙古、辽宁、吉林、黑龙江、上海、江苏、浙江、福建、湖北、湖南、贵州、西藏、宁夏、新疆等地。

模式种：*Anomoeoneis sphaerophora* Pfitzer。

本属全世界报道种类超过 220 个分类单位，我国记录有 8 种 8 变种 3 变型。

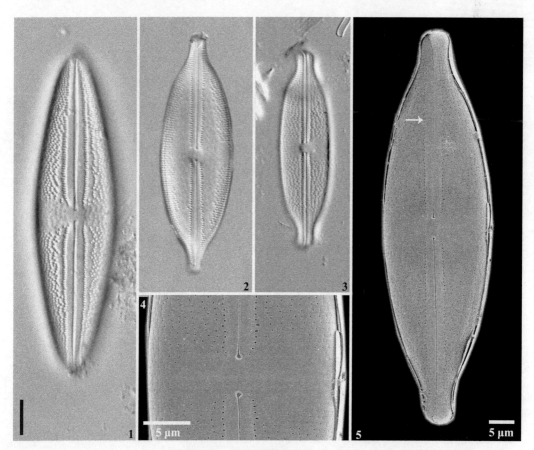

图 5-78　异菱藻属(*Anomoeoneis*)

1-3: 光镜照片, 标尺=10 μm；　4,5: 扫描电镜照片, 外壳面观, 4. 示不对称的中央区, 5. 示沿中轴区的一列点纹

79. 暗额藻属 *Aneumastus* D.G. Mann & A.J. Stickle 1990

形态描述：细胞单生。壳面披针形，末端喙状或头状；中轴区窄；中央区不规则的横矩形或近圆形；壳缝微波曲形；壳面边缘和中部点纹类型不同，壳面中部线纹由单列点纹组成，边缘线纹由 1-2 列点纹组成，点纹结构较为复杂。色素体 2 个，在带面观呈"H"形。

鉴别特征：①壳面披针形，末端喙状或头状（图 5-79：1-6）；②壳面具两种类型的点纹（图 5-79：7）。

生境：常附生于碱性生境的底泥或砂石上。

分布：世界性广布。我国分布于内蒙古、黑龙江、广东、福建、西藏等地。

模式种：*Aneumastus tusculus*（Ehrenberg）Mann & Stickle。

本属全世界报道种类 47 个分类单位，我国记录有 9 种。直到 20 世纪 90 年代，该属种类都归入舟形藻属（*Navicula*）中。与舟形藻属的区别在于该属种类具两个色素体，带面观呈"H"形。从形态上看，暗额藻属（*Aneumstus*）同胸隔藻属（*Mastogloia*）较为接近，但不具隔室。

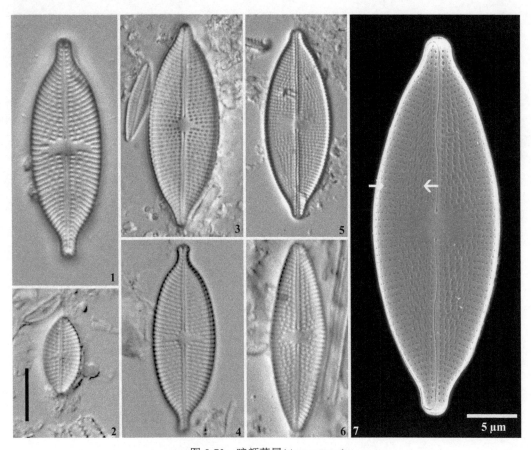

图 5-79　暗额藻属(*Aneumastus*)

1-6: 光镜照片, 壳面观, 标尺=10 μm;　7: 扫描电镜照片, 外壳面观, 示不同类型的点纹

80. 交互对生藻属 *Decussiphycus* M.D. Guiry & K. Gandhi 2019

形态描述：细胞单生。壳面椭圆形披针形，末端喙状或鸭嘴状至楔状钝形；中轴区窄线形；中央区椭圆形或不规则形；壳缝直线形，两远缝端弯向壳面相反方向，外壳面近缝端末端略微膨大；线纹由单列点纹组成，点纹圆形，在壳面中部斜向排列，在壳缘部分呈横列出现，使线纹在光镜下看起来呈交叉状排列，靠近壳缘处线纹略放射排列，点纹内壳面开口具膜覆盖。

鉴别特征：①壳面椭圆形披针形，末端喙状或鸭嘴状至楔状钝形（图 5-80：1，2）；②点纹斜向排列，内壳面开口具膜覆盖（图 5-80：3）；③两远缝端弯向壳面相反方向（图 5-80：5）。

生境：多分布在气生生境中。

分布：世界性广布。我国分布于黑龙江、安徽、湖南、广东、海南、贵州、西藏等地。

模式种：*Decussiphycus placenta*（Ehrenberg）Guiry & Gandhi。

本属全世界仅报道 2 种 1 变种。我国记录有 1 种 1 变种。前期我国的研究中并没有使用该属名，而将该属种类归入到舟形藻属（*Navicula*）中。

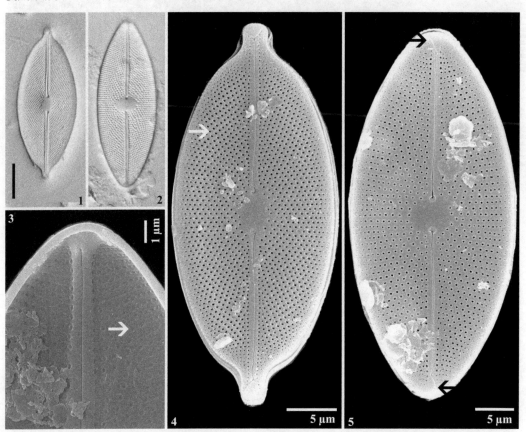

图 5-80　交互对生藻属(*Decussiphycus*)

1,2: 光镜照片，壳面观，标尺=10 μm；　3-5: 扫描电镜照片，3. 内壳面观，壳面末端，示点纹具膜覆盖，4. 外壳面观，示点纹，
5. 外壳面观，示端隙弯向相反方向

81. 小林藻属　*Kobayasiella* H. Lange-Bertalot 1999

形态描述：壳面线形至线形披针形，末端膨大或头状；中轴区窄；中央区窄椭圆形；壳缝直，近缝端略膨大，远缝端完全位于壳面末端，强烈弯曲；部分种类壳面具明显的纵线。线纹在壳面放射排列，靠近末端处突然会聚，形成"<"状纹饰，在光镜下较难观察到，线纹由单列点纹组成，点纹长圆形，每条线纹具 1-2 个点纹，点纹外壳面开口具膜覆盖。

鉴别特征：①壳面线形至线形披针形，末端膨大或头状（图 5-81：1-4）；②线纹在光镜下不清晰，点纹长圆形（图 5-81：5，6）；③远缝端完全位于壳面末端，强烈弯曲（图 5-81：7）。

生境：广泛分布于酸性水体中，如泥炭藓沼泽中。

分布：世界性广布。我国分布于广东、海南等地。

模式种：*Kobayasiella bicuneus*（Lange-Bertalot）Lange-Bertalot。

本属全世界报道种类 32 种，我国记录有 1 种，即 *K. subtilissima*。

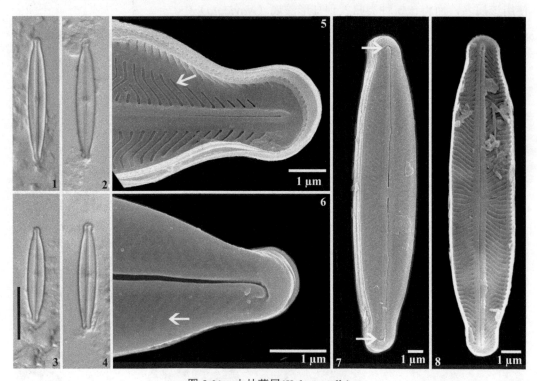

图 5-81　小林藻属(*Kobayasiella*)

1-4: 光镜照片, 壳面观, 标尺=10 μm;　5-8: 扫描电镜照片, 5. 外壳面观, 壳面末端, 示点纹, 6. 外壳面观, 壳面末端, 示点纹, 7. 外壳面观, 示端隙, 8. 内壳面观

82. 短纹藻属　*Brachysira* F.T. Kützing 1836

　　形态描述：细胞单生。壳面线形至线形披针形，沿纵轴对称，部分种类沿横轴不对称，末端圆或延长；中轴区窄；中央区小；壳缝直线形；线纹由单列点纹组成，点纹多长圆形，内壳面多具膜覆盖，不规则排列，光镜下观察点纹纵向波曲，形成近似纵线的结构。部分种类在壳缘和壳面连接处具明显隆起的硅质脊，在光学显微镜下可观察到。

　　鉴别特征：①壳面线形至线形披针形，部分种类壳面异极（图 5-82：1-5）；②点纹多长圆形，排列不规则，常形成纵线（图 5-82：1，9，10）。

　　生境：常见于贫营养水体中。在 pH 和电导率都很低的酸沼里种类较丰富。

　　分布：世界性广布。我国分布于广东、江苏、安徽、四川、云南等地。

　　模式种：*Brachysira aponina* Kützing。

　　本属全世界报道超过 120 个分类单位，我国记录有 7 种。在早期的研究中，该属常被置于舟形藻（*Navicula*）和异菱藻属（*Anomoeoneis*）中。

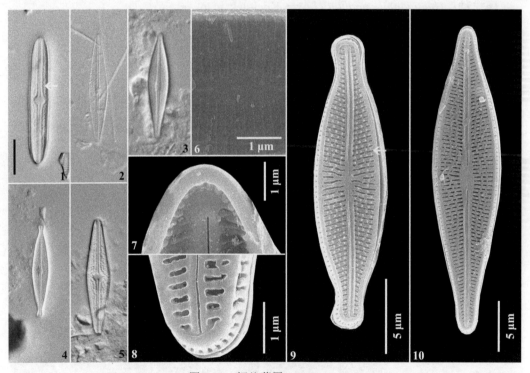

图 5-82　短纹藻属(*Brachysira*)

1-5: 光镜照片，壳面观，标尺=10 μm，1. 示点纹形成的纵线；6-10: 扫描电镜照片，7. 内壳面观，壳面末端，8. 外壳面观，壳面末端，9. 外壳面观，示点纹，10. 外壳面观

83. 喜湿藻属 *Humidophila*（Lange-Bertalot & Werum）R. Lowe, J.P. Kociolek, J. Johansen, B. Van de Vijver, H. Lange-Bertalot & K. Kopalová 2014

形态描述：细胞常连成链状群体。壳面线形，线形椭圆形至椭圆形，末端宽圆或具延长的末端，壳面与壳套面之间常具一个硅质的隆起；中轴区窄线形；中央区椭圆形、圆形或矩形；壳缝直线形，近缝端末端水滴形或锚形，不弯曲，远缝端直，部分个体或种类的壳缝可能被新积累的硅质覆盖；线纹由一个横向长圆形、椭圆形至卵圆形的点纹组成，内壳面观，点纹被具小孔的膜覆盖。壳套面具一列长圆形的点纹，同壳面点纹相对齐。

鉴别特征：①壳体小，壳面线形椭圆形或椭圆形，末端宽圆或延长（图 5-83：1-4）；②壳缝直，远缝端直（图 5-83：5）；③线纹由一个长圆形或椭圆形至卵圆形的点纹组成（图 5-83：5）。

生境：多分布于气生和半气生生境中。

分布：世界性广布。我国分布于安徽、江西、贵州等地。

模式种：*Humidophila undulata* Lowe, Kociolek & Johansen。

本属全世界已报道 70 种 1 变种。我国记录 14 种。早期的研究将该属部分种类归入到舟形藻属（*Navicula*）和全链藻属（*Diadesmis*）中进行报道。Lowe 等（2014）将该其独立为一个新属。

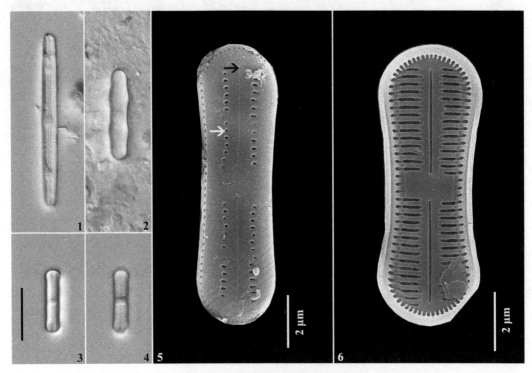

图 5-83　喜湿藻属(*Humidophila*)

1-4: 光镜照片, 壳面观, 标尺=10 μm; 5,6: 扫描电镜照片, 5. 外壳面观, 示点纹(白色箭头), 示端隙(黑色箭头), 6. 内壳面观

84. 双肋藻属　*Amphipleura* F.T. Kützing 1844

形态描述：细胞单生或形成胶质的管状群体。壳面纺锤形至线形披针形，末端钝圆形；中央胸骨结构较简单且窄，在内壳面中部明显，靠近两端渐不明显；壳面末端，中央胸骨分裂为两部分，形成一个类似"针孔"状的结构，同壳缝平行；壳缝短，位于壳面近末端处；线纹由非常小的点纹组成（0.25μm），在光学显微镜下很难观察清楚。色素体 1 或 2 个，板状。

鉴别特征：①壳缝仅位于壳面近末端（图 5-84：3）；②横线纹在光镜下不清晰，点纹细小（图 5-84：1-3）；③中央胸骨在壳面末端分为两部分，形成与壳缝平行近"针孔"状结构（图 5-84：4）。

生境：常见于碱性的静水或缓流水体的底泥中。

分布：世界性广布。我国分布于山西、内蒙古、吉林、黑龙江、江苏、湖北、湖南、福建、广东、四川、西藏等地。

模式种：*Amphipleura pellucida*（Kützing）Kützing。

本属全世界报道种类超过 70 个分类单位，我国记录有 3 种 1 变种。

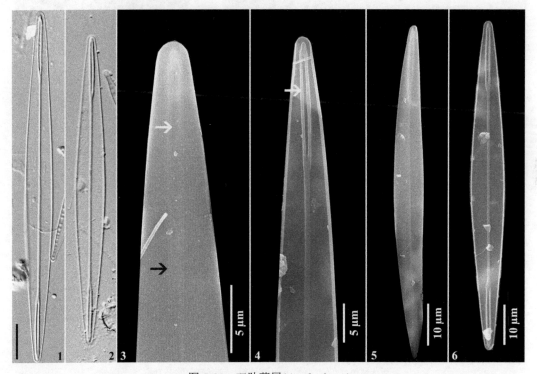

图 5-84　双肋藻属(*Amphipleura*)

1,2: 光镜照片, 壳面观, 标尺=10 μm; 3-6: 扫描电镜照片, 3. 外壳面观, 壳面末端, 示壳缝(白色箭头), 示点纹(黑色箭头), 4. 内壳面观, 壳面末端, 示胸骨形成的"针孔"状结构, 5. 外壳面观, 6. 内壳面观

85. 肋缝藻属 *Frustulia* L. Rabenhorst 1853

形态描述：细胞单生或在黏质的管中营群体生活。壳面菱形至线形-披针形，两侧直或波曲，末端钝圆形；中轴区窄线形；中央区微扩大；壳缝直，沿壳缝两侧具硅质肋纹，几乎贯穿整个壳面，壳面末端两肋纹共同形成近舌状结构；线纹由单列很小的点纹组成，沿纵向和横向成列排列。

鉴别特征：①内壳面观，壳缝两侧具硅质肋纹（图 5-85：8）；②内壳面观，壳面末端两肋纹共同形成舌状结构（图 5-85：6）；③线纹由单列很小的点纹组成（图 5-85：5）。

生境：常见于略呈酸性，溶解氧较高且电导率较低的水体中，多营附生生活。

分布：世界性广布。我国分布于山西、内蒙古、辽宁、吉林、上海、江苏、浙江、安徽、江西、福建、湖北、湖南、广东、四川、贵州、重庆、西藏、陕西、新疆等地。

模式种：*Frustulia saxonica* Rabenhorst。

本属全世界报道种类超过 420 个分类单位，我国记录有 10 种 15 变种 2 变型。

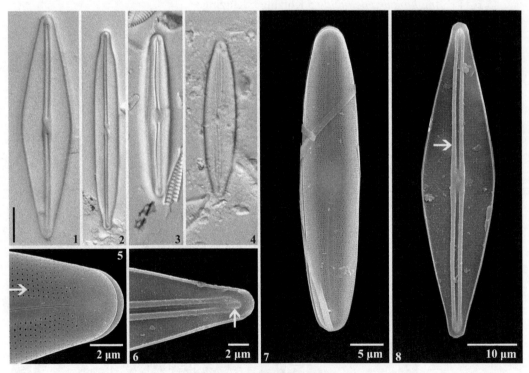

图 5-85　肋缝藻属(*Frustulia*)

1-4: 光镜照片，壳面观，标尺=10 μm；　5-8: 扫描电镜照片, 5. 外壳面观，壳面末端，示点纹, 6. 内壳面观，壳面末端，示末端舌状结构, 7. 外壳面观, 8. 内壳面观，示壳缝两侧硅质肋纹

86. 长肋藻属　*Frickea* H. Heiden 1906

形态描述：细胞单生。壳面线形-披针形，末端宽圆；中轴区窄；中央区微扩大；壳缝直线形，近缝端和远缝端都呈较大的"T"形，内壳面观，壳缝两侧具纵向平行于壳缝的肋纹贯穿整个壳面，肋纹延伸至壳面末端螺旋舌处，但不同螺旋舌融合；线纹由单列小圆形点纹组成。

鉴别特征：①壳面较大，线形-披针形，末端宽圆（图 5-86：1，2）；②内壳面观，壳缝两侧具硅质肋纹（图 5-86：5）；③壳缝近缝端和远缝端都呈"T"形（图 5-86：5）。

生境：多分布在内陆咸水水体中，在河口及较大河流中常附生在泥土表面。

分布：欧洲、亚洲及北美洲。我国分布于上海、福建、台湾等地。

模式种：*Frickea lewisiana*（Greville）Heiden。

本属仅有 1 种，我国有分布。

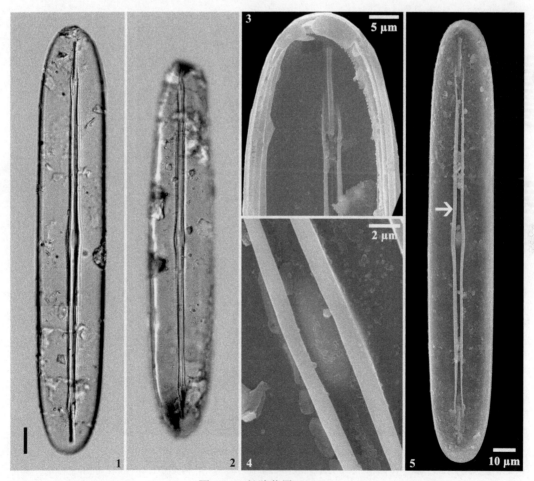

图 5-86　长肋藻属(*Frickea*)

1,2: 光镜照片, 壳面观, 标尺=10 μm；　3-5: 扫描电镜照片, 内壳面观, 3. 壳面末端, 4. 壳面中部, 5. 示壳缝两侧肋纹

87. 辐节藻属 *Stauroneis* C.G. Ehrenberg 1843

形态描述：壳面椭圆形，较小个体近披针形，末端圆形或延长呈头状；中轴区通常较窄；中央区具增厚的辐节，向两侧延伸至壳缘或近壳缘；壳缝直或偏侧，近缝端膨大，远缝端弯向壳面同侧；部分种类壳面末端具假隔膜；线纹由单列点纹组成，点纹圆形或长圆形。

鉴别特征：①中央区具增厚的辐节，向两侧延伸至壳缘或近壳缘（图 5-87：1，4）；②线纹由单列点纹组成，点纹圆形或长圆形（图 5-87：5）。

生境：广泛分布于各种类型的淡水水体中。

分布：世界性广布。我国各地都有分布。

模式种：*Stauroneis phoenicenteron*（Nitzsch）Ehrenberg。

本属全世界报道种类超过 1100 个分类单位。我国记录有 49 种 34 变种 8 变型。

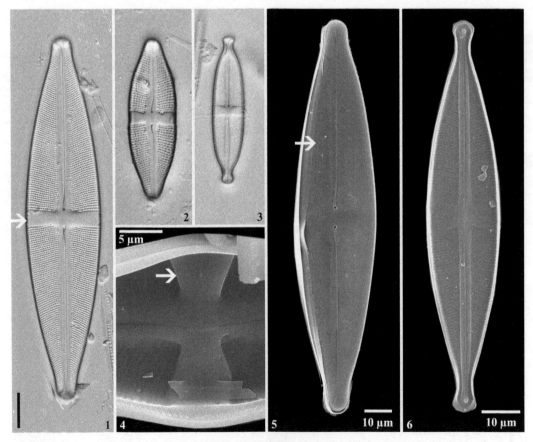

图 5-87　辐节藻属(*Stauroneis*)

1-3: 光镜照片, 壳面观, 标尺=10 μm, 1. 示中央区辐节；4-6: 扫描电镜照片, 4. 内壳面观, 示内壳面观增厚的辐节, 5. 外壳面观, 示点纹, 6. 内壳面观

88. 前辐节藻属　*Prestauroneis* K. Bruder & L.K. Medlin 2008

　　形态描述：壳面椭圆形披针形，末端圆形或略延长呈喙状、头状，壳缘略波曲；中轴区窄，线形；中央区小，椭圆形；壳缝直，近缝端略膨大几乎不偏斜，远缝端弯向壳面同侧；具假隔膜；线纹由单列点纹组成，点纹小圆形，中央区两侧线纹明显稀疏。

　　鉴别特征：①壳面椭圆形披针形，末端圆形或略延长呈喙状、头状，壳缘略波曲（图5-88：1-4）；②中央区两侧线纹明显稀疏（图5-88：2）；③具假隔膜（图5-88：7）。

　　生境：多分布于富含营养物质的水体中。

　　分布：世界性广布。我国分布于安徽、江西、湖南、四川等地。

　　模式种：*Prestauroneis integra*（Smith）Bruder。

　　本属全世界报道 10 种 1 变种。我国记录有 3 种。

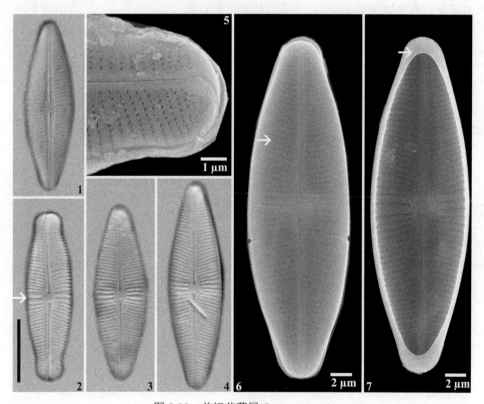

图 5-88　前辐节藻属(*Prestauroneis*)

1-4: 光镜照片, 壳面观, 标尺=10 μm, 2. 示中央区线纹；5-7: 扫描电镜照片, 5,6. 外壳面观, 示点纹, 7. 内壳面观, 示假隔膜

89. 辐带藻属 *Staurophora* C. Mereschkowsky 1903

形态描述：壳面披针形至宽线形披针形，末端略延长呈头状；中轴区窄；中央具横贯壳面的中央辐节，辐节在壳缘处常具短线纹；壳缝直，近缝端末端膨大，远缝端延伸至壳套面；线纹由单列点纹组成，点纹多圆形。

鉴别特征：①壳面披针形至宽线形披针形，末端略延长呈头状（图5-89：1-4）；②壳面中央具横贯壳面的中央辐节，辐节在壳缘处常具短线纹（图5-89：1-4）；③线纹由单列圆形点纹组成。

生境：多分布在河口及海洋中，也有部分种类分布在内陆电导率较高的水体中。

分布：世界性广布，我国分布于青海、新疆等地。

模式种：*Staurophora amphioxys*（Gregory）Mann。

本属全世界报道种类17种，我国记录有1种，即 *S. amphioxys*，之前的研究将该种归入到辐节藻属（*Stauroneis*）中报道，该属与辐带藻属的主要区别在于该属壳面中央具横贯壳面的中央辐节，辐节在壳缘处常具短线纹。

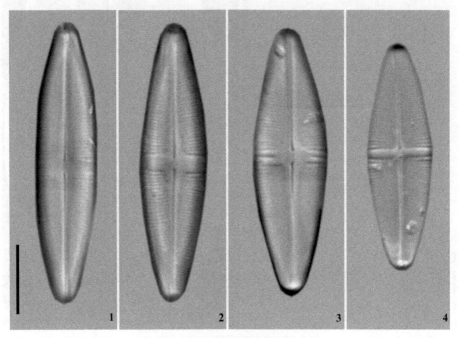

图 5-89　辐带藻属(*Staurophora*)

1-4: 光镜照片, 壳面观, 标尺=10 μm

90. 卡帕克藻属 *Capartogramma* H. Kufferath 1956

形态描述：壳面披针形，末端喙状到头状；中轴区窄；中央区具"X"形的无纹区，延伸到壳缘，电镜下观察，内壳面中部具明显的"X"形硅质增厚；壳缝直线形；线纹由单列点纹组成，点纹小圆形；两末端具假隔膜。

鉴别特征：①壳面中部具"X"形的无纹区（图 5-90：1-4）；②壳面末端具假隔膜；③线纹由单列小圆形点纹组成（图 5-90：5-7）。

生境：多分布在河流中。

分布：多分布在热带区域，北半球有零星分布。我国仅分布于江西、广东等地。

模式种：*Capartogramma jeanii* Kufferath。

本属全世界报道 8 种，我国记录有 1 种，即 *C. crucicula*。

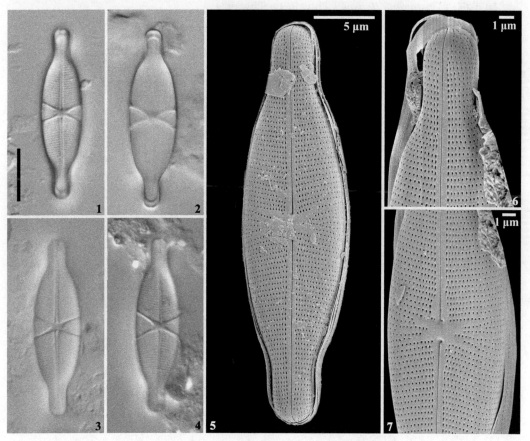

图 5-90 卡帕克藻属(*Capartogramma*)

1-4: 光镜照片, 壳面观, 标尺=10 μm; 5-7: 扫描电镜照片, 5. 外壳面观, 6. 外壳面末端, 7. 外壳面中部, 示中央区

91. 胸隔藻属 *Mastogloia* G.H.K. Thwaites 1856

形态描述：壳面披针形至近椭圆形，末端圆形或延长呈头状；中轴区窄；中央区膨大；壳缝直或弯曲；壳套合部形成隔室，光镜下可见；横线纹多由单列点纹组成，点纹大而明显，在光镜下可见。

鉴别特征：①壳面披针形至近椭圆形，末端圆形或延长呈头状（图 5-91：1，2'）；②壳套合部形成隔室（图 5-91：1'，4）；③点纹大而明显，光镜下可见（图 5-91：1-3）。

生境：该属种类较多，在海洋中分布有几百种，仅有几种分布淡水中，淡水种类常分布于含钙高的底栖生境中。

分布：世界性广布。我国分布于天津、山西、吉林、四川、云南、西藏、宁夏、新疆等地。

模式种：*Mastogloia dansei*（Thwaites）Thwaites。

本属全世界报道种类超过 800 个分类单位，我国记录有 9 种 6 变种 1 变型。

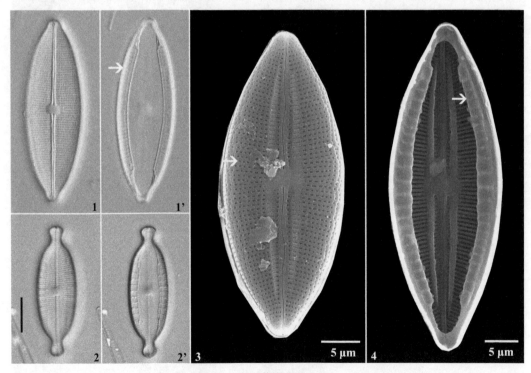

图 5-91　胸隔藻属(*Mastogloia*)

1,2': 光镜照片，壳面观，标尺=10 μm, 1=1', 2=2'同一壳体，聚焦不同；　3,4: 扫描电镜照片, 3. 外壳面观, 示点纹,
4. 内壳面观, 示隔室

92. 四川藻属 *Sichuaniella* Y.L. Li, H. Lange-Bertalot & D. Metzeltin 2013

形态描述：壳面小，椭圆形，末端不延长；中轴区线形披针形；中央区椭圆形；光镜下观察，中央孔处具黑色的结，扫描电镜下观察，中央孔向内壳面延伸出柱状硅质结构；壳缝简单，近缝端外壳面末端膨大，壳缝在内壳面连续；线纹宽而粗糙，由多列点纹组成。

鉴别特征：①壳面小，椭圆形，末端不延长（图 5-92：1，2）；②光镜下观察，中央孔处具黑色的结，扫描电镜下观察，中央孔向内壳面延伸出柱状硅质结构（图 5-92：1，4）；③线纹宽而粗糙，由多列点纹组成（图 5-92：3）。

生境：分布在高海拔含钙量高的贫营养湖泊中。

分布：亚洲。该属目前仅分布在我国四川省。

模式种：*Sichuaniella lacustris* Li, Lange-Bertalot & Metzeltin。

本属全世界报道 2 种，仅分布在我国。目前其他区域还未见报道。

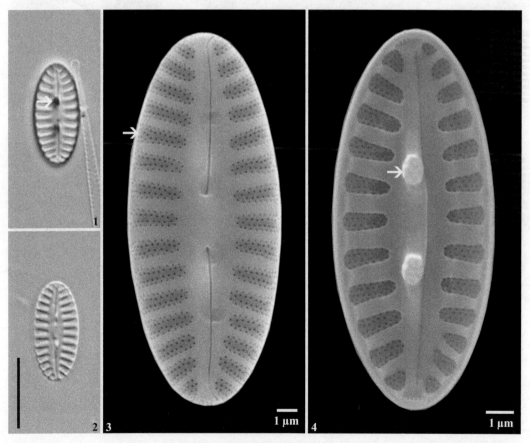

图 5-92　四川藻属(*Sichuaniella*)

1,2: 光镜照片, 壳面观, 标尺=10 μm；　3,4: 扫描电镜照片, 3. 外壳面观, 示线纹, 4. 内壳面观, 示中央孔内柱状突起

93. 羽纹藻属 *Pinnularia* C.G. Ehrenberg 1843

形态描述：细胞单生，偶见连成带状或丝状群体。壳面多线形披针形和椭圆形披针形，有时壳缘呈波曲状，末端头状、喙状或圆形；中轴区窄线形或宽披针形；中央区向一侧或两侧膨大；壳缝直或复杂，近缝端膨大，略向同一侧弯曲，端隙弯曲；线纹长室状，由多列点纹组成。部分种类中轴板较宽覆盖部分线纹，形成在光镜下可见的"纵线"。

鉴别特征：①线纹长室状，由多列点纹组成（图 5-93：7）；②壳缝直或复杂，近缝端膨大，略向同一侧弯曲，端隙弯曲（图 5-93：10）。

生境：常见于低电导率，略呈酸性的淡水水体中。

分布：世界性广布。我国各地都有分布。

模式种：*Pinnularia viridis*（Nitzsch）Ehrenberg。

本属全世界报道种类超过 3600 个分类单位。我国记录有 234 种 248 变种 47 变型。

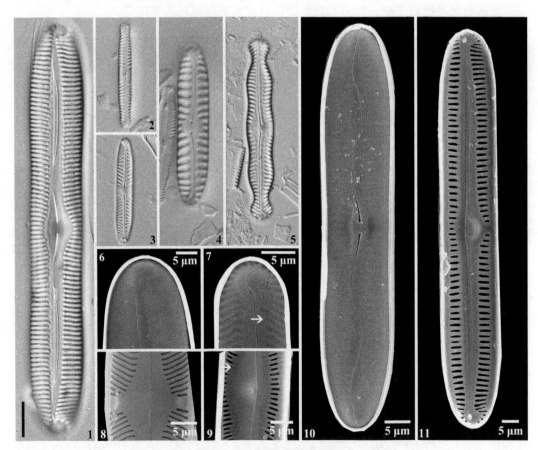

图 5-93　羽纹藻属(*Pinnularia*)

1-5: 光镜照片, 壳面观, 标尺=10 μm；　6-11: 扫描电镜照片, 6,7. 外壳面观, 壳面末端, 7. 示线纹, 8,9. 内壳面观, 壳面中部,
9. 示中轴板, 10. 外壳面观, 11. 内壳面观

94. 美壁藻属　*Caloneis* P.T. Cleve 1894

形态描述：细胞单生。壳面线形、提琴形、狭披针形到椭圆形，中部常膨大，末端尖或钝圆形；中轴区和中央区形状多变，部分种类中央区具半月形或不规则的凹陷；壳缝直线形；线纹由长室孔组成，长室孔常被 1-2 条纵线切断，每个长室孔中具有多列点纹；具中轴板，覆盖部分线纹，形成在光镜下可观察到的纵线，在一些较小的个体中，纵线可能不十分明显。

鉴别特征：①壳面具纵线（图 5-94：1）；②线纹由多列点纹组成（图 5-94：7）。

生境：部分种类常见于碱性生境中，在咸水及海水中也有分布。

分布：世界性广布。我国广泛分布。

模式种：*Caloneis amphisbaena* Cleve。

本属全世界报道种类超过 930 个分类单位，我国记录有 36 种 35 变种 5 变型。

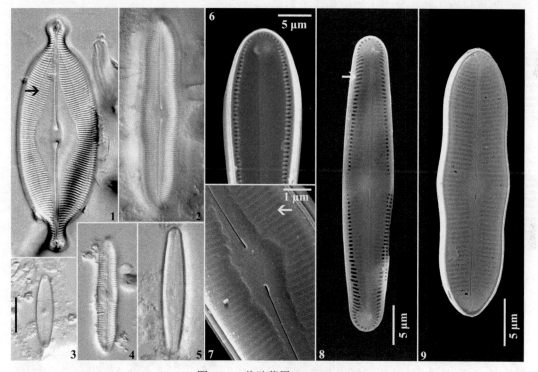

图 5-94　美壁藻属(*Caloneis*)

1-5: 光镜照片，壳面观，标尺=10 μm, 1. 示纵线；　6-9: 扫描电镜照片, 6. 内壳面观, 7. 外壳面观，壳面中部，示点纹, 8. 内壳面观，示长室孔, 9. 外壳面观

95. 库氏藻属 *Kulikovskiyia* S. Roy, J.P. Kociolek, Y. Liu & B. Karthick 2019

形态描述：壳面线形披针形，壳缘三波曲，具三角锥形的刺，具窄条状的硅质脊，末端尖喙状；中央胸骨向两侧延伸形成中轴板，光镜下可见壳面纵线；中央区不明显或近圆形；壳缝直，近缝端略膨大，远缝端"Y"形，内壳面观，近缝端小钩状弯向壳面同侧，远缝端终止于螺旋舌；线纹近平行或略放射状排列。

鉴别特征：①壳缘具三角锥形的刺（图 5-95：3）；②壳面具窄条状的硅质脊（图 5-95：3）；③远缝端"Y"形，位于壳面（图 5-95：3）；④具中轴板，光镜下可见纵线（图 5-95：5）。

生境：湖泊或池塘，附生。

分布：仅报道于印度和中国。我国分布在海南。

模式种：*Kulikovskiyia triundulata* Roy, Liu, Kociolek, Lowe & Karthick。

本属仅有 1 种，分布于印度和我国海南。

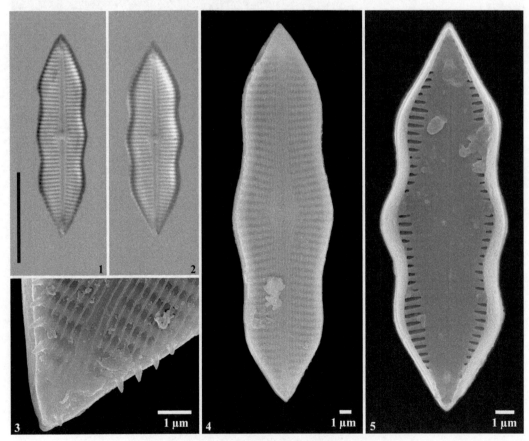

图 5-95　库氏藻属(*Kulikovskiyia*)

1,2: 光镜照片, 壳面观, 标尺=10 μm；　3-5: 扫描电镜照片, 3. 外壳面观, 壳面末端, 示壳缘三角锥形的刺及远缝端, 4. 外壳面观, 5. 内壳面观

96. 矮羽藻属　*Chamaepinnularia* H. Lange-Bertalot & K. Krammer 1996

形态描述：细胞单生。壳面线形或边缘波曲，末端圆形到头状；中轴区和中央区形状多变；壳缝外壳面远缝端弯曲，内壳面壳缝终止于螺旋舌，近缝端末端在外壳面不明显，在内壳面弯向壳面一侧；线纹由一个长室状点纹组成，点纹外壳面开口具孔板，点纹内壳面开口被硅质板覆盖。

鉴别特征：①壳面线形或边缘波曲（图 5-96：1，2）；②点纹长室状，外壳面具孔板覆盖（图 5-96：3）。

生境：多气生，常见于溪流的飞溅区及具有苔藓和地衣的生境中。

分布：世界性广布。我国分布于黑龙江、广东、四川等地。

模式种：*Chamaepinnularia vyvermanii* Lange-Bertalot & Krammer。

本属全世界报道 64 种 2 变种 1 变型，我国有 9 种。在早期的研究中，该属部分种类被归入到舟形藻属（*Navicula*）中。我国使用该属名记录的种类有 5 种，放在舟形藻属报道的有 4 种。

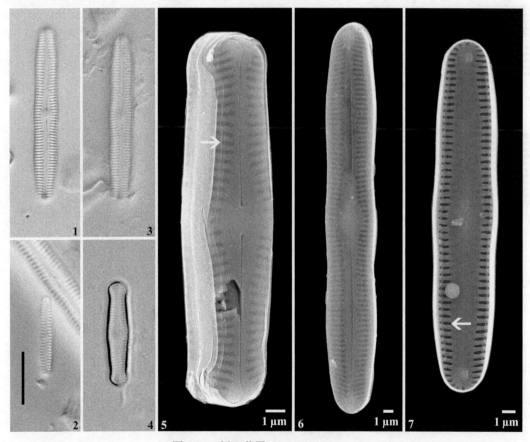

图 5-96　矮羽藻属(*Chamaepinnularia*)

1-4: 光镜照片, 壳面观, 标尺=10 μm;　5-7: 扫描电镜照片, 5. 外壳面观, 示点纹, 6. 外壳面观, 7. 内壳面观, 示点纹

97. 等隔藻属　*Diatomella* R.K. Greville 1855

　　形态描述：细胞常形成带状群体。壳面披针形或近椭圆形，末端钝圆形；中轴区和中央区宽线形，内壳面观，具较宽的中轴板；壳缝直线形，近缝端膨大，远缝端弯曲或直，有些种类中壳缝缩短，仅位于壳面末端；线纹短，由双列点纹组成；部分种类壳缘具壳针；壳体具真隔膜，是舟形类中唯一具真隔膜的属。

　　鉴别特征：①壳面披针形或近椭圆形（图 5-97：1，2）；②具隔膜（图 5-97：3，4）；③线纹由双列点纹组成。

　　生境：多分布在高海拔的贫营养水体中，及气生半气生生境，如土表，苔藓中等，在咸水生境中也有出现。

　　分布：世界性广布。我国分布于广东、西藏等地。

　　模式种：*Diatomella balfouriana* Greville。

　　本属全世界报道 6 种 1 变种 1 变型，我国仅记录有 1 种，即 *D. balfouriana*。

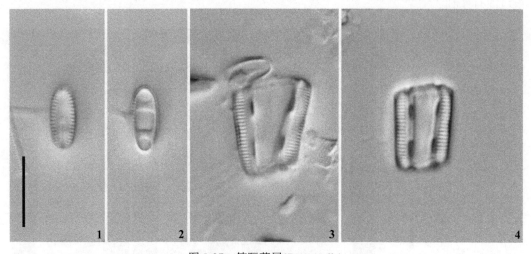

图 5-97　等隔藻属(*Diatomella*)

1-4: 光镜照片，标尺=10 μm, 1,2. 壳面观, 3,4. 带面观

98. 湿岩藻属　*Hygropetra* K. Krammer & H. Lange-Bertalot 2000

形态描述：壳体较小。壳面椭圆形至线形椭圆形；中轴区线形；中央区椭圆形；壳缝直，两近缝端相距较远，端隙直；线纹由 3-4 列点纹组成，点纹小圆形，线纹之间的肋间纹发达。

鉴别特征：①壳面椭圆形至线形椭圆形；②壳缝直，两近缝端相距较远，端隙直；③线纹由 3-4 列小圆形点纹组成。

生境：多分布北半球营养含量低的水体中。

分布：世界性广布。我国仅分布于黑龙江。

模式种：*Hygropetra balfouriana*（Grunow & Cleve）Krammer & Lange-Bertalot in Krammer。

本属全世界报道 4 种 1 变种，我国记录有 1 种 1 变种。作者未能观察到该属的标本，没有拍摄到该属的照片，引用。

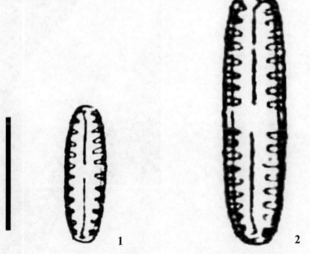

图 5-98　湿岩藻属(*Hygropetra*)(引自　朱蕙忠和陈嘉佑 2000)

1,2: 线条图，标尺=10 μm

99. 布纹藻属 *Gyrosigma* A.H. Hassall 1845

形态描述：细胞单生。壳面弯曲呈"S"形，常呈线形或披针形，末端渐尖或钝圆形；中轴区窄；中央区圆形至椭圆形；壳缝"S"形，外壳面近缝端末端弯向两相反方向；线纹由单列点纹组成，点纹排成纵列，平行于中轴区。

鉴别特征：①壳面"S"形（图5-99：1-3）；②中央区圆形至椭圆形（图5-99：1）；③点纹小，排成纵列（图5-99：5）。

生境：广泛分布于附生生境中。常见于湖泊或水库底部，形成密集的藻类群丛，这些群丛可能会散开并浮到水面上，使藻类细胞进行浮游生活。

分布：世界性广布。我国各地都有分布。

模式种：*Gyrosigma hippocampus*（Ehrenberg）Hassall。

本属全世界报道种类超过380个分类单位，我国记录有22种11变种。

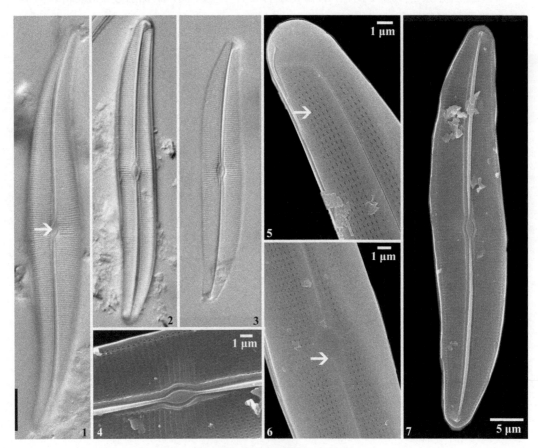

图5-99 布纹藻属(*Gyrosigma*)

1-3: 光镜照片, 壳面观, 标尺=10 μm; 4-7: 扫描电镜照片, 4. 内壳面观, 壳面中部, 5. 外壳面观, 壳面末端, 示点纹, 6. 外壳面观, 壳面中部, 示近缝端, 7. 内壳面观

100. 斜纹藻属　*Pleurosigma* W. Smith 1852

形态描述：细胞单生。壳面长舟形，轻微"S"形；中轴区窄"S"形；中央区不明显；壳缝很窄，随着壳面的弯曲呈"S"形；线纹呈对角线型排列，点纹单列室状。

鉴别特征：①壳面"S"形（图 5-100：1-4）；②线纹呈对角线型排列（图 5-100：2）。

生境：多分布在海洋中，部分种类分布于咸水及电导率较高的内陆水体或淡水中。

分布：世界性广布。我国分布于天津、辽宁、上海、江苏、浙江、福建、山东、西藏等地。

模式种：*Pleurosigma angulatum*（Quekett）Smith。

本属全世界报道种类超过 720 个分类单位，我国记录有 7 种 4 变种。

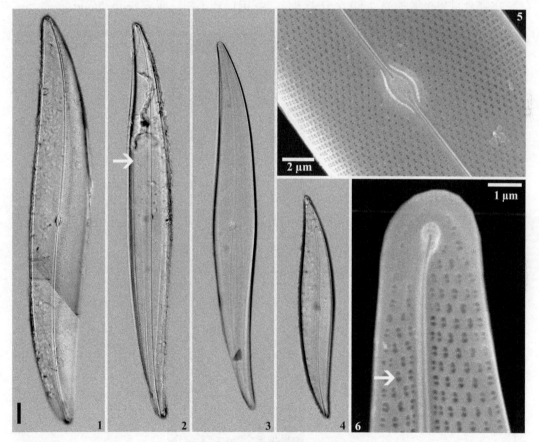

图 5-100　斜纹藻属(*Pleurosigma*)

1-4: 光镜照片, 壳面观, 标尺=10 μm, 2. 示线纹；　5,6: 扫描电镜照片, 5. 内壳面观, 壳面中部, 6. 内壳面观, 壳面末端, 示点纹

101. 斜脊藻属 *Plagiotropis* E. Pfitzer 1871

形态描述：壳面披针形，表面纵向隆起，末端延长呈窄头状；中轴区窄；中央区形状多变；壳缝位于隆起的龙骨上，在光镜下观察是很难聚焦到整个壳面；线纹由单列点纹组成，在光镜下很难观察到线纹。带面观，壳体在壳面中部两侧都缢缩。

鉴别特征：①壳面披针形，末端延长呈窄头状（图 5-101：1，2）；②壳面隆起，壳缝位于隆起的龙骨上（图 5-101：3）。

生境：多分布在咸水的附生生境中。

分布：世界性广布。我国分布于浙江、海南。

模式种：*Plagiotropis baltica* Pfitzer。

本属全世界报道种类近 80 个分类单位。我国记录 1 种，即 *P. neopolitana*。

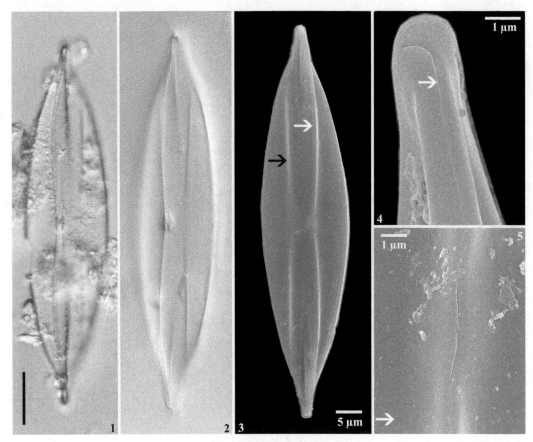

图 5-101　斜脊藻属(*Plagiotropis*)

1,2: 光镜照片, 壳面观, 标尺=10 μm；　3-5: 扫描电镜照片, 3. 外壳面观, 示隆起的壳缝(白色箭头), 示隆起的壳面(黑色箭头), 4. 外壳面观, 壳面末端, 示壳缝, 5. 外壳面观, 壳面中部, 示点纹

桥弯藻科　Cymbellaceae Greville 1833

细胞单生或分泌胶质附生于其他基质上。壳面具背腹性，两侧不对称。线纹单列或双列。中央区常具 1 至多个孤点。

桥弯藻科（Cymbellaceae）是 Greville 于 1833 年建立的，长期以来被作为双壳缝类的一个科处理。也有许多学者将桥弯藻的种类置于舟形藻科（Naviculaceae）当中，如 Schütt（1896）、Peragallo（1897）、Hustedt（1930）和 Simonsen（1979）等。Silva（1962）的分类系统中，保留了桥弯藻科，将 *Amphora*、*Cymbella* 和 *Gomphonma* 归入其中，隶属于舟形藻目；Hendey（1964）、Patrick & Reimer（1966）等都采用了这个观点。Round 等（1990）建立了桥弯藻目，下设桥弯藻科、弯楔藻科（Rhoicospheniaceae）、异菱藻科（Anomoeoneidaceae）和异极藻科（Gomphonemataceae）4 科。随着研究的增加和深入，桥弯藻类不断有新属被发现报道。目前，桥弯藻类大约包括 19 个属，但许多属的归属也存在着争议。

本书保留了桥弯藻科的独立地位，将其放在舟形藻目当中，共记录 9 属，按照壳缝、孤点及顶孔区的特征，各属排列顺序为：桥弯藻属（*Cymbella*）、弯缘藻属（*Oricymba*）、瑞氏藻属（*Reimeria*）、弯肋藻属（*Cymbopleura*）、内丝藻属（*Encyonema*）、优美藻属（*Delicatophycus*）、拟内丝藻属（*Encyonopsis*）、近内丝藻属（*Kurtkrammeria*）和半舟藻属（*Seminavis*）。

102. 桥弯藻属 *Cymbella* C.A. Agardh 1830

形态描述：细胞单生或为分枝或不分枝的群生，浮游或着生，着生的种类被包裹在胶质中或产生胶质柄。壳面常呈新月形，明显具背腹之分，沿纵轴不对称，沿横轴对称；中轴区窄，线形或线形披针形；中央区不明显或仅比轴区略宽大；壳缝位于壳面中心或偏离中心，近缝端弯向腹侧，远缝端弯向背缘；部分种类具孤点，孤点均位于中央区腹侧；两末端都具顶孔区；线纹多由单列点纹组成。

鉴别特征：①壳面沿纵轴不对称，沿横轴对称（图5-102：1-4）；②壳缝多位于壳面中部，远缝端弯向壳面背缘（图5-102：1-5）；③两末端均具顶孔区（图5-102：7）；④中央区孤点位于腹侧（图5-102：5，8）。

生境：广泛分布于各种类型的水体中。

分布：世界性广布，我国广泛分布。

模式种：*Cymbella cymbiformis* Agardh。

本属全世界报道的种类超过1800个分类单位，我国记录有171种132变种16变型。

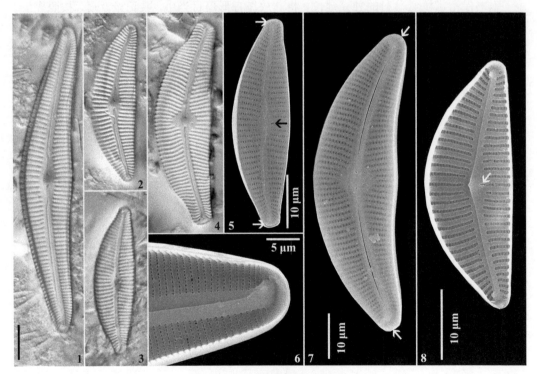

图 5-102　桥弯藻属(*Cymbella*)

1-4: 光镜照片, 壳面观, 标尺=10 μm; 5-8: 扫描电镜照片, 5. 外壳面观, 示端隙(白色箭头), 示孤点(黑色箭头), 6. 内壳面观,壳面末端, 7. 外壳面观, 示顶孔区, 8. 内壳面观, 示孤点内壳面开口

103. 弯缘藻属 *Oricymba* I. Jüttner, K. Krammer, E.J. Cox, B. Van de Vijver & A. Tuji 2010

形态描述：壳面呈新月形，两端对称，两侧不对称；中轴区窄，线形；壳缘具硅质脊，几乎贯穿整个壳面；壳缝偏侧，远缝端弯向壳面背缘，近缝端弯向壳面腹侧；中轴区线形披针形；中央区椭圆形；中央区腹侧具一个孤点，孤点在外壳面具一个圆形开口，内壳面观具两个开口，开口具不规则的硅质结构覆盖；具顶孔区；线纹由单列点纹组成，点纹外壳面开口线形，近三角形，部分点纹开口具向内生长的硅质结构。

鉴别特征：①壳面沿纵轴不对称，沿横轴对称（图 5-103：1-4）；②壳缘具隆起硅质脊（图 5-103：7）；③远缝端弯向背缘，具顶孔区（图 5-103：6）；④中央区腹侧具一个孤点，孤点在外壳面具一个圆形开口，内壳面观具两个开口，开口具不规则的硅质结构覆盖（图 5-103：7，8）。

生境：常见于贫营养的弱碱性水体中。

分布：亚洲。我国分布于浙江、云南、海南等地。

模式种：*Oricymba japonica*（Reichelt）Jüttner, Cox, Krammer & Tuji。

本属全世界报道种类 11 种。我国报道有该属 4 种。

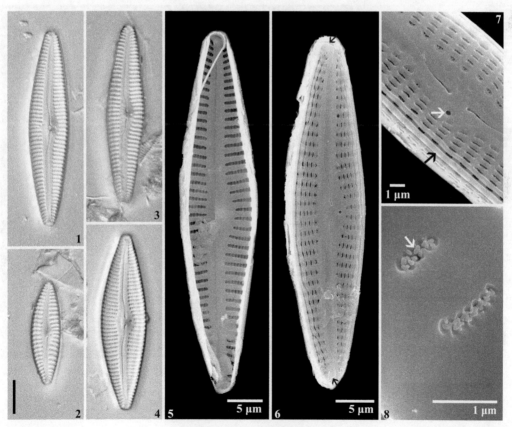

图 5-103　弯缘藻属(*Oricymba*)

1-4: 光镜照片, 壳面观, 标尺=10 μm;　5-8: 扫描电镜照片, 5. 内壳面观, 6. 外壳面观, 示端隙, 7. 外壳面观, 示中央区孤点 (白色箭头), 示壳缘硅质脊(黑色箭头), 8. 内壳面观, 示孤点开口

104. 瑞氏藻属 *Reimeria* J.P. Kociolek & E.F. Stoermer 1987

形态描述：壳面线形披针形，沿横轴对称，沿纵轴不对称；背缘略呈弓形，腹缘直或略凹；中轴区窄；中央区向腹缘不对称膨大；壳缝几乎中位，近缝端在外壳面略膨大，在内壳面明显背折，远缝端弯向腹缘；孤点位于两近缝端之间略偏向腹侧；壳面腹缘两末端具顶孔区；线纹有双列点纹组成，点纹小圆形。

鉴别特征：①壳面沿纵轴不对称，沿横轴对称，中央区腹缘膨大（图 5-104：1-4）；②孤点位于两近缝端之间（图 5-104：5）；③顶孔区位于壳面末端腹侧（图 5-104：5）；④线纹由双列点纹组成（图 5-104：5）。

生境：多分布在底栖生境中。

分布：世界性广布。我国分布于山西、内蒙古、吉林、黑龙江、江苏、江西、湖北、湖南、广东、四川、贵州、云南、重庆、西藏、陕西、青海等地。

模式种：*Reimeria sinuata*（Gregory）Kociolek & Stoermer。

本属全世界报道 10 种 1 变种，我国记录有 4 种。

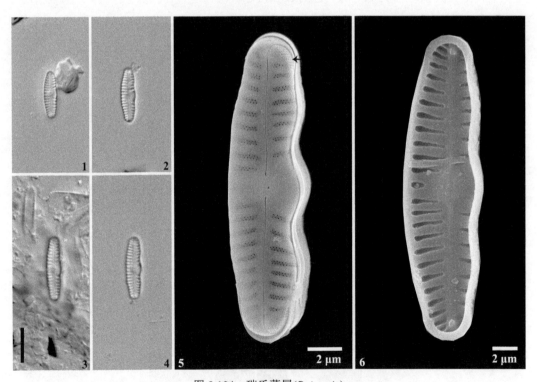

图 5-104　瑞氏藻属(*Reimeria*)

1-4: 光镜照片, 标尺=10 μm; 5,6: 扫描电镜照片, 5. 外壳面观, 示顶孔区, 6. 内壳面观

105. 弯肋藻属　*Cymbopleura*（Krammer）K. Krammer 1999

形态描述：多数种类单生（不具胶质管或柄）。壳面略有背腹之分，常呈宽椭圆形、椭圆形披针形或线形披针形，末端形态多样；中轴区在两端较窄，在中部膨大；中央区一般较大，常呈椭圆形或菱形；壳缝多位于壳面近中部，近缝端末端弯向腹侧，远缝端弯向背缘；无孤点；无顶孔区；线纹多由单列点纹组成。

鉴别特征：①壳面略有背腹之分（图 5-105：1，2）；②壳缝位于壳面近中部（图 5-105：3）；③远缝端弯向壳面背缘（图 5-105：5）；④无孤点和顶孔区。

生境：附生或底栖在不同类型的生境中。

分布：世界性广布。我国广泛分布。

模式种：*Cymbopleura inaequalis*（Ehrenberg）Krammer。

本属全世界报道超过 180 个分类单位，我国记录有 53 种 17 变种。该属同桥弯类其他各属的主要区别在于壳缝多位于壳面近中部，不具中央区孤点和顶孔区。该属最初是桥弯藻属下的一个亚属，Krammer 于 1997 年将其独立为属，但由于缺少拉丁文描述，导致命名不合法；1999 年 Krammer 将其重新进行了合法发表。

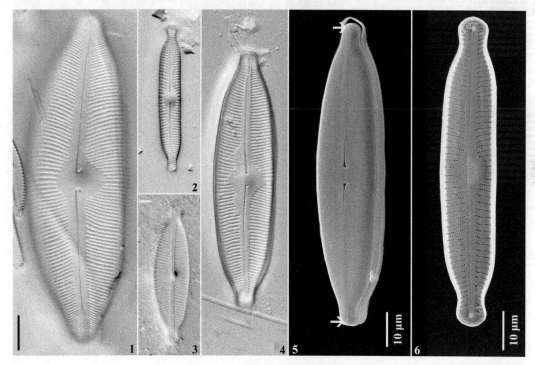

图 5-105　弯肋藻属(*Cymbopleura*)

1-4: 光镜照片，壳面观，标尺=10 μm；　5,6: 扫描电镜照片，5. 外壳面观，示端隙，6. 内壳面观

106. 内丝藻属 *Encyonema* F.T. Kützing 1833

形态描述：细胞单生或形成胶质管呈群体生长。壳面明显地具背腹之分，常呈半椭圆形或半披针形；中轴区窄，线形；中央区变化较大，有时不明显，有时较明显呈圆形；壳缝靠近壳面腹缘，近缝端弯向壳面背缘，远缝端弯向壳面腹缘。孤点缺失或出现在中央区背缘一侧；不具顶孔区；线纹由单列点纹组成。

鉴别特征：①壳面明显地具背腹之分（图 5-106：1-5）；②壳面近弓形，壳缝靠近腹缘（图 5-106：1-5）；③远缝端弯向壳面腹缘，无顶孔区（图 5-106：7，10）。

生境：广泛分布于各种类型的水体中，常见于底栖生境。

分布：世界性广布。我国广泛分布。

模式种：*Encyonema paradoxum* Kützing。

本属全世界报道超过 440 个分类单位。我国记录有 48 种 14 变种，早期的研究多将该属种类归入到桥弯藻属（*Cymbella*）中。2007 年以后的研究逐渐恢复该属名的使用。

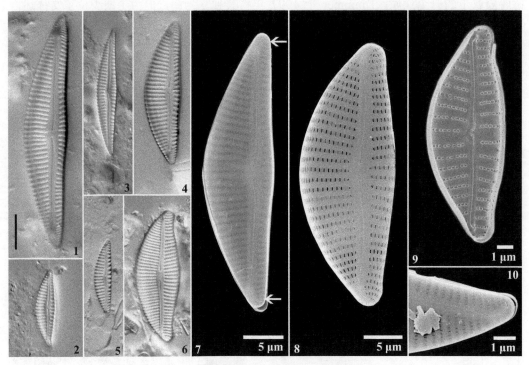

图 5-106　内丝藻属(*Encyonema*)

1-6: 光镜照片, 壳面观, 标尺=10 μm;　7-10: 扫描电镜照片, 7. 外壳面观, 示两端隙, 8. 内壳面观, 9. 外壳面观, 10. 外壳面观, 壳面末端

107. 优美藻属 *Delicatophycus* M.J. Wynne 2019

形态描述：多数细胞单生。壳面轻微或几乎不具背腹之分，披针形至线形披针形；中轴区较窄或向中部变宽；中央区变化较大，常不明显、不规则又不对称；壳缝偏腹侧，近缝端明显折向腹侧，远缝端弯向背侧；无孤点；无顶孔区；点纹外壳面开口形状多样。

鉴别特征：①壳面沿纵轴不对称，沿横轴对称（图 5-107：1-4）；②远缝端弯向背缘（图 5-107：6，7）；③点纹外壳面开口形状多样（图 5-107：5-7）。

生境：常分布在碱性、钙含量丰富的环境中。

分布：世界性广布。我国分布于北京、河北、山西、吉林、上海、江苏、安徽、江西、湖北、湖南、四川、贵州、重庆、西藏、云南、陕西、青海、宁夏、新疆等地。

模式种：*Delicatophycus delicatulus*（Kützing）Wynne。

本属全世界报道 33 种 2 变种，我国记录有 9 种 1 变种。Krammer 于 2003 年建立了该属，定名为 *Delicata*，但该命名不符合国际植物命名法规的规定，Wynne（2019）对该属进行重新命名，并将原有的种类都进行了新组合。

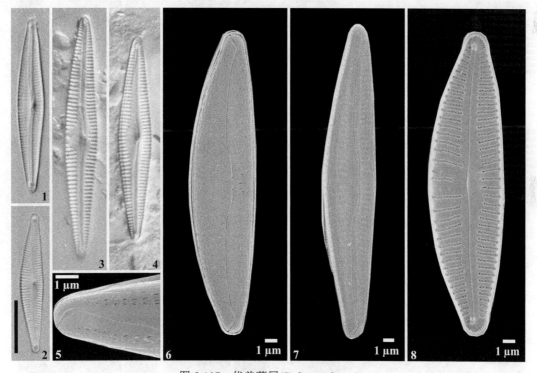

图 5-107　优美藻属(*Delicatophycus*)

1-4: 光镜照片，标尺=10 μm；　5-8: 扫描电镜照片，5-7. 外壳面观，5. 壳面末端放大，8. 内壳面观

108. 拟内丝藻属　*Encyonopsis* K. Krammer 1997

形态描述：细胞常单生。壳面披针形或椭圆形，背腹之分不明显，末端尖圆形或喙状；中轴区线形或线形披针形；中央区略扩大呈近圆形；壳缝直或略波曲，位于壳面近中部，远缝端弯向壳面腹缘，近缝端弯向背缘；不具孤点；无顶孔区；线纹由单列点纹组成，点纹圆形或长椭圆形。

鉴别特征：①壳面披针形或椭圆形，背腹之分不明显（图 5-108：1-3）；②壳缝位于壳面近中部（图 5-108：1-3）；③远缝端弯向壳面腹缘，无顶孔区（图 5-108：5）；④无孤点。

生境：多分布在低至中电导率的含氧量高的冷水中。

分布：世界性广布。我国广泛分布。

模式种：*Encyonopsis cesatii* Krammer。

本属全世界报道种类超过 160 个分类单位，我国记录有 23 种 2 变种。

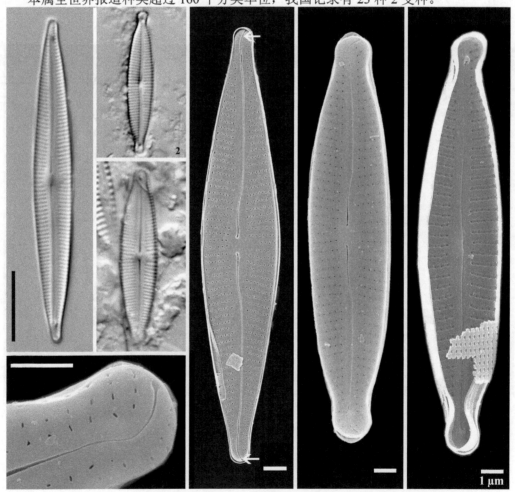

图 5-108　拟内丝藻属(*Encyonopsis*)

1-3: 光镜照片, 壳面观, 标尺=10 μm; 　4-7: 扫描电镜照片, 4. 外壳面观, 示端隙, 5,6. 外壳面观, 7. 内壳面观

109. 近丝藻属 *Kurtkrammeria* L.L. Bahls 2015

形态描述：壳面近舟形，沿纵轴略微不对称，末端略延长呈头状或喙状；中轴区窄，线形；中央区椭圆形；壳缝直或略波曲，近缝端弯向壳面背缘，远缝端弯向壳面腹缘；中央区背侧具 1-3 个孤点或无孤点；线纹在壳面中部多放射排列，向两端略会聚，由单列短裂缝状或月形点纹组成。

鉴别特征：①壳面近舟形，沿纵轴略微不对称，两末端略弯向腹缘（图 5-109：1-3）；②壳缝位于壳面近中部，远缝端弯向壳面腹缘（图 5-109：5）；③线纹由单列短裂缝状或月形点纹组成（图 5-109：5）。

生境：分布在贫营养，pH 近中性的水体中。

分布：世界性广布。我国报道于内蒙古。

模式种：*Kurtkrammeria weilandii*（Bahls）Bahls。

本属全世界报道 17 种。我国记录 *K. tiancaiensis* 1 种。该属是 Bahls（2015）从拟内丝藻属（*Encyonopsis*）中独立出来的，与拟内丝藻的主要区别在于点纹的形状。

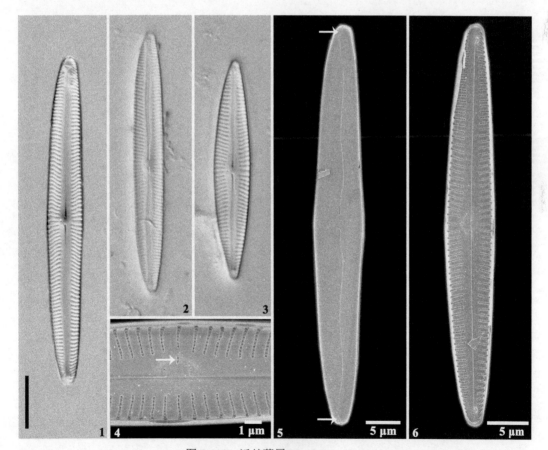

图 5-109　近丝藻属(*Kurtkrammeria*)

1-3: 光镜照片, 壳面观, 标尺=10 μm; 4-6: 扫描电镜照片, 4,6. 内壳面观, 4. 示中央区背缘孤点, 5. 外壳面观, 示远缝端弯向壳面腹缘

110. 半舟藻属 *Seminavis* D.G. Mann 1990

形态描述：壳面月形，沿纵轴不对称，沿横轴对称，背缘弯曲，腹缘直或略凸；中轴区窄，向中部略膨大形成一个小的披针形的中央区；壳缝位于壳面近中部或靠近腹缘，近缝端略膨大，弯向背缘，远缝端先向腹缘弯曲，又反曲向背缘；无孤点；无顶孔区；线纹由单列点纹组成，点纹多呈短裂缝状。

鉴别特征：①壳面沿纵轴不对称，沿横轴对称（图 5-110：1-3）；②远缝端弯向壳面背缘（图 5-110：6）；③无顶孔区，无中央区孤点。

生境：多数是海洋产种类，部分种类常见于内陆或河口，喜生于电导率略高、略咸的水体中。

分布：世界性广布。我国分布于河北、山西、吉林、湖北、湖南、四川、云南、重庆、西藏、陕西、宁夏、新疆等地。

模式种：*Seminavis gracilenta*（Grunow ex Schmidt）Mann。

本属全世界报道 23 种，我国记录有 3 种。

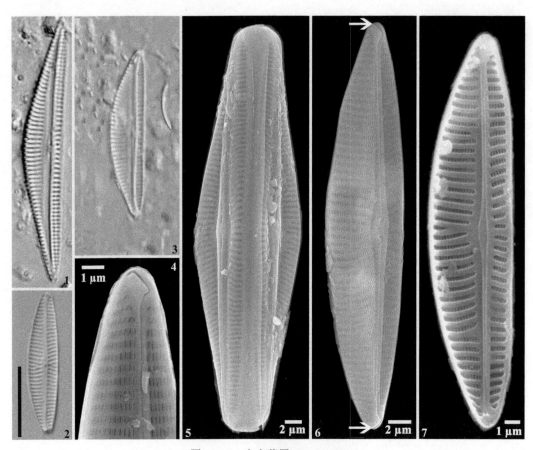

图 5-110　半舟藻属(*Seminavis*)

1-3: 光镜照片, 壳面观, 标尺=10 μm；　4-7: 扫描电镜照片, 4. 外壳面观, 壳面末端. 5. 带壳面观, 6. 外壳面观, 示端隙, 7. 内壳面观

双眉藻科 Catenulaceae Mereschkowsky 1902

细胞单生或连接成带状群体。壳面具背腹性，壳缝位于壳面腹缘，无顶孔区和中央区孤点。

双眉藻科（Catenulaceae）虽然建立较早（Mereschkowsky 1902），但许多学者将其并入桥弯藻科或舟形藻科当中（Hustedt 1930；Silva 1962；Simonsen 1979）。Round 等（1990）将双眉藻科放在新建立的 Thalassiophysales 目中，包含 3 属，*Catenula*、*Amphora* 和 *Undatella*。Cox（2015）基本沿用了这个分类观点，但将 *Undatella* 从中分离出来，将 *Halamphora* 归入到该科当中。

四眉藻属（*Tetramphora*）同双眉藻属形态较为接近，虽然基于 18S rDNA、*rbcL* 和 *psbC* 基因序列构建的系统进化树表明，它与胸隔藻属（*Mastogloia*）的亲缘更近，但基于形态学特征，本书仍将该属置于双眉藻科中。

Margulis 等（1990）曾使用了 Amphoraceae，隶属于双眉藻目 Amphorales，但我们并没有找到相关的原始报道文献，也许 Amphoraceae 和 Amphorales 是并未合法发表的名称。

本书使用双眉藻科（Catenulaceae）的名字，共收录中国产 3 属：双眉藻属（*Amphora*）、海双眉藻属（*Halamphora*）和四眉藻属（*Tetramphora*）。

111. 双眉藻属 *Amphora* C.G. Ehrenberg & F.T. Kützing 1844

形态描述：壳面近弓形，沿纵轴不对称，沿横轴对称；中轴区在背侧较窄，腹侧较宽；中央区向两侧扩大；壳缝位于壳面腹缘，具壳缝脊（raphe ledge），壳缝直或弯曲，或略呈"S"形；无孤点；线纹由单列点纹组成，点纹多长圆形，背缘线纹常被无纹区隔断，腹缘线纹很短。

鉴别特征：①壳面近弓形，沿纵轴不对称，沿横轴对称（图 5-111：1-3）；②壳缝位于壳面腹缘，具壳缝脊（图 5-111：4）；③腹缘常具无纹的中央区，无孤点（图 5-111：4）；④线纹由单列点纹组成，背缘线纹常被无纹区隔断，腹缘线纹很短（图 5-111：5）。

生境：多分布在海洋中，部分种类在淡水中广泛分布，常附生于基质，尤其是其他藻类及水生植物上。

分布：世界性广布，我国各地都有分布。

模式种：*Amphora ovalis*（Ehrenberg）Kützing。

本属全世界报道种类超过 1660 个分类单位，我国记录有 62 种 41 变种 5 变型。

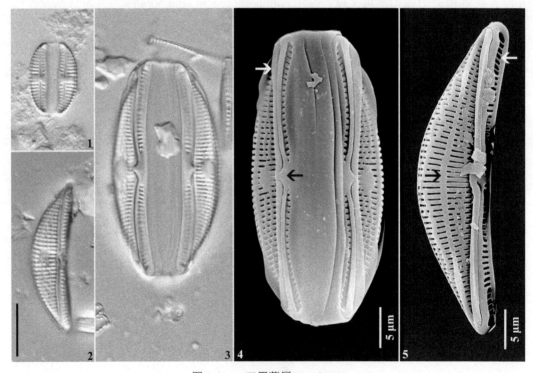

图 5-111　双眉藻属(*Amphora*)

1-3: 光镜照片, 标尺=10 μm, 1,3. 带面观, 2. 壳面观；　4,5: 扫描电镜照片, 4. 带面观, 示壳缝脊(白色箭头), 腹缘中央区(黑色箭头), 5. 外壳面观, 示腹缘点纹(白色箭头), 背缘无纹区(黑色箭头)

112. 海双眉藻属　*Halamphora*（Cleve）C. Mereschkowsky 1903

　　形态描述：壳面近弓形，沿纵轴不对称，沿横轴对称；中轴区在背侧较窄，腹侧较宽；中央区向两侧扩大；壳缝位于壳面腹侧，近缝端外壳面末端弯向背缘（偶见近缝端末端直）；具壳缝脊，且仅在背侧有；线纹由单列点纹组成。

　　鉴别特征：①壳面近弓形，沿纵轴不对称，沿横轴对称（图 5-112：1-5）；②壳缝位于壳面腹侧，近缝端外壳面末端弯向背缘（图 5-112：6）；③具壳缝脊，位于壳缝背侧（图 5-112：6）。

　　生境：广泛分布于略碱性或电导率高的水体中

　　分布：世界性广布。我国分布于内蒙古、广东、四川、云南、贵州、西藏、新疆等地。

　　模式种：*Halamphora coffeaeformis*（Agardh）Mereschkowsky。

　　本属全世界报道 154 种 8 变种。我国记录有 14 种 1 变种。早期的研究中该属种类均被归入到双眉藻属（*Amphora*）中，但该属壳缝脊仅存在于背侧，而后者背腹两侧均有。

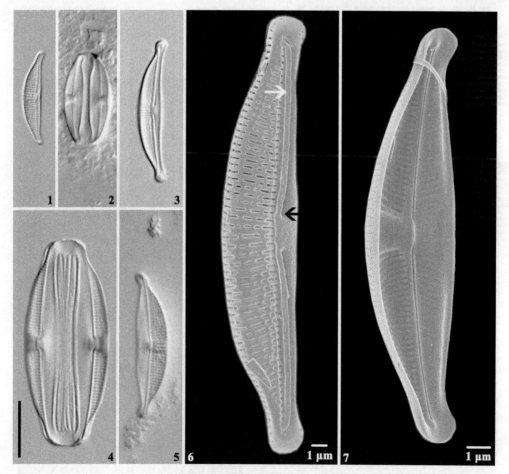

图 5-112　海双眉藻属(*Halamphora*)

1-5: 光镜照片, 标尺=10 μm, 1,3,5. 壳面观, 2,4. 带面观；　6,7: 扫描电镜照片, 6. 外壳面观, 示壳缝脊(白色箭头), 示近缝端(黑色箭头), 7. 内壳面观

113. 四眉藻属 *Tetramphora* C. Mereschkowsky 1903 emend. J.G. Stepanek & J.P. Kociolek 2016

形态描述：壳体背缘壳套明显高于腹缘壳套。壳面半圆形或半披针形，沿纵轴不对称，沿横轴对称；中轴区窄；中央区不规则；壳缝两分支，强烈弯曲呈弧形，近缝端多被近似壳缝脊的硅质结构覆盖，远缝端弯向壳面背缘；点纹外壳面开口裂缝状或长圆形，腹缘点纹同背缘形态相同。

鉴别特征：①壳面半圆形或半披针形，沿纵轴不对称，沿横轴对称（图 5-113：1，2）；②壳缝两分支，强烈弯曲呈弧形（图 5-113：5）；③点纹外壳面开口裂缝状或长圆形（图 5-113：4）。

生境：分布在海洋、内陆咸水或高电导率的水体中。

分布：世界性广布。我国分布于新疆。

模式种：*Tetramphora ostrearia*（Brebisson）Mereschkowsky。

本属全世界报道 11 种，我国记录有 1 种，即 *T. decussata*，该种类之前被归入到双眉藻属（*Amphora*）中报道，该属与双眉藻属的主要区别是：该属的壳缝两分支，强烈弯曲呈弧形。

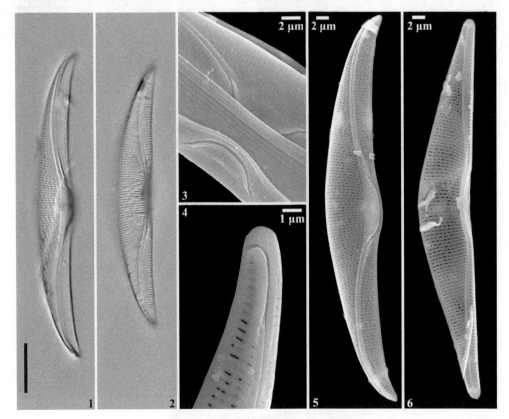

图 5-113　四眉藻属(*Tetramphora*)

1,2: 光镜照片，标尺=10 μm，壳面观；　3-6: 扫描电镜照片，3. 壳面中部，4. 壳面末端，示远缝端，5. 外壳面观，6. 内壳面观

异极藻科　Gomphonemataceae Kützing 1844

细胞单生，常分泌胶质附生于其他基质上，形成分枝或不分枝的树状群体。壳面上下两端不对称，上端宽于下端，两侧对称，呈棒形、披针形、楔形；一端具顶孔区，线纹单列或双列。中央区略扩大，常具 1 至多个孤点。

Kützing（1844）建立了异极藻科（Gomphonemataceae），隶属于 Stomaticae 目。Rabenhorst（1847）和 Stizenberger（1860）都将其作为等片藻科（Diatomaceae）下的 1 亚科，Lemmermann（1899）将异极藻科作为舟形藻亚目下的一个科。在很多分类系统中异极藻类的各属都被归入到桥弯藻科，或同桥弯藻科一起被归入到舟形藻科中（Silva 1962；Simonsen 1979）。Round 等（1990）和 Cox（2015）的分类系统中，异极藻科都隶属于桥弯藻目，但科下所含的属差别较大。

本书将异极藻科作为一个独立科，共收录 5 属：异极藻属（*Gomphonema*）、异纹藻属（*Gomphonella*）、异楔藻属（*Gomphoneis*）、中华异极藻属（*Gomphosinica*）和双楔藻属（*Didymosphenia*）。

114. 异极藻属　*Gomphonema* C.A. Agardh 1824

形态描述：细胞单生或通过胶质柄形成群体生长，部分种类能够形成星状群体或黏质团。壳面异极，棒形或楔形；中轴区窄，线形；中央区明显，常呈横矩形或圆形；壳缝丝状；多数种类中央区具一孤点；壳面底端具顶孔区；具假隔膜；线纹多由 1-2 列点纹组成。带面多呈楔形。

鉴别特征：①壳面异极，棒形或楔形，顶端形态多样（图 5-114：1-7）；②壳面底端具顶孔区，被壳缝分为不均等的两部分（图 5-114：8）；③中央区一侧通常具 1 个孤点（图 5-114：10，11）。

生境：广泛分布于各种类型的水体中。

分布：世界广泛分布。我国广泛分布。

模式种：*Gomphonema acuminatum* Ehrenberg。

本属全世界报道种类超过 1900 个分类单位，我国已记录有 177 种 139 变种 23 变型。

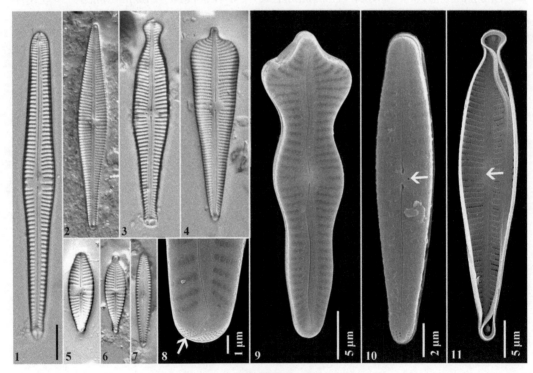

图 5-114　异极藻属(*Gomphonema*)

1-7: 光镜照片, 外壳面观, 标尺=10 μm；　8-11: 扫描电镜照片, 8. 外壳面观, 壳面底端, 示顶孔区, 9,10. 外壳面观, 示孤点,

11. 内壳面观, 示孤点

115. 异纹藻属　*Gomphonella* L. Rabenhorst 1853

形态描述：壳面异极；中轴区窄，线形；中央区横向椭圆形；壳缝直，线形；无孤点；壳面底端具顶孔区；具隔膜和假隔膜；线纹由 2-多列小圆形点纹组成。

鉴别特征：①壳面异极（图 5-115：1-4）；②中央区无孤点，线纹由 2-多列点纹组成（图 5-115：7）；③具隔膜和假隔膜（图 5-115：8）。

生境：广泛分布于各种类型的水体中。

分布：世界广泛分布。我国广泛分布。

模式种：*Gomphonella olivacea*（Hornemann）Rabenhorst。

本属全世界报道 33 种。我国记录有 8 种。Jahn 等（2019）依据形态和 DNA 序列两方面的证据将部分原隶属于异楔藻属（*Gomphoneis*）*elegans*-group 中的种类分离出来，重建了 *Gomphonella* Rabenhorst。

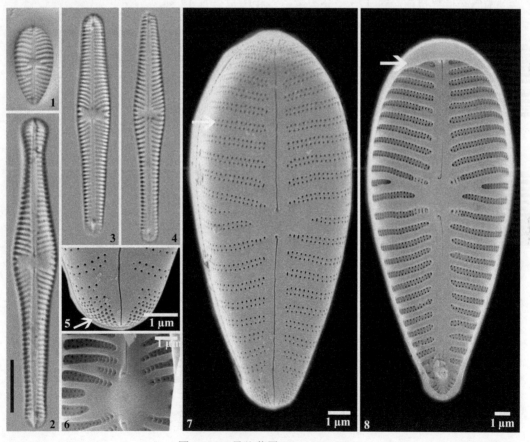

图 5-115　异纹藻属(*Gomphonella*)

1-4: 光镜照片，壳面观，标尺=10 μm；　5-8: 扫描电镜照片，5. 外壳面观，壳面底端，示顶孔区，6. 内壳面观，壳面中部，

7. 外壳面观，示线纹由双列点纹组成，8. 内壳面观，示假隔膜

116. 异楔藻属　*Gomphoneis* P.T. Cleve 1894

形态描述：细胞多形成长的胶质柄，呈群体生长。壳面楔形，沿横轴不对称，沿纵轴对称；中轴区窄，线形；中央区宽椭圆形；壳缝直，线形；中央区具 1 或 4 个孤点；底端具顶孔区；具隔膜和假隔膜；线纹由 2-多列点纹组成，点纹小且圆；光镜下观察，壳面两侧具明显的纵线，多由中轴板或边缘板形成。

鉴别特征：①壳面异极（图 5-116：1-3）；②中央区具 1 或 4 个孤点（图 5-116：1-3，5）；③横线纹由 2-多列点纹组成（图 5-116：5）。

生境：常分布于湖泊、河流及溪流的沿岸带。

分布：世界性广布。我国分布于内蒙古、吉林、黑龙江、安徽、四川、西藏、新疆等地。

模式种：*Gomphoneis elegans*（Grunow）Cleve。

本属全世界报道超过 120 个分类单位，我国记录有 12 种。

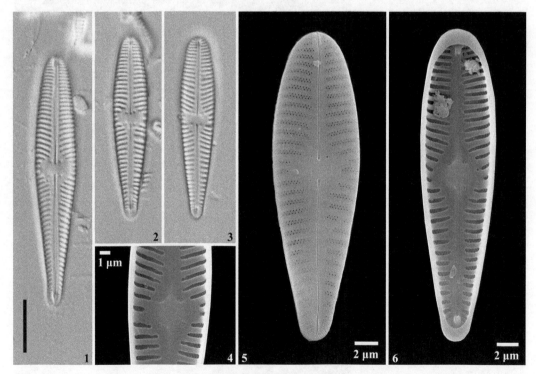

图 5-116　异楔藻属(*Gomphoneis*)

1-3: 光镜照片，标尺=10 μm;　4-6: 扫描电镜照片，4,6. 内面观，4. 内壳面中央区放大，5. 外壳面观

117. 中华异极藻属　*Gomphosinica* J.P. Kociolek, Q.M. You & Q.X. Wang 2015

形态描述：壳面楔形，异极；中轴区窄，线形；中央区椭圆形；壳缝稍波曲；孤点较为明显，外部呈圆形开口，内部呈数个小圆孔组成的近圆形帽状结构，略突出；具顶孔区，被壳缝末端分为两部分；具隔膜和假隔膜；线纹由 2-3 列点纹组成。带面观楔形。

鉴别特征：①壳面异极（图 5-117：1，2）；②中央区具一个孤点，外壳面开口圆形，内壳面开口具多孔的帽状结构覆盖（图 5-117：5，6）；③线纹由 2-3 列点纹组成（图 5-117：8）；④底端具顶孔区（图 5-117：7）。

生境：多分布在清洁的水体中。

分布：该属仅分布在美国和中国。我国分布于四川、云南、西藏、新疆等地。

模式种：*Gomphosinica geitleri*（Kociolek & Stoermer）Kociolek, You & Wang。

本属全世界报道种类 13 种，我国记录有 10 种。该属根据内壳面孤点呈数个小圆孔组成的近圆形帽状结构这一特征从异极藻属（*Gomphonema*）中划分出来。

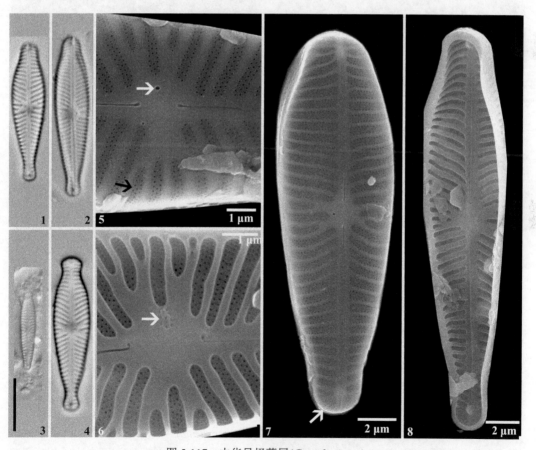

图 5-117　中华异极藻属(*Gomphosinica*)

1-4: 光镜照片，壳面观，标尺=10 μm；　5-8: 扫描电镜照片，5. 外壳面观，中央区，示孤点(白色箭头)，线纹(黑色箭头)，
6. 内壳面观，中央区，示孤点，7. 外壳面观，示顶孔区，8. 内壳面观

118. 双楔藻属 *Didymosphenia* M. Schmidt 1899

形态描述：壳面棒形，两末端均呈头状；中轴区窄，常呈线形；中央区明显，近椭圆形；壳缝丝状，近缝端弯向同一侧，末端呈油滴状，远缝端呈钩状弯向同一侧；中央区一侧具 1 至多个孤点；底端具较大的顶孔区；线纹由大圆孔组成。带面观楔形。

鉴别特征：①壳体较大，沿纵轴、横轴均不对称（图 5-118：1，2）；②中央区具 1 至多个孤点（图 5-118：4）；③壳面底端具顶孔区（图 5-118：3）。

生境：湖泊或溪流中。在南半球的部分地区常形成优势种。

分布：世界性广布。我国分布于吉林、黑龙江、安徽、福建、湖北、四川、云南、西藏、陕西、青海、新疆等地。

模式种：*Didymosphenia geminata*（Lyngbye）Schmidt in Schmidt。

本属全世界报道超过 30 个分类单位。我国仅报道过 1 种 1 变种。

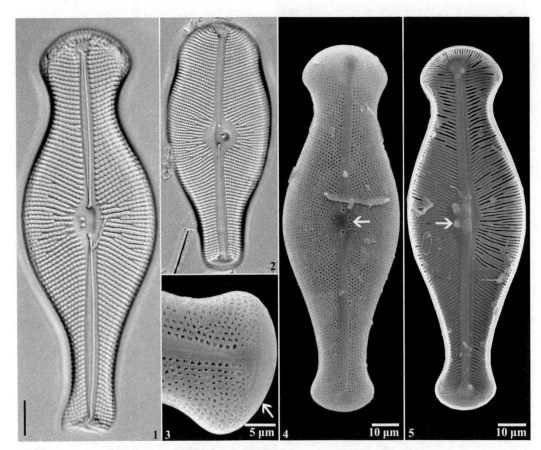

图 5-118 双楔藻属(*Didymosphenia*)

1,2: 光镜照片，壳面观，标尺=10 μm；3-5: 扫描电镜照片, 3. 外壳面观, 壳面底端, 示顶孔区, 4. 外壳面观, 示中央区孤点,
5. 内壳面观, 示中央区孤点内壳面开口

弯楔藻科　Rhoicospheniaceae Chen & Zhu 1983

细胞分泌胶质附生于其他基质上，形成分枝或不分枝的树状群体。壳面上下两端及两侧均不对称，上端宽于下端，棒形或楔形，末端钝圆或渐尖；中轴区两侧对称；中央区腹侧具 1-数个孤点。

弯楔藻科（Rhoicospheniaceae）是由我国学者陈嘉佑和朱蕙忠（1983）建立的，隶属于他们新建的两形壳缝目（Amphiraphidales）中，后来两形壳缝目未得到认可，在《中国淡水藻志》中，将该科的种类放在异极藻科中。Round 等（1990）和 Cox（2015）的分类系统中，都承认了弯楔藻科的独立地位，将其归入桥弯藻目，下含 6 属，*Campylopyxia*、*Cuneolus*、*Gomphonemopsis*、*Gomphoseptatum*、*Gomphosphenia* 和 *Rhoicosphenia*。

本书将弯楔藻科作为独立的一个科，隶属于舟形藻目，共收录 2 属，弯楔藻属（*Rhoicosphenia*）和楔异极藻属（*Gomphosphenia*）。

119. 弯楔藻属 *Rhoicosphenia* A. Grunow 1860

形态描述：细胞单生或形成胶质柄附生于基质上。壳面异极；中轴区窄，线形；一个壳面略凹，具几乎贯穿壳面的壳缝，另一个壳面略凸，仅在靠近末端处具有极短的壳缝；无孤点，无顶孔区；具隔膜和假隔膜；线纹由单列点纹组成。带面沿横轴弯曲。

鉴别特征：①壳体异面，壳面异极（图 5-119：1-3）；②一个壳面具完整壳缝，一个壳面仅具很短的壳缝（图 5-119：3）；③具隔膜和假隔膜（图 5-119：4）。

生境：多分布在溪流或湖泊的流水区域，附生。

分布：世界性分布。我国分布于北京、内蒙古、辽宁、吉林、黑龙江、江苏、广西、广东、湖南、西藏、四川等地。

模式种：*Rhoicosphenia abbreviata*（Agardh）Lange-Bertalot。

本属全世界报道种类 70 个分类单位，我国记录有 2 种。

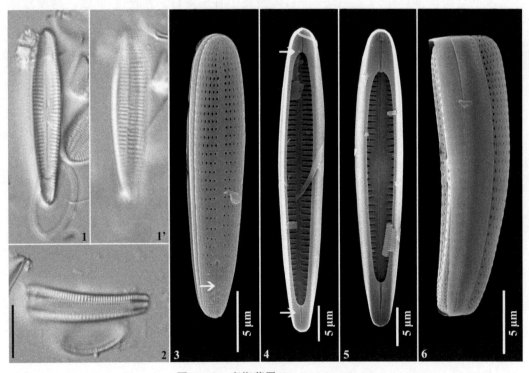

图 5-119　弯楔藻属(*Rhoicosphenia*)

1,2: 光镜照片，标尺=10 μm, 1-1'. 同一个壳体的两个壳面, 2. 带面观；　3-6: 扫描电镜照片, 3. 外壳面观, 具较短壳缝面, 示壳面末端短壳缝, 4. 内壳面观, 具较短壳缝面, 示隔膜, 5. 内壳面观, 具完整壳缝面, 6. 带面观

120. 楔异极藻属　*Gomphosphenia* H. Lange-Bertalot 1995

形态描述：壳面异极；中轴区窄，线形；中央区横向矩形；壳缝直，外壳面观近缝端与远缝端均较直，内壳面观近缝端具锚形末端；不具孤点；不具顶孔区；不具隔膜和假隔膜；线纹由开口的点纹组成，点纹多呈长圆形。

鉴别特征：①壳面异极（图 5-120：1-3）；②中央区无孤点，壳面底端无顶孔区（图 5-120：6）；③线纹由单列点纹组成（图 5-120：6）。

生境：多分布在附生生境中。

分布：世界性广布。我国分布于四川、广东、海南等地。

模式种：*Gomphosphenia lingulatiformis*（Lange-Bertalot & Reichardt）Lange-Bertalot。

本属全世界报道种类 18 种，我国记录有 2 种。该属是一个相对较小的属，似乎同 *Gomphonema* 亲缘关系不近。还需进行更多的研究工作来了解该属内近似种类间的关系。

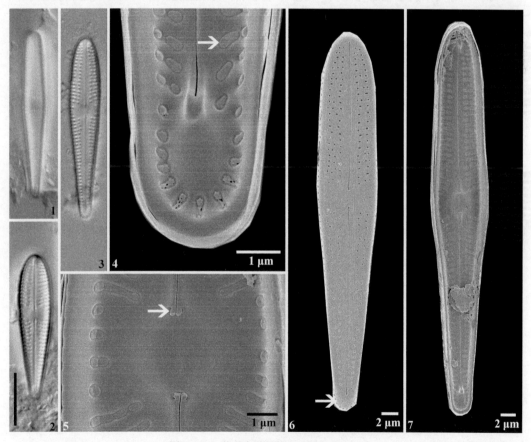

图 5-120　楔异极藻属(*Gomphosphenia*)

1-3: 光镜照片，壳面观，标尺=10 μm；　4-7: 扫描电镜照片，4. 内壳面观，壳面底端，示点纹，5. 内壳面观，中央区,示近缝端锚形末端，6. 外壳面观，示底端无顶孔区，7. 内壳面观

曲壳藻目 Achnanthales Silva 1962
（单壳缝目 Monoraphidales）

细胞单生或形成带状群体，单细胞的种类多以具壳缝的一面附着在基质上，群体种类以胶质柄着生在基质上；一个壳面具完整壳缝，位于壳面中部；另一个壳面无壳缝，具横线纹构成的假壳缝。色素体常片状，1-2 个，或小盘状，多数。本目淡水、海洋中均产，淡水种类常着生于丝状藻类、沉水高等植物或其他基质上。

曲壳藻目是羽纹硅藻中的一个特殊类群，壳体的两个壳面上一个有壳缝，另一个无壳缝（也称壳体异面）的类群，通常称作单壳缝类。Lemmermann（1899）建立了曲壳藻亚目（Achnanthoideae），放在羽纹目下；Silva（1962）将其提升为曲壳藻目，下设 1 科。Round等（1990）分类系统中设曲壳藻目，包含下设 3 科：Achnanthaceae、Cocconeidaceae 和新建立的 Achnanthidiaceae。Cox（2015）新建了卵形藻目（Cocconeidales），将原隶属于曲壳藻目的 Cocconeidaceae 和 Achnanthidiaceae 都移入到卵形藻目中。

在我国淡水硅藻著作中，该类群使用单壳缝目（Monoraphidales）的名称，本书采用单壳缝是一个独立目的观点，使用曲壳藻目（Achnanthales）这个有效名称。共收录设 3 科，曲壳藻科（Achnanthaceae）、卵形藻科（Cocconeidaceae）和曲丝藻科（Achnanthidiaceae）。

曲壳藻目分科检索表

1. 两壳面胸骨均位于壳面中部 ··· 2
1. 具壳缝面胸骨位于壳面中部，无壳缝面胸骨位于壳面边缘 ··············· 曲壳藻科 Achnanthaceae
  2. 壳面椭圆形，两壳面点纹形态结构不同，具壳缝面壳缘具一圈无纹区 ·····································
··· 卵形藻科 Cocconeidaceae
  2. 壳面线形至披针形，两壳面点纹形态结构类似 ·························· 曲丝藻科 Achnanthidiaceae

曲壳藻科　Achnanthaceae Kützing 1844

壳体异面，一般具壳缝面凹入，无壳缝面凸出，形成浅"V"形，有时末端反曲。壳体一般较宽大，壳面线形至披针形，壳面的孔纹复杂，光镜下可见。

曲壳藻科（Achnanthaceae）是 Kützing（1844）建立的，当时所用的拉丁名是 Achnantheae，与卵形藻科（Cocconeidaceae）一起放在 Stomaticae 目中，包括 3 个属：*Achnanthes*、*Achnanthidium* 和 *Cymbosira*。Schenk 于 1890 年、Lemmermann（1899）、Karsten（1928）都将曲壳藻科作为独立的科，隶属于羽纹目。在 Round 等（1990）分类系统中，将曲壳藻科放在曲壳藻目中，下设曲壳藻科、卵形藻科和新建立的曲丝藻科（Achnanthidiaceae）3 科。但 Cox（2015）对该科的分类地位进行了较大的调整，将曲壳藻科移入胸隔藻目（Mastogloiales）。

在我国，长期以来将曲壳藻作为一个独立的科，放在单壳缝目中。本书采用 Round 等（1990）曲壳藻科的概念，置于曲壳藻目中，目前该属淡水种只有 1 属，即曲壳藻属（*Achnanthes*）。

121. 曲壳藻属 *Achnanthes* J.B.M. Bory de Saint-Vincent 1822

形态描述：细胞单生或形成短链状群体，通过黏质柄附生于基质上，壳体异面，一个壳面具壳缝，一个壳面不具壳缝。壳面呈线形至披针形，末端圆形、喙状或头状；具壳缝面凹入，通常有硅质加厚的中央区，呈十字结形，外壳面近缝端直，膨大，远缝端弯曲，内壳面近缝端直，简单或轻微弯向同一侧，远缝端止于螺旋舌上；无壳缝面凸出，胸骨窄，一般偏离中心，少见位于壳面中部，无中央区；两个壳面的线纹均单排，少见双排或三排，由点纹组成，点纹由复杂的筛孔组成，在外壳面由 3-7 个瓣状开孔围成一个圆形或近圆形。带面观近弓形。

鉴别特征：①具壳缝面具硅质加厚的中央区，呈十字结形（图 5-121：1，5）；②一个壳面不具壳缝，胸骨位于壳面一侧（图 5-121：2，6）；③带面观近弓形（图 5-121：3，7）；④线纹由单列、双列或三列点纹组成，点纹在光镜下清晰（图 5-121：7）。

生境：多数种类为海产，少数种类分布于内陆水体中。

分布：世界性广布。我国各地都有分布。

模式种：*Achnanthes adnata* Bory。

本属全世界报道超过 1500 个分类单位。我国使用该属名记录的种类有 101 种 46 变种 5 变型。近年来，根据壳面纹饰的细微结构等特征，本属许多种类被移到曲丝藻属（*Achnanthidium*）中，有的被分离出来独立成新属，如平面藻属（*Planothidium*），片状藻属（*Platessa*）等。

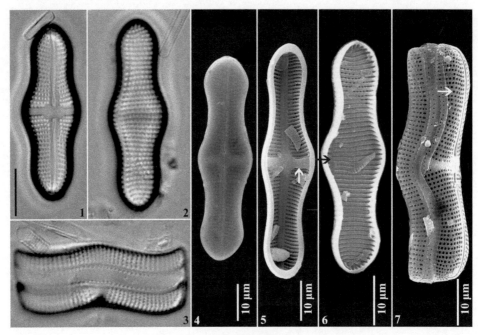

图 5-121 曲壳藻属(*Achnanthes*)

1-3: 光镜照片，标尺=10 μm，1,2. 壳面观，3. 带面观；4-7: 扫描电镜照片，4. 具壳缝面外壳面观，5. 具壳缝面内壳面观，示中央辐节，6. 无壳缝面内壳面观，示胸骨，7. 带面观，示点纹

卵形藻科　Cocconeidaceae Kützing 1844

　　壳体异面，由具壳缝面和无壳缝面组成；壳套面较窄，一般示壳面观；壳体沿顶轴弯曲，壳面呈拱形或马鞍形，带面观弓形。

　　卵形藻科（Cocconeidaceae）也是由 Kützing（1844）建立的，与曲壳藻科（Achnanthaceae）一起放在 Stomaticae 目中。长期以来，人们也一直将卵形藻和曲壳藻一起放在曲壳藻（或单壳缝）目或亚目中。Cox（2015）新建立了卵形藻目（Cocconeidales），将原隶属于曲壳藻目的卵形藻科和曲丝藻科（Achnanthidiaceae）都移入到卵形藻目中，卵形藻科含 9 属。

　　本书设立卵形藻科，收录 1 属：即卵形藻属（Cocconeis）。

122. 卵形藻属 *Cocconeis* C.G. Ehrenberg 1837

形态描述：细胞单生，常通过有壳缝面附着在基质上，壳体异面。壳面椭圆形或近圆形，末端圆形；具壳缝面中轴区窄线形，中央区小，壳缝直，线纹由单列小圆形点纹组成，壳面边缘常具一环状平滑无纹区；无壳缝面的中轴区线形或披针形，无中央区，线纹由单列短裂缝状点纹组成，但少数种类具小室孔纹组成的多排线纹。

鉴别特征：①壳面椭圆形或近圆形（图 5-122：1-3'）；②具壳缝面靠近壳缘处具无纹区域（图 5-122：4）；③具壳缝面点纹多小圆形（图 5-122：4）；④无壳缝面点纹多短裂缝状（图 5-122：5）。

生境：多分布在海洋中，淡水中的种类多附生于水生植物和丝状藻类上。

分布：世界性广布。我国广泛分布。

模式种：*Cocconeis scutellum* Ehrenberg。

本属全世界报道超过 1000 个分类单位，我国记录有 11 种 12 变种。

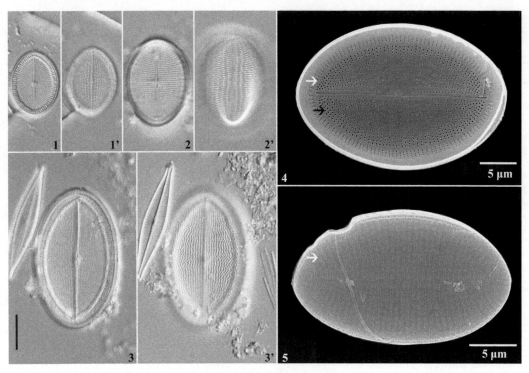

图 5-122　卵形藻属(*Cocconeis*)

1-3': 光镜照片, 标尺=10 μm, 1=1',2=2',3=3'同一壳体的两个壳面；　4,5: 扫描电镜照片, 4. 具壳缝面外壳面观, 示无纹区(白色箭头), 示点纹(黑色箭头), 5. 无壳缝面外壳面观, 示点纹

曲丝藻科　Achnanthidiaceae Mann 1990

　　壳体异面，由具壳缝面和不具壳缝面组成；在带面观可见壳体沿顶轴弯曲，形成浅"V"形，有时末端反曲。壳体一般较细小，壳面线形至披针形，壳面的孔纹简单。

　　Mann（in Round et al. 1990）建立了曲丝藻科（Achnanthidiaceae），下含 2 属，曲丝藻属（*Achnanthidium*）和真卵形藻属（*Eucocconeis*）。之前，这两个属被放在曲壳藻科。曲丝藻属也多被并入到曲壳藻属（*Achnanthes*）中或作为曲壳藻属的一个亚属进行研究（Hustedt 1930；Krammer & Lange-Bertalot 1991；朱蕙忠和陈嘉佑 2000）。随着扫描电镜的广泛使用，依据壳面的超微结构特征，许多种类从原来的曲丝藻属 *Achnanthidium* 当中分离出来，建立为新属，该科中属的数量大幅增加。在 Cox（2015）分类系统中，该科已有 9 个属：*Achnanthidium*、*Astartiella*、*Eucocconeis*、*Karayevia*、*Kolbesia*、*Lemnicola*、*Planothidium*、*Psammothidium* 和 *Rossithidium*。

　　本书设曲丝藻科，共收录 12 属。根据壳面结构及孔纹排列方式，各属排列顺序为：曲丝藻属（*Achnanthidium*）、异端藻属（*Gomphothidium*）、科氏藻属（*Kolbesia*）、沙生藻属（*Psammothidium*）、罗西藻属（*Rossithidium*）、片状藻属（*Platessa*）、泉生藻属（*Crenotia*）、卡氏藻属（*Karayevia*）、附萍藻属（*Lemnicola*）、平面藻属（*Planothidium*）、格莱维藻属（*Gliwiczia*）和真卵形藻属（*Eucocconeis*）。

123. 曲丝藻属 *Achnanthidium* F.T. Kützing 1844

形态描述：细胞单生，壳体小，异面。壳面呈线形、线形披针形或线形椭圆形，沿横轴弯曲，末端呈圆形、喙状或头状；具壳缝面凹，中轴区线形或线形披针形，中央区形态多样，壳缝直，近缝端在内壳面偏向两侧，远缝端形态多样，直、同侧或两侧弯曲；无壳缝面凸，中轴区线形或线形披针形，无中央区；两个壳面线纹均由单列圆形、近圆形或长裂缝形点纹组成。壳套面具一列窄的点纹，同壳面点纹区分开来。带面观呈"V"形。

鉴别特征：①壳面沿横轴弯曲，具壳缝面凹，无壳缝面凸（图 5-123：1-7'）；②壳面呈线形、线形披针形或线形椭圆形，末端圆形、喙状或头状（图 5-123：1-7'）；③线纹单列点纹组成，点纹圆形、近圆形或长裂缝形（图 5-123：10）。

生境：常通过短柄附生于基质上，也能够在流速较快的水体中生活。

分布：世界性广布。我国广泛分布。

模式种：*Achnanthidium microcephalum* Kützing。

本属全世界报道超过 250 个分类单位。我国早期的研究一直将该属的种类归入到曲壳藻属（*Achnanthes*）中。我国使用该属名记录的种类有 45 种 3 变种。

本属最初是由 Kützing 于 1844 年建立，其后在很长一段时间，该属都被视为是曲壳藻属的一个类群或是一个亚属，Round 等 1990 年恢复了该属的独立地位。本属与曲壳藻属的主要区别在于线纹由简单的圆形、近圆形或长裂缝形点纹组成，而曲壳藻属孔纹由复杂的筛孔组成。

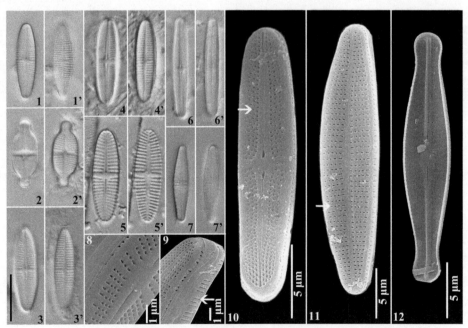

图 5-123　曲丝藻属(*Achnanthidium*)

1-7'：光镜照片，壳面观，标尺=10 μm，1=1',2=2',3=3',4=4',5=5',6=6',7=7' 同一壳体的不同壳面；8-12：扫描电镜照片，8. 具壳缝面外壳面观，壳面中部，9. 具壳缝面外壳面观，壳面末端，示壳套面点纹，10. 具壳缝面外壳面观，示点纹，11. 无壳缝面外壳面观，示点纹，12. 具壳缝面内壳面观

124. 异端藻属 *Gomphothidium* J.P Kociolek., Q.M. You, P. Yu, Y.L. Li, Y.L. Wang, R.L. Lowe & Q.X. Wang 2021

　　形态描述：细胞单生，壳体异面。壳面线形-披针形，楔形，沿横轴不对称，末端圆形；具壳缝面凹，中轴区窄线形，中央区椭圆形，壳缝直线形，近缝端在外壳面略膨大，在内壳面向相反方向弯曲，远缝端在外壳面终止于壳面末端，不延伸至壳套面，在内壳面终止于螺旋舌，螺旋舌较厚同假隔膜相连；无壳缝面凸，中轴区窄线形；两个壳面的线纹均呈放射排列，在壳面中部排列稀疏，靠近末端排列密集，由圆形或长圆形的点纹组成，点纹内壳面具盖板。带面观近弓形。

　　鉴别特征：①壳面沿横轴弯曲，具壳缝面凹，无壳缝面凸（图 5-124：1-7）；②线纹由单列点纹组成，点纹内壳面具盖板（图 5-124：5-9）。

　　生境：分布于高海拔的附生生境中。

　　分布：亚洲。我国分布于浙江、四川和西藏。

　　模式种：*Gomphothidium ovatum*（Watanabe & Tuji）Kociolek et al.。

　　本属目前仅报道过 1 种，模式产地为日本。

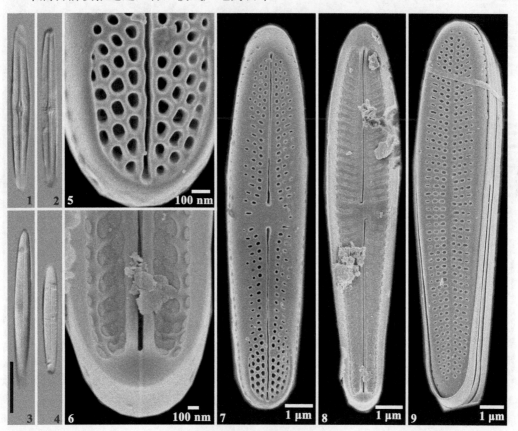

图 5-124　异端藻属(*Gomphothidium*)

1-4: 光镜照片, 壳面观, 标尺=10 μm；　5-9: 扫描电镜照片；5. 具壳缝面外壳面观, 壳面末端, 示网孔, 6. 具壳缝面内壳面观, 壳面末端, 示假隔膜, 7. 具壳缝面外壳面观, 8. 具壳缝面内壳面观, 9. 无壳缝面外壳面观

125. 科氏藻属 *Kolbesia* E.F. Round & L. Bukhtiyarova 1998

形态描述：细胞单生，壳体异面。壳面椭圆形至椭圆形披针形，末端宽圆形；具壳缝面中轴区窄线形，中央区近椭圆形，壳缝直，近缝端和远缝端均略膨大；无壳缝面中轴区线形披针形，无中央区；两壳面线纹均辐射状排列，由长圆形点纹组成，每条线纹包含的点纹数量都很少。

鉴别特征：①壳面椭圆形至椭圆形披针形，末端略延长，钝圆（图 5-125：1-4）；②点纹长圆形（图 5-125：5）。

生境：该属种类多报道自略呈碱性的水体中，多附生或底栖生活。

分布：欧洲。我国分布于四川。

模式种：*Kolbesia kolbei*（Hustedt）Round & Bukhtiyarova。

本属全世界报道 7 种。我国淡水记录 1 种，即 *K. sichuanenis*。

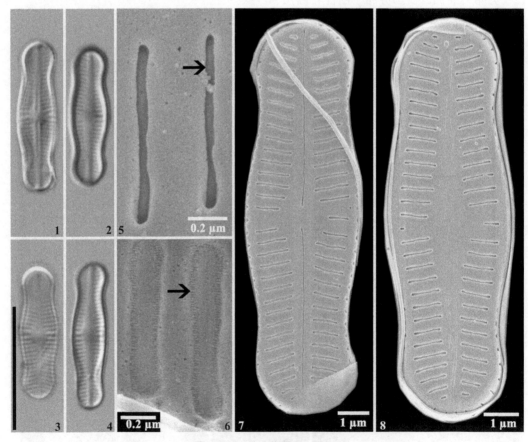

图 5-125　科氏藻属(*Kolbesia*)

1-4: 光镜照片, 壳面观, 标尺=10 μm；　5-8: 扫描电镜照片, 5. 点纹外壳面观, 示点纹外壳面开口, 6. 点纹内壳面观, 示点纹内壳面开口, 7. 具壳缝面外壳面观, 8. 无壳缝面外壳面观

126. 沙生藻属　*Psammothidium* L. Bukhtiyarova & F.E. Round 1996

形态描述：细胞单生，壳体异面。壳面椭圆形，末端圆形、头状或喙状；具壳缝面凸，中轴区窄线形，中央区横矩形或蝴蝶结形，壳缝直线形，近缝端略膨大，远缝端直或向相反方向弯曲；无壳缝面凹，中轴区窄线形或披针形，中央区横矩形、蝴蝶结形或不规则形；两个壳面的线纹均呈辐射状排列，多由单列点纹组成。

鉴别特征：①壳面小、椭圆形（图 5-126：1-3）；②具壳缝面凸，远缝端直或向相反方向弯曲（图 5-126：4）；③线纹排列方式相近，多由单列点纹组成（图 5-126：5）。

生境：多分布于酸性水体中，附生于沙石上。

分布：世界性广布。我国分布于内蒙古、辽宁、吉林、黑龙江、安徽、浙江、山东、湖南、广东、海南、四川、贵州、台湾等地。

模式种：*Psammothidium marginulatum*（Grunow）Bukhtiyarova & Round。

本属全世界报道 60 种 4 变种。我国记录有 23 种。

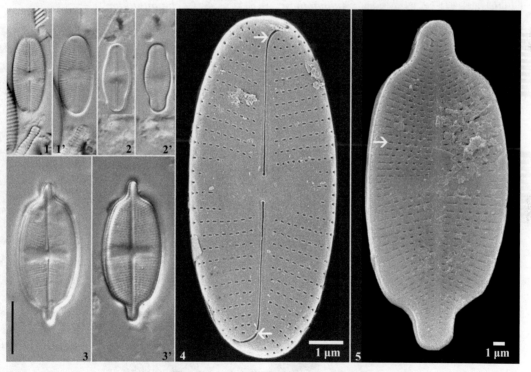

图 5-126　沙生藻属(*Psammothidium*)

1-3'：光镜照片, 壳面观, 标尺=10 μm, 1=1',2=2',3=3'同一壳体不同壳面；　4,5：扫描电镜照片, 4. 具壳缝面外壳面观, 示端隙, 5. 无壳缝面外壳面观, 示点纹

127. 罗西藻属　*Rossithidium* F.E. Round & L. Bukhtiyarova 1996

形态描述：细胞单生，壳体异面。壳面线形至线形披针形，末端圆形；具壳缝面中央区横矩形，壳缝直线形，近缝端和远缝端均略膨大，近缝端在内壳面向相反方向弯曲；两个壳面中轴区均呈窄线形；两个壳面的线纹均平行排列，由单或双列圆形及长圆形的点纹组成。

鉴别特征：①壳面线形至线形披针形，末端圆形（图 5-127：1-4）；②具壳缝面缝直，近缝端和远缝端均略膨大（图 5-127：5）；③线纹平行排列，由单或双列圆形及长圆形的点纹组成（图 5-127：6）。

生境：该属种类多附生在流水水体中的各种基质上。

分布：世界性广布。我国分布于内蒙古、黑龙江、广东、四川、贵州等地。

模式种：*Rossithidium pusillum*（Grunow）Round & Bukhtiyarova。

本属全世界报道种类 9 种。我国使用该属名记录的种类有 2 种。该属部分种类在早期的研究中被归入曲壳藻属（*Achnanthes*）和曲丝藻属（*Achnanthidium*）中。

图 5-127　罗西藻属(*Rossithidium*)

1-4: 光镜照片, 壳面观, 标尺=10 µm;　5,6: 扫描电镜照片, 5. 具壳缝面外壳面观, 示端隙, 6. 具壳缝面内壳面观, 示点纹

128. 片状藻属　*Platessa* H. Lange-Bertalot 2004

　　形态描述：细胞单生，壳体异面。壳面多椭圆形至椭圆形披针形，不具延长的末端；具壳缝面中轴区窄线形，中央区圆形、椭圆形或横矩形，壳缝直线形，近缝端和远缝端均略膨大，线纹辐射状排列，由单列或双列点纹组成；无壳缝面中轴区宽披针形，无中央区，线纹辐射状排列，由双列点纹组成。

　　鉴别特征：①壳面平，椭圆形至椭圆形披针形，不具延长的末端（图 5-128：1-3'）；②壳缝直，近缝端和远缝端均略膨大（图 5-128：4）；③具壳缝面线纹由单列或双列点纹组成（图 5-128：4）；④无壳缝面线纹由双列点纹组成（图 5-128：5）。

　　生境：多附生在各种基质上。

　　分布：世界性广布。我国分布于内蒙古、黑龙江、安徽、江西、广东、海南、四川、西藏等地。

　　模式种：*Platessa bavarica* Lange-Bertalot & Hofmann 2004。

　　本属全世界报道 27 个分类单位。我国有 11 种 1 变种。该属的部分种类在早期的研究中被归入到曲壳藻属（*Achnanthes*）中。

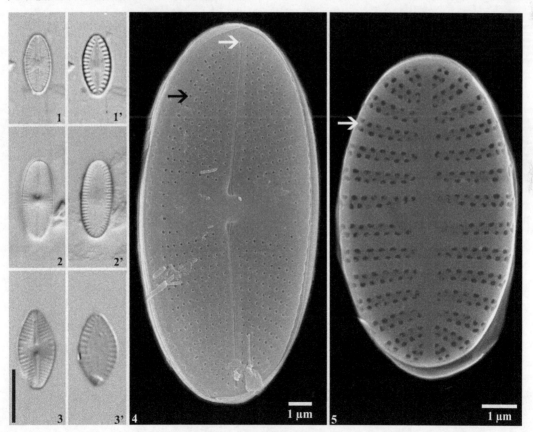

图 5-128　片状藻属(*Platessa*)

1-3': 光镜照片, 壳面观, 标尺=10 μm, 1=1',2=2',3=3' 同一壳体的不同壳面；　4,5: 扫描电镜照片, 4. 具壳缝面外壳面观, 示端隙(白色箭头), 示点纹(黑色箭头), 5. 无壳缝面外壳面观, 示点纹

129. 泉生藻属　*Crenotia* A.Z. Wojtal 2013

形态描述：细胞单生或形成短链状群体，壳体异面。壳面椭圆形至披针形或线形，部分种类壳面中部膨大，末端宽圆；具壳缝面凹，壳缝直，远缝端弯向壳面同侧；无壳缝面凸；两个壳面的中轴区均呈近披针形，中央区不明显，部分种类中延伸至壳缘；两个壳面的线纹均呈放射状排列，由双列网孔组成，网孔开口不规则形或长圆形，每条线纹靠近中轴区的末端都具一个大的具盖板的网孔。环带无纹饰。带面观近弓形。（图 5-129：1-4）。

鉴别特征：①壳面沿横轴弯曲，具壳缝面凹，无壳缝面凸（图 5-129：1-4）；②线纹由双列网孔组成，每条线纹末端具一个大的具盖板的网孔（图 5-129：5，6）。

生境：常见于泉水生境中。

分布：世界性广布。我国分布于西藏。

模式种：*Crenotia thermalis*（Rabenhorst）Wojtal。

本属全世界报道种类 7 种。我国记录有 3 种。

本属与其他单壳缝类硅藻的主要区别是线纹由双列网孔组成，网孔开口不规则形或长圆形，每条线纹靠近中轴区的末端都具一个大的具盖板的网孔。

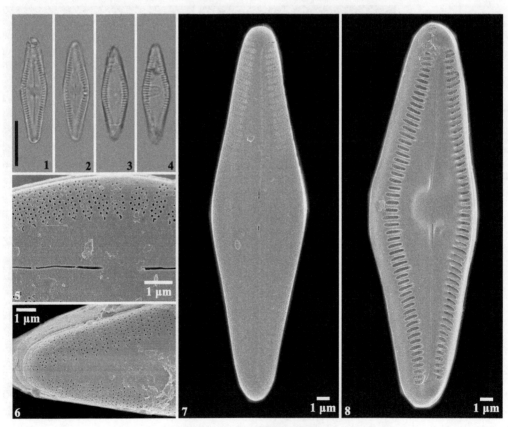

图 5-129　泉生藻属(*Crenotia*)

1-4: 光镜照片，壳面观，标尺=10 μm；　5-8: 扫描电镜照片，5. 具壳缝面外壳面观，壳面中部，6. 无壳缝面外壳面观，壳面末端,示网孔, 7. 具壳缝面外壳面观，8. 具壳缝面内壳面观

130. 卡氏藻属 *Karayevia* F.E. Round, L. Bukhtiyarova, F.E. Round 1998

形态描述：细胞单生。壳体异面，一个壳面具壳缝，一个壳面不具壳缝。壳面椭圆形至披针形，末端圆形、喙状或头状；具壳缝面中轴区窄线形，中央区微扩大，壳缝直线形，近缝端膨大，远缝端向相同方向弯曲，线纹放射状排列，由长圆形的点纹组成；无壳缝面中轴区窄线形，无中央区，线纹近平行排列，由小而圆的点纹组成；两个壳面的点纹在内壳面均具膜覆盖。

鉴别特征：①具壳缝面具放射状排列的线纹及长圆形的点纹（图 5-130：6）；②无壳缝面线纹近平行排列，由小而圆的点纹组成（图 5-130：7）。

生境：该属种类常生活于碱性水体中，附生于沙粒上。

分布：世界性广布。我国分布于内蒙古、黑龙江、上海、安徽、江西、河南、湖南、广东、海南、四川、贵州、云南、台湾等地。

模式种：*Karayevia clevei*（Grunow）Round & Bukhtiyarova。

本属全世界报道 32 种 1 变种。我国记录有 4 种。

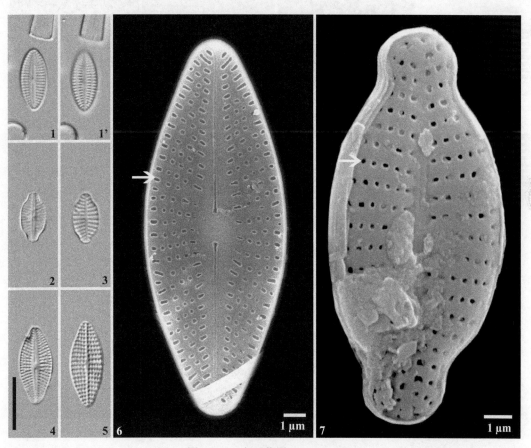

图 5-130　卡氏藻属(*Karayevia*)

1-5: 光镜照片, 壳面观, 标尺=10 μm, 1=1' 同一壳体的两个壳面； 6,7: 扫描电镜照片, 6. 具壳缝面外壳面观, 示点纹, 7. 无壳缝面外壳面观, 示点纹

131. 附萍藻属 *Lemnicola* F.E. Round & P.W. Basson 1997

形态描述：细胞单生，壳体异面。壳面线形至线形椭圆形，末端略尖圆；具壳缝面中轴区窄线形，中央区呈不对称的横矩形，壳缝直线形，近缝端微膨大，远缝端微向相反方向弯曲；无壳缝面中轴区线形披针形，中央区不明显或小的横矩形；两个壳面的线纹均略放射排列，由双列点纹组成。

鉴别特征：①壳面线形至线形椭圆形，末端略尖圆（图 5-131：1，2）；②中央区呈不对称的横矩形（图 5-131：3）；③线纹略放射排列，在两壳面均由双列点纹组成（图5-131：4，5）。

生境：附生生活，常附生于浮萍及其他水生植物上。

分布：世界性广布。我国分布于黑龙江、江苏、安徽、浙江、广东、四川等地。

模式种：*Lemnicola hungarica*（Grunow）Round & Basson。

本属全世界有 1 种，我国记录有 1 种，即 *L. hungarica*。

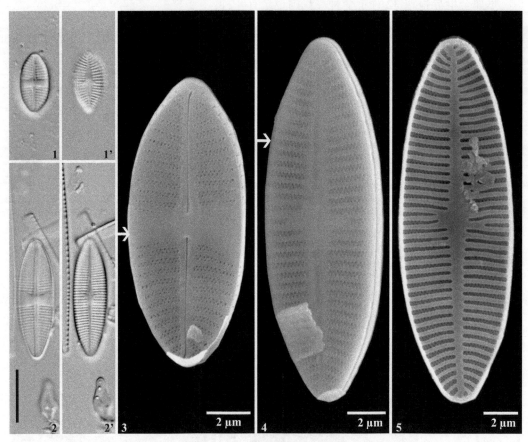

图 5-131　附萍藻属(*Lemnicola*)

1,2': 光镜照片, 壳面观, 标尺=10 μm, 1=1',2=2' 同一壳体的不同壳面；3-5: 扫描电镜照片, 3. 具壳缝面, 示中央辐节,
4. 无壳缝面外壳面观, 示线纹, 5. 无壳缝面内壳面观

132. 平面藻属　*Planothidium* F.E. Round & L. Bukhtiyarova 1996

形态描述：细胞单生，壳体异面。壳面椭圆形至披针形，末端圆形、喙状或头状；具壳缝面中轴区窄线形，中央区形态多变，壳缝直线形，近缝端略膨大，远缝端向相同方向弯曲；无壳缝面中轴区窄线形或披针形，中央区两侧不对称，一侧具无纹区，部分种类无纹区内壳面具硅质增厚，部分种类无纹区内壳面被隆起的帽状结构覆盖；两个壳面的线纹均辐射状排列，由多列点纹组成。

鉴别特征：①壳面椭圆形至披针形，末端圆形，喙状或头状（图 5-132：1-5）；②具壳缝面，近缝端略膨大，远缝端弯向壳面同侧（图 5-132：7）；③无壳缝面，中央区两侧不对称，一侧具无纹区，部分种类无纹区内壳面具硅质增厚，部分种类无纹区内壳面被隆起的帽状结构覆盖（图 5-132：6，9）；④两壳面线纹均放射排列，由多列点纹组成（图 5-132：7，8）。

生境：多附生于各种基质上。

分布：世界性广布。我国各地都有分布。

模式种：*Planothidium lanceolatum*（Brébssion）Round & Bukhtiyarova。

本属全世界报道种类超过 130 个分类单位。我国记录有 23 种 3 变种。该属的部分种类在早期的研究中被归入到曲壳藻属（*Achnanthes*）中。

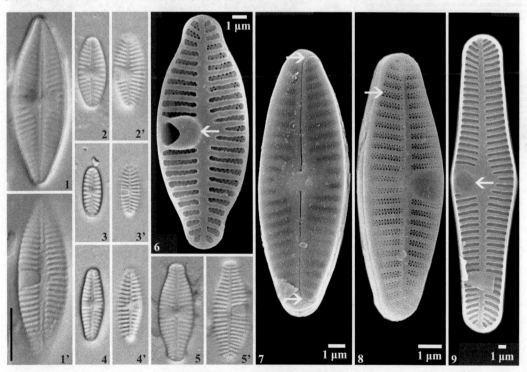

图 5-132　平面藻属(*Planothidium*)

1-5'：光镜照片，壳面观，标尺=10 μm，1=1',2=2',3=3',4=4',5=5' 同一壳体的不同壳面；6-9：扫描电镜照片，6. 无壳缝面内壳面观，示中央区帽状结构，7. 具壳缝面外壳面观，示端隙，8. 无壳缝面外壳面观，示点纹，9. 无壳缝面内壳面观，示中央区近圆形凹陷

133. 格莱维藻属 *Gliwiczia* M. Kulikovskiy, H. Lange-Bertalot & A. Witkowski 2013

形态描述：细胞单生，壳体异面。壳面椭圆形，末端圆形；具壳缝面中轴区窄线形，壳缝微 "S" 形，近缝端稍弯向两侧，远缝端直或向相反方向弯曲；无壳缝面中轴区线形披针形；两壳面中部均具横贯壳面的中部带，中央区内壳面一侧形成隆起中空的近似短管状的结构，在光镜下观察，类似一个马蹄形结构；两壳面线纹均由单列点纹组成，具壳缝面线纹密度略高。

鉴别特征：①两壳面中部都具横贯壳面的中部带（图 5-133：1-3）；②两壳面中央区内壳面一侧都具一个帽状隆起（图 5-133：4，5）；③两壳面线纹均由单列点纹组成（图 5-133：4，5）。

生境：分布在湖泊底栖生境中。

分布：亚洲、欧洲。我国分布于四川。

模式种：*Gliwiczia tenuis* Kulikovskiy, Lange-Bertalot & Witkowski。

本属全世界报道 5 种，我国记录 1 种，即 *G. calcar*。

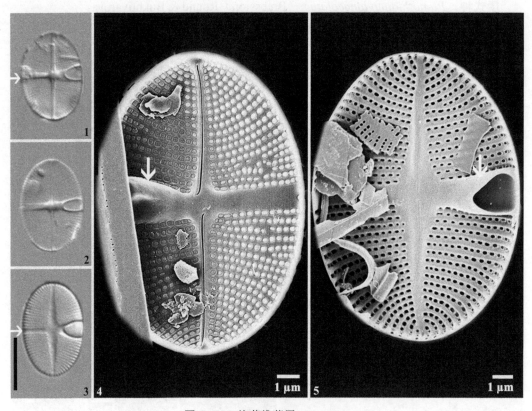

图 5-133 格莱维藻属(*Gliwiczia*)

1-3: 光镜照片, 壳面观, 标尺=10 μm；4,5: 扫描电镜照片, 4. 具壳缝面内壳面观, 示中部带上的帽状结构, 5. 无壳缝面内壳面观, 示中部带上的帽状结构

134. 真卵形藻属　*Eucocconeis* P.T. Cleve & F. Meister 1912

形态描述：细胞单生，壳体异面，沿纵轴弯曲或扭曲。壳面线形椭圆形至披针形，末端呈圆状，头状或稍截形；具壳缝面凹，中轴区窄，中央区形状多样，圆形至椭圆形，或近矩形至菱形，壳缝"S"形，远缝端向相反方向弯曲；无壳缝面凸，中轴区窄，中央区大且形状多变，有近圆形、近矩形、菱形或平行四边形，一些种类中央区不对称；两壳面线纹均由单列点纹组成，点纹小圆形。

鉴别特征：①细胞异面，具壳缝面凹，无壳缝面凸（图 5-134：1，2）；②具壳缝面，远缝端弯向壳面两相反方向，形成近"S"形壳缝（图 5-134：3）。

生境：常分布于贫营养湖泊的沿岸带。

分布：世界性广布。我国分布于黑龙江、上海、江苏、浙江、安徽、山东、湖北、湖南、海南、四川、贵州、西藏等地。

模式种：*Eucocconeis flexella*（Kützing）Meister。

本属全世界报道 15 种 1 变种。我国记录有 10 种 1 变种。

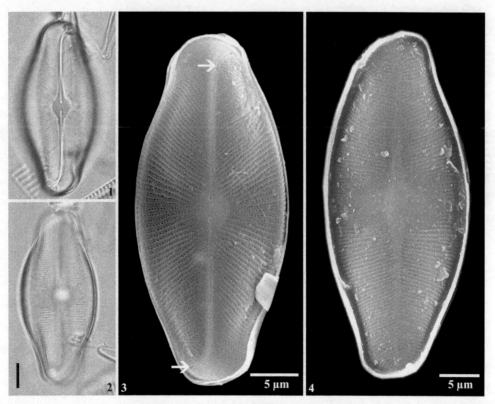

图 5-134　真卵形藻属(*Eucocconeis*)

1,2: 光镜照片，标尺=10 μm，1. 具壳缝面，2. 无壳缝面；3,4: 扫描电镜照片，3. 具壳缝面外壳面观，示端隙，4. 无壳缝面内壳面观

双菱藻目 Surirellales Mann 1990

（管壳缝目 Aulonoraphinales）

细胞单生或短带状群体；壳体形态多样，上下两壳面均具管状壳缝。色素体侧生，片状，多为 1-2 个，少数 4-6 个。分布广泛，淡水、咸水、海水中均有分布。

长期以来，人们将具有管壳缝的硅藻放在一起，称之为管壳缝目或双菱藻目，分为 3 个科。但许多研究证明它们并不是一个单系的类群，Round 等（1990）将管壳缝类硅藻分成了 3 个目，杆状藻目（Bacillariales）、棒杆藻目（Rhopalodiales）和双菱藻目，共有 4 个科；Cox（2015）也沿用了这种分类方法，只是又增列了 1 个科。

在我国淡水藻类的著作中，一直使用管壳缝目这个名字，把具有管壳缝结构的这一类硅藻都放在一个目中。尽管这种分法不太符合当今分子系统学研究的结果，但鉴于现在有关各目的位置尚无定论，为了方便鉴定和使用，本书仍将它们放在一个目中，使用双菱藻目（管壳缝目）这个名称。

本目收录 4 科，杆状藻科（Bacillariaceae）、棒杆藻科（Rhopalodiaceae）、茧形藻科（Entomoneidaceae）和双菱藻科（Surirellaceae）。

双菱藻目分科检索表

1. 管状壳缝围绕整个壳缘，具龙骨 ……………………………………………………双菱藻科 Surirellaceae
1. 管状壳缝位于壳面一侧或近中部 ……………………………………………………………………2
　2. 壳面扭曲、隆起，壳缝位于隆起的龙骨上 ………………………茧形藻科 Entomoneidaceae
　2. 壳面较平，龙骨不隆起或隆起不明显 ………………………………………………………3
3. 龙骨突延伸形成横肋纹 …………………………………………………棒杆藻科 Rhopalodiaceae
3. 龙骨突明显 …………………………………………………………………杆状藻科 Bacillariaceae

杆状藻科 Bacillariaceae Ehrenberg 1831

壳面线形、披针形、弓形或"S"形；龙骨位于壳面一侧，壳缝位于龙骨上，具龙骨突。

杆状藻科（Bacillariaceae）虽然建立得很早，但长期以来，有的学者使用这个科名（Schütt 1896；Bessey 1907；Hendey 1964；Round et al. 1990；Cox 2015），也有许多学者使用菱形藻科（Rabenhorst 1864；Lemmermann 1899；Karsten 1928；Silva 1962；Simonsen 1979）的名字。但菱形藻科是一个不合法的命名，现普遍使用杆状藻科。Round 等（1990）的分类系统中杆状藻科下含 15 属，而在 Cox（2015）系统中，该科有 19 属。

本书设杆状藻科，共收录 9 属，按照壳缝形态及孔纹类型，各属排列顺序为：杆状藻属（*Bacillaria*）、菱形藻属（*Nitzschia*）、西蒙森藻属（*Simonsenia*）、菱板藻属（*Hantzschia*）、沙网藻属（*Psammodictyon*）、盘杆藻属（*Tryblionella*）、细齿藻属（*Denticula*）、格鲁诺藻属（*Grunowia*）和筒柱藻属（*Cylindrotheca*）。

135. 杆状藻属　*Bacillaria* J.F. Gmelin 1788

形态描述：细胞较长，通过边缘联锁状的脊和沟彼此连接在一起，形成独特的形状可变、可运动的群体，细胞能够向前或向后运动，两细胞间能够由侧面相连变为末端相连。壳面线形或线形披针形，末端尖喙状；管壳缝位于壳面近中部，在壳面中部连续；龙骨突肋状，呈弓形与细胞相连；线纹由单列点纹组成。

鉴别特征：①壳面线形或线形披针形，末端尖喙状（图 5-135：1-5）；②管壳缝位于壳面近中部（图 5-135：7，10）；③龙骨突肋状（图 5-135：8）；④线纹由单列点纹组成（图 5-135：6，7）。

生境：多分布于略咸的水体及溶解固体含量较高的水体中。群体多附生在污泥中，但也常变为偶然浮游生活。

分布：世界性广布。我国分布于山西、辽宁、黑龙江、上海、江苏、福建、山东、河南、湖北、湖南、广东、广西、海南、贵州、新疆、台湾等地。

模式种：*Bacillaria paxillifera*（Müller）Marsson。

本属全世界报道种类超过 110 个分类单位。我国记录有 4 种 1 变种。

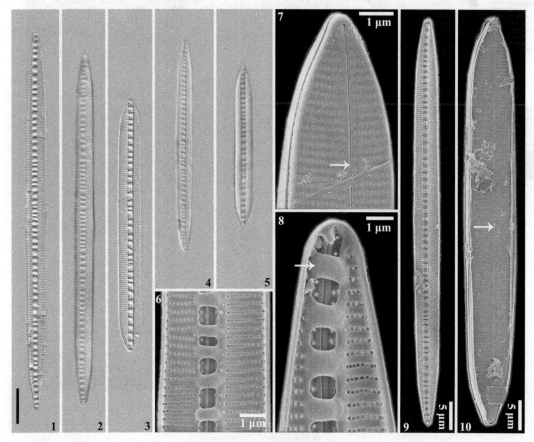

图 5-135　杆状藻属(*Bacillaria*)

1-5: 光镜照片，标尺=10 μm；　6-10: 扫描电镜照片，6,8,9. 内壳面观，8. 示龙骨突，7,10. 外壳面观，示壳缝

136. 菱形藻属 *Nitzschia* A.H. Hassall 1845

形态描述：细胞常单生，也能形成星状群体或生活于黏质管中。壳面较长，直且窄，也见卵形或略"S"形，末端形态多样，一般喙状或头状；壳缝位于略隆起的龙骨上，通常位于壳面一侧的壳缘处，同一壳体的两个壳面，壳缝位于相对的两壳缘（菱形对称型），同菱板藻属（*Hantzschia*）正好相反；龙骨突明显光镜下可见；线纹由1-2列点纹组成，点纹类型多样。

鉴别特征：①壳缝位于龙骨上，龙骨突明显（图5-136：1-5，7）；②同一壳体的两个壳面，壳缝位于相对的两壳缘（菱形对称型）。

生境：广泛分布于海洋和淡水水体中。多数种类附生在底泥上，但也有些种类浮游、附生于石头及水生植物上。该属中包含一些耐污种类，作为水环境质量恶化的指示种。

分布：世界性广布。我国各地都有分布。

模式种：*Nitzschia elongata* Hassall。

本属全世界报道种类近2800个分类单位，我国记录有157种86变种5变型。

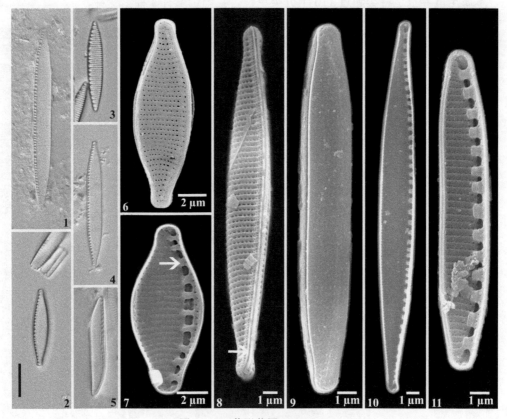

图 5-136　菱形藻属(*Nitzschia*)

1-5: 光镜照片, 壳面观, 标尺=10 μm；　6-11: 扫描电镜照片, 6. 外壳面观, 7. 内壳面观, 示龙骨突, 8. 外壳面观, 示壳缝,

9. 外壳面观, 10,11. 内壳面观

137. 西蒙森藻属 *Simonsenia* H. Lange-Bertalot 1979

　　形态描述：细胞单生。壳面线形披针形，末端渐尖；壳缘具明显隆起的龙骨，对角线对称，形成管状结构，壳缝位于其上，壳面在壳缝管下具间隔均匀的凹陷；线纹多由双列点纹组成，点纹具筛板，与菱形藻属（*Nitzschia*）相似。

　　鉴别特征：①壳面线形披针形，末端渐尖（图 5-137：1-3）；②壳缘具明显隆起的龙骨（图 5-137：6）；③壳面在壳缝管下具间隔均匀的凹陷（图 5-137：4）。

　　生境：在淡水生境中广布，但通常数量较少，能够作为高营养水体的指示种类。

　　分布：世界性广布。我国分布于贵州。

　　模式种：*Simonsenia delognei*（Grunow in Van Heurck）Lange-Bertalot。

　　本属全世界报道 9 种 1 亚种。我国记录有 2 种。

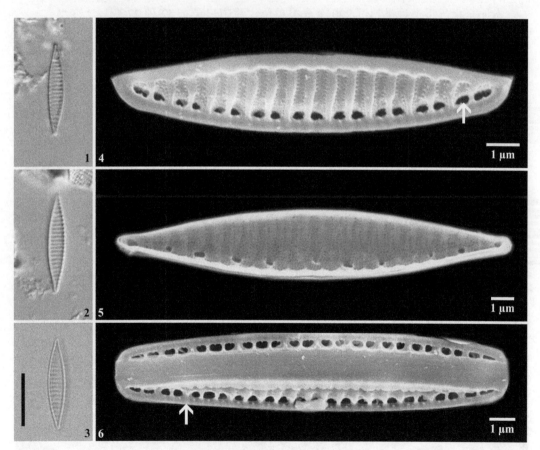

图 5-137　西蒙森藻属(*Simonsenia*)

1-3: 光镜照片, 壳面观, 标尺=10 μm;　4-6: 扫描电镜照片, 4. 外壳面观, 示壳面凹陷, 5. 内壳面观, 6. 带面观, 示管壳缝

138. 菱板藻属　*Hantzschia* A. Grunow 1877

形态描述：细胞纵长，常单生。壳面有背腹之分，腹侧略凹入、直或略凸出，背侧弧形凸出；壳缝位于壳面略凹的一侧（腹缘），由于具有龙骨突，在光学显微镜下能够很清楚地观察到，壳面凸起的一侧（背缘）不具有壳缝，两壳面壳缝位于同侧；线纹多由单列点纹组成。

鉴别特征：①壳缝位于腹缘（图 5-138：1，2）；②两壳面壳缝位于同侧（图 5-138：3）；③线纹由单列点纹组成（图 5-138：7）。

生境：多分布在海洋中。在淡水的临时性水体及土表等生境中也较常见。

分布：世界性广布。我国各地都有分布。

模式种：*Hantzschia amphioxys*（Ehrenberg）Grunow。

本属全世界报道种类超过 220 个分类单位，我国记录有 32 种 27 变种 2 变型。

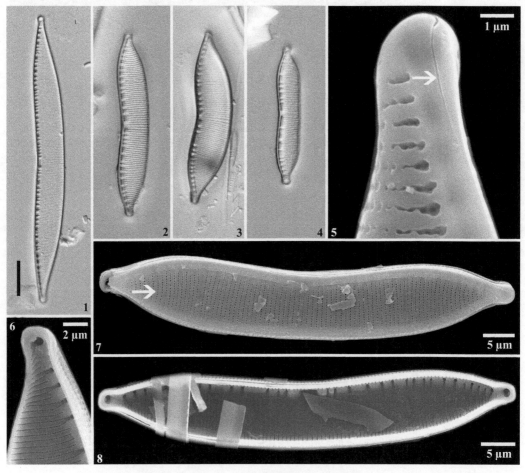

图 5-138　菱板藻属(*Hantzschia*)

1-4: 光镜照片, 壳面观, 标尺=10 μm；　5-8: 扫描电镜照片, 5. 外壳面观, 壳面末端, 示壳缝, 6. 内壳面观, 壳面末端, 7. 外壳面观, 示点纹, 8. 内壳面观

139. 沙网藻属　*Psammodictyon* D.G. Mann 1990

形态描述：壳面提琴形或宽线形，壳面不平，略波曲；龙骨被中央节隔开；点纹通常在光镜下清晰可见，圆形多边形或不规则形。

鉴别特征：①壳面提琴形或宽线形（图 5-139：1-3）；②壳面波曲，点纹光镜下清晰可见（图 5-139：1-4）。

生境：底栖。

分布：亚洲，北美洲。我国分布于江苏。

模式种：*Psammodictyon panduriforme*（Gregory）Mann。

本属全世界报道 15 种。我国淡水记录 1 种，即 *P. taihuensis*。

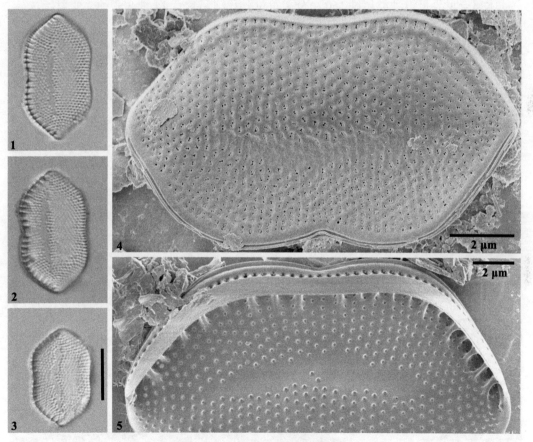

图 5-139　沙网藻属(*Psammodictyon*)

1-3: 光镜照片，壳面观，标尺=10 μm；　4,5: 扫描电镜照片，4. 外壳面观，5. 内壳面观

140. 盘杆藻属 *Tryblionella* W. Smith 1853

形态描述：细胞单生。壳面近椭圆形、线形或提琴形，壳面不平，具纵向的波曲，在光镜下可见，末端不延长，尖圆；壳缘具隆起的龙骨，壳缝位于其上，两壳面的壳缝位置同菱形藻属（*Nitzschia*）相同；线纹单排至多排，由小圆孔组成。

鉴别特征：①壳面近椭圆形、线形或提琴形，末端不延长，尖圆（图 5-140：1-4）；②壳面不平，具纵向的波曲（图 5-140：7）；③壳缝位于隆起的龙骨上（图 5-140：6）。

生境：广泛分布于各种类型的水体中

分布：世界性广布。我国各地都有分布。

模式种：*Tryblionella acuminata* Smith。

本属全世界报道种类超过 150 个分类单位。我国记录有 14 种 3 变种 2 变型。

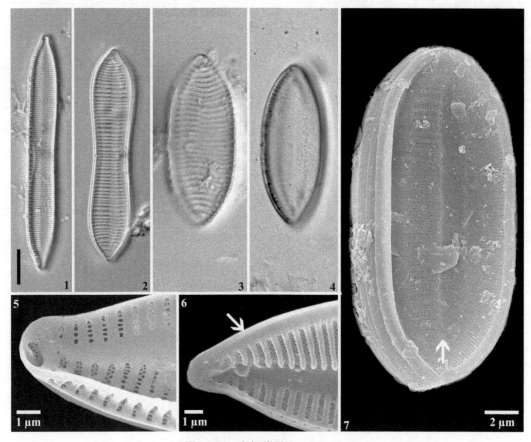

图 5-140 盘杆藻属(*Tryblionella*)

1-4: 光镜照片, 壳面观, 标尺=10 μm；5-7: 扫描电镜照片, 5. 内壳面观, 壳面末端, 6. 外壳面观, 壳面末端, 示龙骨, 7. 外壳面观, 示壳面纵向突起

141. 细齿藻属　*Denticula* F.T. Kützing 1844

形态描述：细胞相对较小，常单生，也能够形成短链状群体。壳面线形至披针形，末端尖至钝圆形；两壳面均具管壳缝，位于壳面略偏离中部，两壳面壳缝呈"菱形类型"对称，极缝端弯成钩状；壳面龙骨隆起不明显，龙骨突增厚，同线纹平行横贯整个壳面；横线纹由粗糙的点纹组成。

鉴别特征：①壳面线形至披针形（图 5-141：1-6）；②两壳面壳缝呈"菱形类型"对称；③壳面龙骨隆起不明显，龙骨突横贯壳面（图 5-141：7，8）。

生境：多分布在硬水底栖生境中。

分布：世界性广布。我国分布于北京、山西、辽宁、吉林、黑龙江、浙江、山东、湖北、湖南、四川、贵州、西藏、陕西、甘肃、宁夏、新疆等地。

模式种：*Denticula tenuis* Kützing。

本属全世界报道种类超过 170 个分类单位。我国记录有 7 种 4 变种。

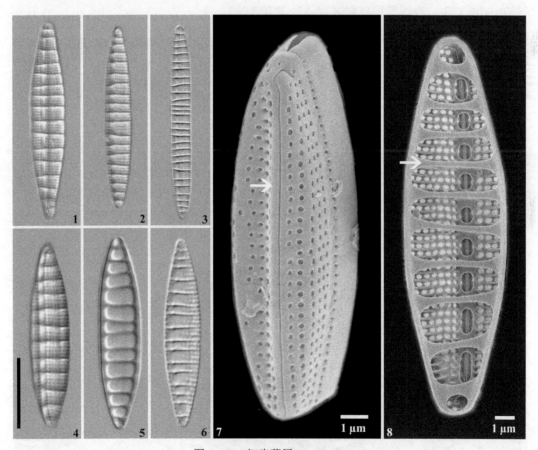

图 5-141　细齿藻属(*Denticula*)

1-6: 光镜照片, 壳面观, 标尺=10 μm；　7,8: 扫描电镜照片, 7. 外壳面观, 示隆起的龙骨, 8. 内壳面观, 示横贯壳面的龙骨突

142. 格鲁诺藻属 *Grunowia* L. Rabenhorst 1864

形态描述：壳面线形近椭圆形，部分种类壳缘波曲或中部膨大，末端圆形或延长呈头状；壳缝位于壳缘；龙骨略隆起，龙骨突较大，延伸至壳面 1/3-1/2 处；横线纹由粗糙的孔纹组成。

鉴别特征：①壳面线形近椭圆形，部分种类壳缘波曲或中部膨大，末端圆形或延长呈头状（图 5-142：1，2）；②壳缝位于壳缘，龙骨略隆起（图 5-142：5）；③龙骨突较大，延伸至壳面 1/3-1/2 处（图 5-142：6）。

生境：多附生，常见于河流和沼泽中。

分布：世界性广布。我国分布于山西、吉林、黑龙江、安徽、江西、广东、西藏和新疆等地。

模式种：*Grunowia sinuata*（Thwaites & Smith）Rabenhorst。

本属全世界报道 19 个分类单位。该属的部分种类在早期的研究中被归入到菱形藻属（*Nitzschia*）中。我国使用该属名报道种类有 2 种。

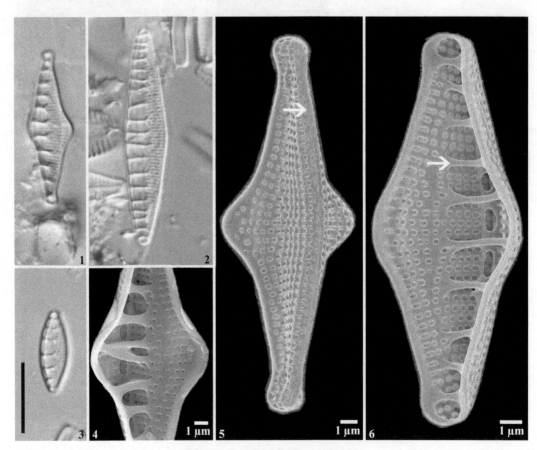

图 5-142　格鲁诺藻属(*Grunowia*)

1-3: 光镜照片, 壳面观, 标尺=10 μm；　4-6: 扫描电镜照片, 4. 内壳面观, 壳面中部, 5. 外壳面观, 示壳缝, 6. 内壳面观, 示龙骨突

143. 筒柱藻属　*Cylindrotheca* L. Rabenhorst 1859

　　形态描述：细胞具 2 至多个盘状或圆盘状的色素体。壳体较长，窄，向末端渐细，沿纵轴扭曲，因此壳面和带面沿细胞的长轴呈螺旋型。壳缝龙骨突位于扭曲的壳面边缘。

　　鉴别特征：①壳体较长，窄，向末端渐细（图 5-143：1，2）；②壳体沿纵轴扭曲，壳面和带面沿细胞的长轴呈螺旋型（图 5-143：3）。

　　生境：多分布于咸水及海洋生境中。常出现在电导率较高的溪流的污泥中。

　　分布：世界性广布。我国分布于黑龙江、江苏、福建、台湾等地。

　　模式种：*Cylindrotheca gerstenbergeri* Rabenhorst。

　　本属全世界报道 13 个分类单位，我国记录有 1 种，细筒柱藻（*C. gracilis*）。壳体硅质化程度较轻，在酸或氧化处理过程中较易被破坏。

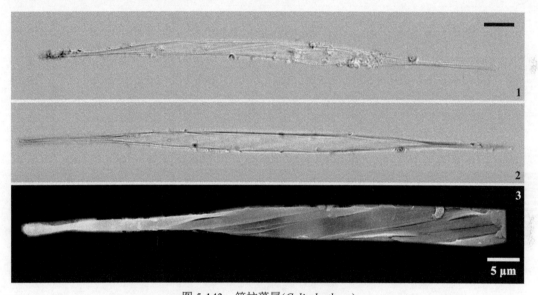

图 5-143　筒柱藻属(*Cylindrotheca*)

1,2: 光镜照片，壳面观，标尺=10 μm；　3: 扫描电镜照片，外壳面观

棒杆藻科 Rhopalodiaceae（Karsten）Topachevs'kyj & Oksiyuk 1960

细胞单生。壳面具背腹性，管状壳缝位于壳面一侧，在内壳面开放同细胞内部相通。龙骨突延伸成横肋纹。

Karsten（1928）建立了棒杆藻亚科（Rhopalodiaceae），隶属于他在同一篇文章中建立的窗纹藻科（Epithemiaceae），后来许多学者（Hustedt 1930；Hendey 1964；Patrick & Reimer 1966；Simonsen 1979；金德祥 1978）都使用了窗纹藻科这个名称，包含 2 属：*Epithemia* 和 *Rhopalodia*。

Round 等（1990）建立了棒杆藻目（Rhopalodiales），下设 1 科——棒杆藻科，含 3 属：*Epithemia*、*Protokeelia* 和 *Rhopalodia*。

本书采用棒杆藻科，共收录 2 属：窗纹藻属（*Epithemia*）和棒杆藻属（*Rhopalodia*）。

144. 棒杆藻属　*Rhopalodia* O. Müller 1895

形态描述：细胞单生。壳体楔形，环带在背缘较宽，常见带面观。壳面具背腹之分，近半月形；龙骨位于壳面背缘，壳缝位于其上；内壳面具增厚的肋纹，看起来类似龙骨突，肋纹间具多列线纹；线纹单排至多排。

鉴别特征：①壳体楔形，壳面近半月形（图 5-144：1-3）；②壳缝位于背缘龙骨上（图 5-144：4）；③具肋纹（图 5-144：7）。

生境：常见于缺氮的硬水底栖生境中。

分布：世界性广布。我国各地都有分布。

模式种：*Rhopalodia gibba*（Ehrenberg）Müller。

本属全世界报道种类超过 250 个分类单位。我国记录有 14 种 12 变种 2 变型。

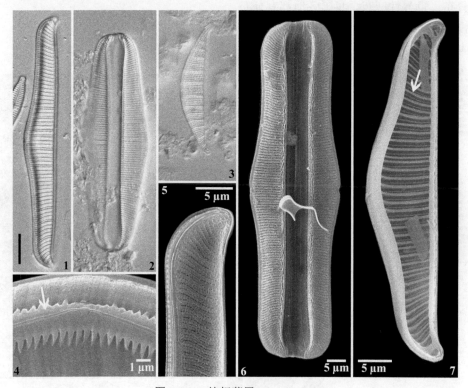

图 5-144　棒杆藻属(*Rhopalodia*)

1-3: 光镜照片，标尺=10 μm, 1,3. 壳面观, 2. 带面观；4-7: 扫描电镜照片, 4. 外壳面观, 壳面中部,示龙骨, 5. 外壳面观, 壳面末端, 6. 带面观, 7. 内壳面观, 示肋纹

145. 窗纹藻属 *Epithemia* F.T. Kützing 1844

形态描述：细胞单生，偶尔通过壳面形成短链状。壳体呈楔形，背缘环带较宽。壳面月形，末端钝圆至宽圆形；壳缝在壳面两端位于腹缘，在靠近壳面中央处弧形向背缘延伸，壳缝内壳面开口于一个管状结构中；壳面内部具横肋纹，在光镜下观察呈明显的线状；线纹由单列点纹组成，点纹结构复杂。

鉴别特征：①壳体楔形，壳面月形（图5-145：1-4）；②壳缝在壳面两端位于腹缘，靠近壳面中央弧形向背缘延伸（图5-145：6）。③壳面内部具横肋纹，在光镜下观察呈明显的线状（图5-145：9）；④线纹由单列点纹组成，点纹结构复杂（图5-145：7）。

生境：常见于硬水底栖生境中，在可利用磷的含量较高的水体中数量丰富，目前观察到的所有种类都具有内共生的类蓝藻细胞，用以固氮（Floener & Bothe 1980）。

分布：世界性广布。我国各地都有分布。

模式种：*Epithemia turgida*（Ehrenberg）Kützing。

本属全世界报道超过420个分类单位。我国记录有14种22变种2变型。

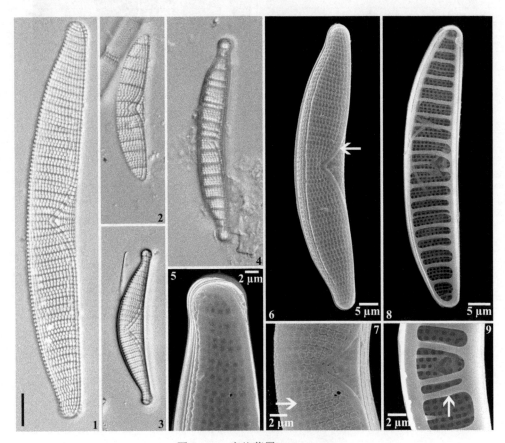

图5-145 窗纹藻属(*Epithemia*)

1-4: 光镜照片, 壳面观, 标尺=10 μm; 5-9: 扫描电镜照片, 5. 外壳面观, 壳面末端, 6. 外壳面观, 示壳缝, 7. 外壳面观, 壳面中部, 示点纹, 8. 内壳面观, 9. 内壳面观, 壳面中部, 示横肋纹

茧形藻科　**Entomoneidaceae Reimer 1966**

细胞单生，沿纵轴扭曲。壳面隆起，壳缝位于窄的龙骨上。

茧形藻科（Entomoneidaceae）是 Reimer 于 1966 年依据模式属茧型藻属（*Entomoneis*）建立的，在这之前，茧型藻属的学名常用 *Amphiprora*，放在 Amphiproraceae 科（Silva 1962），Naciculaceae 科（Simonsen 1979；Krammer & Lange-Bertalot 1986；朱蕙忠和陈嘉佑 2000）中。Round 等（1990）中将该科置于双菱藻目，Cox（2015）将其移入棒杆藻目（Rhopalodiales）中。该科只有 2 属：*Entomoneis* 和 *Platichthys*。

《中国淡水藻志》中将茧形藻属（*Amphiprora*）归入舟形藻科中。本书采用茧型藻科（Entomoneidaceae）的概念，将其置于双菱藻目，只收录茧型藻属（*Entomoneis*）1 属。

146. 茧形藻属 *Entomoneis* C.G. Ehrenberg 1845

形态描述：细胞单生，运动能力强。壳体沿纵轴扭曲，常见带面观，沙漏形或提琴形。壳面观略"S"形，但很少见；壳面中部具隆起的龙骨，壳缝位于其上，近缝端直或略膨大，远缝端直；线纹多由单列点纹组成，点纹多小圆形。

鉴别特征：①壳体沿纵轴扭曲，常见带面观，沙漏形或提琴形（图 5-146：1，2）；②壳面中部具隆起的龙骨（图 5-146：3）。

生境：多分布在高电导率水体的污泥中，偶见浮游。

分布：世界性广布。我国分布于天津、内蒙古、辽宁、吉林、山西、浙江、湖南、湖北、西藏、四川、新疆等地。

模式种：*Entomoneis alata* Ehrenberg。

本属全世界报道种类近 50 个分类单位，我国记录有 2 种。我国淡水藻志中将该属作为 *Amphiprora* 收录在双壳缝目中，本书中我们采用 Reimer 的观点，将该属归入到双菱藻目中。

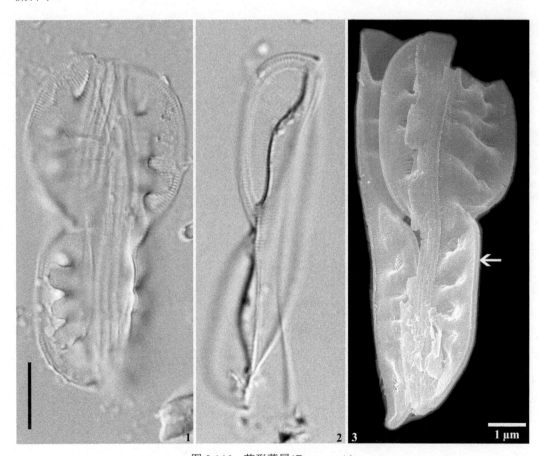

图 5-146 茧形藻属(*Entomoneis*)

1,2: 光镜照片，带面观，标尺=10 μm; 3: 扫描电镜照片，外壳面观，示龙骨

双菱藻科 Surirellaceae Kützing 1844

单细胞，壳面呈波状上下起伏，或平直，或弯曲，龙骨环绕壳缘一周，壳缝位于其上。

早在 1844 年，Kützing 就建立了双菱藻科（Surirellaceae），隶属于 Astomaticae 目，下含 4 属。Rabenhorst（1847）将其作为舟形藻门下的一个亚门，下设 1 科——双菱藻科。Schütt（1896）将其作为 Surirelloideae 下的一个类群（Tribe），下含 3 属：*Cymatopleura*、*Surirella* 和 *Campylodiscus*。后续的一些分类系统中都承认了双菱藻科的分类地位，所辖各属也基本相同（Hustedt 1930；Hendey 1964；Patrick & Reimer 1966；Simonsen 1979）。

Round 等（1990）和 Cox（2015）中对该科的分类地位划分基本一致，隶属于双菱藻目，下含 7 属：*Campylodiscus*、*Cymatopleura*、*Hydrosilicon*、*Petrodictyon*、*Plagiodiscus*、*Stenopterobia* 和 *Surirella*。

本书设双菱藻科，共收录 4 属：双菱藻属（*Surirella*）、长羽藻属（*Stenopterobia*）、马鞍藻属（*Campylodiscus*）和波缘藻属（*Cymatopleura*）。

147. 双菱藻属 *Surirella* P.J.F. Turpin 1828

形态描述：细胞单生，多数种类个体相对较大，硅质化程度高，具硅质化壳针和突起。壳面异极或等极，线形至椭圆形或倒卵形；每个壳面具两个壳缝，位于壳缘隆起的龙骨上，环绕壳面一周，两壳面壳缝系统平行；线纹常多排，由具分支孔板的小圆孔组成，在壳面中部常被一凸出的脊断开。带面观略呈楔形。

鉴别特征：①壳面异极或等极，多数种类个体相对较大（图 5-147：1-4）；②壳缝位于壳缘隆起的龙骨上，两壳面壳缝系统平行（图 5-147：5，8）。

生境：底栖，常附生于污泥表面，也能够附生于石头及水生植物上。

分布：世界性广布。我国各地都有分布。

模式种：*Surirella striatula* Turpin。

本属全世界报道种类超过 1800 个分类单位。我国记录有 68 种 50 变种 14 变型。

图 5-147　双菱藻属(*Surirella*)

1-4: 光镜照片, 壳面观, 标尺=10 μm; 5-8: 扫描电镜照片, 5. 外壳面观, 壳面末端, 示壳缝, 6. 内壳面观, 7. 外壳面观, 示龙骨, 8. 外壳面观

148. 长羽藻属　*Stenopterobia* A. Brébisson de & H. Van Heurck 1896

形态描述：细胞单生。壳面较长且窄，线形或类"S"形，表面轻微波曲；壳缘具隆起的龙骨，环绕壳面一周，壳缝位于其上；线纹多排，由小圆孔组成。

鉴别特征：①壳面较长且窄，线形或类"S"形（图 5-148：1-4）；②壳缝位于隆起龙骨上，围绕壳面一周（图 5-148：5，6）。

生境：多分布于贫营养，低电导率和低 pH 的水体中。

分布：世界性广布。我国分布于山西、内蒙古、黑龙江、安徽、广东、西藏等地。

模式种：*Stenopterobia intermedia*（Lewis）Brébisson ex Van Heurck。

本属全世界报道种类超过 50 个分类单位。我国记录有 6 种 1 变种。

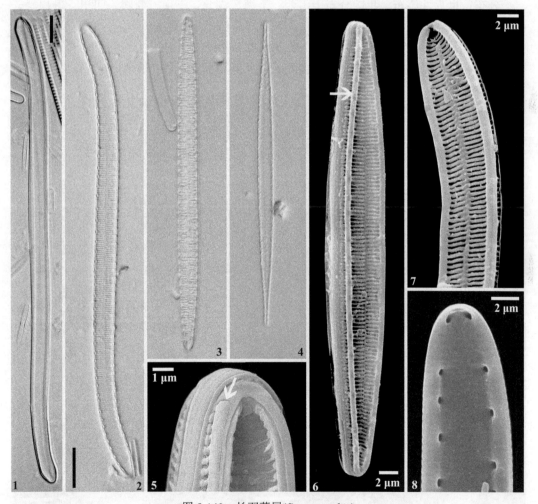

图 5-148　长羽藻属(*Stenopterobia*)

1-4: 光镜照片, 壳面观, 标尺=10 μm；　5-8: 扫描电镜照片, 5. 外壳面观, 壳面末端, 示壳缝, 6. 外壳面观, 示龙骨, 7. 外壳面观, 壳面末端, 8. 内壳面观, 壳面末端

149. 马鞍藻属 *Campylodiscus* C.G. Ehrenberg & F.T. Kützing 1844

形态描述：细胞相对较大，单生，马鞍形，在光镜下，根据观察的位置，呈半圆形或新月形，同一壳体两壳面纵轴之间呈直角。壳面圆形或近圆形；壳缝位于壳缘，由放射排列的肋纹支持，位于隆起的翼之上，每个壳面具两个壳缝分支，两肋纹之间具多列线纹；线纹双排或多排，由小圆孔组成，有时是较大的筛状孔。

鉴别特征：①细胞相对较大，单生，马鞍形；在光镜下呈半圆形或新月形（图 5-149：1，2）；②壳缝位于壳缘，位于隆起的翼之上（图 5-149：3）；③同一壳体的两壳面纵轴之间呈直角（图 5-149：3）。

生境：多附生在静水环境中，在淡水、半咸水和咸水生境中均有分布。

分布：世界性广布。我国分布于山西、上海、湖北、湖南、新疆、四川、贵州、云南、西藏等地。

模式种：*Campylodiscus clypeus* Ehrenberg & Kützing。

本属全世界报道种类超 520 个分类单位。我国记录有 7 种 2 变种。

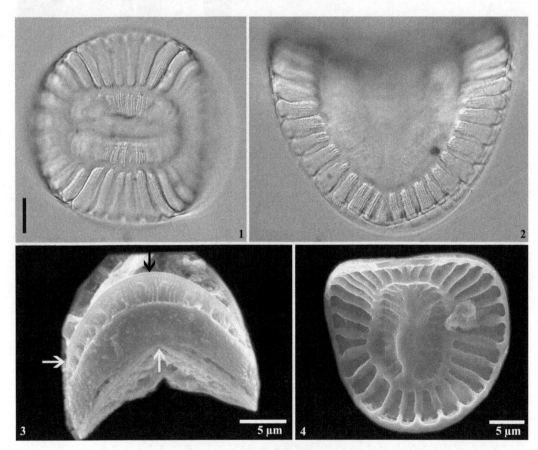

图 5-149 马鞍藻属(*Campylodiscus*)

1,2: 光镜照片, 壳面观, 标尺=10 μm; 3,4: 扫描电镜照片, 3. 带面观, 示龙骨(黑色箭头), 示两壳面纵轴方向(白色箭头), 4. 内壳面观

150. 波缘藻属　*Cymatopleura* W. Smith 1851

形态描述：细胞较大，单生。壳面异极或等极，椭圆形，线形或提琴形，壳面具较规律的横向波曲，部分种类沿纵轴略扭曲；壳缝位于壳缘隆起的翼之上；线纹单排，由小圆孔组成。

鉴别特征：①壳面异极或等极，椭圆形，线形或提琴形（图 5-150：1，3，4）；②壳缝位于壳缘隆起的翼之上（图 5-150：7）；③壳面具较规律的横向波曲（图 5-150：2，6）。

生境：常见于湖泊、河流和湿地的底栖污泥生境中。

分布：世界性广布。我国各地都有分布。

模式种：*Cymatopleura solea*（Brébisson）Smith。

本属全世界报道种类超过 150 个分类单位。我国记录有 12 种 12 变种 1 变型。

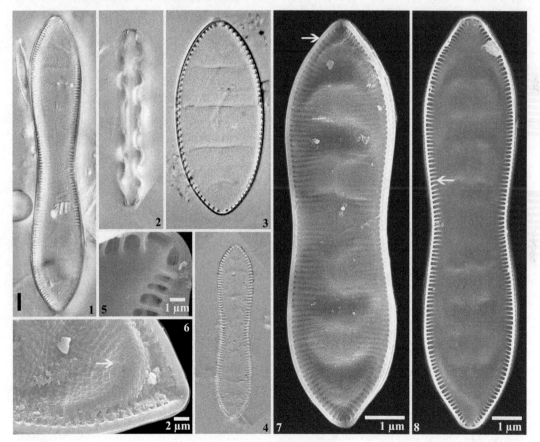

图 5-150　波缘藻属(*Cymatopleura*)

1-4: 光镜照片, 标尺=10 μm, 1,3,4. 壳面观, 2. 带壳面观；　5-8: 扫描电镜照片, 5. 内壳面观, 壳面末端, 6. 外壳面观, 壳面末端, 7. 外壳面观, 示龙骨, 8. 内壳面观, 示龙骨突

关于本书未收录的属的说明

1. 国内有正式记载，但未能得到可使用的照片的属

拟桥弯藻属（*Cymbellopsis*）、非洲桥弯藻属（*Afrocymbella*）、拟楔桥弯藻属（*Gomphocymbellopsis*）和 *Porosularia*：这四个属在我国均有记录，拟桥弯藻属、非洲桥弯藻属和拟楔桥弯藻属仅报道于施之新（2013）的研究中，*Porosularia* 仅报道于Skvortzow（1976）的研究中。国内其他研究中均未有这些属的记录及报道。由于前期研究中给出的种类图片均为线图，因此很难确定这些种类在分类上的准确性。本书仅依据国内的相关文献对这四个属的形态特征进行简要介绍。

拟桥弯藻属 *Cymbellopsis* Krammer 1997

形态描述：壳面强烈地不对称，具明显的背腹之分，背缘强烈隆起，腹缘近平直，壳面腹侧很窄。壳缝直，结构较简单，位于壳面腹侧；远缝端弯向腹缘。点纹内壳面观呈不规则间断状，背纹长而明显，腹纹紧靠腹缘且较短，有时不明显而难以被观察到（施之新 2013）。

生境：分布于热带或亚热带低电导率的水体中。

分布：南美洲、非洲。我国报道于上海、江苏、安徽、重庆、四川、云南、青海等地。

模式种：*Cymbellopsis apiculata* Krammer 1997。

该属全世界共报道 12 个分类单位。我国仅记录 1 种。

非洲桥弯藻属 *Afrocymbella* Krammer 2003

形态描述：壳面沿纵轴和横轴均不对称，具头端和底端。壳面披针形或菱形披针形。头端具长室孔和点纹，底端具两个顶孔区，分别位于端隙的两侧。具假隔膜和隔膜。中央区背缘具 1-2 个孤点，外壳面开口小圆形，内壳面开口长裂缝状；两近缝端在内壳面中部形成鹿角状的分支；远缝端"？"形。壳缝近缝端弯向壳面背缘，远缝端弯向壳面腹缘。顶孔区分泌黏液附生生活，单生或形成群体。

生境：附生于河流或湖泊中。

分布：非洲。我国报道于湖北省。

模式种：*Afrocymbella reichardtii* Krammer 2003。

该属全世界共报道 10 个分类单位。我国仅记录 1 种。该属最初是楔桥弯藻属（*Gomphocymbella*）中的一个类群，形态特征较为独特，且仅分布在北非。Krammer（2003）将该类群独立为属。

拟楔桥弯藻属　*Gomphocymbellopsis* Krammer 2003

形态描述：壳面沿纵轴、横轴均不对称，具头端和底端。头端通常具一个小的顶孔区，底端端隙将顶孔区分为两部分。无间生带，隔膜和假隔膜。壳面结构同桥弯藻类似，具长室孔和单列点纹。中央区孤点位于腹缘，外壳面开口小圆形，内壳面开口长裂缝状具小的硅质齿。近缝端弯向壳面腹缘，远缝端弯向壳面背缘。形成群体或单生。

生境：生活于贫营养的湖泊中，在化石中也有发现。

分布：欧洲、北美洲。我国报道于江苏、湖北、四川、重庆、云南、西藏等地。

模式种：*Gomphocymbellopsis ancyli*（Cleve）Krammer 2003。

该属全世界仅报道 1 种。我国有分布。

Porosularia Skvortzow 1976

形态描述：同羽纹藻较类似，线纹由双列点纹组成，点纹开口圆形或长圆形。

生境：淡水，分布于中国北部或南部的高山及亚高山地区。

分布：该属仅报道于中国。

模式种：*Porosularia kolbei* Skvortzow 1976。

该属全世界报道 23 个分类单位，均由 Skvortzow 报道自我国大兴安岭地区。但后续研究中并无该属的记录。

2. 国内记录使用过但已经更换名称的属

在我国已报道的淡水硅藻名录中，有 20 个属未收录到本书的分类系统及形态特征描述中。这些属包括 *Alveovallum* Lange-Bertalot & Krammer 2000，茧形藻属 *Amphiprora* Ehrenberg 1841，两形壳缝藻属 *Amphiraphia* Chen & Zhu 1983，四棘藻属 *Attheya* West 1860，蛾眉藻属 *Ceratoneis* Ehrenberg 1839，*Desmogonium* Ehrenberg 1848，楔桥弯藻属 *Gomphocymbella* Müller 1950，*Microneis* Cleve 1895，*Naviculadicta* Lange-Bertalot 1994，舟形桥弯藻属 *Navicymbula*（Krammer）Krammer 2003，*Opephora* Petit 1888，双玲藻属 *Parlibellus* Cox 1988，柄链藻属 *Podosira* Ehrenberg 1840，*Porosularia* Skvortzow1976，多变筒藻属 *Proteucylindrus* Li & Chiang 1978，根管藻属 *Rhizosolenia* Ehrenberg 1843，*Schizostauron* Grunow 1867，针杆藻属 *Synedra* Ehrenberg 1830，*Tropidoneis* Cleve 1891，*Williamsella* Graeff，Kociolek & Rushforth，2013。本节对这些属的分类地位进行了简单的说明。

Alveovallum 是 Lange-Bertalot 于 2000 年建立的一个新属，模式种为 *Alveovallum beyensii* Lange-Bertalot & Krammer in Krammer，基的主要特征是该属的长室孔的壁较厚。Liu 等（2018b）将其并入到羽纹藻属中。

茧形藻属（*Amphiprora*）：最初由 Ehrenberg 于 1841 年建立，模式种为 *Amphiprora constricta* Ehrenberg，但 Patrick & Reimer（1975）的研究认为，Ehrenberg 报道的种模式类应该隶属于 *Plagiotropis*，*Navicula* 或 *Stauroneis* 这三个属中的一个。1844 年 Kützing 将 *Navicula alata* Ehrenberg 1840 转入茧形藻属中，定名为 *Amphiprora alata*（Ehrenberg）

Kützing；但 1845 年，Ehrenberg 建立了 *Entomoneis*，并将 *Entomoneis alata*（Ehrenberg）Ehrenberg（=*Navicula alata* Ehrenberg 1840）作为模式种，该属同之前建立的茧形藻属是完全不同的。Patrick & Reimer（1975）采用了 *Entomoneis* 作为这个类群的合法属名。

两形壳缝藻属（*Amphiraphia*）：陈嘉佑和朱蕙忠（1983）建立的新目两形壳缝目（Amphiraphidales），下设两新科两形壳缝藻科（Amphiraphiaceae）和弯楔藻科（Rhoicospheniaceae），并建立了新属两形壳缝藻属（包含 1 种 1 变种），模式种为两形壳缝藻（*Amphiraphia xizangensis* Chen & Zhu 1983），主要鉴别特征是该属种类两壳面壳缝类型不同，一个壳面具有点线式的壳缝，不具中央节和极节，另一个壳面具完整壳缝，具中央节和极节。Mann（1989b）的研究中证实两形壳缝藻属是美壁藻属生活史中的一种形态，美壁藻属在有性生殖过程中形成的原始细胞（initial cells）具有异面性，一个壳面具完整壳缝，一个壳面具点线式壳缝。

四棘藻属（*Attheya*）：本属是海产属，其中的淡水种类在 1979 年被 Simonsen 转移到刺角藻属（*Acantheceras* Honigmann 1910）中，两个属的主要区别在于四棘藻属的棘刺是由较细弱的硅质带螺旋缠绕形成的，而刺角藻属的刺，是在壳面两端隆起形成的一个中空管状结构。Round 等（1990）建立了刺角藻科（Acanthocerataceae）。

蛾眉藻属（*Ceratoneis*）：该属建立时包括 2 个种，*Ceratoneis closterium* Ehrenberg 1839 和 *Ceratoneis fasciola* Ehrenberg 1839。Kützing（1844）将 *Navicula arcus* Ehrenberg 1836 移到 *Ceratoneis* 中命名为 *Ceratoneis arcus*（Ehrenberg）Kützing，但这 3 个种是完全不同的类群。Smith（1852，1853）分别将 *Ceratoneis closterium* 移到 *Nitzschia* 中，定名为 *Nitzschia closterium*（Ehrenberg）Smith 1853，后改为 *Cylindrotheca closterium*（Ehrenberg）Reimann & Lewin 1964；将 *Ceratoneis fasciola* 移到 *Pleurosigma* 中，定名为 *Pleurosigma fasciola*（Ehrenberg）Smith 1852，后改为 *Gyrosigma fasciola*（Ehrenberg）Griffith & Henfrey 1856。Patrick 在 1966 年认为 *Ceratoneis* 这个属的概念不明确，因此以化石硅藻学家 Hanna 的名字定名了新属 *Hannaea*，将 *Navicula arcus* 作为该属模式种，命名为 *Hannaea arcus*（Ehrenberg）Patrick。但是，如果 *Ceratoneis* 是一个合格命名，且它的描述也符合 *Hannaea* 的特征的话，*Ceratoneis* 就应该是这个属的有效名称，而 *Hannaea* 就应该是它的一个异名。也许是这个原因，《中国淡水藻志》仍然使用了 *Ceratoneis* 这个属名。然而，Jahn & Kusber（2005）考证，认为 Ehrenberg（1839）描述的 *Ceratoneis* 的特征是和 *Ceratoneis closterium* 吻合的，因此，*Cylindrotheca* 应该是 *Ceratoneis* 的异名，他们建议将 *Cylindrotheca* 属名改为 *Ceratoneis*。鉴于以上情况，我们认为这个属的学名应该使用 *Hannaea*，国内文献中的 *Ceratoneis* 作为异名处理，而中文"蛾眉藻属"的所有描述都是依据 *Hannaea arcus* 的特征，蛾眉藻的中文名字也是根据形态命名的，古语"蛾眉"是指美女的秀眉，与该属的形态相似，而且沿用已久，故建议仍使用"蛾眉藻属"这个中文属名。

Desmogonium：该属在建立时，同短缝藻属的区别主要在于壳面两端均具唇形突，且壳缘具壳针，而短缝藻属仅在壳面一端具唇形突，壳缘无壳针；但目前报道的许多短缝藻属种类也具 2 个唇形突和壳针。*Desmogonium* 这个名字的应用越来越少，两者之间的关系还需对模式标本进行深入的研究。我国仅在金德祥（1951）报道的《中国硅藻目

录》中记录过 1 种，并且没有附照片或线图。

楔桥弯藻属（*Gomphocymbella*）：该属在建立时，Müller 指定的模式种类为 *Gomphocymbella vulgaris*（Kützing）Müller 1905（=*Sphenella vulgaris* Kützing 1844），Reichardt 的研究中将 *Sphenella vulgaris* 这个问题种类归入到异极藻属中，因此，*Gomphocymbella* 成为了异极藻属的异名。

Microneis：Cleve-Euler（1953a，1953b）和 Hustedt（1930）的研究都将 *Microneis* 作为曲壳藻属的一个亚属。*Microneis* 中包含现在定义的曲丝藻属、沙生藻属、平面藻属等属中的种类。

Naviculadicta：Lange-Bertalot & Moser（1994）将所有与 *Navicula* 类似但又具有不同壳面结构但目前又不知道是什么属的种类独立为一个单独的属，命名为 *Naviculadicta*。但实际上这个大的类群中包含很多属的种类，Kociolek 1996 年认为，这样的命名方式就导致后续会有很多工作要对这个属里种类进行转移。该属中的种类陆续转移到其他"真正的"属当中。

舟形桥弯藻属（*Navicymbula*）：该属建立于 2003 年，其主要特征是壳面具背腹性，但壳缝及点纹的结构特征同舟形藻属非常接近，且是唯一的能够分布于高盐度水体中的桥弯类群；模式种类为 *Cymbella pusilla* Grunow。但在此之前，Mann 建立了半舟藻属（*Seminavis* Mann 1990），该属模式种也是 *Cymbella pusilla*。Cox & Reid（2004）将舟形桥弯藻属的模式种 *Navicymbula pussilla*（Grunow）Krammer 移入到 *Seminavis* 中，Rioual 等（2014b）将 *Navicymbula pusilla* var. *lata* Krammer 移入到 *Seminavis* 中，新组合为 *Seminavis lata*（Krammer）Rioual。*Seminavis* 在色素体的排列和分裂方式，蛋白核形态，壳缝及点纹结构上都同舟形藻属更相似，表明二者亲缘关系较近。我国使用 *Seminavis* 这个属名进行报道的种类有两种，*Seminavis pusilla*（Grunow）Cox & Reid 和 *Seminavis lata*（Krammer）Rioual。施之新（2013）报道了新种 *Navicymbula pusilla* var. *rhombica* Shi & Xie，该种是否应被移入到 *Seminavis* 还需要对模式标本进行重新研究。

Pliocaenicus：Nakov 等（2015）的研究认为，*Pliocaenicus* Round & Håkansson 同琳达藻属在壳面形态、壳面波曲程度、壳面纹饰、点纹结构、壳面支持突及唇形突的数量位置等特征上都具有一定的重叠性，因此，将 *Pliocaenicus* 的种类转移至琳达藻属中。

Opephora：该属建立时共包括三个种类，*Opephora pacifica*（Gregry）Petit，*Opephora pinnata*（Ehrenberg）Petit 和 *Opephora marina*（Gregry）Petit，但并没有指定模式种。Van Heurck（1896）和 Boyer（1927）的研究中将 *Fragilaria schwartzii* Grunow 作为该属的模式种，但由于该种并不是 *Opephora* 最初建立时定义的种类，因此不能作为该属的模式种类。近期的研究中多将 *Opephora* 作为脆杆藻属的异名（Fourtanier & Kociolek 2011）。

双玲藻属（*Parlibellus*）：我国在广东（刘静等 2013），黑龙江（赵婷婷等 2016，范亚文和刘妍 2016）的研究中报道过该属。但从图片资料上看，报道的种类均应属于前辐节藻属，我国目前并无 *Parlibellus* 的记录。

柄链藻属（*Podosira*）：Ehrenberg 在 1840 年发表的两篇文章中都将柄链藻属作为新属进行报道，两篇报道中该属都只包含一个种类，*Podosira nummuloides*（Montagne）

Ehrenberg，他在其中一篇文章中指出 *Trochiscia moniliformis* Montagne 1837 和 *Melosira hormoides* Montagne msc. 1838 是 *Podosira nummuloides* 的异名。很难确定 Ehrenberg 1840 发表的两篇文章的先后顺序，近期的研究中，将柄链藻属作为直链藻属的异名（Fourtanier & Kociolek 2011）。

多变筒藻属（*Proteucylindrus*）：是我国台湾学者李家维和江永绵于 1979 年建立的新属，中文名定为多变筒藻属，模式种为 *Proteucylindrus wanensis* Li & Chiang；Compère（1982）的研究认为它是 *Pleurosira socotrensis*（Kitton）Compère 的同物异名。多变筒藻属是侧链藻属的异名。

根管藻属（*Rhizosolenia*）：Hustedt（1927）将根管藻属中的淡水种类作为一个亚组 -Longisetae，但 Round 等（1990）的研究认为该亚组同根管藻属的特征差异显著，如壳面的沟状凹陷，位于 processes 基部的唇形突等特征在 Longisetae 亚组中均没有出现，因此 Round 等（1990）将其独立为属，并定名为 *Urosolenia* Round & Crawford 1990，模式种类为 *Urosolenia eriensis*（Smith）Round & Crawford。李扬等（2009）的研究中将 *Urosolenia* 的中文名定为尾管藻属。

Schizostauron：该属是基于 4 个海洋种类确立的，模式种 *Schizostauron reichardtianum* Grunow 1867，但该种实际上是曲壳藻属的种类。因此，*Schizostauron* 成为曲壳藻属的异名。Ross（1963）的研究中将部分 *Schizostauron* 的种类转移到了曲壳藻属中。

针杆藻属（*Synedra*）：虽然在有些研究中将该属的建立时间写为 1830 年，但直到 1832 年该属才正式发表，包含了 4 个新种，*Synedra fasciculata* Ehrenberg，*Synedra lunaris* Ehrenberg，*Synedra bilunaris* Ehrenberg，*Synedra balthica* Ehrenberg，并将 *Bacillaria ulna* Nitzsch 转移入针杆藻属中，定名为 *Synedra ulna*（Nitzsch）Ehrenberg 1832，但没有指定模式种类。Ehrenberg 在 1830 年同一篇文章中，又将 *Bacillaria ulna* 转移入了舟形藻属中，定名为 *Navicula ulna*（Nitzsch）Ehrenberg。所以 *Bacillaria ulna* 的归属问题是存疑的，不能作为该属的模式种类。该属中的另外 3 个种类，后续分别被转移入菱形藻属，蛾眉藻属和短缝藻属中；仅有 *Synedra balthica* 仍留在该属中，被指定为模式标本（Farr et al. 1979），但 *Synedra balthica* 是海产种类，后来被作为 *Synedra gaillonii*（Bory）Ehrenberg 的异名。用针杆藻属命名的淡水种类要远远多于海洋种类，且在形态和生境分布上都同模式种类差异明显。Lange-Bertalot & Ruppel（1980）、Krammer & Lange-Bertalot（1991）的研究中，将所有针杆藻属的种类都转移入脆杆藻属中，认为两者在属的水平上没有明显的形态差异，而脆杆藻属在命名上具有优先权。Compère（2001）详细讨论了针杆藻属的命名历史，并将淡水种 *Synedra ulna* 及其相近种类归入到 *Ulnaria*（Kützing）Compère 中（*Ulnaria* 最初是 *Synedra* 的一个亚属，Frenguelli 1929），模式种类为 *Ulnaria ulna*（Nitzsch）Compère（=*Bacillaria ulna* Nitzsch 1817）。

Tropidoneis：Cleve 于 1891 年创立了该属，最初包括来自 4 个不同类群的种类（*Plagiotropis* Pfitzer，*Amphoropsis* Grunow in Van Heurck，*Orthotropis* Cleve 和 *Apteroe* Cleve），但他没有指定该属的模式种，所以很难确定到底哪些种类隶属于这个属。Cleve（1894）的研究中认为该属中仅包括 3 个类群，*Orthotropis*、*Plagiotropis* 和 *Amphoropsis*，仍旧没有给出模式种。Cleve（1891）指出 *Amphiprora vitrea* Smith 1853 是 *Plagiotropis baltica* Pfitzer 1871 的异名。将 *Tropidoneis* 作为 *Plagiotropis* Pfitzer 1871 的一个异名（Fourtanier & Kociolek 2011）。

Williamsella：Kociolek & Rushforth 建立于 2013 年，模式种为 *Williamsella angusta* Graeff, Kociolek & Rushforth。该属建立时，同脆杆藻属的主要区别在于细胞单生，壳缘不具壳针，不形成链状群体；分布在咸水中；点纹开口不具膜覆盖；色素体盘状（Graeff et al. 2013；Al-Handal et al. 2016）。Rioual 等（2017b）的研究表明，这些特征在脆杆藻属中也存在，并将原 *Williamsella* 中的两个种类转移至脆杆藻属中。

参 考 文 献

阿力马斯·克力木, 艾克拜尔·依米提, 王克勤. 2000. 乌鲁木齐周围地区硅藻植物研究(2). 新疆师范大学学报(自然科学版) (03): 52-55.

阿力马斯·阿不都克里木, 艾克拜尔·依米提, 艾山江·阿布都拉. 2011. 乌鲁木齐地区双壳缝目(Biraphidinales)硅藻的初步研究. 新疆师范大学学报(自然科学版) 30(4):1-6.

艾娟, 刘冰, 李燕, 贺文惠, 汤众森. 2019. 3 种淡水布纹藻(硅藻纲)的超微结构研究. 西北植物学报 39(8): 1409-1415.

包少康, 谭明初, 钟肇新. 1986. 四川九寨沟自然保护区藻类植物调查. 西南师范大学学报(自然科学版) (03): 56-71.

包文美, 瑞墨尔·查. 1992. 中国长白山硅藻的新分类单位(英文). 植物研究 (4):357-361.

包文美, 王全喜, 瑞墨尔·查. 1992. 长白山地区硅藻的研究(英文). 植物研究 12(2):125-143.

才美佳, 尤庆敏, 于潘, 王全喜. 2018. 贵州茂兰国家级自然保护区硅藻植物中国新记录. 植物科学学报 36(1): 24-31.

陈椽, 胡晓红, 王承录. 1996. 贵州施秉潕阳河藻类植物初步研究. 贵州师范大学学报（自然科学版）14(1): 22-30.

陈功, 高淑贞. 1986. 宁夏六盘山自然保护区硅藻调查. 宁夏农学院学报 (Z1): 60-79.

陈嘉佑. 1987. 星肋小环藻的一新变种. 水生生物学报 11(4): 381.

陈嘉佑, 朱蕙忠. 1983. 两形壳缝目, 硅藻门羽纹纲的一新目. 21(4): 449-457.

陈嘉佑, 朱蕙忠. 1984. 湖北省中心纲硅藻. 武汉植物学研究 (2): 233-240.

陈嘉佑, 朱蕙忠. 1985a. 云南及川西中心纲硅藻的研究. 云南大学学报(自然科学版) (1): 77-86.

陈嘉佑, 朱蕙忠. 1985b. 中国淡水中心纲硅藻研究. 水生生物学报 9(1): 80-83.

程兆第, 杜琦. 1984. 福建九龙江口硅藻的新种和在我国的新记录. 台湾海峡 3(2): 199-202.

邓春暖. 1979. 广西硅藻中心纲(Centricae) 植物初报. 广西师范大学学报（自然科学版）(1): 87-89.

邓春暖. 1983. 广西硅藻羽纹纲——无壳缝目、短壳缝目、单壳缝目植物初报. 广西植物 3(1): 59-67.

邓春暖, 杨存亮, 吴孟, 李振海. 1983. 广西灵渠硅藻初报. 广西师范大学学报（自然科学版）(1): 86-91.

邓新晏, 沈宗庚, 邹敏, 等. 1997. 云南西双版纳藻类植物初报. 西南农业学报 10(1): 85-90.

邓新晏, 王若南, 许继宏. 1987. 澜沧江中游藻类植物调查研究. 云南大学学报(自然科学版)9(1): 73-78.

邓新晏, 许继宏, 王若南. 1988. 大理洱海藻类植物研究. 云南大学学报（自然科学版） 10(1): 55-59.

范征宇, 胡征宇. 2004. 黑龙江省兴凯湖地区管壳缝目硅藻初步研究. 水生生物学报 28(4): 421-425.

范亚文, 刘妍. 2016. 兴凯湖的硅藻. 北京: 科学出版社. 193pp.

范亚文, 包文美, 王全喜. 1997. 异极藻科八个分类单位的分类学问题初探. 植物研究 17(4): 371-376.

范亚文, 包文美, 王全喜. 1998. 中国黑龙江省异极藻科植物研究. 植物研究 18(2): 243-251.

范亚文, 包文美, 王全喜. 2001. 五大连池管壳缝目硅藻研究初报. 植物研究 21(2): 239-244.

范亚文, 王全喜, 包文美. 1993. 中国东北桥弯藻科的研究. 哈尔滨师范大学自然科学学报 9(4): 82-106.

房英春, 田春. 1992. 沈阳地区淡水硅藻调查. 沈阳大学学报(自然科学版) 4: 42-46.

房英春, 刘广纯, 苏宝玲, 田春. 2001. 沈阳地区淡水蓝藻门、硅藻门和绿藻门藻类调查报告. 沈阳农业大学学报 32(6): 442-445.

高淑贞. 1987. 华山的硅藻. 武汉植物学研究 (4):17-26.

高淑贞, 陈功. 1988. 宁夏回族自治区贺兰山地区硅藻分布. 武汉植物研究 6(2): 113-119.

高淑贞, 李启敏. 1977. 陕西硅藻中心目(Centrales)初报. 陕西师大学报(自然科学版) (1): 66-73.

高淑贞, 李启敏. 1979. 西北五省(区) 硅藻中心纲(Centricae) 种类调查报告. 陕西师大学报(自然科学版)(1): 125-137.

葛蕾, 刘妍, J. P. Kociolek, 范亚文. 2013. 桥弯藻科和异极藻科（硅藻门）植物中国 7 种新记录. 西北植物学报 33(10): 2131-2135.

葛蕾, 刘妍, J. P. Kociolek, 范亚文. 2014. 黑龙江兴凯湖湿地羽纹藻属(硅藻门)中国新记录. 水生生物学报 38(4): 669-674.

龚志港, 刘冰, 刘祝祥, 陈锦华, 袁莉. 2020. 芬兰贝氏藻(硅藻门)的超微结构研究. 西北植物学报 40(12): 2075-2080.

郭健, 刘师成, 林加涵. 1999. 我国首次记录的菱形藻属植物. 植物分类学报 37(5): 526-528.

郭玉清, 谢淑琦. 1994. 山东泰山硅藻一新种. 植物分类学报 32(3): 271-272.

郭玉清, 谢淑琦, 李江颂. 1997. 硅藻门双眉藻属一新种. 植物分类学报 35(3): 273-274.

郭玉清, 谢淑琦, 刘安文, 李志红. 1996. 山东泰山硅藻研究. 山西大学学报(自然科学版) 19(2): 215-220.

胡婧文, 弋钰昕, 尤庆敏, 王全喜. 2020. 骨条藻属硅藻的分类、生态及生理研究进展. 49(6): 698-708.

胡竹君, 李艳玲, 王永. 2013. 中国鞍型藻属 Sellaphora（硅藻门）新记录种. 微体古生物学报 30(1): 107-112.

胡竹君, 李艳玲, 王永. 2015. 中国桥弯藻科(硅藻门)化石新记录种. 古生物学报 54(1): 140-146.

黄成彦. 1986. 西藏纳木湖（错）底泥和阶地中的硅藻. 海洋地质与第四纪地质 6(2): 105-120.

金德祥. 1951. 中国矽藻目录. 厦门水产学报 1(5): 41-143.

金德祥. 1978. 硅藻分类系统的探讨. 厦门大学学报(自然科学版) (2): 31-50.

金德祥, 等. 1965. 中国海洋浮游硅藻类. 上海: 科学出版社. 230pp.

黎娜, 施之新, 雷安平. 1999. 湖北省异极藻属的新种类. 水生生物学报 23(2): 192-193.

李家英. 1982. 山东山旺中新世硅藻组合. 植物学报 24(5): 456-467.

李家英. 1988. 一个新化石种的发现及其意义. 植物研究 8(4): 129-132.

李家英, 齐雨藻. 2010. 中国淡水藻志 第十四卷 硅藻门 舟形藻科 I. 北京: 科学出版社. 219pp.

李家英, 齐雨藻. 2014. 中国淡水藻志 第十九卷 硅藻门 舟形藻科 II. 北京: 科学出版社. 182pp.

李家英, 齐雨藻. 2018. 中国淡水藻志 第二十三卷 硅藻门 舟形藻科 III. 北京: 科学出版社. 282pp.

李家英, 魏乐军, 郑绵平. 2003. 西藏西北部胸隔藻属 Mastogloia Thwaites 中的一个新化石种. 地球学报 (4):349-352.

李晶, 范亚文, 王泽斌, 杨立萍. 2007. 黑龙江省七星河湿地硅藻植物的初步研究. 植物研究 27 (1): 25-33.

李艳玲, 龚志军, 谢平, 沈吉. 2005. 江汉平原晚更新世化石硅藻新种和新记录属种. 微体古生物学报 22(3): 304-310.

李艳玲, 龚志军, 谢平, 沈吉. 2007. 中国硅藻化石新种和新记录种. 水生生物学报 31(3): 319-324.

李艳玲, 施之新, 谢平, 戎克文. 2003. 青海省异极藻属和桥弯藻属 (硅藻门)的新变种(英文). 水生生物学报 27(2): 147-148.

李艳玲, 谢平, 施之新. 2004. 安徽省桥弯藻科和异极藻科及其分布. 水生生物学报 28(5): 569-571.

李扬, 岑竞仪, 齐雨藻, 吕颂辉. 2009. 尾管藻属的形态学特征研究. 水生生物学报 33(3): 566-570.

李扬, 吕颂辉, 江涛, 齐雨藻. 2014. 我国底栖硅藻的两个新记录种. 水生生物学报 38(1): 193-196.

林碧琴. 1979. 辽宁省淡水硅藻(中心目 Centrales). 辽宁大学学报(自然科学版) (1): 84-105.

林碧琴. 1986. 达里诺尔湖及其主要附属水体的秋季硅藻. 河南师范大学学报(自然科学版) 49(1): 55-65.

林碧琴, 王吉祥. 1992. 辽宁省千山春季和初夏硅藻的初步研究. 辽宁师范大学学报(自然科学版)15(3): 234-239.

林碧琴, 王福开, 张晓波. 1987. 辽宁桓仁地区春夏季硅藻调查初报. 西南师范大学学报 1: 74-88.

林均民, 王渊源. 1989. 辐节藻属的一个新种. 厦门大学学报(自然科学版) 28(4): 414-418.

林雪如, Patrick Rioual, 白志娟, 彭卫, 孙明杰, 黄小忠. 2018. 喀纳斯湖硅藻的中国新记录种及现生种属调查. 水生生物学报 42(3): 641-654.

刘冰, 向冬琴, 全思瑾, 龙华, 马雅伦. 2020. 一种硅藻中国新记录属种——科氏杜氏藻. 西北植物学报

40(2): 353-357.

刘浩, 项芸, 尤庆敏, 王全喜. 2016. 淮河流域沙河水系异极藻科硅藻初报. 上海师范大学学报(自然科学版) 45(4): 477-481.

刘静, 韦桂峰, 胡韧, 张成武, 韩博平. 2013. 珠江水系东江流域底栖硅藻图集. 北京:中国环境出版社.

刘立春, 范亚文. 2009. 中国舟形藻科(硅藻门)新记录植物. 武汉植物学研究 27(3): 270-273.

刘立春, 范亚文, 唐艳林. 2008. 吉林省部分地区舟形藻科硅藻植物初报. 哈尔滨师范大学自然科学学报 24(1): 95-98.

刘琪, 吴波, 刘妍, 尤庆敏, 王全喜. 2011. 崇明东滩硅藻植物初报. 植物科学学报 29(5): 570-579.

刘清玉, 刘冰, 李燕, 刘丹, 艾娟. 2019. 中国硅藻 1 新记录种——喙状比利牛斯山微小曲壳藻. 西北植物学报 39(2): 359-362.

刘腾腾, 罗粉, 王艳璐, 王全喜, 尤庆敏. 2020. 上海淀山湖 2 种硅藻植物中国新记录. 西北植物学报 40(1): 170-173.

刘伟才, 熊源新, 邓佳佳, 郎玉卓, 梁阿喜. 2008. 贵州省岩下大鲵自然保护区藻类研究. 山地农业生物学报 27(4) : 305-315.

刘文凯, 范亚文. 2005. 黑龙江省硅藻标本采集及种类分布的初步研究. 哈尔滨师范大学自然科学学报 (3):84-89.

刘妍, J.P. Kociolek, 王全喜, 范亚文. 2016a. 海南岛淡水单壳缝类硅藻的分类学研究. 水生生物学报 40(6): 1266-1277.

刘妍, 范亚文, 王全喜. 2012. 大兴安岭桥弯藻科、异极藻科中国新记录植物. 水生生物学报 36(3): 496-508.

刘妍, 范亚文, 王全喜. 2013. 大兴安岭舟形藻科(硅藻门)中国新记录植物. 西北植物学报 33(4): 835-839.

刘妍, 范亚文, 王全喜. 2015a. 大兴安岭硅藻的中国新记录属、种. 水生生物学报 39(2): 382-393.

刘妍, 范亚文, 王全喜. 2015b. 大兴安岭曲壳类硅藻分类研究. 水生生物学报 39(3): 554-563.

刘妍, 范亚文, 王全喜. 2016b. 大兴安岭长曲壳藻科硅藻中国新记录. 西北植物学报 36(11): 2339-2345.

刘妍, 王全喜, 曹建国. 2007a. 中国羽纹藻属(硅藻门)的新记录植物. 植物分类学报 45 (3): 346-352.

刘妍, 王全喜, 施之新. 2007b. 大兴安岭达尔滨湖桥弯藻科(硅藻门)中国新记录植物. 武汉植物学研究 25(6): 565-571.

刘妍, 王全喜, 杨晓清, 范亚文. 2014. 大兴安岭管壳缝目硅藻中国新记录. 上海师范大学学报(自然科学版) 43(3): 269-272.

刘妍, 尤庆敏, 王全喜. 2006. 福建金门岛的淡水硅藻初报. 武汉植物学研究 24(1): 38-46.

刘妍, 尤庆敏, 王全喜. 2009. 大兴安岭达尔滨湖菱形藻科(硅藻门)中国新记录植物. 武汉植物学研究 27(3): 274-276.

刘玥彤, 刘妍, 刘琪琛, 范亚文. 2016. 异极藻属(硅藻门)5 种中国新记录. 西北植物学报 36(1): 190-193.

刘祝祥, 刘冰, 全思瑾, 龙继艳, 莫雯惠. 2020. 双壳缝硅藻中国 2 新记录种——肿胀类辐节藻和英格兰盘状藻具孤点变种. 西北植物学报 40(10):1784-1791.

罗粉, 尤庆敏, 于潘, 曹玥, 王全喜. 2019. 四川木格措十字脆杆藻科硅藻的分类研究. 水生生物学报 43(4): 910-922.

马沛明, 施练东, 赵先富, 张俊芳, 陈威, 胡菊香. 2013. 一种淡水水华硅藻——链状弯壳藻 (*Achnanthidium catenatum*). 湖泊科学 25(1):156-162.

缪文斌. 1987. 吐鲁番浮游硅藻的初步研究. 西北植物学报 7(2): 138-142.

倪依晨, 刘琪, 尤庆敏, 王全喜. 2013. 甘肃尕海硅藻初报. 植物科学学报 31(5):445-453.

裴国凤, 刘国祥, 胡征宇. 2008. 光滑侧链藻——中国淡水硅藻新记录. 武汉植物学研究 26(5): 458-460.

齐雨藻. 1995. 中国淡水藻志 第四卷 硅藻门 中心纲. 北京: 科学出版社, 104pp.

齐雨藻, 李家英. 2004. 中国淡水藻志 第十卷 硅藻门 无壳缝目 拟壳缝目. 北京: 科学出版社, 161pp.

齐雨藻, 谢淑琦. 1984. 湖北神农架苔藓沼泽硅藻(上). 暨南理医学报(理科专版) (3):86-92.

齐雨藻, 谢淑琦. 1985. 湖北神农架苔藓沼泽硅藻(下). 暨南理医学报(理科专版) (1):98-108.

齐雨藻, 杨景荣. 1985. 四川米易早更新世化石硅藻的新资料. 微体古生物学报 2(3): 283-290.

齐雨藻, 张子安. 1977. 扫描电子显微镜下的硅藻分类研究. 植物分类学报 15(2): 113-120.

钱澄宇, 邓新晏, 王若南, 许继宏. 1985. 滇池藻类植物调查研究. 云南大学学报(自然科学版)7: 9-28.

饶钦止. 1964. 西藏南部地区的藻类. 海洋与湖沼 (2): 169-192.

饶钦止, 朱蕙忠, 李尧英. 1974. 珠穆朗玛峰地区的藻类. 载珠穆朗玛峰地区科学考察报告, 1966-1968 (生物与高山生理). 北京: 科学出版社: 92-126.

施之新. 1991. 江汉平原 47 号钻孔中化石硅藻的新种类. 微体古生物学报 8(4): 449-459.

施之新. 2004. 中国淡水藻志 第十二卷 硅藻门 异极藻科. 北京: 科学出版社, 147pp.

施之新. 2013. 中国淡水藻志 第十六卷 硅藻门 桥弯藻科. 北京: 科学出版社, 217pp.

施之新, 黎娜, 李艳玲. 2003. 湖北省楔桥弯藻属新种类. 水生生物学报 27(4): 405-407.

石瑛, 谢树莲. 2009. 娘子关泉域硅藻初步研究. 山西农业大学学报(自然科学版) 29(6):554-558.

隋丰阳, 范亚文. 2010. 吉林省白城、松原地区部分湖泡藻类植物的初步研究. 武汉植物学研究 28(2)：161-170.

谭明初, 王明书, 包少康, 叶大进. 1988. 大足龙水湖藻类植物调查. 西南师范大学学报(自然科学版) (1): 54-68.

汪桂荣. 1998. 珠江三角洲全新世硅藻. 古生物学报 37(3): 305-324.

王翠红, 辛晓云, 谢淑琦. 1994. 绵山清水河着生硅藻之研究. 山西大学学报(自然科学版) 17(3): 345-349.

王克勤. 1997. 新疆淡水藻类研究: 乌鲁木齐南山八一林场硅藻初报. 干旱区研究 14(2): 25-30.

王丽卿, 王振方, 林家驹, 陈桥, 张玮. 2018. 中国淡水硅藻新记录种——伊拉万短纹藻. 西北植物学报 38(5): 976-982.

王明书, 谭明初. 1992. 云南部分地区硅藻调查研究. 西南师范大学学报(自然科学版) 17(1): 127-138.

王全喜. 2018. 中国淡水藻志 第二十二卷 硅藻门 管壳缝目. 北京: 科学出版社.

王全喜, 邓贵平, 庞婉婷, 徐荣林, 尤庆敏. 2017. 九寨沟自然保护区常见藻类图集. 北京: 科学出版社.

王艳璐, 尤庆敏, 于潘, 王全喜. 2018. 四川亚丁自然保护区硅藻植物分类研究. 上海师范大学学报(自然科学版) 47(5): 585-591.

王艳璐, 于潘, 曹玥, 王全喜, 尤庆敏. 2019. 四川甘孜曲丝藻科硅藻中国新记录. 植物科学学报 37(1): 10-17.

王智敏. 1989. 杭州西湖风景区硅藻调查(2). 杭州师院学报(自然科学版) (6):72-79.

王智敏. 1991. 浙江西天目山自然保护区硅藻调查. 杭州师院学报（自然科学版）(3): 65-73.

王智敏, 陈仲明, 胡炳云. 1985. 杭州西湖地区羽纹纲硅藻调查初报. 杭州师院学报（自然科学版）(2): 46-53.

吴波, 刘妍, 王全喜. 2015. 大兴安岭地区硅藻中国新记录. 植物科学学报 33(2): 144-150.

项斯端, 吴文卫. 1999. 杭州西湖湖底附泥藻群落. 湖泊科学 11(2): 177-183.

谢淑琦, 蔡石勋. 1981. 山西、河北、内蒙古及河南内陆水体中心硅藻的研究. 山西大学学报(自然科学版) (3): 14-32.

谢淑琦, 李婷. 1994. 山西省盐池硅藻一新种. 植物分类学报 32(3): 273-274.

谢淑琦, 郭玉清, 王翠红. 1991. 晋阳湖硅藻之研究. 山西大学学报(自然科学版) 14(4): 412-418.

谢淑琦, 齐雨藻. 1997. 等片藻属几个种的分类学问题研究. 植物分类学报 35(1): 37-42.

谢淑琦, 林碧琴, 蔡石勋. 1985. 光学显微镜和扫描电镜下的星肋小环藻(新种)的研究. 中国科学院研究生院学报 (6):473-475.

谢淑琦, 辛晓云, 李婷. 1993. 运城盐池浮游硅藻的研究. 山西大学学报(自然科学版) 16(3): 332-339.

辛晓云, 徐建红, 谢淑琦. 1997. 晋祠硅藻之研究. 山西大学学报(自然科学版) 20(1): 101-106.

熊源新, 林跃光, 罗应春. 1992a. 贵州常见藻类植物初步名录. 贵州农学院丛刊 20(2): 99-116.

熊源新, 罗应春, 林跃光. 1992b. 草海自然保护区藻植物研究. 贵州农学院丛刊 20(2): 85-98.

熊源新, 罗应春, 林跃光. 1994. 贵州石灰岩地区主要气生藻类名录. 贵州农学院学报 13(1): 36-40.

杨积高. 1989. 植物新记录——我国几种硅藻植物新记录. 安徽师大学报 (2): 89-90.

杨积高. 1990a. 我国硅藻植物新记录. 植物研究 10(1): 81-85.

杨积高. 1990b. 我国硅藻植物新资料. 植物研究 10(4): 11-12.

杨积高. 1994. 安徽舟形藻属新资料. 植物分类学报 32(4): 378-379.

杨积高. 1995a. 中国短缝藻属植物二新记录. 植物研究 15(4): 453-454.

杨积高. 1995b. 我国几种新记录的硅藻. 植物研究 15(3): 335-337.

杨积高. 1995c. 安徽短缝藻属一新种. 植物分类学报 33(2): 206-207.

杨积高. 1999a. 安徽天柱山辐节藻属的初步研究. 安徽师范大学学报(自然科学版) 22(2): 142-144.

杨积高. 1999b. 中国双菱藻属植物二新记录. 安徽师范大学学报(自然科学版) 22(4): 316.

杨积高. 2000a. 安徽钝舟形藻的初步研究. 安徽师范大学学报(自然科学版) 23(4): 331-333.

杨积高. 2000b. 我国长篦藻属植物二新记录. 安徽师范大学学报(自然科学版) 23(1): 34-35.

杨积高, 方锡琛. 1990a. 等片藻属一新变种. 植物研究 10(4): 59-60.

杨积高, 方锡琛. 1990b. 我国几种新记录的硅藻植物. 安徽师大学报(自然科学版) (1): 100-101.

杨景荣. 1988. 云南宜良晚中新世硅藻植物群. 微体古生物学报 5(2): 153-170.

杨丽, 张玮, 徐肖莹, 王丽卿. 2017. 双头异极藻(*Gomphonema biceps* Meister)——中国淡水硅藻一个新记录种. 植物科学学报 35(5): 653-658.

尤庆敏, 王全喜. 2007. 新疆羽纹藻属(硅藻门)的中国新记录. 武汉植物学研究 (6):572-575.

尤庆敏, 王全喜. 2011a. 新疆菱形藻属和细齿藻属(硅藻门)中国新记录植物. 西北植物学报 31(2):417-422.

尤庆敏, 王全喜. 2011b. 双菱藻科(硅藻门)——四个中国新纪录种. 植物科学学报 29(2): 260-264.

尤庆敏, 李海玲, 王全喜. 2005. 新疆喀纳斯地区硅藻初报. 武汉植物学研究 (3):247-256.

尤庆敏, 刘妍, 王全喜. 2011. 菱板藻属(硅藻门)中国新纪录种. 植物研究 31(2):129-133.

尤庆敏, 王全喜, 施之新. 2008a. 中国桥弯藻科(硅藻门)的新记录植物. 水生生物学报 (5):735-740.

尤庆敏, 王幼芳, 王全喜. 2008b. 新疆舟形藻属(硅藻门)中国新记录. 植物研究 28(5): 523-526.

于潘, 尤庆敏, 王全喜. 2016. 真卵形藻属(硅藻门)的中国新记录植物. 西北植物学报 36(7): 1474-1481.

于潘, 尤庆敏, 王全喜. 2017. 九寨沟单壳缝目(硅藻门)的中国新记录植物. 植物科学学报 35(3): 326-334.

张茹春, 牛玉璐, 赵建成, 等. 2006. 北京怀沙河、怀九河自然保护区藻类组成及时空分布动态研究. 西北植物学报 26(8): 1663-1670.

张子安. 1986. 海南岛的硅藻分类研究(一)菱形藻属的研究. 暨南医理学报(理科专版) (3): 88-94.

张子安, 蔡石勋. 1988. 塔形异极藻一新变种. 植物分类学报 26(5): 408.

张子安, 齐雨藻. 1992. 中国短缝藻属的新记录群(一). 暨南大学学报(自然科学与医学版) 13(1): 83-85.

张子安, 齐雨藻. 1993. 中国短缝藻属的新种与新记录群(二). 暨南大学学报(自然科学与医学版) 14(1): 80-83.

张子安, 齐雨藻. 1994. 中国无壳缝目的新分类群和新记录群(一). 暨南大学学报(自然科学与医学版) 15(1): 125-129.

张子安, 齐雨藻. 1995. 硅藻短缝藻属(*Eunotia* Ehr.)的若干波缘变种的研究. 暨南大学学报(自然科学与医学版) 16(1): 98-102.

赵粒岑, 范亚文. 2009. 黑龙江省大兴安岭地区无壳缝目、短壳缝目和单壳缝目植物的初步报道. 哈尔滨师范大学自然科学学报 25(5): 89-93.

赵婷婷, 刘妍, 葛蕾, 范亚文. 2016. 兴凯湖湿地中国新记录硅藻. 水生生物学报. 40(5): 1087-1094.

钟肇新, 包少康, 谭明初, 等. 1986. 北碚缙云山黛湖水域硅藻植物研究初报——重庆藻类植物区系的研究(三). 西南师范大学学报(自然科学版) (2): 103-121.

朱蕙忠, 陈嘉佑. 1985a. 我国新疆一些淡水中心纲硅藻. 新疆大学学报(自然科学版) 2: 49-55.

朱蕙忠, 陈嘉佑. 1985b. 安徽及黑龙江的一些淡水中心纲硅藻. 武汉植物学研究 3(3): 255-259.

朱蕙忠, 陈嘉佑. 1989a. 索溪峪硅藻的新种和新变种. 载黎尚豪等.湖南武陵源自然保护区水生生物. 北京: 科学出版社:33-37.

朱蕙忠, 陈嘉佑. 1989b. 索溪峪的硅藻研究. 载黎尚豪等.湖南武陵源自然保护区水生生物. 北京: 科学出版社: 38-60.

朱蕙忠, 陈嘉佑. 1993. 西藏的脆杆藻科和短缝藻科(羽纹纲)硅藻. 山西大学学报（自然科学版）16(1): 88-93.

朱蕙忠, 陈嘉佑. 1994. 武陵山区硅藻的研究. 载施之新等.西南地区藻类资源考察专集. 北京: 科学出版社:79-130.

朱蕙忠, 陈嘉佑. 1995. 西藏硅藻的新种类(Ⅰ). 植物分类学报 33(5): 516-519.

朱蕙忠, 陈嘉佑. 1996. 西藏硅藻的新种类(Ⅱ). 植物分类学报 34(1): 102-104.

朱蕙忠, 陈嘉佑. 2000. 中国西藏硅藻. 北京: 科学出版社, 353pp.

Abishek, M.P., Patel, J. & Rajan, A.P. 2014. Algae oil: A sustainable renewable fuel of future. Biotechnology Research International 2014:272814.

Acs, E., Ari, E., Duleba, M., Dressler, M., Genkal, S.I., Jako, E., Rimet, F., Ector, L. & Kiss, K.T. 2016. *Pantocsekiella*, a new centric diatom genus based on morphological and genetic studies. Fottea 16(1): 56-78.

Agardh, C.A. 1823-1828. Systema Algarum. Lundae : Litteris Berlingianis, 312pp.

Agardh, C.A. 1824. Systema Algarum. Lundae : Litteris Berlingianis, xxxvii, 312 pp.

Agardh, C.A. 1830. Conspectus Criticus Diatomacearum. Part 1. Lundae:Litteris Berlingianis:1-16.

Agardh, C.A. 1832. Conspectus Criticus Diatomacearum. Part 4. Lundae: Litteris Berlingianis:48-66.

Ahlgren, G., Lundstedt, L., Brett, M. & Forstberg, C. 1990. Lipid composition and food quality of some freshwater phytoplankton for cladoceran zooplankters. Journal of Plankton Research 12: 809-818.

Alcantara, I.I. 1997. Neogene diatoms of Cuitzeo Lake, central sector of the trans-Mexican volcanic belt and their relationship with the volcano-tectonic evolution. Quaternary International 43: 137-143.

Al-Handal, A.Y., Kociolek, J.P. & Abdullah, D.S. 2016. *Williamsella iraqiensis* sp. nov., a new diatom (Bacillariophyta, Fragilariophyceae) from Sawa lake, South Iraq. Phytotaxa 244: 289-297.

Alverson, A.J., Kang, S.H. & Theriot, E.C. 2006. Cell wall morphology and systematic importance of *Thalassiosira ritscheri* (Hustedt) Hasle, with a description of *Shionodiscus* gen. nov. Diatom Research 21(2): 251-262.

Anonymous. 1975. Proposals for a standardization of diatom terminology and diagnoses. Nova Hedwigia, Beihefte 53: 323-354.

Archibald, R.E.M. & Barlow, D.J. 1983. On the raphe ledge in the genus *Amphora* (Bacillariophyta). Bacillaria 6: 257-266.

Archibald, R.E.M. & Schoeman, F.R. 1984. *Amphora coffeaeformis* (Agardh) Kützing: A revision of the species under light and electron microscopy. South African Journal of Botany 3: 83-102.

Ashworth, M.P., Nakov, T., & Theriot, E.C. 2013. Revisiting Ross and Sims (1971); toward a molecular phylogeny of the Biddulphiaceae and Eupodiscaceae (Bacillariophyceae). Journal of Phycology 49(6): 1207-1222.

Ashworth, M.P., Ruck, E.C., Lobban, C.S., Romanovicz, D.K. & Theriot, E.C. 2012. A revision of the genus *Cyclophora* and description of *Astrosyne* gen. nov. (Bacillariophyta), two genera with the pyrenoids contained within pseudosepta. Phycologia 51(6): 684-699.

Bahls, L. 2015. *Kurtkrammeria*, a new genus of freshwater diatoms (Bacillariophyta, Cymbellaceae) separated from *Encyonopsis*. Nova Hedwigia 101(1-2):165-190.

Battarbee, R.W., Smol, J. P. & Meriläinen, J. 1986. Diatoms as indicators of pH: An historical review. In: Smol, J. P., et al. eds., *Diatoms and Lake Acidity*. Dordrecht : Dr. W. Junk Publishers.

Belcher, J.H. & Swale, E.M.F. 1977. Species of *Thalassiosira* (diatoms, Bacillariophyceae) in the plankton of English rivers. British Phycological Journal 12:291-297.

Belcher, J.H., Swale, E.M.F. & Heron, J. 1966. Ecological and morphological observations on a population of *Cyclotella pseudostelligera* Hustedt. Journal of Ecology 54: 335-340.

Bender, S.J., Durkin, C.A. Berthiaume, C.T., Morales, R.L. & Armbrust, V.A. 2014. Transcriptional responses of three model diatoms to nitrate limitation of growth. Frontiers in Marine Science 1: 1-16.

Bessey, C.E. 1900. The modern conception of the structure and classification of diatoms, with a revision of the tribes and a rearrangement of the North American Genera. Transactions of the American Microscopical Society 21: 61-86.

Bessey, C.E. 1907. A synopsis of plant phyla. University Studies of the University of Nebraska. 7: 275-373.

Bethge, H. 1925. *Melosira* und ihre Planktonbegleiter. Pflanzenforschung 3: 1-78.

Bhattacharya D., Medlin L., Wainright P.O., Ariztia E.V., Bibeau C., Stickel S.K. & Sogin M.L. 1992. Algae containing chlorophylls a + c are paraphyletic: Molecular evolutionary analysis of the Chromophyta, Evolution 46 (1992) 1801–1817 In: Bhattacharya, D., Medlin, L., Wainright, P.O., Ariztia, E.V., Bibeau, C., Stickel, S.K., Sogin, M. L. *Errata:* Algae containing chlorophylls a+c are paraphyletic: Molecular evolutionary analysis of the Chromophyta, Evolution 47 (1993) 986pp.

Birks, H.J.B. 1998. Numerical tools in paleolimnology-Progress, potentialities, and problems. Journal of Paleolimnology 20: 307-322.

Bixby, R.J. & Jahn, R. 2005. *Hannaea arcus* (Ehrenberg) R.M. Patrick: lectotypification and nomenclatural history. Diatom Research 20: 210-226.

Bixby, R.J., Edlund, M.B. & Stoermer, E.F. 2005. *Hannaea superiorensis* sp. nov., an endemic diatom from the Laurentian Great Lakes. Diatom Research 20(2): 227-240.

Bory de Saint-Vincent, J.B.M. 1822-1831. Dictionnaire Classique d'Histoire Naturelle. Paris. Rey & Gravier, libraires-éditeurs; Baudouin Frères, libraires-éditeurs., vol. 1-17.

Boyer, C.S. 1927. Synopsis of North American diatomaceae, supplement, Proceedings of the Academy of Natural Sciences of Philadelphia 78 & 79: 1-583.

Brébisson, A. de. 1838. Considérations sur les Diatomées et essai d'une classification des genres et des espèces appartenant à cette famille. Brée l'Ainé Imprimeur-Libraire, Falaise. 22 pp.

Bruder, K. & Medlin, L. 2007. Molecular assessment of phylogenetic relationships in selected species/genera in the naviculoid diatoms (Bacillariophyta). I. The genus *Placoneis*. Nova Hedwigia 85: 331-352.

Bruder, K. & Medlin, L. 2008a. Morphological and molecular investigations of Naviculoid diatoms. II. Selected genera and families. Diatom Research 23: 283-329.

Bruder, K. & Medlin, L. 2008b. Morphological and molecular investigations of naviculoid diatoms. III. *Hippodonta* and *Navicula* s. s. Diatom Research 23: 331-347.

Bukhtiyarova, L. & Round, F.E. 1996. Revision of the genus *Achnanthes* sensu lato. *Psammothidium*, a new genus based on *A. marginulatum*. Diatom Research 11(1): 1-30.

Camburn, K.E. & Kingston, J.C. 1986. The genus *Melosira* from soft-water lakes with special reference to northern Michigan, Wisconsin and Minnesota. pp17-34, In: Smol J.P. et al. eds., Diatoms and Lake Acidity. Dordrecht : W. Junk Publishers.

Cantonati, M. & Lange-Bertalot, H. 2006. *Achnanthidium dolomiticum* sp. nov. (Bacillariophyta) from oligotrophic mountain springs and lakes fed by dolomite aquifers. Journal of Phycology 42: 1184-1188.

Cantonati, M., Lange-Bertalot, H. & Angeli, N. 2010. *Neidiomorpha* gen. nov. (Bacillariophyta): A new freshwater diatom genus separated from *Neidium* Pfitzer. Botanical Studies 51: 195-202.

Cantonati, M., Scola, S., Angeli, N. Guella, G. & Frassanito, R. 2009. Environmental controls of epilithic diatom depth-distribution in an oligotrophic lake characterized by marked water-level fluctuations. European Journal of Phycology 44: 15-29.

Cao, Y., Yu, P., You, Q.M., Lowe, R.L., Williams, D.M., Wang, Q.X. & Kociolek, J.P. 2018. A new species of *Tabularia* (Kützing) Williams & Round from Poyang Lake, Jiangxi Province, China, with a cladistic analysis of the genus and their relatives. Phytotaxa 373(3): 169-183.

Casper, S.J. & Scheffler, W. 1990. *Cyclostephanos delicatus* (Genkal) Casper & Scheffler comb. nov. from waters in the northern part of Germany. Archiv für Protistinkunde 138: 304-312.

Cassie, V. & Dempsey, G.P. 1980. A new freshwater species of *Thalassiosira* from some small oxidation ponds in New Zealand, and its ultrastructure. Bacillaria 3: 273-292.

Chen, J.Y. & Zhu, H.Z. 1983. Amphiraphisales, a new order of the Pennatae, Bacillariophyta. Acta Phytotaxonomica Sinica 21: 449-457.

Cheng, Y., Liu, Y., Kociolek, J.P., You, Q.M. & Fan, Y.W. 2018. A new species of *Gomphosinica* (Bacillariophyta) from lugu lake, Yunnan province, SW China. Phytotaxa 348(2):118-124.

Cholnoky, B.J. 1968. *Die Ökologie der Diatomeen in Binnengewassern.* J. Cramer, Lehre. 699 pp.

Chudaev, D.A. & Georgiev, A.A. 2016. New taxa of *Navicula sensu stricto* (Bacillariophyta, Naviculaceae) from high-altitude lake in Tibet, China. Phytotaxa 243: 180-184.

Clarke, H.T. & Mazur, A. 1941. The lipids of diatoms. Journal of Biological Chemistry 141: 283-289.

Cleve, P.T. 1873. On Diatoms from the Arctic Sea. Bihang till Kongliga Svenska Vetenskaps- Akademiens Handlingar 1(13): 1-28.

Cleve, P.T. 1891. Remarques sur le genre *Amphiprora*. Le Diatomiste 1(6): 51-54.

Cleve, P.T. 1894. Synopsis of the Naviculoid Diatoms, Part I. Kongliga Svenska-Vetenskaps Akademiens Handlingar 26(2): 1-194.

Cleve, P.T. 1895. Synopsis of the Naviculoid Diatoms, Part II. Kongliga Svenska-Vetenskaps Akademiens Handlingar 27(3): 1-219.

Cleve-Euler, A. 1952. Die Diatomeen von Schweden und Finnland. Part V. (Schluss.). Kongliga Svenska Vetenskaps- Akademiens Handligar, ser. 43(3): 1-153.

Cleve-Euler, A. 1953a. Die Diatomeen von Schweden und Finnland. Part II, Arraphideae, Brachyraphideae. Kongliga Svenska Vetenskaps-Akademiens Handligar, ser. 4, 4(1): 1-158.

Cleve-Euler, A. 1953b. Die Diatomeen von Schweden und Finnland. Part III. Monoraphideae, Biraphideae 1. Kongliga Svenska Vetenskaps-Akademiens Handligar, ser. 4, 4(5): 1-255.

Compère, P. 1982. Taxonomic revision of the diatom genus *Pleurosira* (Eupodiscaceae). Bacillaria 5: 165-190.

Compère, P. 2001. *Ulnaria* (Kützing) Compère, a new genus name for *Fragilaria* subgen. *Alterasynedra* Lange-Bertalot with comments on the typification of *Synedra* Ehrenberg. pp. 97-102. In: Jahn, R. et al. eds., Lange-Bertalot-Festschrift: Studies on Diatoms. Dedicated to Prof. Dr. Dr. h.c. Horst Lange-Bertalot on the occassion of his 65th Birthday. A.R.G. Gantner Verlag. K.G.

Cox, E.J. 1987. *Placoneis* Mereschkowsky: The re-evaluation of a diatom genus originally characterized by its chloroplast type. Diatom Research 2: 145-157

Cox, E.J. 1988. Taxonomic studies on the diatom genus *Navicula* Bory. V. The establishment of *Parlibellus* gen. nov. for some members of *Navicula* sect. Microstigmaticae. Diatom Research 3(1): 9-38.

Cox, E.J. 2006. *Achnanthes* sensu stricto belongs with genera of the Mastogloiales rather than with other monoraphid diatoms (Bacillariophyta). European Journal of Phycology 41(1): 67-81.

Cox, E.J. 2015. Coscinodiscophyceae, Mediophyceae, Fragilariophyceae, Bacillariophyceae (Diatoms). In: Sylabus of plant families. Adolf Engler's Syllabus der Pflanzenfamilien. 13th Ed. Photoautotrophic eukaryotic algae Glaucocystophyta, Cryptophyta, Dinophyta/Dinozoa, Heterokontophyta/Ochrophyta, Chlorarachniophyta/ Cercozoa, Euglenophyta/Euglenozoa, Chlorophyta, Streptophyta p.p. (Frey, W. Eds), pp. 64-103. Stuttgart: Borntraeger Science Publishers.

Cox, E.J. & Reid, G. 2004. Generic relationships within the Naviculineae: a preliminary cladistic analysis. pp. 49-62. In: Poulin M. ed., Proceedings of the Seventeenth International Diatom Symposium, Ottawa, Canada, 25th-31st August 2002. Bristol :Biopress Limited.

Crawford, R.M. 1981. The diatom genus *Aulacoseira* Thwaites: its structure and taxonomy. Phycologia 20: 174-192.

Crawford, R. M. 1988. A reconsideration of *Melosira arenaria* and *M. teres* resulting in a proposed new genus *Ellerbeckia*. pp. 413-433. In: Round F. E. ed., Algae and the Aquatic Environment. Bristol : Biopress.

Crawford, R.M. & Likhoshway, Y.V. 1999. The frustule structure of original material of *Aulacoseira distans* (Ehrenberg) Simonsen.Diatom Research14: 239-250.

Crawford, R.M. & Sims, P.A. 2007. *Ellerbeckia baileyi* (H.L. Smith) Crawford & Sims comb. nov. typification and frustule morphology of a rare freshwater fossil diatom. Diatom Research 22: 17-26.

Crawford, R.M., Likhoshway, Y.V. & Jahn, R. 2003. Morphology and identity of *Aulacoseira italic* and typification of *Aulacoseira* (Bacillariophyta). Diatom Research18: 1-19.

Dakshini, K.M.M. & Soni, J.K. 1982. Diatom distribution and status of organic pollution in sewage drains. Hydrobiologia 87: 205-209.

Darley, W.M. & Volcani, B.E. 1969. Role of silicon in diatom metabolism. A silicon requirement for deoxyribonucleic acid synthesis in the diatom *Cylindrotheca fusiformis* Reimann and Lewin. Experimental Cell Research 58: 334-342.

De Toni, G.B. 1890. Sulla *Navicula aponina* Kuetz. e sui due generi *Brachysira* Kuetz. e Libellus Cleve. Atti del Reale Istituto Veneto di Scienze Lettero ed Arti 967-971.

De Toni, G.B. & Forti, A. 1900. Contributo alla conoscenza del plancton del Lago Vetter. Atti del Reale Istituto Veneto di Scienze Lettero ed Arti 59(2): 537-568.

DeNicola, D.M. 2000. A review of diatoms found in highly acidic environments. Hydrobiologia 433: 111-122.

Descy, J.P. & Willems, C. 1991. Contribution to the knowledge of the River Moselle phytoplankton. Cryptogamie Algologie 12: 87-100.

Dolatabadi, J.E.N. & de la Guardia, M. 2011. Applications of diatoms and silica nanotechnology in biosensing, drug and gene delivery, and formation of complex metal nanostructures. Tracing Trends in Analytical Chemistry 30:1538-1548.

Edlund, M.B. & Stoermer, E.F. 1993. Resting spores of the freshwater diatoms *Acanthoceras* and *Urosolenia*. Journal of Paleolimnology 9: 55-61.

Ehrenberg, C.G. 1830. Organisation, Systematik, und geographisches Verhältnis der Infusionstierchen. Druckerei dei Koningliche Akademie der Wissenschaften. t. I–VIII, F. Dümmler, Berlin, 108 pp.

Ehrenberg, C.G. 1832. Die geographische Verbreitung der Infusionsthierchen in Nord-Afrika und West-Asien, beobachtet auf Hemprich und Ehrenberg's Reisen. Abhandlungen der Königlichen Akademie der Wissenschaften zu Berlin, Physikalische Klasse, 1829: 1-20.

Ehrenberg, C.G. 1837. Nachricht des Hrn Agassiz in Neuchatel über den ebenfalls aus mikroskopichen Kiesel-Organismen gebildeten Polirschiefer von Oran in Afrika. 1837: 59-61.

Ehrenberg, C.G. 1839. Über jetzt wirklich noch zahlreich lebende Thier-Arten der Kreideformation der Erde. Bericht über die zur Bekanntmachung geeigneten Verhandlungen der Königlich-Preussischen Akademie der Wissenschaften zu Berlin, 1839: 152-159.

Ehrenberg, C.G. 1840. Characteristik von 274 neuen Arten von Infusorien. Bericht über die zur Bekanntmachung geeigneten Verhandlungen der Königlich Preussischen Akademie der Wissenschaften zu Berlin. 1840: 197-219.

Ehrenberg, C.G. 1841. Über Verbreitung und Einfluss des mikroskopischen Lebens in Süd- und Nordamerika. Bericht über die zur Bekanntmachung geeigneten Verhandlungen der Königichen-Preussichen Akademie der Wissenschaften zu Berlin 39–144.

Ehrenberg, C.G. 1843. Einen Nachtrag zu dem Vortrage über die Verbreitung und Einfluss des mikroskopischen Lebens in Süd-und Nord-Amerika. Abhandlungen Königlichen Akadamie Wissenschaften Berlin 1841: 202-209.

Ehrenberg, C.G. 1844. Einige vorläufige Resultate seiner Untersuchungen der ihm von der Südpolreise des Capitain Rofs, so wie von den Herren Schayer und Darwin zugekommenen Materialien über das Verhalten des kleinsten lebens in den Oceanen und den gröfsten bisher zugänglichen Tiefen des Weltmeers. Bericht über die zur Bekanntmachung geeigneten Verhandlungen der Königlich-Preussischen Akademie der Wissenschaften zu Berlin 1844: 182-207.

Ehrenberg, C.G. 1845. Vorläufige zweite Mettheilung über die weitere Erkenntnifs der Beziehungen des kleinsten organischen Lebens zu den vulkanischen Massen der Erde. Bericht über die zur

Bekanntmachung geeigneten Verhandlungen der Königlich-Preussischen Akademie der Wissenschaften zu Berlin 1845: 133-157.

Ehrenberg, C.G. 1848. Die Mikroskopischen Lebenformen. pp. 537-544. In: Schomburgk R.H. ed., Versuch einer Fauna und Flora von Britisch-Guiana. Leipzig, J.J. Weber, 3: lack pages.

Evans, K.M. & Mann, D.G. 2009. A proposed protocol for nomenclaturally effective DNA barcoding of microalgae. Phycologia 48: 70-74.

Falciatore, A. & Bowler, C. 2002. Revealing the molecular secrets of marine diatoms. Annual Review of Plant Biology. 53: 109-130.

Falkowski, P.G., Katz, M.E., Knoll, A.H., Quigg, A., Raven, J.A., Schofield, O. & Taylor, F.J.R. 2004. The evolution of modern eukaryotic phytoplankton. Science 305:354-360.

Fan, Y.W., Shi Z.X., Bao W.M. & Wang Q.X. 2004. A New Combination and Two Varieties of Polystigmate *Gomphonema* (Gomphonemaceae Bacillariophyta) from Heilongjiang Province, China. Chinese Journal of Oceanology and Limnology 22(2): 198-203.

Farr, E.R., Leussink, J.A. & Stafleu, F.A. 1979. Index Nominum Genericorum (Plantarum). Bohn, Scheltema & Holkema, Utrecht, dr. W. Junk b.v., Publishers, The Hague, 1,2,3: 1896 pp.

Field, C.B., Behrenfeld, M.J., Randerson, J.T. & Falkowski, P. 1998. Primary production of the biosphere: Integrating terrestrial and oceanic components. Science 281:237-240.

Floener, L. & Bothe, H. 1980. Nitrogen fixation in *Rhopalodia gibba*, a diatom containing blue-greenish inclusions symbiotically. pp. 541-552. In: Schwemmler, W. & Shenk, H.E.A. eds), Endocytobiology: Endosymbiosis and cell biology, a synthesis of recent research, Vol. 1. Berlin: de Gruyter.

Flower, R.J., Jones, V.J. & Round, F.E. 1996. The distribution and classification of problematic *Fragilaria* (virescens v.) *exigua* Grun./*Fragilaria exiguiformis* (Grun.) Lange-Bertalot: a new species or a new genus? Diatom Research 11(1): 41-57.

Frenguelli, J. 1929. Diatomee fossili delle conche saline del deserto cileno-boliviano. Bolettino della Società Geologica Italiana, Roma 47(2): 185-236.

Frenguelli, J. 1945. El Platense y sus diatomeas, Las diatomeas del Platense. Revista del Museo de La Plata (Nueva Serie), Seccion Paleontologia 3: 77-221.

Fourtanier, E. & Kociolek, J.P. 2011. Catalogue of Diatom Names, California Academy of Sciences, On-line Version updated 19 Sep 2011. Available online at http://research.calacademy.org /research/diatoms/ names/index.asp.

Furey, P.C., Lowe, R.L. & Johansen, J.R. 2011. *Eunotia* Ehrenberg (Bacillariophyta) of the Great Smoky Mountains National Park. Bibliotheca Diatomologica 56: 1-134.

Ge, L., Liu, Y., Kociolek, J.P. & Fan, Y. 2014. New *Gomphonema* (Bacillariophyta) species from Xingkai Lake, China. Phytotaxa 175: 249-255.

Glezer Z.I. & Malkarova, I.V. 1986. News order and family of Diatoms (Baccillariophyta). Botanichesrii Ehuend 71(5): 673-676.

Gligorga, M., Kralj, K., Plenkovic-Moraj, A., Hinz, F., Acs, E., Grigorszky, I., Cocquyt, C. & Van de Vijver, B. 2009. Observations on the diatom *Navicula hedinii* Hustedt (Bacillariophyceae) and its transfer to a new genus *Envekadea* Van de Vijver et al. gen. nov. European Journal of Phycology 44(1): 123-138.

Gmelin, J.F. 1788. *Carolia* Linne Systema Naturae per regna tria naturae, secundum classes, ordines, genera, species, cum characteribus, differentiis, synonymis, locis. (ed. 13). Lipsiae ed. 13, II: 1662 pp.

Gong, Z.J. & Li Y.L. 2011. *Cymbella fuxianensis* Li and Gong sp. nov. (Bacillariophyta) from Yunnan Plateau, China. Nova Hedwigia 92(3–4): 551-556.

Gong, Z.J. & Li Y.L. 2012. *Gomphonema yaominae* sp. nov. Li, a new species of diatom (Bacillariophyta) from lakes near Yangtze River, China. Phytotaxa 54: 59-64.

Gong, Z.J., Li, Y.L., Metzeltin, D. & Lange-Bertalot, H. 2013. New species of *Cymbella* and *Placoneis* (Bacillariophyta) from late Pleistocene Fossil, China. Phytotaxa 150(1): 29-40.

Gong, Z.J., Metzeltin, D., Li, Y.L. & Edlund, M.B. 2015. Three new species of *Navicula* (Bacillariophyta) from lakes in Yunnan Plateau (China). Phytotaxa 208(2): 135-146.

Gordon, R., Losic, D., Tiffany, M.A., Nagy, S.S. & Sterrenburg, F.A.S. 2009. The glass menagerie: Diatoms for novel applications in nanotechnology. Trends in Biotechnology 27: 116-127.

Graeff, C.L., Kociolek, J.P. & Rushforth, S.R. 2013. New and interesting diatoms (Bacillariophyta) from Blue Lake Warm Springs, Tooele County, Utah. Phytotaxa 153(1): 1-38.

Graham, J.E., Wilcox, L.W. & Graham, L.E. 2008. Algae. Second Edition. Benjamin Cummings. 720pp.

Greville, R.K. 1855. Report on a collection of Diatomaceae made in the district of Braemar by Professor Balfour and Mr. George Lawson. Annals and Magazine of Natural History, 2nd series 15: 252-261.

Greville, R.K. 1865. Descriptions of new and rare Diatoms. Series XV. Transactions of the Microscopical Society, New Series, London 13: 24-34.

Griffith, J.W. & Henfrey, A. 1856. Diatomaceae. In: Boorst, J.V. ed. *The* Micrographic Dictionary [1st edition]. Paternoster Row, London.

Grunow, A. 1860. Ueber neue oder ungenügend gekannte Algen. Erste Folge, Diatomeen, Familie Naviculaceen. Verhandlungen der Kaiserlich-Königlichen Zoologisch-Botanischen Gesellschaft in Wien 10: 503-582.

Grunow, A. 1867. Reise seiner Majestät Fregatte Novara um die Erde. Botanischer Theil. Band I. Algen. Wien, aus der Kaiselich-Königlichen Hof-und Staasdruckerei, 104 pp.

Grunow, A. 1877. New Diatoms from Honduras, with notes by F. Kitton. Monthly Microscopical Journal, London 18: 165-186.

Guiry, M.D. & Gandhi, K. 2019. *Decussiphycus* gen. nov.: a validation of "*Decussata*" (R.M.Patrick) Lange-Bertalot (Mastogloiaceae, Bacillariophyta). Notulae algarum 94: 1-2.

Guo, J. Sh., Meng, W. W., He, X. Y., Zhang, Y., Li, Y. L. & Kociolek J. P. 2021.*Oricymba gongshanensis* sp. nov. (Cymbellaceae; Bacillariophyceae), a new species from southwest China. Phytotaxa　508(1):39-48.

Gusev, E.S. & Kulikovskiy, M. 2014. Centric diatoms from Vietnam reservoirs with description of one new *Urosolenia* species. Nova Hedwigia Beihefte 143: 111-127.

Håkansson, H. 2002. A compilation and evaluation of species in the genera *Stephanodiscus, Cyclostephanos* and *Cyclotella* with a new genus in the family Stephanodiscaceae. Diatom Research17: 1-139.

Halse, G. R. 1972. Two types of valve processes in centric diatoms First Sym. On Recent and Fossil marine diatoms. Nova Hedwigia Beihft 39: 55-78.

Handmann, R. 1913. Die Diatomeenflora des Almseegebietes. Mitteilungen, Mikrologischer Verein Lunz 1: 4-30.

Happey-Wood, C.M. & Jones, P. 1988. Rhythms of vertical migration and motility in intertidal benthic diatoms with particular reference to *Pleurosigma angulatum*. Diatom Research 3: 83-93.

Harper, M. A. 1977. Movements. pp. 224-249. In: Werner D. ed., The Biology of Diatoms. Oxford: Blackwell Scientific Publications.

Hasle, G. R. 1978. Some freshwater and brackish water species of the diatom genus *Thalassiosira* Cleve. Phycologia 17: 263-292.

Hasle, G.R. 1973a. Some marine plankton genera of the diatom family Thalassiosiraceae. In: Simonsen, R. ed., Proceedings of the Second Symposium on Recent and Fossil Marine Diatoms, London, September 4-9, 1972. Beihefte zur Nova Hedwigia 45: 1-68.

Hasle, G.R. 1973b. The "mucilage pore" of pennate diatoms. Beihefte Nova Hedwigia 45: 167-186.

Hasle, G. R. & Evensen, D.L. 1975. Brackish-water and fresh-water species of the diatom genus *Skeletonema*. Grev. I. *Skeletonema subsalsum* (A. Cleve) Bethge. Phycologia 14: 283-297.

Hasle, G. R. & Evensen, D.L. 1976. Brackish water and freshwater species of the diatom genus *Skeletonema*. II. *Skeletonema potomos* comb. nov. Journal of Phycology 12: 73-82.

Hasle, G.R. & Lange, C.B. 1989. Fresh-water and brackish water *Thalassiosira* (Bacillariophyceae) - taxa with tangentially undulated valves. Phycologia 28: 120-135.

Hassall, A.H. 1845. A history of the British Freshwater Algae (including descriptions of the Diatomaceae and Desmidiaceae) with upwards of one hundred Plates. I. Text.Taylor, Walton, and Maberly, London.462 pp.

Hassall, A.H. 1850. The Diatomaceae in the Water Supplied to the inhabitants of London and the suburban districts. A microscopic Examination of the water. London, 60 pp.

Haworth, E.Y. & Hurley, M.A. 1986. Comparison of the stelligeroid taxa of the centric diatom genus *Cyclotella*. In: Ricard, M., ed, Proceedings of the 8th International Diatom Symposium. Koenigstein:O. Koeltz:43-58.

Hendey, N.I. 1964. An introductory acount of the smaller algae of British coastal waters. Part V: Bacillariophyceae (Diatoms). Ministry of Agriculture, Fisheries and Food, Fishery Investigations, Series 4. Her Majesty's Stationery Office, London 317 pp.

Hildebrand, M., Davis A.K., Smith, S.R., Traller, J.C. & Abbriano, R. 2012. The place of diatoms in the biofuels industry. Biofuels 3: 221-240.

Hill, B.H., Stevenson, R.J., Pan, Y., Herlihy, A.T., Kaufmann, P.R. & Johnson, C.B. 2001. Comparison of correlations between environmental characteristics and stream diatom assemblages characterized at genus and species levels. Journal of the North American Benthological Society 20: 299-310.

Hlúbiková, D., Ector, L. & Hoffmann, L. 2011. Examination of the type material of some diatom species related to *Achnanthidium minutissimum* (Kutz.) Czarn. (Bacillariophyceae). Algological Studies 136-137: 19-43.

Honigmann, H. 1910. Beiträge zur Kenntnis des Süßwasser-planktons. Archiv für Hydrobiologie und Planktonkunde, Stuttgart 5: 71-78.

Houk, V. 1993. Some morphotypes in the *Orthoseira roeseana* complex. Diatom Research 8: 385-402.

Houk, V. & Klee, R. 2004. The stelligeroid taxa of the genus *Cyclotella* (Kützing) Brébisson (Bacillariophyceae) and their transfer into the new genus *Discostella* gen. nov. Diatom Research 19: 203-228.

Houk, V., Klee, R. & Tanaka, H. 2010. Atlas of freshwater centric diatoms with a brief key and descriptions. Part III. Stephanodiscaceae A. *Cyclotella, Tertiarius, Discostella*. Fottea 10: 1- 498.

Houk, V., Klee, R. & Tanaka, H. 2014. Atlas of freshwater centric diatoms with a brief key and descriptions. Part IV. Stephanodiscaceae B. *Stephanodiscus, Cyclostephanos, Pliocaenicus, Hemistaphanos, Stephanocostis, Mesodictyon & Spicaticribra*. Fottea (Supplement) 14: 1-530.

Hu, Z.J., Li, Y.L. & Metzeltin, D. 2013. Three new species of *Cymbella* (Bacillariophyta) from high altitude lakes, China. Acta Botanica Croatica 72(2): 359-374.

Huang, C., Liu, S. & Chen, Z. 1998. Atlas of Limnetic Fossil Diatoms of China (in Chinese), Beijing: China Ocean Press.

Hustedt, F. 1927. Die Kieselalgen Deutschlands, Österreichs und der Schweiz unter Berücksichtigung der übrigen Länder Europas sowie der angrenzenden Meeresgebiete. In: Rabenhorst L. ed., Kryptogamen Flora von Deutschland, Österreich und der Schweiz. Akademische Verlagsgesellschaft m.b.h. Leipzig, Vol: 7, Issue: Teil 1, Lief. 1, 1-272.

Hustedt, F. 1930. Bacillariophyta (Diatomeae). Vol. 10. In: Pascher A. ed. Die Süsswasser-Flora Mitteleuropas. Jena : Gustav Fischer Verlag.

Ivanov, P. & Ector, L. 2006. *Achnanthidium temniskovae* sp. nov., a new diatom from the Mesta River, Bulgaria. pp. 147-154. In: Ognjanova-Rumenova, N., Manoylov,K. (Eds.), Advances in Phycological Studies. Sofia and Moscow : Pensoft.

Jahn, R. & Kusber, W.H. 2005. Reinstatement of the genus *Ceratoneis* Ehrenberg and lectotypification of its type specimen: *C. closterium* Ehrenberg. Diatom Research 20(2): 295-304.

Jahn, R. , Kusber, W.H. , Skibbe, O. , Zimmermann, J., Van, A., Buczkó, K. & Abarca, N. 2019. *Gomphonella olivacea* (Bacillariophyceae) – a new phylogenetic position for a well-known taxon, its typification, new species and combinations. Plant Ecology and Evolution 152: 219-247.

Janssen, M., Just, M. Rhiel, E. & Krumlein, W.E. 1999. Vertical migration behavior of diatom assemblages of Waddel Sea sediments (Dangast, Germany): a study using cryo-scanning electron microscopy. International Microbiology 2: 103-110.

Jiang, Z.Y., Liu, Y., Kociolek, J.P. & Fan, Y.W. 2018. One new *Gomphonema* (Bacillariophyta) species from Yunnan Province, China. Phytotaxa 349(3):257.

Jin, T. G. 1951. A list of Chinese diatoms, from 1847 to 1946. Amoy Fisheries Bulletin 1: 41-143.

Johansen, J.R. & Rushforth, S.R. 1985. A contribution to the taxonomy of *Chaetoceros muelleri* Lemmermann (Bacillariophyceae) and related taxa. Phycologia 24: 437-447.

Johansen, J.R. & Sray, J.C. 1998. *Microcostatus* gen. nov., a new aerophilic diatom genus based on *Navicula krasskei* Hustedt. Diatom Research 13: 93-101.

Johansen, J.R., Kociolek, J.P. & Lowe, R.L. 2008. *Spicaticribra kingstonii*, gen. nov. et sp. nov. (Thalassiosiraceae, Bacillariophyta) from Great Smoky Mountains National Park, USA. Diatom Research 23: 367-375.

Johnson, L.M. & Rosowski, J.R. 1992. Valve and band morphology of some fresh-water diatoms. 5. Variations in the cingulum of *Pleurosira laevis* (Bacillariophyceae). Journal of Phycology 28: 247-259.

Julius, M.L., Curtin, M. & Tanaka, H. 2006. *Stephanodiscus kusuensis,* sp. nov. a new Pleistocene diatom from southern Japan. Phycological Research 54: 294-301.

Jüttner, I., Chimonides, J. & Cox, E.J. 2011. Morphology, ecology and biogeography of diatom species related to *Achnanthidium pyrenaicum* (Hustedt)Kobayasi (Bacillariophyceae) in streams of the Indian and Nepalese Himalaya. Algological Studies 136-137: 45-76.

Jüttner, I., Krammer, K., Van de Vijver, B., Tuji, A., Simkhada, B., Gurung, S., Sharma, S., Sharma, C. & Cox, E.J. 2010. *Oricymba* (Cymbellales, Bacillariophyceae), a new cymbelloid genus and three new species from the Nepalese Himalaya. Phycologia 49(5): 407-423.

Jüttner, I., Williams, D.M., Levkov, Z., Falasco, E., Battegazzore, M., Cantonati, M., Van de Vijver, B., Angele, C. & Ector, L. 2015. Reinvestigation of the type material for *Odontidium hyemale* (Roth) Kützing and related species, with description of four new species in the genus *Odontidium* (Fragilariacaeae, Bacillariophyta). Phytotaxa 234: 1-36.

Karayeva, N.I., Maggerramova, N.R. & Rhazeva, S.G. 1984. Morphology of the diatom frustule of the genus *Amphora* based on the data of electron microscopy. Botanicheskii Zhurnal 69: 492-497.

Karsten, G. 1928. Abteilung Bacillariophyta (Diatomeae). In: Engler, A. & Prantl, K. eds., Die Natürlichen Pflanzenfamilien, Peridineae (Dinoflagellatae), Diatomeae (Bacillariophyta), Myxomycetes. Wilhelm Engelmann, Leipzig. Zweite Auflage. 2: 105-303.

Karthick, B. & Kociolek, J.P. 2011. Four new centric diatoms (Bacillariophyceae) from the Western Ghats, South India. Phytotaxa 22: 25-40.

Karthick, B., Hamilton, P.B. & Kociolek, J.P. 2013. *An illustrated guide to common diatoms of Pennsular India*. Gubbi Labs LLP. 206pp.

Kermarrec, L., Franc, A., Rimet, F., Chaumeil, P., Humbert, J.F. & Bouchez, A. 2013. Next-generation sequencing to inventory taxonomic diversity in eukaryotic communities: a test for freshwater diatoms. Molecular Ecology Resources 13(4): 607-619.

Kharitonov, V.G. & Genkal, S.I. 2010. Centric diatom algae (Centrophyceae) of ultraoligotrophic Lake Elgygytgyn and water bodies of its basin (Chukotka, Russia). Inland Water Biology 3: 1-10.

Khursevich, G.K. 1989. An Atlas of *Stephanodiscus* and *Cyclostephanos* (Bacillariophyta) in the Upper Cenozoic Deposits of the USSR. Nauka I teckhnika. 86 pp.

Khursevich, G.K. & Kociolek, J.P. 2012. A Preliminary, Worldwide Inventory of the Extinct, Freshwater Fossil Diatoms from the Orders Thalassiosirales, Stephanodiscales, Paraliales, Aulacoseirales, Melosirales, Coscindiscales, and Biddulphiales. Nova Hedwigia Beihefte 141: 315-364.

Khursevich, G.K. & VanLandingham, S.L. 1993. Frustular morphology of some centric diatom species from Miocene fresh-water sedimentary-rocks of western USA and Canada. Nova Hedwigia 56: 389-400.

Kiss, K.T. 1984. Occurrence of *Thalassiosira pseudonana* Hasle et. Heimdal (Bacillariophyceae) in some rivers of Hungary. Acta Botanica Hungaria 30: 277-287.

Kiss, K.T., Klee, R., Ector, L. & Ács, É. 2012. Centric diatoms of large rivers and tributaries in Hungary: morphology and biogeographic distribution. Acta Botanica Croatica 71: 311-363.

Kociolek, J.P. 2000. Valve ultrastructure of some Eunotiaceae (Bacillariophyceae), with comments on the evolution of the raphe system. Proceedings of the California Academy of Sciences 52: 11-21.

Kociolek, J.P. 2007. Diatoms: Unique Eukaryotic Extremophiles Providing Insights into Planetary Change. Proceedings of the SPIE Optics and Photonics Conference, Instruments, Methods, and Missions for Astrobiology X. Volume 6694, Richard B. Hoover, Gilbert V. Levin, Alexei Y. Rozanov, Paul C. W. Davies, Editors, Publication: 1-15.

Kociolek, J. P. & Thomas, E.W. 2010. Taxonomy and ultrastructure of five Naviculoid diatoms (class Bacillariophyceae) from the Rocky Mountains of Colorado (USA), with the description of a new genus and four new species. Nova Hedwigia 90(1): 195-214.

Kociolek, J.P. & Hamsher, S.E. 2016. Diatoms: By, with and as endosymbionts. pp. 371-398. In: Grube, M. et al. eds., Algae and Cyanobacteria Symbiosis. New Jersey : World Scientific.

Kociolek, J.P. & Herbst, D.B. 1992. Taxonomy and distribution of benthic diatoms from Mono Lake, California, U.S.A. Transactions of the American Microscopical Society 111(4): 338-355.

Kociolek, J.P. & Khursevich, G.K. 2001. Valve ultrastructure of some fossil freshwater *Thalassiosira* species, including three described as new. Algologia 11: 212-225. (Also published in 'International Journal on Algae' 3: 86-98, 2001).

Kociolek, J.P. & Lowe, R.L. 1983. Scanning electron microscopic observations on the frustular morphology and filamentous growth habit of *Diatoma heimale* var. *mesodon*. Transactions of the American Microscopical Society 102: 281-287.

Kociolek, J.P. & Stoermer, E.F. 1987. Ultrastructure of *Cymbella sinuata* and its allies (Bacillariophyceae), and their transfer to *Reimeria*, gen. nov. Systematic Botany12(4): 451.

Kociolek, J.P. & Stoermer, E.F. 1989. Phylogenetic relationships and evolutionary history of the diatom genus *Gomphoneis*. Phycologia 28(4): 438-454.

Kociolek, J.P. & Stoermer, E.F. 2010. Variation and Polymorphism in Diatoms: The Triple Helix of Development, Genetics and Environment and our Understanding of Diatom Systematics. A review of the literature. Vie et Mileau 60: 75-87.

Kociolek, J. P., You, Q.M., Yu, P., Li Y.L., Wang, Y.L., Lowe, R. & Wang, Q.X. 2021. Description of *Gomphothidium* gen. nov., with light and scanning electron microscopy: A New Freshwater Monoraphid Diatom Genus from Asia. Fottea 21(1): 1-7.

Kociolek, J.P., Cui, N.N., Liu, Q., Xie, S.L., Feng, J., Wang, J. & Shi, Y. 2020a. New and interesting diatoms from Tibet. III. Valve ultrastructure of two *Neidium* Pfitzer species from Tibet: comparison with other morphological groups of *Neidium* and consideration of phylogenetic relationships within the genus. Diatom Research, 35(2): 155-162.

Kociolek, J.P., Liu, Y. & Wang, Q.X. 2011. Internal valves in populations of *Meridion circulare* (Greville) C.A. Agardh from the A'er Mountain region of northeastern China: Implications for taxonomy and systematics. Journal of Systematics and Evolution 49: 486-494.

Kociolek, J.P., You, Q.M., Liu, Q., Liu, Y. & Wang, Q.X. 2020b. Continental diatom biodiversity discovery and description in China: 1848 through 2019. PhytoKeys 160(4): 45-97.

Kociolek, J.P., You, Q.M., Stepanek, J., Lowe, R.L. & Wang, Q.X. 2016b. A new *Eunotia* C.G. Ehrenberg (Bacillariophyta: Bacillariohyceae: Eunotiales) species from karst formations of southern China. Phytotaxa 265: 285-293.

Kociolek, J.P., You, Q.M., Stepanek, J.G., Lowe, R.L. & Wang, Q.X. 2016a. New freshwater diatom genus, *Edtheriotia* gen. nov. of the Stephanodiscaceae (Bacillariophyta) from south-central China. Phycological Research 64(4): 274-280.

Kociolek, J.P., You, Q.M., Wang, Q.X. & Liu, Q. 2015. Consideration of some interesting freshwater gomphonemoid diatoms from North America and China, and the description of *Gomphosinica, gen. nov.* Nova Hedwigia, Beihefte 144: 175-198.

Kolkwitz, R. & Marsson, M. 1908. Ökologie der pflanzen Saprobien. Berichte der Deutschen Botanischen Gesellschaft 26: 505-519.

Koppen, J.D. 1978. Distribution and aspects of the ecology of the genus *Tabellaria* Ehr. (Bacillariophyceae) in the northcentral United States. The American Midland Naturalist 99: 383-397.

Körner, H. 1971. Morphologie und Taxonomie der Diatomeengattung *Asterionella*. Nova Hedwigia 20: 557-724.

Krammer, K. 1979. Zur Morphologie der Raphe bei der Gattung *Cymbella*. Beihefte zur Nova Hedwigia 21: 993-1029.

Krammer, K. 1981. Morphologic investigations of valve and girdle of the diatom genus *Cymbella* Agardh. Bacillaria 4: 125-146.

Krammer, K. 1982. Valve morphology in the genus *Cymbella*. Micromorphology Diatom Valves 11: 1-299.

Krammer, K. 1992a. Die Gattung *Pinnularia* in Bayern. Hoppea 52: 1-308.

Krammer, K. 1992b. *Pinnularia*. Eine Monographie der europäischen Taxa. Biblotheca Diatomolologica 26: 1-353.

Krammer, K. 1997a. Die cymbelloiden Diatomeen. Eine Monographie der weltweit bekannten Taxa. Teil 1. Allgemeines und *Encyonema* Part. Biblotheca Diatomolologica 36: 1-382.

Krammer, K. 1997b. Die cymbelloiden Diatomeen. Eine Monographie der weltweit bekannten Taxa. Teil 2. *Encyonema* Part., *Encyonopsis* und *Cymbellopsi*s. Biblotheca Diatomolologica 37: 1-469.

Krammer, K. 1999. Validierung von *Cymbopleura* nov. gen. Iconographia Diatomologica 6:1-292.

Krammer, K. 2000. The genus *Pinnularia*. In: Lange-Bertalot H. ed., Diatoms of Europe, Diatoms of the European Inland waters and comparable habitats. A.R.G. Gantner Verlag K.G., vol. 1: 703 pp.

Krammer, K. 2003. *Cymbopleura, Delicata, Navicymbula, Gomphocymbellopsis, Afrocymbella.* In: Lange-Bertalot, H. ed., Diatoms of Europe, Diatoms of the European Inland waters and comparable habitats. A.R.G. Gantner Verlag K.G., vol. 4, 529 pp.

Krammer, K. & Lange-Bertalot, H. 1986. Bacillariophyceae. 1. Teil: Naviculaceae, In: Ettl, H. et al. eds., *Süsswasserflora von Mitteleuropa*, Band 2/1. Stuttgart, New York: ustav Fischer Verlag, 876 pp.

Krammer, K. & Lange-Bertalot, H. 1988. Bacillariophyceae. 2. Teil: Bacillariaceae, Epithemiaceae, Surirellaceae, In: Ettl, H. et al. eds., *Süsswasserflora von Mitteleuropa*, Band 2/2. Jena : Gustav Fischer Verlag, 596 pp.

Krammer, K. & Lange-Bertalot, H. 1991a. Bacillariophyceae. 3. Teil: Centrales, Fragilariaceae, Eunotiaceae, In: Ettl, H.et al. eds., *Süsswasserflora von Mitteleuropa*, Band 2/3. Stuttgart, Jena: Gustav Fischer Verlag, 576 pp.

Krammer, K. & Lange-Bertalot, H. 1991b. Bacillariophyceae. 4. Teil: Achnanthaceae, Kritische Erganzungen zu *Navicula* (Lineolatae) und *Gomphonema*, Gesamtliteraturverzeichnis Teil 1–4, In: Ettl, H. et al. eds., *Süsswasserflora von Mitteleuropa*, Band 2/4. Stuttgart, Jena: Gustav Fischer Verlag, 437 pp.

Krammer, K. & Lange-Bertalot, H. 1997a. Bacillariophyceae. 1. Teil:Naviculaceae. In: Ettl, H. et al. eds., *Süsswasserflora von Mitteleuropa*. Band 2/1. Heidelberg: Spektrum Akademischer Verlag, 876pp.

Krammer, K. & Lange-Bertalot, H. 1997b. Bacillariophyceae. 2. Teil: Bacillariaceae, Epithemiaceae, Surirellaceae. In: Ettl, H. et al. eds., *Süsswasserflora von Mitteleuropa*. Band 2/2. Heidelberg: Spektrum Akademischer Verlag, 611pp. Krammer, K. & Lange-Bertalot, H. 2000. Bacillariophyceae. Part 5: English and French translation of the keys. In: Ettl, H. et al. eds., *Süsswasserflora von Mitteleuropa*.

Band 2/5. Heidelberg: Spektrum Akademischer Verlag, 311pp.

Krammer, K. & Lange-Bertalot, H. 2003. Bacillariophyceae. 4. Teil: Achnanthaceae, Kritische Ergänzungen zu *Achnanthes* s. 1., *Navicula* s. str., *Gomphonema*. Gesamtliteraturverzeichnis. Teil 1-4. In: Ettl, H. et al. eds., *Süsswasserflora von Mitteleuropa*. Band 2/4. Heidelberg: Spektrum Akademischer Verlag, 468pp.

Krammer, K. & Lange-Bertalot, H. 2004a. Bacillariophyceae 4. Teil: Achnanthaceae, Kritische Erganzungen zu *Navicula* (Lineolatae), *Gomphonema* Gesamtliteraturverzeichnis Teil 1-4 [second revised edition] [With "Ergänzungen und Revisionen" by H. Lange Bertalot]. In: Ettl, H. et al., *Süsswasserflora von Mitteleuropa*. Heidelberg :Spektrum Akademischer Verlad.

Krammer, K. & Lange-Bertalot, H. 2004b. Bacillariophyceae. 3. Teil: Centrales, Fragilariaceae, Eunotiaceae. In: Ettl, H. et al. eds., *Süsswasserflora von Mitteleuropa*. Band 2/3. Heidelberg: Spektrum Akademischer Verlag: 599pp.

Kufferath, H. 1956. Organismes trouvés dans les carottes de sondages et les vases prélevées au fond du Lac Tanganika. Exploration hydrobiologique du Lac Tanganika (1946-1947). Résultats Scientifiques 4(3): 1-74.

Kulikovskiy, M., Lange-Bertalot, H. & Witkowski, A. 2013. *Gliwiczia* gen. nov. a new monoraphid diatom genus from Lake Baikal with a description of four species new for science. Phytotaxa 109 (1): 1-16.

Kulikovskiy, M., Lange-Bertalot, H., Metzeltin, D. & Witkowski, A. 2012. Lake Baikal: Hotspot of endemic diatoms I. Iconographia Diatomologica 23: 1-861.

Kulikovskiy, M., Lange-Bertalot, H., Witkowski, A. & Khursevich, G. 2011. *Achnanthidium sibiricum* (Bacillariophyceae), a new species from bottom sediments in Lake Baikal. Algological Studies 136-137: 77-87.

Kulikovskiy, M.S., Lange-Bertalot, H., Witkowski, A. Dorofeyuk, N.I. & Genkal, S.I. 2010. Diatom assemblages from Sphagnum bogs of the World. I. Nur bog in northern Mongolia. Bibliotheca Diatomologica 55: 1-326.

Kützing, F.T. 1833. Synopsis diatomearum oder Versuch einer systematischen Zusammenstellung der Diatomeen. Linnaea 8: 529-620.

Kützing, F.T. 1836. Algarum Aquae Dulcis Germanicarum. Decas XVI. Collegit Fridericus Traugott Kutzing, Soc. Bot. Ratisbon. Sodalis. Halis Saxonum in Commissis C.A. Schwetschkii et Fil.16: 1-4.

Kützing, F.T. 1844. *Die Kieselschaligen*. Bacillarien oder Diatomeen. Nordhausen. 152 pp.

Lange, C.B. & Tiffany, M.A. 2002. The diatom flora of the Salton Sea, California. Hydrobiologia 473:179-201.

Lange-Bertalot, H. 1979. *Simonsenia*, a new genus with morphology intermediate between *Nitzschia* and *Surirella*. Bacillaria 2: 127-136.

Lange-Bertalot, H. 1993. 85 Neue Taxa und über 100 weitere neu definierte Taxa ergänzend zur Süsswasserflora von Mitteleuropa Vol. 2/1–4. Bibliotheca Diatomologica 27: 1-454.

Lange-Bertalot, H. 1995. *Gomphosphenia paradoxa* nov. spec. et nov. gen. und Vorschlag zur Lösung taxonomischer Probleme infolge eines veränderten Gattungskonzepts von *Gomphonema* (Bacillariophyceae). Nova Hedwigia 60(1-2): 241-252.

Lange-Bertalot, H. 1996a. *Kobayasia bicuneus* gen. et spec. nov. Iconographia Diatomologica. 4: 277-287.

Lange-Bertalot, H. 1996b. Rote Liste der limnischen Kieselalgen (Bacillariophyceae) Deutschlands. Schriften-Reihe für Vegetationskunde 28: 633-677.

Lange-Bertalot, H. 1997. *Frankophila*, *Mayamaea* und *Fistulifera*: drei neue Gattungen der Klasse Bacillariophyceae. Archiv für Protistenkunde 148(1-2): 65-76.

Lange-Bertalot, H. 1999. *Kobayasiella* nom. nov. ein neuer Gattungsname für Kobayasia Lange-Bertalot 1996. In: Lange-Bertalot ed., Iconographia Diatomologica. Annotated Diatom Micrographs. Vol. 6. Phytogeography- Diversity-Taxonomy. Königstein: Koeltz Scientific Books :272-275.

Lange-Bertalot, H. 2001. *Navicula* sensu stricto. 10 genera separated from *Navicula* sensu stricto. *Frustulia*.

Diatoms of Europe 2: 1-526.

Lange-Bertalot, H. & Genkal, S.I. 1999. Diatoms from Siberia I - Islands in the Arctic Ocean (Yugorsky-Shar Strait). Iconographia Diatomologica 6: 1-303.

Lange-Bertalot, H. & Krammer, K. 1993. Observations on Simonsenia and some small species of Denticula and Nitzschia. Beihefte zur Nova Hedwigia 106: 93-99.

Lange-Bertalot, H. & Metzeltin, D. 1996. Ecology-Diversity-Taxonomy. Indicators of Oligotrophy. Iconographia Diatomologica 2: 1-390.

Lange-Bertalot, H. & Moser, G. 1994. Brachysira. Monographie der Gattung. Bibliotheca Diatomologica 29: 1-212.

Lange-Bertalot, H. & Ruppel, M. 1980. Zur Revision taxonomisch problematischer, ökologisch jedoch wichtiger Sippen der Gattung *Achnanthes* Bory. Archiv für Hydrobiologie Supplement 60, Algological Studies 26: 1-31.

Lange-Bertalot, H., Bak, M., Witkowski, A. & Tagliaventi, N. 2011. *Eunotia* and some related genera. Diatoms of Europe 6: 1-747.

Lange-Bertalot, H., Metzeltin, D. & Witkowski, A. 1996. *Hippodonta* gen. nov. Umschreibung und Begrundung einer neuen Gattung der Naviculaceae. Iconographia Diatomologica. 4: 247-275

Lauritano, C., Orefice, I., Procaccini, G., Romano, G. & Ianora, A. 2015. Key genes as stress indicators in the ubiquitous diatom *Skeletonema marinoi*. BMC Genomics 16: 411.

Lazarus, D., Barron, J., Renaudie, J., Diver, P. & Türke, A. 2014. Cenozoic planktonic marine diatom diversity and correlation to climate change. PLoS ONE 9:1-18.

Lebour, M.V. 1930. The planktonic diatoms of northern seas. London: Printed for the Ray Society.

Lee, K. & Round, F.E. 1987. Studies on freshwater *Amphora* species. I. *Amphora ovalis*. Diatom Research 2: 193-203.

Lee, K. & Round, F.E. 1988. Studies on freshwater *Amphora* species. II. *Amphora copulata* (Kütz.) Schoeman and Archibald. Diatom Research 3: 217-225.

Lemmermann, E. 1899. Planktonalgen. Ergebnisse einer Reise nach dem Pacific (H. Schauinstand 1896-1897). Abhandlungen des Naturwissenschaftlichen Verein zu Bremen 16: 313-398.

Leventer, A. 1998. The fate of Antarctic "sea Ice Diatoms" and their uses as paleoenvironmental indicators. In: Lizotte M.P. & Arrigo K.R. eds. *Antarctic Sea Ice: Biological Processes, Interactions and Variability*. American Geophysical Union.

Levkov, Z. 2009. *Amphora* sensu lato. Diatoms of Europe 5: 5-916.

Lewin, J.C. 1953. Heterotrophy in diatoms. Journal of General Microbiology 9: 305-313.

Lewis, F.W. 1864. On some new and singular intermediate forms of Diatomaceae. Proceedings of the Academy of Natural Sciences of Philadelphia 15: 336-346.

Li, C.W. & Chiang, Y.W. 1978. A Euryhaline and Polymorphic new diatom, *Proteucylindrus taiwanensis* gen. et sp. nov. British Phycological Journal 14: 377-384.

Li, Y.L. & Gong, Z.J. 2013. *Eucocconeis lichunhaii* Li sp. nov. (Bacillariophyta) from high mountain lakes, China. Algological Studies 141(1):29-36.

Li, Y.L., Gong, Z.J. & Shen, J. 2006a. Freshwater Diatoms of Eight Lake in the Yunnan Plateau, China. Journal of Freshwater Ecology 22(1): 169-171.

Li, Y.L., Gong, Z.J. & Shen, J. 2007a. Freshwater Diatoms of Eight Lakes in the Yunnan Plateau, China. Journal of Freshwater Ecology 22(1):169-171.

Li, Y.L., Gong, Z.J. & Shen, J. 2012. Effects of eutrophication and temperature on *Cyclotella rhomboideo-elliptica* Skuja, endemic diatom to China. Phycological Research 60: 288-296

Li, Y.L., Gong, Z.J., Wang, C.C. & Shen, J. 2010b. New species and new records of diatoms from Lake Fuxian, China. Journal of Systematics & Evolution 48(1):65-72.

Li, Y.L., Gong, Z.J., Xie, P. & Shen J. 2006b. Distribution and morphology of two endemic Gomphonemoid species, *Gomphonema kaznakowi* mereschkowsky and *G. yangtzensis* Li sp. nov. in China. Diatom Research 21(2): 313-324.

Li, Y.L., Kociolek, J.P. & Metzeltin, D. 2010a. *Gomphonema sichuanensis* Li and Kociolek sp. nov. and *Gomphonema laojunshanensis* Li, Kociolek and Metzeltin sp. nov. from two high mountain lakes, China. Diatom Research 25: 87-98.

Li, Y.L., Lange-Bertalot, H. & Metzeltin, D. 2009. *Sichuania lacustris* spec. et gen. nov. an as yet monospecific genus from oligotrophichigh mountain lakes in the Chinese province Sichuan. Iconographia Diatomologica 20: 687-703.

Li, Y.L., Lange-Bertalot, H. & Metzeltin, D. 2013. *Sichuaniella* Li Yanling, Lange-Bertalot et Metzeltin nom. nov. - a new name for *Sichuania* Li Yanling et al. In: Levkov et al. eds. Diatoms of Europe: Diatoms of the European inland waters and comparable habitats. Vol. 7 Luticola and Luticolopsis. Knigstein:Koeltz Scientific Books. pp. 698.

Li, Y.L., Liao, M.N. & Metzeltin D. 2020. Three new Navicula (Bacillariophyta) species from an oligotrophic, deep lake, China. Fottea 20(2): 121-127.

Li, Y.L., Metzeltin, D. & Gong, Z.J. 2010c. Two new species of *Sellaphora* (Bacillariophyta) from a deep oligotrophic plateau lake, Lake Fuxian in subtropical China. Chinese Journal of Oceanology and Limnology 28(6):1160-1165.

Li, Y.L., Bao, M.Y., Liu, W., Kociolek, J.P. & Zhang, W. 2019. *Cymbella hechiensis* sp. nov. a new cymbelloid diatom species (Bacillariophyceae) from the upper tributary of Liujiang River, Guangxi Province, China. Phytotaxa 425(1):49-56.

Li, Y.L., Gong, Z.J., Xie, P. & Shen J. 2007b. Floral survey of the diatom genera *Cymbella* and *Gomphonema* (Cymbellales, Bacillariophyta) from the Jolmolungma Mountain Region of China. Cryptogamie Algologie 28(3): 209-244.

Li, Y.L., Williams, D.M., Metzeltin, D., Kociolek, J.P. & Gong, Z.J. 2010d. *Tibetiella Pulchra* Gen. nov. et sp. nov., A New Freshwater Epilithic Diatom (Bacillariophyta) from River Nujiang in Tibet, China. Journal of Phycology 46(2):325-330.

Li, Y.L., Xie, P., Gong Z.J. & Shi Z.X. 2003. Cymbellaceae and Gomphonemataceae (Bacillariophyta) from the Hengduan Mountains region (southwestern China). Nova Hedwigia 76(3-4): 507-536.

Li, Y.L., Xie, P., Gong Z.J. & Shi Z.X. 2004. A Survey of the Gomphonemaceae and Cymbellaceae (Bacillariophyta) from the Jolmolungma Mountain (Everest) Region of China. Journal of Freshwater Ecology 19(2): 189-194.

Li, Y.L., Xie, P., Shi Z.X. & Gong Z.J. 2002. Floral Surveys on Gomphonemaceae and Cymbellaceae (Bacillariophyta) from the Headwaters of the Yangtze River, Qinghai, China. Journal of Freshwater Ecology 17(1): 121-126.

Liao, M.N. & Li, Y.L. 2018. One new *Gomphonema* Ehrenberg (Bacillariophyta) species from a high mountain lake in Yunnan Province, China. Phytotaxa 361(1): 123-130.

Liu, B. & Williams, D.M. 2020. From chaos to order: the life history of *Hannaea inaequidentata* (Lagerstedt) Genkal and Kharitonov (Bacillariophyta), from initial cells to vegetative cells. PhytoKeys 162:81-112.

Liu, B., Blanco, S. & Huang, B. 2015a. Two new *Nitzschia* species (Bacillariophyceae) from China, possessing a canal-raphe-conopeum system. Phytotaxa 231(3):260-270.

Liu, B., Blanco, S. & Lan, Q.Y. 2018a. Ultrastructure of *Delicata sinensis* Krammer et Metzeltin and *D. williamsii* sp. nov. (Bacillariophyta) from China. Fottea 18(1): 30-36.

Liu, B., Blanco, S., Ector, L., Liu, Z.X. & Ai, J., 2019. *Surirella wulingensis* sp. nov. and fine structure of S. tientsinensis Skvortzov (Bacillariophyceae) from China. Fottea 19(2): 151-162.

Liu, B., Blanco, S., Long, H., Xu, J.J. & Jiang, X.Y., 2016. *Achnanthidium sinense* sp. nov. (Bacillariophyta) from the Wuling Mountains Area, China. Phytotaxa 284(3): 194.

Liu, B., Kociolek J. P., Ector L. 2021. *Surirella dongtingensis* sp. nov. and ultrastructure of *S. undulata*

(Bacillariophyta) from China. Botany Letters 168(1): 32-41.

Liu, B., Williams, D. M., Li, Y. & Tang Z. S. 2020a. Two new species of *Cymbella* (bacillariophyceae) from China, with comments on their valve dimensions. Diatom Research 35(1): 99-111.

Liu, B., Williams, D. M., Liu, Z. X. & Chen J. H. 2020b. *Ctenophora sinensis*: a new diatom species (Bacillariophyta) from China with comments on its structure, nomenclature and relationships. Phytotaxa 460(2): 115-128.

Liu, B., Williams, D.M. & Ector, L. 2018b. *Entomoneis triundulata* sp. nov. (Bacillariophyta), a New Freshwater Diatom Species from Dongting Lake, China. Cryptogamie Algologie 39(2):239-253.

Liu, B., Williams, D.M. & Huang, B.G. 2015b. *Gyrosigma rostratum* sp. nov. (Bacillariophyta) from the low intertidal zone, Xiamen Bay, southern China. Phytotaxa 203(3): 254-262.

Liu, B., Williams, D.M. & Liu, Q.Y. 2018c. A new species of *Cymbella* (Cymbellaceae, Bacillariophyceae) from China, possessing valves with both uniseriate and biseriate striae. Phytotaxa 344(1): 39-46.

Liu, B., Williams, D.M. & Ou Y.D. 2017a. *Adlafia sinensis* sp. nov. (Bacillariophyceae) from the Wuling Mountains Area, China, with reference to the structure of its girdle bands. Phytotaxa 298(1): 43-54.

Liu, B., Williams, D.M., Blanco, S. & Jiang, X.Y. 2017b. Two new species of *Luticola* (Bacillariophyta) from the Wuling Mountains Area, China. Nova Hedwigia, Beihefte 146: 197-208.

Liu, Q., Cui, N.N., Feng, J., Lu, J.P., Nan, F.R., Liu, X.D., Xie, S.L. & Kociolek, J.P. 2021a. *Gomphonema* Ehrenberg species from the Yuntai Mountains, Henan Province, China. Journal of Oceanology and Limnology 39(3):1042-1062.

Liu, Q., Glushchenko, A., Kulikovskiy, M., Maltsev, Y. & Kociolek, J.P. 2019a. New *Hannaea* Patrick (Fragilariaceae, Bacillariophyta) Species from Asia, with Comments on the Biogeography of the Genus. Cryptogamie. Algologie 40(5): 41-61.

Liu, Q., Kociolek, J.P., Li, B., You, Q.M. & Wang, Q.X. 2016. The diatom genus *Neidium* Pfitzer (Bacillariophyceae) from Zoige Wetland, China. Bibliotheca Diatomologica 63: 1-298.

Liu, Q., Kociolek, J.P., Wang, Q.X. & Fu, C.X. 2014. Valve morphology of three species of *Neidiomorpha* (Bacillariophyceae) from Zoigê Wetland, China, including description of *Neidiomorpha sichuaniana* nov. sp. Phytotaxa 166(2):123-131.

Liu, Q., Kociolek, J.P., Wang, Q.X. & Fu, C.X. 2015. Two new *Prestauroneis* Bruder & Medlin (Bacillariophyceae) species from Zoigê Wetland, Sichuan Province, China, and comparison with *Parlibellus* E.J. Cox. Diatom Research 30(2):133-139.

Liu, Q., Li J.J., Wang, Q.X., Kociolek, J.P. & Xie, S.L. 2021b. *Encyonema oblonga* (Bacillariophyta, Cymbellaceae), a new species from Shanxi Province, China. Phytotaxa 480(3): 284-290.

Liu, Q., Li, B. & Wang, Q.X. 2018a. *Muelleria pseudogibbula*, a new species from a newly recorded genus (Bacillariophyceae) in China. Journal of Oceanology and Limnology 36(2):556-558.

Liu, Q., Li, J.J., Nan, F.R., Feng, J., Lv, J.P., Xie, S.L. & Kociolek, J.P. 2019b. New and interesting diatoms from Tibet: I. Description of a new species of *Clipeoparvus* Woodbridge et al. Diatom Research 34(1): 33-38.

Liu, Q., Wu, W.W., Wang, J., Feng, J., Lv, J.P., Kociolek, J.P. & Xie, S.L. 2017. Valve ultrastructure of *Nitzschia shanxiensis* nom. nov., stat. Nov and *N. tabellaria* (bacillariales, bacillariophyceae), with comments on their systematic position. Phytotaxa 312(2): 228-236.

Liu, Q., Xiang, Y.D., Yu, P., Xie, S. L. & Kociolek, J. P. 2020. New and interesting diatoms from Tibet. II. Description of two new species of monoraphid diatoms. Diatom Research 35(4): 353-361.

Liu, Q., Yang, L., Nan, F.R., Feng, J., Lv, J.P., Kociolek, J.P. & Xie, S.L. 2018b. A new diatom species of *Aneumastus* D.G. Mann & Stickle (Bacillariophyta, Bacillariophyceae, Mastogloiales, Mastogloiaceae) from Tibet, China. Phytotaxa 373(3): 231-235.

Liu, W., Li, Y.L., Wu, H. & Kociolek, J.P. 2021. *Delicatophycus liuweii* sp. nov. a new cymbelloid diatom (Bacillariophyceae) from an upper tributary of the Liujiang River, Guangxi, China. Phytotaxa

505(1):63-70.

Liu, Y., Fu, C.X., Wang, Q.X. & Stoermer, E.F. 2010a. A new species, *Diatoma rupestris*, from the Great Xing'an Mountains, China. Diatom Research 25 (2): 337-347

Liu, Y., Fu, C.X., Wang, Q.X. & Stoermer, E.F. 2010b. Two new species of *Pinnularia* from Great Xing' an Mountains, China. Diatom Research 25 (1): 99-109.

Liu, Y., Jiang, Z.Y., Kociolek, J.P., Lu, X.X. & Fan, Y.W. 2021b. New species of *Iconella* Jurilj (Bacillariophyta) from tropical areas of China. Fottea, Olomouc 21(2): 206-219

Liu, Y., Kociolek, J.P. & Fan, Y.W. 2016. *Urosolenia* Round & Crawford and *Acanthoceras* Honigmann species from Hainan Province, China. Phytotaxa 244: 161-173.

Liu, Y., Kociolek, J.P. & Wang, Q.X. 2013. Six new *Gomphonema* C. Ag. (Bacillariophyceae) from the Great Xiang'an Mountains, Northeastern China. Cryptogamie: Algologie 34: 301-324.

Liu, Y., Kociolek, J.P., Fan, Y. & Wang, Q.X. 2012. *Pseudofallacia* gen. nov., a new freshwater diatom (Bacillariophyceae) genus based on *Navicula occulta* Krasske. Phycologia 51: 620-626.

Liu, Y., Kociolek, J.P., Glushchenko, A., Kulikovskiy, M. & Fan, Y.W. 2018a. A new genus of Eunotiales (Bacillariophyta, Bacillariophyceae: Peroniaceae), *Sinoperonia*, from Southeast Asia, exhibiting remarkable phenotypic plasticity with regard to the raphe system. Phycologia 57(2): 147-158.

Liu, Y., Kociolek, J.P., Liu, Q., Tan, X. & Fan, Y.W. 2020a. A New Aerophilic *Neidium* Pfister (Neidiaceae, Bacillariophyta) species from Guangxi Zhuang Autonomous Region, China. Phytotaxa 432(2):171-180.

Liu, Y., Kociolek, J.P., Lu, X.X. & Fan, Y.W. 2020b. A new *Sellaphora* Mereschkowsky species (Bacillariophyceae) from Hainan Island, China, with comments on the current state of the taxonomy and morphology of the genus. Diatom Research 35(1):85-98.

Liu, Y., Kociolek, J.P., Lu, X.X. & Fan, Y.W. 2020c. Valve ultrastructure of two species of the diatom genus *Gomphonema* Ehrenberg (Bacillariophyta) from Yunnan Province, China. Journal of the Czech Phycological Society 20(1):25-35.

Liu, Y., Kociolek, J.P., Wang, Q.X. & Fan Y.W. 2018b. The diatom genus *Pinnularia* from Great Xing'an Mountains, China. Bibliotheca Diatomologica , vol 65. 298pp.

Liu, Y., Kociolek, J.P., Wang, Q.X. & Fan, Y.W. 2014a. A new species of *Neidium* Pfitzer (Bacillariophyceae) and checklist of the genus from China. Diatom Research 29: 165-173.

Liu, Y., Kociolek, J.P., Wang, Q.X.& Fan, Y.W. 2014b. Two new species of monoraphid diatom (Bacillariophyceae) from the south of China. Phytotaxa 188: 31-37.

Liu, Y., Kociolek, J.P., Wang, Q.X., Li, L.X. & Fan, Y.W. 2021a. New and interesting freshwater diatoms (Bacillariophyceae) from a biodiversity hotspot area in China. Journal of the Czech Phycological Society 21(1):16-33.

Liu, Y., Wang, Q.X. & Fu, C.X. 2011. Taxonomy and distribution of diatoms in the genus *Eunotia* from the Da'erbin Lake and Surrounding Bogs in the Great Xing'an Mountains, China. Nova Hedwigia 92 (1-2): 205-232.

Long, J.Y., Williams, D. M., Liu, B. & Zhou, Y. Y. 2021.Two new freshwater species of *Bacillaria* (Bacillariophyta) from Dongting Lake, China. Phytotaxa 513(3):243-256.

Lowe, R. L. & Busch, D.E. 1975. Morphological observations on two species of the diatom genus *Thalassiosira* from fresh-water habitats in Ohio. Transactions of the American Microscopical Society 94:118-123.

Lowe, R., Kociolek, J.P., You, Q.M., Wang, Q.X. & Stepanek, J. 2017. Diversity of the diatom genus *Humidophila* in karst areas of Guizhou, China. Phytotaxa 305: 269-284.

Lowe, R.L. 1974. Environmental requirements and pollution tolerance of freshwater diatoms. U.S. Environmental Protection Agency, EPA-670/4-74-007. Cincinnati.

Lowe, R.L., Kociolek, J.P., Johansen, J.R., Van de Vijver, B., Lange-Bertalot, H. & Kopalova, K. 2014. *Humidophila* gen. nov., a new genus for a group of diatoms (Bacillariophyta) formerly within the genus

Diadesmis: species from Hawai'i, including one new species. Diatom Research 29 (4), 351-360.

Lowe, R.L., Sherwood, A.R. & Ress, J.R. 2009. Freshwater species of *Achnanthes* Bory from Hawaii. Diatom Research 24 (2) : 327-340.

Lund, J.W.G. 1949. Studies on *Asterionella* I. The origin and nature of the cells producing seasonal maxima. Journal of Ecology 37: 389-419.

Lund, J.W.G. 1950. Studies on *Asterionella formosa* Hass. II. Nutrient depletion and the spring maximum. Journal of Ecology 38: 1-35.

Luo F., You, Q. M., Zhang, P. Y., Pang, W. T., Bixby, R. J. & Wang, Q. X. 2021. Three new species of the diatom genus *Hannaea* Patrick (Bacillariophyta) from the Hengduan Mountains, China, with notes on *Hannaea* diversity in the region . Diatom Research 36(1): 25-38.

Luo, F., Yang, Q., Guo, K.J., Liu, T.T., Wang , Q.X. & You, Q.M. 2019a. A new species of *Neidiomorpha* (Bacillariophyceae) from Dianshan Lake in Shanghai, China. Phytotaxa 423(2):99-104.

Luo, F., You, Q.M. & Wang, Q.X. 2018. A new species of *Genkalia* (Bacillariophyta) from mountain lakes within the Sichuan Province of China. Phytotaxa 372(3): 236-242.

Luo, F., You, Q.M., Yu, P., Pang, W.T. & Wang, Q.X. 2019b. *Eunotia* (Bacillariophyta) biodiversity from high altitude, freshwater habitats in the Mugecuo Scenic Area, Sichuan Province, China. Phytotaxa 394(2): 133-147.

Lupikina, E.G. & Khursevich, G.K. 1992. A new fresh-water species of *Thalassiosira* (Bacillariophyta) from Miocene deposits of Kamchatka. Paleontologiske Zhurnal 1: 138.

Lyngbye, H.C. 1819. Tentamen Hydrophytologiae Danicae Continens omnia Hydrophyta Cryptogama Daniae, Holsatiae, Faeroae, Islandiae, Groenlandiae hucusque cognita, Systematice Disposita, Descripta et iconibus illustrata, Adjectis Simul Speciebus Norvegicis. Hafniae., 248 pp.

Mahood, A.D. 1981. *Stephanodiscus rhombus*, a new diatom species from Pliocene deposits at Chiloquin, Oregon. Micropaleontology 27: 379-383.

Mahood, A.D., Fryxell, G.A. & McMillan, M. 1986. The diatom genus *Thalassiosira*: species from the San Francisco Bay system. Proceedings of the California Academy of Sciences, 4th Series, 44:127-156.

Mann, D.G. 1989a. The diatom genus *Sellaphora*: Separation from *Navicula*. British Phycological Journal 24: 1-20.

Mann, D.G. 1989b. On auxospore formation in *Caloneis* and the nature of *Amphiraphia* (Bacillariophyta). Plant Systematics and Evolution 163: 43-52.

Mann, D.G., McDonald, S.M., Bayer, M.M., Droop, S.J.M., Chepurnov, V.A., Loke, R.E., Ciobanu, A., & du Buf, J.M.H. 2004. The *Sellaphora pupula* species complex (Bacillariophyceae): morphometric analysis, ultrastructure and mating data provide evidence for five new species. Phycologia 43: 459-482.

Margulis, L., Corliss, J. O., Melkonian, M., & Chapman, D.J. 1990. Handbook of Protoctista. The structure, cultivation, habitats and life histories of the eukaryotic microorganisms and their descendants exclusive of animals, plants and fungi. A guide to the algae, ciliates, foraminifera, sporozoa, water molds, slime molds and the other protoctists. Boston: Jones and Bartlett. xli 914 pp.

Medlin, L. & Desdevises, Y. 2016. Phylogeny of 'ARAPHID' diatoms inferred from SSU & LSU rDNA, RBCL & PSBA sequences. Vie et Milieu 66(2): 129-154.

Medlin, L.& Kaczmarska, I. 2004. Evolution of the diatoms: V. Morphological and cytological support for the major clades and a taxonomic revision. Phycologia 43(3): 245-270.

Medlin, L., Jung, I., Bahulikar, R., Mendgen, K., Kroth, P. & Kooistra, W.H.C.F. 2008. Evolution of the diatoms. VI. Assessment of the new genera in the araphids using molecular data. Beihefte zur Nova Hedwigia 133: 81-100.

Medlin, L.K., Kooistra, W.H.C.F., Gersonde, R. & Wellbrock, U. 1996a. Evolution of the diatoms (Bacillariophyta). II. Nuclear-encoded small-subunit rRNA sequence comparisons confirm a paraphyletic origin for the centric diatoms. Molecular Biology and Evolution 13(1): 67-75.

Medlin, L.K., Kooistra, W.H.C.F., Gersonde, R. & Wellbrock, U. 1996b. Evolution of the diatoms (Bacillariophyta): III. Molecular evidence for the origin of the Thalassiosirales. In: Prasad et al. eds. Contributions in Phycology. Volume in honor of Prof. T.V. Desikachary. Nova Hedwigia, Beheft 112: 221-234.

Medlin, L.K., Kooistra, W.S.H.F. & Schmid, A.M.M. 2000. A review of the evolution of the diatoms - a total approach using molecules, morphology and geology. In: Witkowski, A. & J. Sieminska, J. eds. The Origin and Early Evolution of the Diatoms: fossil, molecular and biogeographical approaches. W. Szafer Institute of Botany. Cracow: Polish Academy of Sciences, 13-35.

Medlin, L.K., Williams, D.M., & Sims, P.A. 1993. The evolution of the diatoms (Bacillariophyta). I. Origin of the group and assessment of the monophyly of its major divisions. European Journal of Phycology 28: 261-275.

Meister, F. 1912. Die Kieselalgen der Schweiz. Beiträge zur Kryptogamenflora der Schweiz. K.J. Wyss, Bern. 254pp.

Mereschkowsky, C. 1902. On the classification of diatoms. Annals and Magazine of Natural History, ser. 7, 9: 65-68.

Mereschkowsky, C. 1903. Uber *Placoneis*, ein neues Diatomeen-Genus. Beihefte zum Botanischen Centralblatt 15(1): 1-30.

Mereschkowsky, C. 1906. Diatomées du Tibet. St. Petersburg: Imperial Russkoe geograficheskoe obshchestvo.

Metzeltin, D., Lange-Bertalot, H. & García-Rodríguez, F. 2005. Diatoms of Uruguay. Compared with other taxa from South America and elsewhere. Iconographia Diatomologica 15: 1-736.

Metzeltin, D., Lange-Bertalot, H. & Nergui, S. 2009. Diatoms in Mongolia. Iconographia Diatomologica 20: 1-686.

Mills E.L., Leach, J.H., Carlton, J.T. & Secor, C.L. 1993. Exotic species in the Great Lakes - a history of biotic crises and anthropogenic introductions. Journal of Great Lakes Research 19: 1-54.

Monnier, O., Ector, L., Rimet, F., Ferréol, M. & Hoffmann, L. 2012. *Adlafia langebertalotii* sp. nov. (Bacillariophyceae), a new diatom from the Grand-Duchy of Luxembourg morphologically similar to *A. suchlandtii* comb. nov. Beihefte Nova Hedwigia 141: 131-140.

Monnier, O., Lange-Bertalot, H., Hoffmann, L. & Ector, L. 2007. The genera *Achnanthidium* Kützing and *Psammothidium* Bukhtiyarova et Round in the family Achnanthidiaceae (Bacillariophyceae): a reappraisal of the differential criteria. Cryptogamie Algologie 28: 141-158.

Monnier, O., Lange-Bertalot, H., Rimet, F., Hoffman, L. & Ector, L. 2004. *Achnanthidium atomoides* sp. nov., a new diatom from the Grand-duchy of Luxembourg. Vie et Milieu 54: 127-136.

Montagne, C. 1837. Centurie de plantes cellulaires exotiques nouvelles. Annales des Sciences Naturelles, Botanique, Seconde série 8: 345-370.

Montagne, J.P.F.C. 1839. Plantae cellulares. pp. 1-39. In: Voyage dans 'Amérique Méridionale (le Brésil, la republique...) exécité pendant les années 1826, 1827, 1828, 1829, 1830, 1831, 1832 et 1833. Vol. 7: Botanique. Second partie. Florula Boliviensis stirpes novae et minus cognitae. (d'Orbigny, A. Eds), Paris.

Morales, E. A. 2001. Morphological studies in selected fragilarioid diatoms (Bacillariophyceae) from Connecticut waters (U.S.A.). Proceedings of the Academy of Natural Sciences of Philadelphia 151(1): 105-120.

Morales, E.A. 2005. Observations of the morphology of some known and new fragilarioid diatoms (Bacillariophyceae) from rivers in the USA. Phycological Research 53: 113-133.

Moser, G., Lange-Bertalot, H. & Metzeltin, D. 1998. Insel der Endemiten Geobotanisches Phänomen Neukaledonien (Island of endemics New Caledonia - a geobotanical phenomenon). Bibliotheca Diatomologica 38: 1-464.

Müller, O. 1895. Über Achsen, Orientierungs-und Symmetrie-Ebenen bei Bacillariaceen. Berichte der Deutschen Botanische Gesellschaften 13: 222-235.

Müller, O. 1905. Bacillariaceen aus dem Nyassaland und einigen benachbarten Gebieten. III Folge, Naviculoideae-Naviculeae-Gomphoneminae-Gomphocymbellinae-Cymbellinae.
Nitzschioideae-Nitzschieae. (Engler's) Botanische Jahrbucher fur Systematik, Pflanzengeschichte, und Pflanzengeographie. Leipzig 36(1/2): 137-206, 2 pls.

Muylaert, K. & Sabbe, K. 1996. The diatom genus *Thalassiosira* (Bacillariophyta) in the estuaries of the Schelde (Belgium, The Netherlands) and the Elbe (Germany). Botanica Marina 39: 103-115.

Nagy, S.S. 2011. Collecting, cleaning, mounting and photographing diatoms. pp. 1-18 In. J. Seckbach & J.P. Kociolek (Eds), The Diatom World. Springer Verlag. 531p. DOI: 10.1007/978-94-007-1327-7.

Nakov, T., Guillory, W.X., Julius, M.L., Theriot, E.C. & Alverson, A. 2015. Towards a phylogenetic classification of species belonging to the diatom genus *Cyclotella* (Bacillariophyceae): Transfer of species formerly placed in *Puncticulata, Handmannia, Pliocaenicus* and *Cyclotella* to the genus *Lindavia*. Phytotaxa 217: 249-264.

Nikulina, T.V. & Kociolek, J.P. 2011. Diatoms from Hot Springs from Kuril and Sakhalin Islands (Far East, Russia). pp. 335-363. In: Seckbach J.E. & Kociolek J.P. eds., The Diatom World. Cellular Origin, Live in Extreme Habitats and Astrobiology Volume 19. Springer.

Nitzsch, C.L. 1817. Beitrag zur Infusorienkunde oder Naturbeschreibung der Zerkarien und Bazillarien. Neue Schriften der naturforschenden Gesellschaft zu Halle. Hindel's Verlag, Halle, 3(1): 1-128.

Østrup, E. 1910. Danske Diatoméer. C.A. Reitzels Boghandel, Kjøbenhavn. 323 pp.

Parr, J.F., Taffs, K.H. & Lane, C.M. 2004. A microwave digestion technique for the extraction of fossil diatoms from coastal lake and swamp sediments. Journal of Paleolimnology 31: 383-390.

Patrick, R.M. & Reimer, C.W. 1966. The Diatoms of the United States exclusive of Alaska and Hawaii. Volume 1. Fragilariaceae, Eunotoniaceae, Achnanthaceae, Naviculaceae. Monographs of the Academy of Natural Sciences of Philadelphia 13: 1-688.

Patrick, R.M. & Reimer, C.W. 1975. The diatoms of the United States exclusive of Alaska and Hawaii. Volume 2. Part 2. Entomoneidaceae, Cymbellaceae, Gomphonemaceae, Epithemiaceae. Monographs of the Academy of Natural Sciences of Philadelphia 13: 1-213.

Patterson, D.J. 1989. Stramenopiles: Chromophytes from a protistan perspective. pp. 357-379. In: Green, J.C. eds., The Chromophyte Algae: Problems and Perspectives. Oxford: Clarendon Press.

Peng, Y.M., Rioual, P., Jin, Z.D. & Sterrenburg, F.A.S. 2016. *Gyrosigma peisonis* var. *major* var. nov., a new variety of *Gyrosigma peisonis* (Bacillariophyta) from Lake Qinghai, China. Phytotaxa 245(2): 119-128.

Peng, Y.M., Rioual, P., Levkov, Z., Williams, D.M. & Jin, Z.D. 2014. Morphology and ultrastructure of *Hippodonta qinghainensis* sp. nov. (Bacillariophyceae), a new diatom from Lake Qinghai, China. Phytotaxa 186(2): 61-74.

Peng, Y.M., Rioual, P., Williams, D.M., Zhang, Z.Y., Zhang, F. & Jin, Z.D. 2017. *Diatoma kalakulensis* sp. nov.- a new diatom (Bacillariophyceae) species from a high-altitude lake in the Pamir Mountains, Western China. Diatom Research 32(2): 175-184.

Peragallo, H. 1897. Diatomées marines de France. Micrographie Préparateur 5: 9-17.

Petit, P. 1888. Diatomacées. Diatomacées recoltées dans le voisinage du Cap Horn. Mission Scientifique du Cap Horn 1882-1883. pp. 111-140. In: Hariot, P. et al. eds. Mission Scientifique du Cap Horn 1882-1883. Tome V, Botanique. Gauthier-Villars et Fils, Imprimeurs-Libraires, Paris.

Pfitzer, E. 1871. Untersuchungen uber Bau und Entwickelung der Bacillariaceen (Diatomaceen). *Botanische Abhandlungen aus dem Gebiet der Morphologie und Physiologie*. J. Hanstein, Bonn.

Poulsen, N., Chesley, P.M. & Kröger, N. 2006. Molecular genetic manipulation of the diatom *Thalassiosira pseudonana* (Bacillariophyceae). Journal of Phycology 42: 1059-1065.

Power, M.E. & Dietrich, W.E. 2002. Food webs in river networks. Ecological Research 17: 451-471.

Prasad, A.K.S.K. & Nienow, J.A. 2006. The centric diatom genus *Cyclotella*, (Stephanodiscaceae: Bacillariophyta) from Florida Bay, USA, with special reference to *Cyclotella choctawhatcheeana* and

Cyclotella desikacharyi, a new marine species related to the *Cyclotella striata* complex. Phycologia 45: 127-140.

Pritchard, A. 1861. A history of infusoria, living and fossil: arranged according to Die infusionsthierchen of C.G. Ehrenberg; containing colored engravings, illustrative of all the genera, and descriptions of all the species in that work, with several new ones; to which is appended an account of those recently discovered in the chalk formations. xii. Edition IV, revised and enlarged by J.T. Arlidge, W. Archer, J. Ralfs, W.C. Williamson and the author. London:Whittaker and Co.

Proshkina-Lavrenko, A.I. 1949. *Diatomovyj analiz,* Kniga *2. Opredelitel' iskopaemykh i sovremennykh diatomovykh vodoroslej.* Poryadki Centrales i Mediales Gosudarstvennoe Izdatel'stvo Geologicheskoj Literatury 1949. Lack pages.

Proshkina-Lavrenko, A.I. 1963. Bentosnye diatomovye vodorosli Chernogo morya (Benthic diatom algae of the Black Sea). AS USSR, Moscow-Leningrad, 243pp.

Proshkina-Lavrenko, A.I., & Makarova, I.V. 1968. Vodorosli planktona Kaspijskogo morya [Planktonic algae of the Caspian Sea] Leningrad: Izdatel'stvo "Nauka" Leningradskoe Otdelenie.292 pp.

Qi, Y.Z., Reimer, C.W. & Mahoney, R.K. 1984. Taxonomic studies of the genus *Hydrosera*. I. Comparative morphology of *H. triquetra* Wallich and *H. whampoensis* (Schwartz) Deby, with ecological remarks. pp. 213-224 In: Mann D.G. ed., Proceedings of the 7th Diatom Symposium. Koenigstein : O. Koeltz.

Rabenhorst, L. 1847. Deutschland's Kryptogamen-Flora oder Handbuch zur Bestimmung der kryptogamischen Gewachse Deutschlands, der Schweiz, des Lombardisch-Venetianischen Konigreichs und Istriens. Algen. Eduard Kummer, Leipzig 216 pp.

Rabenhorst, L. 1848-1860. Die Algen Sachsens. Resp. Mittel-Europa's Gesammelt und herausgegeben von Dr. L. Rabenhorst, Dec. 1-100. No. 1-1000. Dresden.

Rabenhorst, L. 1853. Die Süsswasser-Diatomaceen (Bacillarien) für Freunde der Mikroskopie. Leipzig: Eduard Kummer.

Rabenhorst, L. 1864. Flora Europaea Algarum aquae dulcis et submarinae. Sectio I. Algas diatomaceas complectens, cum figuris generum omnium xylographice impressis. Apud Eduardum Kummerum, Lipsiae 359 pp.

Radakovits, R., Jinkerson, R.E., Darzins, A. & Posewitz, M.C. 2010. Genetic engineering of algae for enhanced biofuel production. Eukaryotic Cell 9: 486-501.

Ragueneau, O., Tréguer, P., Leynaert, A., Anderson, R.F., Brzezinski, M.A., DeMaster, D.J., Dugdale, R.C., Dymond, J., Fischer, G., Francois, R., Heinze, C., Maier-Reimer, E., Martin-Jézéquel V., Nelson, D.M. & Quéguiner, B. 2000. A review of the Si cycle in the modern ocean: recent progress and missing gaps in the application of biogenic siiica as a paeloproductivity proxy. Global and Planetary Change 26: 317-365.

Ralfs, J. 1843. On the Diatomaceae. Annals and Magazine of Natural History 12: 104-111.

Reichardt, E. 1999. Zur Revision der Gattung *Gomphonema*. Die Arten um *G. affine/insigne, G. angustatum/micropus, G. acuminatum* sowie gomphonemoide Diatomeen aus dem Oberoligozän in Böhmen. Iconographia Diatomologica 8, 1-203.

Reichardt, E. & Lange-Bertalot, H. 1991. Taxonomische Revision des Artenkomplexes um *Gomphonema angustatum-G. dichotomum-G. intricatum-G. vibrio* und ähnlicher Taxa (Bacillariophyceae). Beihefte zur Nova Hedwigia 53: 519-544.

Reimann, B.E.F. & Lewin, J.C. 1964. The Diatom Genus *Cylindrotheca* Rabenhorst. Journal of the Royal Microscopical Society, Series 3 83(3): 283-296.

Reynolds, C.S. 1984. The Ecology of Freshwater Phytoplankton. Cambridge :Cambridge University Press.

Rioual, P., Ector, L. & Wetzel, C.E. 2019. Transfer of *Achnanthes hedinii* Hustedt to the genus *Crenotia* Wojtal (Achnanthidiaceae, Bacillariophyceae). Notulae algarum.No. 106.

Rioual, P., Flower, R.J., Chu, G.Q., Lu, Y.B., Zhang, Z.Y., Zhu, B.Q. & Yang, X.P. 2017a. Observations on a fragilarioid diatom found in inter-dune lakes of the Badain Jaran Desert (Inner Mongolia, China), with a discussion on the newly erected genus *Williamsella* Graeff, Kociolek & Rushforth. Phytotaxa 329(1): 28-50.

Rioual, P., Gao, Q., Peng, Y. & Chu G. 2013. *Stauroneis lacusvulcani* sp. nov. (Bacillariophyceae), a new diatom from volcanic lakes in northeastern China. Phytotaxa 148: 47-56.

Rioual, P., Jewson, D., Liu, Q., Chu, G.Q., Han, J.T. & Liu, J.Q. 2017b. Morphology and ecology of a new centric diatom belonging to the *Cyclotella comta* (Ehrenberg) Kützing complex: *Lindavia khinganensis* sp. nov. from the Greater Khingan Range, Northeastern China. Cryptogamie, Algologie 38(4): 349-377.

Rioual, P., Lu, Y., Chu, G., Zhu, B. & Yang, X. 2014a. Morphometric variation of *Seminavis pusilla* (Bacillariophyceae) and its relationship to salinity in inter-dune lakes of the Badain Jaran Desert, Inner Mongolia, China. Phycological Research 62: 282-293.

Rioual, P., Morales, E.A., Chu, G., Han, J., Li, D., Liu, J., Liu, Q., Mingram, J. & Ector, L. 2014b. *Staurosira longwanensis* sp. nov., a new araphid diatom (Bacillariophyta) from Northeast China. Fottea 14: 91-100.

Ross, R. & Sims, P.A. 1972. The fine structure of the frustule in centric diatoms: a suggested terminology. British Phycological Journal 7(2): 139-163.

Ross, R. 1963. Ultrastructure research as an aid in the classification of diatoms. Annals of the New York Academy of Sciences 108: 396-411.

Ross, R., Cox, E.J., Karayeva, N.I., Mann, D.G., Paddock, T.B.B., Simonsen, R., & Sims, P.A.1979. An amended terminology for the siliceous components of the diatom cell. Nova Hedwigia, Beihefte 64: 513-533.

Rott, E., Kling, H. & McGregor, G. 2006. Studies on the diatom *Urosolenia* Round & Crawford (Rhizosoleniophycideae) Part 1. New and re-classed species from subtropical freshwaters. Diatom Research 21(1): 105-124.

Round, F.E. 1982. *Cyclostephanos*—A new genus within the Sceletonemaceae. Archiv für Protistnenkunde 125: 323-329.

Round, F.E. 1998. Validation of some previously published Achnanthoid genera. Diatom Research 13(1): 181.

Round, F.E. & Basson, P.W. 1997. A new monoraphid diatom genus (*Pogoneis*) from Bahrain and the transfer of previously described species *A. hungarica* & *A. taeniata* to new genera. Diatom Research 12(1): 71-81.

Round, F.E. & Bukhtiyarova, L. 1996. Four new genera based on *Achnanthes* (*Achnanthidium*) together with a re-definition of *Achnanthidium*. Diatom Research 11(2): 345-361.

Round, F.E., Crawford, R.M. & Mann, D.G. 1990. The Diatoms—Biology and Morphology of the Genera. Cambridge :Cambridge University Press.

Roy, S., Liu, Y., Kociolek, J. P., Lowe, R. L. & Karthick, B. 2020. *Kulikovskiyia* gen. nov. (Bacillariophyceae) from the lateritic rock pools of the Western Ghats, India and from Hainan Province, China. Phycological Research 68(1): 80-89.

Ruck, E. C., Nakov, T., Alverson, A. J. & Theriot, E. C. 2016. Phylogeny, ecology, morphological evolution, and reclassification of the diatom orders Surirellales and Rhopalodiales. Molecular Phylogenetics and Evolution 103: 155-171.

Sabelina, M. M. et al. 1951. *Diatomovye Vodorosli* (redakmor eynuska A. I. Proschkina-Lavrenko). Opredelitely Pressnovodnykh Vodoroslei S. S. S. R., vypusk 4, Gosudarstvennoe Izdatelystvo "Sovetskays Nauka." Moskva.

Schiller, W. & Lange-Bertalot, H. 1997. *Eolimna martinii n.* gen., n. sp. (Bacillariophyceae) aus dem Unter-Oligozän von Sieblos/Rhön im Vergleich mit ähnlichen rezenten Taxa. Paläontologische Zeitschrifl 71: 163-172.

Schmidt, A. 1874-1959. Atlas der Diatomaceenkunde. Leipzig: R. Reisland: Parts 1-120, 460pp.

Schnetzer, A. & Steinberg, D.K. 2002. Natural diets of vertically migrating zooplankton in the Sargasso Sea.

Marine Biology 141: 89-99.

Schütt, F. 1896. Bacillariales. pp. 31-153. In: Engler A. & Prantl K. eds. Die Natürlichen Pflanzenfamilien, 1(1b), W. Englemann, Leipzig.

Serieyssol, K.K., Garduno, I.I. & Gasse, F. 1998. *Thalassiosira dispar* comb. nov. and *T. cuitzeonensis* spec. nov. (Bacillariophyceae) found in Miocene sediments from France and Mexico. Nova Hedwigia 66: 177-186.

Sheehan, J., Dunahay, T, Benemann, J. & Roessler, P. 1998. A look back at the U.S. Department of Energy's Aquatic Species Program: biodiesel from Algae. Close-Out report. National Renewable Energy Lab, Department of Energy, Golden, Colorado, U.S.A. Report number NREL/TP-580-24190.

Shrestha, R.P., Tesson, B., Norden-Krichmar, T., Federowicz, S. Hildebrand, M. & Allen, A.E. 2012. Whole transcriptome analysis of the silicon response of the diatom *Thalassiosira pseudonana*. BMC Genomics 13: 499.

Sieminske, J. 1964. Chrysophyta II Bacilariophyceae. In: Okrzemki. K. Starmach ed. Flora Sodkowodna Polski, Tom 6, Polska Akademia Nauk Instytut Botamki, Warszawa. 609pp.

Silva, P. C. 1962. Classification of Algae. Appendix A. pp.827-837. In: Ralph, A. Lewin ed. Physiology and Biochemstry of Algae. N. R. and London.: Academic Press.

Simonsen, R. 1974. The diatom plankton of the Indian Ocean Expedition of R/V Meteor 1964-5. "Meteor. Forschungsergebnisse, Reihe D: Biologie 19: 1-107.

Simonsen, R. 1979. The diatom system: ideas on phylogeny. Bacillaria 2: 9-71.

Skuja, H. 1937. Algae. Symbolae Sinicae: botanische Ergebnisse der Expedition der Akademie der Wissenschaften in Wein nach Sudwest-China, 1914-1918. Wien., 1: 105 pp.

Skvortzow, B.W. 1927. Diatoms from Tientsin North China. Journal of Botany 65(772): 102-109.

Skvortzow, B.W. 1928. Diatoms from Khingan, North Nanchuria, China. The Philippine Journal of Science 35(1): 39-51.

Skvortzow, B.W. 1929. A Contribution to the Algae, Primorsk District of Far East, U.S.S.R. Diatoms of Hanka Lake. Memoirs of the Southern Ussuri. Branch of the State Russian Geographical Society. Vladivostok 66: 9 pls.

Skvortzow, B.W. 1930. Alpine diatoms from Fukien province, South China. The Philippine Journal of Science 41(1): 39-49.

Skvortzow, B.W. 1935a. Diatoms from Poyang Lake, Hunan, China. Philippine Journal of Science 57(4): 465-477.

Skvortzow, B.W. 1935b. Diatomées récoltées par le Père E. Licent au cours de ses voyages dans le Nord de la Chine au bas Tibet, en Mongolie et en Mandjourie. Publications du Musée Hoangho Paiho de Tien Tsin. Tienstsin., 36: 1-43, pls. 1-9. page(s): p. 8; pl. 1, fig. 24-25.

Skvortzow, B.W. 1938a. Diatoms from a Mountain Bog, Kaolingtze, Pinchiang–Sheng Province, Manchoukuo. Philippine Journal of Science 66(3): 343-362.

Skvortzow, B.W. 1938b. Diatoms from Argun River, Hsing An Pei Province, Manchoukuo. Philippine Journal of Science. Section C 66(1): 43-72.

Skvortzow, B.W. 1938c. Diatoms from a peaty bog in Lianchicho River Valley, Eastern Siberia. Philippine Journal of Science 66(2): 161-182.

Skvortzow, B.W. 1938d. Subaerial Diatoms from Pin-Chiang-Sheng Province, Manchoukuo. Philippine Journal of Science 65(3): 263-281.

Skvortzow, B.W. 1976. Moss diatoms flora from River Gan in the northern part of Great Khingan Mountains, China, with description of a new genera *Porosularia* gen.nov. from Northern and Southern China (First Part). Quarterly Journal of Taiwan Museum 29: 111-152.

Smith, H.L. 1872. Conspectus of the families and genera of the Diatomaceae. The Lens 1: 1-19, 72-93, 154-157.

Smith, W. 1851. Notes on the Diatomaceae, with descriptions of British Species included in the genera *Campylodiscus*, *Surirella* and *Cymatopleura*. Annals and Magazine of Natural History, 2nd series7: 1-14.

Smith, W. 1852. Notes on the Diatomaceae with descriptions of British Species included in the genus *Pleurosigma*. Annals and Magazine of Natural History, 2nd series 9: 1-12.

Smith, W. 1853. A Synopsis of the British Diatomaceae, Vol. 1, Smith and Beck, London.

Smith, W. 1856. A Synopsis of the British Diatomaceae, Vol. 2, Smith and Beck, London.

Smol, J.P. & Stoermer, E.F. 2010. The Diatoms. Applications for the Environmental and Earth Sciences. Cambridge :Cambridge University Press.

Souffreau, C., Verbruggen, H., Wolfe, A.P., Vanormelingen, P., Siver, P.A., Cox, E.J., Mann, D.G., Van de Vijver, B., Sabbe, K. & Vyverman, W. 2011. A time-calibrated multi-gene phylogeny of the diatom genus *Pinnularia*. Molecular Phylogenetics and Evolution 61: 866-879.

Spaulding, S.A. & Stoermer, E.F. 1997. Taxonomy and distribution of the genus *Muelleria* Frenguelli. Diatom Research 12: 95-113.

Spaulding, S.A., Kociolek, J.P. & Wong, D. 1999. The genus *Muelleria* Frenguelli: A systematic revision, taxonomy and biogeography. Phycologia 38: 314-341.

Stachura-Suchoples, K. & Williams, D.M. 2009. Description of *Conticribra tricircularis*, a new genus and species of Thalassiosirales, with a discussion on its relationship to other continuous cribra species of *Thalassiosira* Cleve (Bacillariophyta) and its freshwater origin. European Journal of Phycology 44(4): 477-486.

Stepanek, J. G. & Kociolek, J. P. 2016. Re-examination of Mereschkowsky's genus *Tetramphora* (Bacillariophyta) and its separation from *Amphora*. Diatom Research 31(2): 123-148.

Stevenson, R.J. 2014. Ecological assessments with algae: a review and synthesis. Journal of Phycology 50: 437-461.

Stevenson, R.J.& Smol, J.P. 2015. Use of algae in ecological assessments. In: Wehr, J., Sheath R. & Kociolek J.P. eds., Freshwater Algae of North America. Amsterdam: Elsevier. 921pp.

Stizenberger.1860. Rabenhorst's alg. Sachs. Syst. Geord. 26: 1860.

Stoermer, E. F. 1978. Phytoplankton as indicators of water quality in the Laurentian Great Lakes. Transactions of the American Microscopical Society 97: 2-16.

Stoermer, E.F. 1967. Polymorphism in *Mastogloia*. Journal of Phycology 3: 73-77.

Stoermer, E.F., Håkansson, H. & Theriot, E.C. 1987. *Cyclostephanos* species new to North America: *C. tholiformis* sp. nov. and *C. costatilimbus* comb. nov. British Phycological Journal 22: 349-358.

Tanaka, H. 2000. *Stephanodiscus komoroensis* sp. nov, a new Pleistocene diatom from Central Japan. Diatom Research 15: 149-157.

Tanaka, H. 2007. Taxonomic studies of the genera *Cyclotella* (Kützing) Brébisson, *Discostella* Houk et Klee, and *Puncticulata* Håkanson in the family Stephanodiscaceae Glezer et Makarova (Bacilariophyta) in Japan. Bibliotheca Diatomologica 53: 1-205.

Theriot, E.C., Ashworth, M., Ruck, E., Nakov, T. & Jansen, R. 2010. A preliminary multigene phylogeny of the diatoms (Bacillariophyta): challenges for future research. Plant Ecology and Evolution 143: 278-296.

Theriot, E.C., Ashworth, M.P., Nakov, T., Ruck, E., Jansen, R.K., 2015. Dissecting signal and noise in diatom chloroplast protein encoding genes with phylogenetic information profiling, Molecular Phylogenetics and Evolution, doi: http://dx.doi.org/10.1016/j.ympev.2015.03.012

Theriot, E.C., Cannone, J., Gutell, R.R. & Alverson, A.J. 2009. The limits of nuclear encoded SSU rDNA for resolving the diatom phylogeny. European Journal of Phycology 44: 277-290.

Theriot, E.C., Håkansson, H., Kociolek, J.P., Round, F.E. & Stoermer, E.F. 1987a. Validation of the centric diatom genus *Cyclostephanos*. British Phycological Journal 22: 345-347.

Theriot, E.C., Ruck, E., Ashworth, M., Nakov, T., Jansen, R. & Brady, M. 2011. Phylogeny of the diatoms based on chloroplast genes. Journal of Phycology 47: 51.

Theriot, E.C., Stoermer, E. & Håkansson, H., 1987b. Taxonomic interpretation of the rimoportula of freshwater genera in the centric diatom family Thalassiosiraceae. Diatom Research 2: 251-265.

Thwaites, G.H.K. 1848. Further observations on the Diatomaceae with descriptions of new genera and species. Annals and Magazine of Natural History, 2nd series 1: 161-172.

Topachevs'kyj & Oksiyuk .1960. Viznachnik prisnovodnikh vodorostej Ukrajns'koj RSR 11: 327.

Trevisan di San Leon, V.B.A. 1848. Saggio di una monografia delle alghe cocotalle. Padova. 112 pp.

Tuchman, M. L., Stoermer, E. F. & Carney, H. J. 1984a. Effects of increased salinity on the diatom assemblage in Fonda Lake, Michigan. Hydrobiologia 109: 179-188.

Tuchman, M.L., Theriot, E.C. & Stoermer, E.F. 1984b. Effects of low level salinity concentrations on the growth of *Cyclotella meneghiniana* Kütz. (Bacillariophyta). Archiv für Protistenkunde 128: 319-326.

Tuchman, N.C., Schollett, M.A., Rier, S.T. & Geddes, P. 2006. Differential heterotrophic utilization of organic compounds by diatoms and bacteria under light and dark conditions. Hydrobiologia 561: 167-177.

Tuji, A. & Kociolek, J.P. 2000. Morphology and taxonomy of *Stephanodiscus suzukii* sp. nov. and *S. pseudosuzukii* sp. nov. (Bacillariophyceae) from Lake Biwa, Japan, and *S. carconensis* from North America. Phycological Research 48: 231-239.

Tuji, A., Leelahakriengkrai, P. & Peerapornpisal, Y. 2012. Distribution and phylogeny of *Spicaticribra kingstonii-rudis* species complex. Memoirs of the National Museum of Natural Science, Tokyo 48: 139-148.

Turpin, P.J.F. 1828. Observations sur le nouveau genre *Surirella*. Mémoires du Museum d'Histoire Naturelle. Paris 16: 361-368.

Ueyama, S. & Kobayashi, H. 1988. Two *Gomphonema* species with strongly capitate apices: *G. sphaerophorum* and *G. pseudosphaerophorum* sp. nov. pp. 449-458. In: Proceedings of the 9th International Diatom Symposium. Koenigstein :Koeltz.

Usoltseva, M.V. & Likhoshway, Y.V. 2007. An analysis of type material of *Aulacoseira islandica* (O. Muller) Simonsen. Diatom Research 22: 209-216.

Van de Vijver, B., Ector, L., Beltrami, M.E., de Haan, M., Falasco, E., Hlúbiková, D., Jarlman, A., Kelly, M., Novais, M.H. & Wojtal, A.Z. 2011. A critical analysis of the type material of *Achnanthidium lineare* W. Sm. (Bacillariophyceae). Algological Studies 136-137: 167-191.

Van Heurck, H. 1896. A Treatise on the Diatomaceae. Translated by W.E. Baxter. London :William Wesley & Son.

Voigt, M. 1942. Les Diatomées du parc de Koukaza dans la Concession Française de Changhi. Musée Heude, Université l'Aurore, Changhai. Notes de Botanique Chinoise 3: 126 pp.

Vyverman, W. & Compère, P. 1991. *Nupela giluwensis* gen. spec. nov. a new genus of naviculoid diatoms. Diatom Research 6: 175-179.

Wallich, G.C. 1858. On *Triceratium* and some allied forms (*Hydrosera*). Quarterly Journal of Microscopical Science, London 6: 242-253.

Wang, G. 1999. *Pliocaenicus cathayanus* sp. nov. and *P. jilinensis* sp. nov. from a diatomite of Jilin Province, northwest China. In: S. Mayama, M. Idei & I. Koizumi (eds), Proceedings of the Fourteenth International Diatom Symposium, Tokyo, Japan, September 2-8, 1996. Koenigstein :Koeltz Scientific Books: 125-134.

Wang, T., Wang J. L., Zhou Q. C., Chudaev D. A., Kociolek J. P., Zhang W. 2000. *Navicula daochengensis* sp. nov. a new freshwater diatom species (Bacillariophyceae) from a small mountain lake, Sichuan Province, China. Phytotaxa 439(2):150-158.

West, G.S. 1904. A Treatise on the British Freshwater Algae. Cambridge : Cambridge University Press. 372 pp.

West, T. 1860. Remarks on some Diatomaceae, new or imperfectly described and a new desmid. Transactions of the Microscopical Society, New Series, London, 8: 147-153.

Williams, D.M. 1985. Morphology, Taxonomy and Inter-Relationships of the Ribbed Araphid Diatoms from the Genera *Diatoma* and *Meridion* (Diatomaceae: Bacillariophyta). J. Cramer, Hirschberg, Germany. 255 pp.

Williams, D.M. 1990. *Distrionella* D. M. Williams, nov. gen., a new araphid diatom (Bacillariophyta) genus closely related to *Diatoma* Bory. Archiv für Protistenkunde 138: 171-177.

Williams, D.M. 2007. Classification and diatom systematics: the past, the present and the future, pp. 57-91. In: Brodie J. & Lewis J. eds. Unravelling the Algae. Boca Raton :CRC Press.

Williams, D. M. & Kociolek, J. P. 2011. An Overview of Diatom Classification with Some Prospects for the Future. Cellular Origin, Life in Extreme Habitats and Astrobiology 47-91.

Williams, D.M. & Reid, G. 2006. *Amphorotia* nov. gen., a new genus in the family Eunotiaceae (Bacillariophyceae), based on *Eunotia clevei* Grunow in Cleve & Grunow. In: Witkowski A. ed., Diatom Monographs. A.R.G. Gantner Verlag K.G., 6: 153 pp.

Williams, D.M. & Round, F.E. 1986. Revision of the genus *Synedra* Ehrenb. Diatom Research 1: 313-339.

Williams, D.M. & Round, F.E. 1987. Revision of the Genus *Fragilaria*. Diatom Research 2: 267-288.

Witkowski, A., Gomes, A., Mann, D.G., Trobajo, R., Li, C.L., Barka, F., Gusev, E., Da Bek, P., Grzonka, J., Kurzydłowski, K.J., Zgłobicka, I., Harrison, M. & Boski, T. 2015. *Simonsenia aveniformis* sp. nov. (Bacillariophyceae), molecular phylogeny and systematics of the genus, and a new type of canal raphe system. Scientific Reports 5: 17115.

Wojtal, A. Z. 2013. Species composition and distribution of diatom assemblages in spring waters from various geological formation in southern Poland. Bibliotheca Diatomologica 59: 1-436.

Woodbridge, J., Roberts, N. & Cox, E.J. 2010. Morphology and ecology of a new centric diatom from Cappadocia (Central Turkey). Diatom Research 25(1): 195-212.

Wu, B., Liu, Q., Wang, Q.X. & Kociolek, J.P. 2013. A new species of the diatom genus *Campylodiscus* (Bacillariophyta, Surirellaceae) from Dongtan, Chongming Island, China. Phytotaxa 115(2): 49-54.

Wu, H., Zhang, T.Z., Li, Y.L., Metzeltin, D., Lange-Bertalot, H. & Kociolek, J.P. 2020. *Sichuaniella deqinensis* sp. nov., a new diatom species (Bacillariophyceae) from a high altitude lake in the Hengduan Mountains, SW China. Phytotaxa 449(1): 83-89.

Wunsam, S. Schmidt, R. & Klee, R. 1995. *Cyclotella* taxa (Bacillariophyceae) in lakes of the Alpine region and their relationship to environmental variables. Aquatic Sciences 57: 360-386.

Wynne, M.J. 2019. *Delicatophycus* gen. nov.: a validation of "*Delicata* Krammer" inval. (Gomphonemataceae, Bacillariophyta). Notulae algarum 97: 1-3.

Xu, J.X., You, Q.M., Kociolek, J.P. & Wang, Q.X. 2017. Taxonomic studies of the centric diatom from the lake Changhai, Jiuhaigou Valley, China, including the description of a new species. Acta Hydrobiologica Sinica, 41: 1140-1148.

Yang Q., Liu T. T., Yu P., Zhang J. Y., Kociolek J. P., Wang Q. Q., You Q. M. 2020. A new freshwater *Psammodictyon* species in the Taihu Basin, Jiangsu Province, China. Journal of the Czech Phycological Society 20(2):144-151.

Yang, J.R., Stoermer, E.F. & Kociolek, J.P. 1994. *Aulacoseira dianchiensis* sp. nov., a new fossil diatom from China. Diatom Research 9(1): 225-231.

Yang, L., You, Q.M., Kociolek, J.P., Wang, L.Q. & Zhang, W. 2019. *Gomphosinica selincuoensis* sp. nov., a new diatom (Bacillariophyceae) from North Tibet, China. Phytotaxa 423(3): 195-205.

Yang, S.Q., Zhang, W., Blanco, S., Jüttner, I. Jüttner, I. & Wu, Z.X. 2019. *Delicata chongqingensis* sp. nov. a new cymbelloid diatom species (Bacillariophyceae) from Daning River, Chongqing, China. Phytotaxa 393(1): 57-66.

Yang, Z., Niu, Y., Ma, Y., Xue, J., Zhang, M., Yang, W., Liu, J., Lu, S., Guan, Y. & Li, H. 2013. Molecular and cellular mechanisms of neutral lipid accumulation in diatom following nitrogen deprivation. Biotechnology for Biofuels 6: 67.

You, Q.M., Cao, Y., Yu, P., Kociolek, J.P., Zang, L.X., Wu, B., Lowe, R. & Wang, Q.X. 2019a. Three new subaerial *Achnanthidium* (Bacillariophyta) species from a karst landform in the Guizhou Province, China. Fottea, Olomouc 19(2): 138-150.

You, Q.M., Kociolek J.P. & Wang, Q.X. 2015a. Taxonomic studies of the diatom genus *Halamphora* (Bacillariophyceae) from the mountainous regions of southwest China, including the description of two new species. Phytotaxa 205(2): 75-89.

You, Q.M., Kociolek, J.P. & Wang, Q.X. 2013. New *Gomphoneis* Cleve (Bacillariophyceae) species from Xinjiang Province, China. Phytotaxa 103: 1-24.

You, Q.M., Kociolek, J.P. & Wang, Q.X. 2015b. The diatom genus *Hantzschia* (Bacillariophyta) in Xinjiang province, China. Phytotaxa 197: 1-14.

You, Q.M., Kociolek, J.P., Cai, M.J., Lowe, R.L., Liu, Y. & Wang, Q.X. 2017a. Morphology and ultrastructure of *Sellaphora constrictum* sp. nov. (Bacillariophyta), a new diatom from southern China. Phytotaxa 327(3): 261-268.

You, Q.M., Kociolek, J.P., Cai, M.J., Yu, P. & Wang, Q.X. 2017b. Two new *Cymatopleura* taxa (Bacillariophyta) from Xinjiang, China with slightly twisted frustules. Fottea 17(2): 291-300.

You, Q.M., Kociolek, J.P., Yu, P., Lowe, R. & Wang, Q.X. 2016. A new species of the diatom genus *Simonsenia* is described from karst landform, Maolan Natural Reserve, Guizhou Province, China. Diatom Research 31(3): 269-275.

You, Q.M., Liu, Y., Wang, Y.F. & Wang, Q.X. 2008. *Synedra ulna* var. *repanda*, a new variety of *Synedra* (Bacillariophyta) from Xinjiang, China. Chinese Journal of Oceanology and Limnology 26(4): 419-420.

You, Q.M., Liu, Y., Wang, Y.F. & Wang, Q.X. 2009. Taxonomy and distribution of diatoms in the genera *Epithemia* and *Rhopalodia* from the Xinjiang Uygur Autonomous Region, China. Nova Hedwigia 89(3-4): 397-430.

You, Q.M., Wang, Q.X. & Kociolek, J.P. 2015c. New *Gomphonema* Ehrenberg (Bacillariophyceae: Gomphonemataceae) species from Xinjiang Province, China. Diatom Research 30(1): 1-12.

You, Q.M., Yu, P., Kociolek, J.P., Wang, Y.L., Luo, F., Lowe, R.L. & Wang, Q.X. 2019b. A new species of *Achnanthes* (Bacillariophyceae) from a freshwater habitat in a karst landform from south-central China. Phycological Research 67(4): 303-310.

You, Q.M., Zhao, K., Wang, Y.L., Yu, P., Kociolek, J.P., Pang, W.T. & Wang, Q.X. 2021. Four new species of monoraphid diatoms from Western Sichuan Plateau in China. Phytotaxa 479(3): 257-274.

Yu, P., Kociolek, J.P., You, Q.M. & Wang, Q.X. 2018. *Achnanthidium longissimum* sp. nov. (Bacillariophyta), a new diatom species from Jiuzhai Valley, Southwestern China. Diatom Research 33(3): 339-348.

Yu, P., You, Q.M., Kociolek, J.P. & Wang, Q.X. 2019a. Three new freshwater species of the genus *Achnanthidium* (Bacillariophyta, Achnanthidiaceae) from Taiping Lake, China. Fottea, Olomouc 19(1): 33-49.

Yu, P., You, Q.M., Kociolek, J.P., Lowe, R. & Wang, Q.X. 2017. *Nupela major* sp. nov., a new diatom species from Maolan Nature Reserve, central-south of China. Phytotaxa 311(3): 245-254.

Yu, P., You, Q.M., Pang, W.T., Cao, Y. & Wang, Q.X. 2019b. Five new Achnanthidiaceae species (Bacillariophyta) from Jiuzhai Valley, Sichuan Province, Southwestern China. Phytotaxa 405(3): 147-170.

Zhang, F., Liu, Y, Kulikovskiy, M., Kociolek, J.P., Lu, X.X. & Fan, Y.W. 2020. One new *Gomphonema* Ehrenberg (Bacillariophyta) from Guangxi Zhuang Autonomous Region, China. Phytotaxa 471(3):258-266.

Zhang, L. X., Yu P., Kociolek J. P., Wang Q. Q., & You Q. M. 2020. *Gomphonema qingyiensis* sp. nov., a new freshwater species (Bacillariophyceae) from Qingyi River, China. Phytotaxa, 474(1):40-50.

Zhang, W., Du, C., Kociolek, J. P., Zhao, T.T. & Wang, L.Q. 2018c. *Gomphonema wuyiensis* sp. nov., a new freshwater species (Bacillariophyceae) from Wuyi Mountains, China. Phytotaxa 375(1): 113-120.

Zhang, W., Gu, X.W., Bao, M.Y., Kociolek, J.P., Blanco, S. & Li, Y.L. 2020. *Kurtkrammeria tiancaiensis* sp.

nov. a new cymbelloid species (Bacillariophyceae) from Lijiang Laojunshan National Park in Yunnan Province, China. Phytotaxa 451(3):223-230.

Zhang, W., Jüttner, I., Cox, E.J., Chen, Q. & Tan, H.X. 2018a. *Cymbella liyangensis* sp. nov. a new cymbelloid species (Bacillariophyceae) from streams in North Tianmu Mountain, Jiangsu province, China. Phytotaxa 348(1): 14-22.

Zhang, W., Li, Y.L., Kociolek, J.P., Zhang, R.L. & Wang, L.Q. 2015. *Oricymba tianmuensis* sp. nov., a new cymbelloid species (Bacillariophyceae) from Tianmu Mountain in Zhejiang Province, China. Phytotaxa 236: 257-265.

Zhang, W., Pereira, A.C., Kociolek, J.P., Liu, C.H., Xu, X.Y. & Wang, L.Q. 2016a. *Pinnularia wuyiensis* sp. nov., a new diatom (Bacillariophyceae, Naviculales) from the north region of Wuyi Mountains, Jiangxi Province, China. Phytotaxa 267(2): 121-128.

Zhang, W., Qi, X., Kociolek, J.P., Wang, L.Q. & Zhang, R.L. 2016b. *Oricymba xianjuensis* sp. nov., a new freshwater diatom (Bacillariophyceae) from Xianju National Park (Zhejiang Province, China). Phytotaxa 272(2): 134-140.

Zhang, W., Shang, G.X., Kociolek, J.P., Wang, L.Q. & Tan, H.X. 2018b. *Gomphonema bicepiformis* sp. nov., a new diatom species (Bacillariophyta) from a stream in Zhejiang, China. Phytotaxa 375(4): 274-282.

Zhang, W., Wang, T., Levkov, Z., Jüttner, I., Ector, L. & Zhou, Q.C. 2019. *Halamphora daochengensis* sp. nov., a new freshwater diatom species (Bacillariophyceae) from a small mountain lake, Sichuan Province, China. Phytotaxa 404(1):12-22.

Zhang, W., Xu, X.Y., Kociolek, J.P. & Wang, L.Q. 2016c. *Gomphonema shanghaiensis* sp. nov., a new diatom species (Bacillariophyta) from a river in Shanghai, China. Phytotaxa 278(1): 29-38.

Zhang, Y., Liao M. N., Li Y. L., Chang F. Q., & Kociolek J. P. 2021. *Cymbella xiaojinensis* sp. nov. a new cymbelloid diatom species (Bacillariophyceae) from high altitude lakes, China. Phytotaxa 482(1):55-64.

Zhang, Z.Y., Rioual, P., Peng, Y.M., Yang, X.P., Jin, Z.D. & Ector, L. 2017. *Cymbella pamirensis* sp. nov. (Bacillariophyceae) from an alpine lake in the Pamir Mountains, Northwestern China. Phytotaxa 308(2): 249-258.

附录　中国已报道的淡水硅藻

Acanthoceras cf. *zachariasii* (Brun) Simon.
Acanthoceras zachariasii var. *lata* Honig.
Achnanthes abundans Mang.
Achnanthes affinis Grun.
Achnanthes affinis var. *biseriata* Skv.
Achnanthes amphicephala Hust.
Achnanthes austriaca Hust.
Achnanthes austriaca var. *helvetica* Hust.
Achnanthes bergiani Clev.-Eul.
Achnanthes biasolettiana (Kütz.) Grun.
Achnanthes bicapitellata Clev.-Eul.
Achnanthes bioretii Germ.
Achnanthes boyei Öst.
Achnanthes brevipes Ag.
Achnanthes brevipes var. *intermedia* (Kütz.) Clev.
Achnanthes brevipes var. *parvula* (Kütz.) Clev.
Achnanthes calcar Clev.
Achnanthes chinii Skv. Gol & Kulik.
Achnanthes chlidanos Hohn & Hell.
Achnanthes clevei Grun.
Achnanthes clevei var. *rostrata* Hust.
Achnanthes coarctata (Bréb.) Grun.
Achnanthes coarctata subsp. *fukinensis* Skv.
Achnanthes coarctata var. *sinica* Qi & Xie
Achnanthes conspicua May.
Achnanthes conspicua var. *brevistriata* Hust.
Achnanthes crassa Hust.
Achnanthes crenulata Grun.
Achnanthes crenulata var. *elliptica* Krass.
Achnanthes cucurbita Skv.
Achnanthes curta (Clev.) Berg & Clev.-Eul.
Achnanthes dalaica Skv.
Achnanthes delicatula Kütz.
Achnanthes depressa (Clev.) Hust.
Achnanthes didyma Hust.
Achnanthes kryophila Peter.
Achnanthes kryophila subsp. *distincta* Skv.
Achnanthes kryophila var. *sinica* Skv.
Achnanthes lacus-valcani Lang.-Bert. & Kram.
Achnanthes lanceolata (Bréb.) Grun.
Achnanthes lanceolata f. *capitata* Müll.
Achnanthes lanceolata var. *argunensis* Skv.
Achnanthes lanceolata f. *ventricosa* Hust.
Achnanthes lanceolata var. *dubia* Grun.
Achnanthes lanceolata var. *elliptica* Clev.
Achnanthes lanceolata var. *elliptica* f. *asiatica* Skv.
Achnanthes lanceolata var. *hynaldii* (Schaar.) Clev.
Achnanthes lanceolata var. *inflata* May.
Achnanthes lanceolata var. *lanceolatoides* (Sov.)
Reim.
Achnanthes lanceolata var. *minor* Schul.
Achnanthes lanceolata var. *minuta* Skv.
Achnanthes lanceolata var. *rostrata* (Öst.) Hust.
Achnanthes lanceolata var. *ventricosa* Hust.
Achnanthes lanceolata subsp. *biporama* (Hohn & Hell.) Lang.-Bert.
Achnanthes lapponioa var. *ninckei* (Guer. & Mang.) Reim.
Achnanthes laterostrata Hust.
Achnanthes levanderi Hust.
Achnanthes lewisiana Patr.
Achnanthes linearioides Lang.-Bert.
Achnanthes linearis Smith
Achnanthes linearis f. *curta* Smith
Achnanthes linearis f. *minuta* Skv.
Achnanthes linearis var. *kankouensis* Skv.
Achnanthes linearis var. *pusilla* Grun.
Achnanthes linearis var. *szechwanica* Skv.
Achnanthes linkei Hust.
Achnanthes mamchyi Skv.
Achnanthes maolanensis Yu et al.
Achnanthes marginulata Grun.
Achnanthes medioconvexa Zhu & Chen
Achnanthes mesoconstricta Zhu & Chen
Achnanthes microcephala Grun.
Achnanthes minutissima Kütz.
Achnanthes minutissima var. *bistriata* Skv.
Achnanthes minutissima var. *constricta* Skv.
Achnanthes minutissima var. *cryptocephala* Grun.
Achnanthes minutissima var. *gracillima* (Meist.) Lang.-Bert.
Achnanthes minutissma var. *jackii* (Rab.) Lang. -Bert. & Rupp.
Achnanthes minutissma var. *robusta* Hust.
Achnanthes montana Krass.
Achnanthes montana var. *sinica* Skv.
Achnanthes nodosa Clev.
Achnanthes nollii Bock & Bock
Achnanthes orientalis Hust.
Achnanthes pamirensis Hust.
Achnanthes peragalloi Brun & Hérib.
Achnanthes pinnata Hust.
Achnanthes pinnata var. *japonica* Hust.
Achnanthes ploenensis Hust.
Achnanthes pseudoexigua Skv.
Achnanthes pseudoexigua var. *unilateralis* Skv.
Achnanthes pseudoswazi Cart.
Achnanthes pyrenaica Hust.

Achnanthes radiata Skv.
Achnanthes rarissima Skv.
Achnanthes rechtensis Lecl.
Achnanthes renei Lang.-Bert. & Schm.
Achnanthes rosenstockii Lang.-Bert.
Achnanthes rupestoides Hohn
Achnanthes rupestris Krass.
Achnanthes saxonica Krass.
Achnanthes Schm.iana var. *tibetica* Jao & Zhu
Achnanthes septentrionalis Öst.
Achnanthes siberica Clev.-Eul.
Achnanthes simplex Hust.
Achnanthes ssp. frequentissima Lang.-Bert.
Achnanthes striatella Skv.
Achnanthes subhudsonis Hust.
Achnanthes subhudsonis var. *kraeuselii* (Chol.) Chol.
Achnanthes subinflata (Öst.) Clev.-Eul.
Achnanthes sublinearis Skv.
Achnanthes sublinearis var. *complexa* Skv.
Achnanthes sublinearis var. *elliptica* Skv.
Achnanthes suchlandtii Hust.
Achnanthes taeniata Grun.
Achnanthes tibetica Jao
Achnanthes trinodis Arn.
Achnanthes tuma Cart.
Achnanthes tumescens Sher. & Low.
Achnanthidium alpestre (Low & Koc.) Low. & Koc.
Achnanthidium altergracillima (Lang.-Bert.) Round & Bukh.
Achnanthidium ampliatum Liu, Kulik. & Koc.
Achnanthidium archibaldianum Lang.-Bert.
Achnanthidium atomus Monn. Lang.-Bert. & Ector
Achnanthidium caledonicum Lang.-Bert.
Achnanthidium catenatum (Bílý & Mar.) Lang. -Bert.
Achnanthidium convergens (Kob.) Kob.
Achnanthidium deflexum (Reim.) King.
Achnanthidium duthii (Sreen.) Edlund
Achnanthidium ennediense Comp. & Heur.
Achnanthidium epilithica Yu, You & Wang
Achnanthidium eutrophilum (Lang.-Bert.) Lang. -Bert.
Achnanthidium exiguum (Grun.) Czar.
Achnanthidium exiguum var. *constricta* (Grun.) Andr.
Achnanthidium exiguum var. *elliptica* Hust.
Achnanthidium flexellum Bréb.
Achnanthidium gracillimum (Meist.) Lang.-Bert.
Achnanthidium guizhouensis Yu, You & Koc.
Achnanthidium japonicum (Kob.) Kob.
Achnanthidium jiuzhaienis Yu, You & Wang
Achnanthidium saprophilum (Kob. & May.) Round & Bukh.
Achnanthidium lacustre Yu, You & Koc.
Achnanthidium latecephalum Kob.
Achnanthidium limosua Yu, You & Wang

Achnanthidium longissimum Yu, You & Koc.
Achnanthidium mediolanceolatum Yu, You & Koc.
Achnanthidium minutissimum (Kütz.) Czar.
Achnanthidium parvulum You, Yu & Koc.
Achnanthidium pfisteri Lang.-Bert.
Achnanthidium pseudoconspicuum (Foged) Jütt. & Cox
Achnanthidium pyrenaicum (Hust.) Kob.
Achnanthidium reimeri (Cam.) Ponad. & Potap.
Achnanthidium rivulare Ponad. & Potap.
Achnanthidium rosenstockii (Lang.-Bert.) Lang. -Bert.
Achnanthidium rostropyrenaicum Jütt. & Cox
Achnanthidium semiapertum (Guer.) Andr., Stoer. & Kreis
Achnanthidium sichuanense Wang & You
Achnanthidium sinense Liu & Blanco
Achnanthidium straubianum (Lang.-Bert.) Lang. -Bert.
Achnanthidium subhudsonis var. *kraeuselii* (Chol.) Cant. & Lang.-Bert.
Achnanthidium sublanceolatum Yu, You & Koc.
Achnanthidium subtilissimum Yu, You & Wang
Achnanthidium taipingensis Yu, You & Koc.
Achnanthidium thienemannii Kram. & Lang. -Bert.
Achnanthidium ovatum Watan. & Tuji
Actinella brasiliensis Grun.
Actinella brasiliensis var. *curta* Skv.
Actinella miocenica Li
Actinocyclus crassus (Smith) Heur.
Actinocyclus curvatulus Jan.
Actinocyclus ehrenbergii Ralfs
Actinocyclus ehrenbergii var. *crassa* (Smith) Hust.
Actinocyclus ehrenbergii var. *ralfsii* (Smith) Hust.
Actinocyclus ehrenbergii var. *sibirica* Skv.
Actinocyclus ehrenbergii var. *tenella* (Bréb.) Hust.
Actinocyclus normani (Greg.) Hust.
Actinocyclus ralfsii (Smith) Ralfs
Actinocyclus roperii (Bréb.) Grun.
Actinoptychus annulatus (Wall.) Grun.
Actinoptychus senarius (Ehr.) Ehr.
Actinoptychus splendens (Shad.) Ralfs
Actinoptychus undulatus (Bail.) Ralfs
Adlafia aquaeductae (Kras.) Lang.-Bert.
Adlafia bryophila (Peter.) Mos. et al.
Adlafia minuscula (Grun.) Lang.-Bert.
Adlafia multnomahii Mor. & Lee
Adlafia muralis (Grun.) Li & Qi
Adlafia paucistriata (Zhu & Chen) Li & Qi
Adlafia pseudomuralis (Hust.) Li & Qi
Adlafia sinensis Liu & Will.
Adlafia suchlandtii (Hust.) Mos. et al.
Afrocymbella beccarii (Grun.) Kram.
Alveovallum beyensii Kram.
Amphipleura lindheimeri Grun.
Amphipleura pellucida Kütz.
Amphipleura pellucida var. *recta* Kitt.

Amphipleura rutilans (Tren. & Roth) Clev.
Amphiprora altata (Ehr.) Kütz.
Amphiprora cholnokyi Landingham
Amphiprora costata Hust.
Amphiprora medulica Perag. & Perag.
Amphiprora medulica var. *sinensis* Skv.
Amphiprora ornata Bail.
Amphiprora paludosa Smith
Amphiprora paludosa var. *duplex* (Donk.) Heur.
Amphiprora paludosa var. *punctulata* Grun.
Amphiraphia xizangensis Chen & Zhu
Amphiraphia xizangensis var. *major* Chen & Zhu
Amphora acutiuscula Kütz.
Amphora aequalis Kram.
Amphora angusta Greg.
Amphora angusta var. *chinensis* Skv.
Amphora angusta var. *diducta* (Schm.) Clev.
Amphora angusta var. *sinensis* Skv.
Amphora arenaria Donk.
Amphora asiatica Skv.
Amphora baicalensis Skv. & May.
Amphora baltica Bran.
Amphora bigibba Grun.
Amphora bullaloides Hobn & Hell.
Amphora chuyinchangii Skv.
Amphora cf. *strigosa* Hust.
Amphora coffeaeformis (Ag.) Kütz.
Amphora coffeaeformis var. *acutiuscula* (Kütz.) Rab.
Amphora coffeaeformis var. *angularis* Heur. & Clev.
Amphora coffeaeformis var. *borealis* (Kütz.) Clev.
Amphora coffeaeformis var. *dusenii* (Brun) Clev.-Eul.
Amphora coffeaeformis var. *perpusilla* Grun.
Amphora coffeaeformis var. *transcaspica* Peter.
Amphora commutata Grun.
Amphora copulata (Kütz.) Scho. & Arch.
Amphora costata Smith
Amphora costata var. *inflata* (Grun.) Perag. & Perag.
Amphora crassa Greg.
Amphora crassa var. *interupta* Lin & Chin
Amphora cymbelloides Grun.
Amphora dalaica Skv.
Amphora dalaica var. *bistriata* Skv.
Amphora dalaica var. *hinganica* Skv.
Amphora dalaica var. *latostriata* Skv.
Amphora dalaica var. *oculata* Skv.
Amphora decussata Grun.
Amphora delicatissims Krass.
Amphora delicatissima var. *dalaica* Skv.
Amphora delicatissima var. *pekinensis* Skv.
Amphora delicatissims f. *sinica* Skv.
Amphora diducta Schm.
Amphora epithemiformis Skv.
Amphora exigua Greg.
Amphora fluminensis Grun.

Amphora fontinalis Hust.
Amphora geniculata Hust.
Amphora gigantea Grun.
Amphora holsatica Hust.
Amphora incrassate Giff.
Amphora indistincta Lev.
Amphora jao Skv.
Amphora libyca Ehr.
Amphora libyca var. *baltica* (Bran.) Clev.-Eul.
Amphora liouiana Skv.
Amphora macilenta Greg.
Amphora mexicana Schm.
Amphora mexicana var. *major* (Cleve) Clev.
Amphora meyeri Skv.
Amphora micrometra Giff.
Amphora mongolica Öst.
Amphora montana Krass.
Amphora neglecta f. *densestriata* Fog.
Amphora normanii (Rab.) Kütz.
Amphora normanii var. *alkalina* Skv.
Amphora normanii var. *curta* Skv.
Amphora normanii var. *curta* f. *mongolica* Skv.
Amphora normanii var. *interrupta* Skv.
Amphora normanii var. *pekinensis* Skv.
Amphora normanii var. *poyangi* Skv.
Amphora obscura Reichelt
Amphora ocellata Donk.
Amphora ostenfeldii Hust.
Amphora ostrearia Bréb. & Kütz.
Amphora ostrearia var. *vitrea* (Clev.) Clev.
Amphora ovalis Kütz.
Amphora ovalis f. *mongolica* Skv.
Amphora ovalis var. *affinis* (Kütz.) Heur.
Amphora ovalis var. *gracilis* (Ehr.) Grun.
Amphora ovalis var. *libyca* (Ehr.) Clev.
Amphora ovalis var. *pediculus* (Kütz.) Heur.
Amphora ovalis var. *pediculus* f. *mongolica* Skv.
Amphora ovalis var. *typica* Clev.
Amphora pediculus (Kütz.) Grun.
Amphora perpusilla (Grun.) Grun.
Amphora perpusilla var. *mongolica* Skv.
Amphora perpusilla var. *pekinensis* Skv.
Amphora perpusilla var. *subelliptica* Skv.
Amphora proteus Greg.
Amphora proteus var. *oculata* Perag.
Amphora rhombica Kitt.
Amphora rhombica var. *sinica* Skv.
Amphora reniformis Guo, Xie & Li
Amphora sabiniana Reim.
Amphora subacutiuscula Scho.
Amphora submontana Hust.
Amphora subsalina Skv.
Amphora tenerrima Aleen & Hust.
Amphora terrois Ehr.
Amphora thumensis (May.) Clev.-Eul.
Amphora twenteana Kram.
Amphora veneta Kütz.

Amphora veneta var. *capitata* Haw

Amphora wangchanii Skv.

Amphora wang-wei Skv.

Aneumastus apiculatus (Öst.) Lang.-Bert.

Aneumastus mangolicus Metz. & Lang.-Bert.

Aneumastus minor (Hust.) Lang.-Bert.

Aneumastus pseudotusculus (Hust.) Cox & Will.

Aneumastus rostratus (Hust.) Lang.-Bert.

Aneumastus stroesei (Öst.) Mann & Stric.

Aneumastus tusculoides (Clev.-Eul.) Mann

Aneumastus tuscula (Ehr.) Mann & Stric.

Aneumastus yamdrokensis Liu & Xie

Anomoeoneis costata (Kütz.) Hust.

Anomoeoneis costata var. *rhomboides* Jao

Anomoeoneis costata var. *tibetica* Jao

Anomoeoneis elliptica Zakr.

Anomoeoneis exilis (Kütz.) Clev.

Anomoeoneis exilis f. *undulata* Kiss.

Anomoeoneis intermedia Öst.

Anomoeoneis polygramma (Ehr.) Clev.

Anomoeoneis polygramma var. *rhomboides* Jao

Anomoeoneis polygramma var. *tibetica* Jao

Anomoeoneis serians (Bréb. ex Kütz.) Clev.

Anonoeoneis serians var. *brachysira* (Bréb.) Clev.

Anomoeoneis serians var. *brachysira* f. *thermalis* (Grun.) Hust.

Anomoeoneis sphaerophora (Kütz.) Pfitz.

Anomoeoneis sphaerophora var. *quentheri* Müll.

Anomoeoneis sphaerophora var. *polygramma* (Ehr.) Müll.

Anomoeoneis sphaerophora var. *sculpta* (Ehr.) Müll.

Anomoeoneis vitrea (Grun.) Ross

Anomoeoneis zellensis f. *difficilis* (Grun.) Hust.

Asterionella edlundii Stoer. & Papp.

Asterionella formosa Hass.

Asterionella formosa var. *gracillima* (Hantz.) Grun.

Asterionella gracillma (Hantz.) Heib.

Asterionella gracillima var. *bleakeleyi* Smith

Asterionella gracillima var. *ralfsii* Smith

Attheya zachariasi Brun

Aulacoseira alpigena (Grun.) Kram.

Aulacoseira ambigua (Grun.) Simon.

Aulacoseira crassipunctata Kram.

Aulacoseira crenulata (Ehr.) Kram.

Aulacoseira dianchiensis Yang, Stoer. & Koc.

Aulacoseira distans (Ehr.) Simon.

Aulacoseira distans var. *alpigena* (Grun.) Simon.

Aulacoseira granulata (Ehr.) Simon.

Aulacoseira granulata f. *spiralis* (Hust.) Czar. & Rein.

Aulacoseira granulata var. *angustissima* (Müll.) Simon.

Aulacoseira islandica (Müll.) Simon.

Aulacoseira italica var. *tenuissima* (Grun.) Simon.

Aulacoseira italica var. *valida* (Grun.) Simon.

Aulacoseira italica subsp. *subarctica* (Müll.)

Simon.

Aulacoseira muzzanensis (Meist.) Kram.

Aulacoseira subarctica (Müll.) Haw.

Aulacoseira tenella (Nyg.) Simon.

Bacillaria dongtingensis Liu & Will.

Bacillaria paradoxa Gmel.

Bacillaria paradoxa var. *tumidula* (Grun.) Toni

Bacillaria paxillifer (Müll.) Hend.

Bacillaria sinensis Liu & Will.

Berkeleya fennica Juhlin-Dann.

Berkeleya scopulorum (Bréb.) Cox

Boreozonacola hustedtii Lang.-Bert., Kulik. & Witk.

Brachysira brebissonii Ross

Brachysira irawanae (Podz. & Hakan.) Lang. -Bert. & Moser

Brachysira microcephala (Kütz.) Comp.

Brachysira neoacuta Lang.-Bert.

Brachysira neoexilis Lang.-Bert.

Brachysira ocalanensis Shay. & Siver

Brachysira subirawanae Koc. & Liu

Biddulphia obtusa (Kütz.) Ralfs

Biremis ambigua (Clev.) Mann

Caloneis aequatorialis Hust.

Caloneis alpestris (Grun.) Clev.

Caloneis alpestris var. *lanceolata* May.

Caloneis alpestris var. *mayeri* Clev.-Eul.

Caloneis amphisbaena (Bory.) Clev.

Caloneis amphisbaena var. *fuscata* (Schum.) Clev.

Caloneis bacillaria (Greg.) Clev.

Caloneis bacillaria var. *cumeata* (Kolbe) Clev. -Eul.

Caloneis bacillaria var. *thermalis* (Grun.) Clev.

Caloneis bacillum (Grun.) Clev.

Caloneis bacillum f. *latilanceolatum* Zhu & Chen

Caloneis bacillum var. *lancettula* (Schul.) Hust.

Caloneis bacillum var. *subcuneata* May.

Caloneis bacillum var. *subundulata* May.

Caloneis bacillum var. *trunculata* Grun.

Caloneis beccariana (Grun.) Clev.

Caloneis branderii (Hust.) Kram.

Caloneis brevis (Gregorg) Clev.

Caloneis budensis (Grun.) Kram.

Caloneis chansiensis Skv.

Caloneis clevei (Lagerstedt) Clev.

Caloneis clevei var. *parallela* Skv.

Caloneis densema Kulik.

Caloneis elongatula (Pant.) Clev.

Caloneis falcifera Lang.-Bert.

Caloneis fasciata (Lang.) Heur.

Caloneis fasciata var. *pekinensis* Skv.

Caloneis holstii Clev.

Caloneis holstii var. *tibetica* Jao

Caloneis hunanensis Chen & Zhu

Caloneis hyalina Hust.

Caloneis ladogensis (Cleve) Clev.

Caloneis lauta Cart. & Bail.-Watt.

Caloneis lepidula var. *angustata* Skv.

Caloneis leptosome (Grun.) Kram.
Caloneis limosa (Kütz.) Patr.
Caloneis moelleri Fog.
Caloneis molaris (Grun.) Kram.
Caloneis nubicola (Grun.) Clev.
Caloneis patagonia (Cleve) Clev.
Caloneis patagonica var. *sinica* Skv.
Caloneis perlepida (Grun.) Berg.
Caloneis permagna (Bail.) Clev.
Caloneis pulchra Mess.
Caloneis schroederi Hust.
Caloneis schroderi var. *densestriata* Skv.
Caloneis schumanniana (Grun.) Clev.
Caloneis schumanniana f. *gracilis* Skv.
Caloneis schumanniana var. *biconstricta* f. *minor* Zhu & Chen
Caloneis schumanniana var. *biconstricta* (Grun.) Reich.
Caloneis schumanniana var. *lancettula* Hust.
Caloneis silicula (Ehr.) Clev.
Caloneis silicula f. *curta* Grun.
Caloneis silicula var. *alpina* (Ehr.) Clev.
Caloneis silicula var. *cuneata* Meist.
Calonies silicula var. *genuina* Meist.
Caloneis silicula var. *gibberula* (Kütz.) Grun.
Caloneis silicula var. *hankensis* Skv.
Caloneis silicula var. *hinganica* Skv.
Caloneis silicula var. *kjellmaniana* Clev.
Caloneis silicula var. *inflata* (Grun.) Clev.
Caloneis silicula var. *limosa* (Kütz.) Land.
Caloneis silicula var. *minor* (Grun.) Clev.
Caloneis silicula var. *minuta* (Grun.) Clev.
Caloneis silicula var. *truncata* (Grun.) Meist.
Caloneis silicula var. *truncatula* Grun.
Caloneis silicula var. *tumida* Hust.
Caloneis silicula var. *paesonis* Hust.
Caloneis sphagnicola Skv.
Caloneis thermalis (Grun.) Kram.
Caloneis undulata (Greg.) Kram. & Lang.-Bert.
Caloneis ventricosa Meist.
Caloneis ventricosa var. *minuta* (Grun.) Mills
Caloneis ventricosa var. *truncatula* (Grun.) Meist.
Caloneis westii (Smith) Hend.
Caloneis zachariasi var. *baldjikiana* (Pant.) Clev. -Eul.
Campylodiscus bicostatus Smith
Campylodiscus clypeus (Ehr.) Ehr. & Kütz.
Campylodiscus clypeus var. *bicostata* Smith
Campylodiscus jiangmenensis Wang
Campylodiscus hibernicus Ehr.
Campylodiscus hispidus Pant.
Campylodiscus levanderi Hust.
Campylodiscus noricus Ehr.
Campylodiscus noricus var. *hibernica* (Ehr.) Grun.
Campylodiscus sinensis Wu, Liu & Wang
Capartogramma crucicula (Grun. & Clev.) Ross
Cavinula cocconeiformis (Greg. & Grev.) Mann & Strick.
Cavinula heterostauron (Germ.) Vijv.
Cavinula maculata (Bail.) Li & Qi
Cavinula pseudosutiformis (Hust.) Mann & Stric.
Cavinula pusio (Clev.) Li & Qi
Cavinula scutelloides (Smith) Mann & Strik.
Ceratoneis arcus Kütz.
Ceratoneis arcus var. *amphioxys* (Rab.) Brun
Ceratoneis arcus var. *hattoriana* Meist.
Ceratoneis arcus var. *linearis* f. *recta* (Skv. & May.) Prosch.-Lavr.
Ceratoneis arcus var. *linearis* Holm.
Ceratoneis arcus var. *recta* Clev.
Ceratoneis arcus var. *orientalis* Skuj.
Chaetoceros affinis Laud.
Chaetoceros muellueri Lemm.
Chamaepinnularia evanida (Hust.) Lang.- Bert.
Chamaepinnularia gandrupii (Peter.) Lang.-Bert. & Kram.
Chamaepinnularia hassiaca (Krass) Cantonati & Lang.-Bert.
Chamaepinnularia mediocris (Krass) Lang.-Bert.
Chamaepinnularia soehrensis Lang.-Bert. & Kram.
Clipeoparvus tibeticus Liu, Koc. & Xie
Cocconeis bodanica Enlen.
Cocconeis clandestine Schm.
Cocconeis comensis Grun.
Cocconeis diminuta Pant.
Cocconeis disculus (Schum.) Clev.
Cocconeis finnmarchica Grun.
Cocconeis fluviatilis Wall.
Cocconeis hustedtii Krass.
Cocconeis pdiculus var. *mongolica* Skv.
Cocconeis pediculus Ehr.
Cocconeis pediculus var. *cruciata* Skv.
Cocconeis pediculus var. *emarginata* Skv.
Cocconeis placentula (Ehr.) Clev.
Cocconeis placentula var. *acuta* Meist.
Cocconeis placentula var. *euglypta* (Ehr.) Clev.
Cocconeis placentula var. *intermedia* (Hérib. & Perag.) Clev.
Cocconeis placentula var. *klinoraphis* Geitler:
Cocconeis placentula var. *lineata* (Ehr.) Heur.
Cocconeis placentula var. *rotunda* Skv.
Cocconeis placentula var. *rouxii* (Hérib. & Brun) Clev.
Cocconeis placentula var. *trilineata* Clev.
Cocconeis pseudocostata Rom.
Cocconeis scutellum Ehr.
Cocconeis scutellum var. *parva* Grun.
Coscinodiscus argus Ehr.
Coscinodiscus asteromphalus Ehr.
Coscinodiscus centralis Ehr.
Coscinodiscus curvatulus Grun.
Coscinodiscus curvatulus var. *minor* (Ehr.) Grun.
Coscinodiscus divisus Grun.
Coscinodiscus excentricus Ehr.

Coscinodiscus jonesianus (Grev.) Ost.
Coscinodiscus lacustris Grun.
Coscinodiscus oculus-iridis Ehr.
Coscinodiscus perforates Ehr.
Coscinodiscus radiatus Ehr.
Coscinodiscus radiates Ehr.
Coscinodiscus rothii var. *sibirica* Skv.
Coscinodiscus sinicus Skv.
Coscinodiscus sinicus var. *sinica* Skv.
Coscinodiscus subtilis Ehr.
Cosmioneis pusilla (Smith) Mann & Strick.
Craticula accomoda (Hust.) Mann
Craticula accomodiformis Lang.-Bert.
Craticula ambigua (Ehr.) Mann
Craticula citrus (Krass.) Reich.
Craticula cuspidata (Kütz.) Mann
Craticula cuspidata var. *héribaudii* (Perag.) Li & Qi
Craticula cuspidata var. *tibetica* (Jao) Li & Qi
Craticula halophila (Grun.) Mann
Craticula halophila f. *tenuirostris* (Hust.) Li & Qi
Craticula halophioides (Hust.) Li & Qi
Craticula molestiformis (Hust.) May.
Craticula perrotedtii Grun.
Craticula riparia (Hust.) Lang.-Bert.
Craticula submolesta (Hust.) Lang.-Bert.
Crenotia distincta Liu et al.
Crenotia hedinii (Hust.) Riou., Ector & Wetz.
Crenotia oblonga Liu, Koc. & Xie
Crotonesis construens var. *venter* (Ehr.) Grun.
Ctenophora pulchella (Ralfs & Kütz.) Will. & Round
Ctenophora sinensis Liu & Will.
Cyclostephanos dubiua (Fricke) Round
Cyclostephanos tholiformis Stoer. et al.
Cyclotella antiqua Smith
Cyclotella asterocostata Xie, Lin & Cai
Cyclotella asterocostata var. *borealis* Xie & Cai
Cyclotella asterocostata var. *striata* Chen
Cyclotella atmous Hust.
Cyclotella bodanica Eulen.
Cyclotella bodanica var. *lemanica (*Müll.) Bach.
Cyclotella caspia Grun.
Cyclotella catenata (Brun) Bach.
Cyclotella changhai Xu & Koc.
Cyclotella comensis Grun.
Cyclotella comta (Ehr.) Kütz.
Cyclotella comta var. *binotata* (Pant.) Clev.-Eul.
Cyclotella comta var. *glabriuscula* Grun.
Cyclotella comta var. *oligactis* (Ehr.) Grun.
Cyclotella comta var. *pantanelli* Fric.
Cyclotella comta var. *paucipunctata* Grun.
Cyclotella comta var. *radiosa* Cleve & Möll.
Cyclotella contenata Brun.
Cyclotella costei Druart & Straub
Cyclotella cretica John & Econ.-Amil.
Cyclotella curvistriata Chen & Zhu
Cyclotella distinguenda Hust.

Cyclotella eatenata (Brun) Bach.
Cyclotella florida Voig.
Cyclotella fottii Hust.
Cyclotella glomerata Bach.
Cyclotella glomerata var. *argunensis* Skv.
Cyclotella hinganica Skv.
Cyclotella hubeiana Chen & Zhu
Cyclotella kuetzingiana Thwait.
Cyclotella kutzingiana subsp. *densestriata* Skv.
Cyclotella kutzingiana var. *dalaica* Skv.
Cyclotella kuetzingiana var. *hankensis* Skv.
Cyclotella kuetzingiana var. *planetophora* Fric.
Cyclotella kuetzingiana var. *radiosa* Fric.
Cyclotella kuetzingiana var. *schumanni* Grun.
Cyclotella lacunarum Hust.
Cyclotella menduannae Gem.
Cyclotella meneghiniana Kütz.
Cyclotella meneghiniana f. *bipunctata* Grun.
Cyclotella meneghiniana f. *plana* (Fric.) Hust.
Cyclotella meneghiniana f. *unipunctata* Clev.-Eul.
Cyclotella meneghiniana var. *hankiensis* Skv.
Cyclotella meneghiniana var. *hinganica* Skv.
Cyclotella meneghiniana var. *laevissimia* (Goor) Hust.
Cyclotella meneghiniana var. *nipponica* Skv.
Cyclotella meneghiniana var. *rectangulata* Grun.
Cyclotella meneghiniana var. *pumila* f. *sibirica* Skv.
Cyclotella meneghiniana var. *tenera* Kolb.
Cyclotella miyiensis Qi & Yang
Cyclotella obliquata Qi & Yang
Cyclotella ocellata Pant.
Cyclotella operculata (Ag.) Kütz.
Cyclotella operculata var. *mesoleia* Grun.
Cyclotella operculata var. *unipunctai* Hust.
Cyclotella pantanelliana Castr.
Cyclotella plitvicensis Hust.
Cyclotella praetermissa Lund
Cyclotella pseudostelligera Hust.
Cyclotella quadrijuncta (Schr.) Hust.
Cyclotella rhomboideo-elliptica Skuj.
Cyclotella rhomboideo-elliptica var. *rounda* Qi & Yang
Cyclotella shanxiensis Xie & Qi
Cyclotella stelligera Clev.
Cyclotella stelligera var. *tenuis* Hust.
Cyclotella striata (Kütz.) Grun.
Cyclotella striata var. *ambigua* (Grun.) Grun.
Cyclotella striata var. *amerilcana* Clev.-Eul.
Cyclotella striata var. *baltica* Grun.
Cyclotella striata var. *bipunctata* Fricke
Cyclotella striata var. *mesoleia* Grun.
Cyclotella striata var. *nipponica* Skv.
Cyclotella stylorum Brig.
Cyclotella tibetana Hust.
Cyclotella yiliangensis Yang
Cyclotella wolterecki Hust.
Cylindrotheca gracilis (Breb.) Grun.

Cymatopleura aquastudia Koc. & You
Cymatopleura cochlea Brun
Cymatopleura elliptica (Bréb.) Smith
Cymatopleura elliptica var. *constricata* Grun.
Cymatopleura elliptica var. *genuina* Grun.
Cymatopleura elliptica var. *hibernica* (Smith) Heur.
Cymatopleura elliptica var. *nobilis* (Hantz.) Hust.
Cymatopleura elliptica var. *sinica* Skv.
Cymatopleura hustedtiana Kram.
Cymatopleura lata (Grun.) Kram.
Cymatopleura lata var. *minor* (Möld.) Shi
Cymatopleura librile (Ehr.) Pant.
Cymatopleura naviculiformis (Auer.) Kram.
Cymatopleura reinhardtii (Grun.) Kram.
Cymatopleura sinensis Skv.
Cymatopleura solea (Bréb.) Smith
Cymatopleura solea var. *apiculata* (Smith) Ralf.
Cymatopleura solea var. *genuine* Kirch.
Cymatopleura solea var. *genuine* f. *minuta* May.
Cymatopleura solea var. *gracilis* Grun.
Cymatopleura solea var. *hankensis* Skv.
Cymatopleura solea var. *regula* (Ehr.) Grun.
Cymatopleura solea var. *subconstricta* Müll.
Cymatopleura tsoneka Lang.-Bert.
Cymatopleura xinjiangiana You & Koc.
Cymbella acuta (Schm.) Clev.
Cymbella aequalis Smith
Cymbella aequalis var. *diminuta* (Grun.) Clev.
Cymbella aequalis var. *florentina* (Grun.) Clev.
Cymbella aequalis var. *oblonga* Font.
Cymbella aequalis var. *pisciculus* Greg.
Cymbella aequalis var. *spitsbergensis* Kram.
Cymbella affiniformis Kram.
Cymbella affinis Kütz.
Cymbella affinis var. *afarensis* Gass.
Cymbella affinis var. *elegans* Mer.
Cymbella algida Clev.-Eul.
Cymbella alpina Grun.
Cymbella alpina var. *minuta* Clev.
Cymbella amphicephala Naeg.
Cymbella amphicephala var. *hercynica* (Schm.) Clev.
Cymbella amphicephala var. *intermedia* Clev.-Eul.
Cymbella amphioxys (Kütz.) Grun.
Cymbella amplificata (Wisl.) Kram.
Cymbella amoyensis Voig.
Cymbella angustata (Smith) Cleve
Cymbella angustata var. *hinganica* Skv.
Cymbella angustata var. *subwulffii* (Cleve-Euler) Clev.-Eul.
Cymbella arctica (Lag.) Schm.
Cymbella arctissima Metz.
Cymbella arcus (Ehr.) Hass.
Cymbella aspera (Ehr.) Clev.
Cymbella aspera var. *fossilis* Skv.
Cymbella aspera var. *genuina* Clev.
Cymbella aspera var. *elongata* Skv.

Cymbella aspera var. *intermedia* Skv.
Cymbella aspera var. *manchurica* Skv.
Cymbella aspera var. *minor* (Heur.) Clev.
Cymbella aspera var. *shantungensis* Voig.
Cymbella aspera var. *truntata* Rab.
Cymbella australica (Schm.) Clev.
Cymbella australica var. *hankensis* Skv.
Cymbella austriaca Grun.
Cymbella austriaca var. *densestriata* Öst.
Cymbella austriaca var. *hankensis* Skv.
Cymbella austriaca var. *reducta* Clev. -Eul.
Cymbella austriaca var. *subhomboidea* (Öst.) Clev.-Eul.
Cymbella austriaca var. *subrhomboidea* f. *borealis* Clev.-Eul.
Cymbella austriaca var. *ventricosa* Clev.-Eul.
Cymbella australica (Schm.) Clev.
Cymbella balatonis Grun.
Cymbella breb Hust.
Cymbella borealis Clev.
Cymbella borealis var. *kansouensis* Skv.
Cymbella botellus (Larg.) Clev.
Cymbella bouleana Brun & Ehr.
Cymbella bermensis Meist.
Cymbella bremii Hust.
Cymbella cantonaii Lang.-Bert.
Cymbella cantonensis Voig.
Cymbella cantonensis var. *obtusa* Voig.
Cymbella capitellata Fus.
Cymbella caespitosa (Kütz.) Grun.
Cymbella caespitosa var. *aurerswaldii* (Rab.) Meist.
Cymbella cesatii (Clev.) Wisl.
Cymbella cesati var. *asiatica* Skv.
Cymbella chow-yi-liangii Skv.
Cymbella cistula (Hemp.) Kirch.
Cymbella cistula var. *arctica* (Lag.) Clev.
Cymbella cistula var. *asiatica* Mer.
Cymbella cistula var. *caldostagnensis* Prud.
Cymbella cistula var. *capitata* Grun.
Cymbella cistula var. *crassa* (Grun.) Clev.-Eul.
Cymbella cistula var. *eucistula* f. *minor* Heur.
Cymbella cistula var. *gibbosa* Brun
Cymbella cistula var. *hebetata* (Pant.) Clev.
Cymbella cistula var. *heterostriata* Mer.
Cymbella cistula var. *hinganensis* Skv.
Cymbella cistula var. *maculata* (Kütz.) Heur.
Cymbella cistula var. *manschurica* Skv.
Cymbella cistula var. *recta* Shi
Cymbella cistula var. *rotundata* Voig.
Cymbella cistula var. *woosungensis* Voig.
Cymbella cistuloides Skv.ex Skv.
Cymbella cistuloides var. *angulata* Skv. ex Skv.
Cymbella cistuloides var. *angulata* f. *corni-caprae* Skv.
Cymbella cistuloides var. *angulata* f. *minor* Skv.
Cymbella cistuloides var. *bilateralis* Skv.
Cymbella cistuloides var. *truncata* Skv.

Cymbella cistuloides var. *undulata* Skv.
Cymbella cleve-eulerae Kram.
Cymbella compacta Öst.
Cymbella compactiformis Liu & Will.
Cymbella cuspidata Kütz.
Cymbella cuspidata var. *anglica* Lager.
Cymbella cuspidata var. *naviculiformis* Auer.
Cymbella cymbiformis (Kütz.) Heur.
Cymbella cymbiformis var. *jimboi* (Pant.) Clev.
Cymbella cymbiformis var. *multipunctata* Clev.
Cymbella cymbiformis var. *nonpunctata* Font.
Cymbella dalaica Skv.
Cymbella delicatula Kütz.
Cymbella delicatula var. *capitata* Skv.
Cymbella delicatula var. *fasciata* Voig.
Cymbella delicatula var. *magna* Chen & Zhu
Cymbella differta (Clev.-Eul.) Krieg.
Cymbella diluviana (Krass.) Flor.
Cymbella distalebiseriata Liu & Will.
Cymbella diversa Kram.
Cymbella dorsenotata Öst.
Cymbella dorsenotata var. *genuina* Clev.
Cymbella dorsenotata var. *semiuda* Clev.
Cymbella ehrenbergii Kütz.
Cymbella ehrenbergii var. *apiculata* Skv.
Cymbella ehrenbergii var. *hankensis* Skv.
Cymbella elongata Poretz. & Prosch.-Lavr.
Cymbella excisa Kütz.
Cymbella excisa var. *procera* Kram.
Cymbella excisa var. *subcapitata* Kram.
Cymbella excisiformis Kram.
Cymbella expecta Land.
Cymbella falaisensis (Grun.) Kram. & Lang.-Bert.
Cymbella furgidula Grun.
Cymbella fuxianensis Li & Gong
Cymbella gaeumanni Meist.
Cymbella globosa Voig.
Cymbella gracilis (Rab.) Clev.
Cymbella gracilis f. *crassiostriata* Skv.
Cymbella gracilis var. *alaskensis* (Fog.) Fan
Cymbella gracilis var. *arcuata* Skv.
Cymbella gracilis var. *arcuata* Voig
Cymbella gracilis var. *girodi* (Ehr.) Clev.-Eul.
Cymbella gracilis var. *kansouensis* Skv.
Cymbella gracilis var. *sinica* Skv.
Cymbella gracilis f. *sphagnicola* Skv.
Cymbella halophila Kram.
Cymbella hantzschiana (Rab.) Kram.
Cymbella hauckii Heur.
Cymbella hebetate Pant.
Cymbella hebridica Grun.
Cymbella hebridica var. *genuina* May.
Cymbella hechiensis Li & Zhang
Cymbella heihainensis Li & Gong
Cymbella helvetica Kütz.
Cymbella helvetica var. *curta* Clev.
Cymbella heteropleura (Ehr.) Kütz.

Cymbella heteropleura var. *minor* Clev.
Cymbella heteropleura var. *subrostrata* Clev.
Cymbella heteropleura f. *hinganica* Skv.
Cymbella hubeiensis Li
Cymbella hungarica (Grun.) Pant.
Cymbella hungarica var. *signata* Clev.
Cymbella hustedtii Krass.
Cymbella hybrida Grun.
Cymbella inaequalis (Ehr.) Rabh
Cymbella incerta (Grun.) Clev.
Cymbella incerta var. *linearis* Font.
Cymbella incerta var. *navicula* (Grun.) Clev.
Cymbella incurvata Kram.
Cymbella inelegans Clev.
Cymbella jaoana Shi
Cymbella japonica Reich.
Cymbella japonica var. *cuneaticephala* Wang
Cymbella jianghanensis Shi
Cymbella jilinensis Huang
Cymbella jolmolungenesis Jao & Lee
Cymbella jordanii Grun.
Cymbella khokhensis Metz., Lang.-Bert. & Li
Cymbella lacustris (Ag.) Clev.
Cymbella lacustris var. *subtropica* Voig.
Cymbella laevis Naeg.
Cymbella lanceolata (Ehr.) Heur.
Cymbella lanceolata var. *grossepunctata* Skv.
Cymbella lapponica Grun.
Cymbella lata Grun.
Cymbella lata var. *sinica* Skv.
Cymbella leptoceros (Ehr.) Kütz.
Cymbella leptoceros var. *angusta* Grun.
Cymbella liyangensis Zhang et al.
Cymbella lunata Smith
Cymbella mexicana (Ehr.) Clev.
Cymbella microcephala Grun.
Cymbella muelleri Hust.
Cymbella muelleri f. *ventricosa* (Temp. & Perag.) Reim.
Cymbella muralis Skv.
Cymbella microcephala var. *crassa* Reim.
Cymbella minuta var. *minuta* Hilse ex Rab.
Cymbella minuta f. *latens* (Krass.) Reim.
Cymbella minuta Hil.
Cymbella minuta var. *groenlandica* Fog.
Cymbella minuta var. *silesiace* (Bleis. & Rabh.) Reim.
Cymbella minuta var. *pseudogracilis* (Chol.) Reim.
Cymbella minuta var. *silesiaca* (Bleis. & Rab.) Reim.
Cymbella moelleriana var. *argunica* Skv.
Cymbella mongolica Öst.
Cymbella montatum var. *subalpina* (Meist.) Clev.
Cymbella muelleri Hust.
Cymbella muelleri var. *javanica* (Hust.) Hust.
Cymbella muelleri var. *ventricosa* Zan.
Cymbella naviculiformis Auer.

Cymbella naviculiformis var. *stauroptera* Voig.

Cymbella naciculiformis f. *constricta* Skv.

Cymbella neocistula Kram.

Cymbella neocistula var. *islandica* Kram.

Cymbella neocistula var. *lunata* Kram.

Cymbella neoleptoceros Kram.

Cymbella neuquina var. *fastigata* (Krass.) Kram. et al.

Cymbella norvegica Grun.

Cymbella obtusa Greg.

Cymbella obtusiuscula (Kütz.) Grun.

Cymbella paenetruncata Li & Gong

Cymbella pamirensis Zhang & Riou.

Cymbella parva (Smith) Clev.

Cymbella parva var. *hungarica* (Grun.) Clev.

Cymbella parvula Krass.

Cymbella pavlovi Skv.

Cymbella pekinensis Skv.

Cymbella peraffinis Tyn.

Cymbella peraspera Kram.

Cymbella perfossilis Kram.

Cymbella perparva Kram.

Cymbella perpusilla Clev.

Cymbella perpusilla f. *elongata* Skv.

Cymbella pervarians Kram.

Cymbella prostrata (Berk.) Clev.

Cymbella prostrata var. *robusta* (Cleve) Clev.

Cymbella prostrate var. *auerswaldii* (Rab.) Reim.

Cymbella proxima Reim.

Cymbella pseudotumida Skv.

Cymbella pseudotumida var. *pseduoborealis* Skv.

Cymbella pusilla Grun.

Cymbella pulchra Li & Lang.-Bert.

Cymbella obtusa Greg.

Cymbella obtusiuscula Kütz.

Cymbella rigida Clev.

Cymbella reinhardtii Grun.

Cymbella rupicola Grun.

Cymbella rupicola var. *sinica* Skv.

Cymbella ruttneri Hust.

Cymbella ruttneri var. *liaotungensis* Skv.

Cymbella schmidtii Grun.

Cymbella schmidtii var. *conifera* (Brun & Hérib.) Clev.-Eul.

Cymbella schmidtii var. *gothlandica* Clev.-Eul.

Cymbella scutariana Kram.

Cymbella semicircularis (Lager.) Schm.

Cymbella semicircularis var. *dalaica* Skv.

Cymbella shii Li

Cymbella shudunensis Li & Metz.

Cymbella shvortzovii Skab.

Cymbella signata Pant.

Cymbella signata var. *chinensis* Skv.

Cymbella silesiaca Bleis.

Cymbella simonsenii Kram.

Cymbella similis Krass.

Cymbella sinensis Metz. & Kram.

Cymbella sinica Greg.

Cymbella sinica var. *chinensis* Skv.

Cymbella sinica var. *miyiensis* Qi & Yang

Cymbella sinica var. *rostrata* Skv.

Cymbella sinuata Greg.

Cymbella sinuata var. *argunensis* Skv.

Cymbella sinuata var. *sinica* wang

Cymbella solea var. *regula* (Ehr.) Grun.

Cymbella sphaerophora Clev.

Cymbella stigmacentralis Liu & Will.

Cymbella stigmaphora Öst.

Cymbella strontiana Kram.

Cymbella sturii Grun.

Cymbella sturii var. *undulata* Öst.

Cymbella sturii var. *minor* Clev.-Eul.

Cymbella stuxbergii (Cleve) Wisl.

Cymbella stuxbergii var. *genuina* Clev.

Cymbella stuxbergii var. *siberca* (Grun.) Wisl.

Cymbella stuxbergii var. *tumida* Skv.

Cymbella subaequalis Grun.

Cymbella subaequalis f. *krasskei* (Fog.) Reim.

Cymbella subarctica Kram.

Cymbella subcistula Kram.

Cymbella subconstricta Öst.

Cymbella subhelvetica Kram.

Cymbella sublanceolata (Kram.) Shi

Cymbella subleptoceros Kram.

Cymbella subtruncata Kram.

Cymbella suecica Clev.

Cymbella suecica var. *typica* Clev.

Cymbella sumatrensis Hust.

Cymbella tenuistriata Shi

Cymbella tibetana Hust.

Cymbella transsilvanica Kram.

Cymbella tropica Kram.

Cymbella tumida (Bréb.) Heur.

Cymbella tumida var. *borealis* (Grun.) Clev.

Cymbella tumida var. *convergentistriata* Skv.

Cymbella tumidula Grun.

Cymbella tumidula f. *recta* Skv.

Cymbella tumidula var. *angusta* Grun.

Cymbella tungtingiana Skv.

Cymbella turgida Grun.

Cymbella turgida f. *maxima* Berg

Cymbella turgida f. *minor* Skv.

Cymbella turgida var. *hinganica* Skv.

Cymbella turgida var. *muscosa* Skv.

Cymbella turgidula Grun.

Cymbella turgidula var. *excise* (Kütz.) Okun.

Cymbella turgidula var. *nipponica* Skv.

Cymbella turgidula var. *venezolana* Kram.

Cymbella turgiduliformis Kram.

Cymbella ventricosa Kütz.

Cymbella ventricosa var. *acuminata* Clev.

Cymbella ventricosa var. *excavata* (Clev.-Eul.) Clev.-Eul.

Cymbella ventricosa var. *genuina* f. *minuta* (Hilse)

May.
Cymbella ventricosa var. *laevis* (Naeg.) May.
Cymbella ventricosa var. *lunata* (Smith) Wood. & Tweed
Cymbella ventricosa var. *minuta* Hust.
Cymbella ventricosa var. *obtusa* (Grun.) Clev.
Cymbella ventricosa var. *pekinensis* Skv.
Cymbella ventricosa var. *semicircularis* (Lager.) Schm.
Cymbella ventricosa var. *silesiaca* (Bleis.) Clev.
Cymbella ventricosa f. *major* Mer.
Cymbella vulgata Kram.
Cymbella weslawskii Kram.
Cymbella wolterecki Hust.
Cymbella xiaojinensis Li
Cymbella xingyunnensis Li & Gong
Cymbella yabe Skv.
Cymbella yabe var. *punctata* Li & Shi
Cymbella yangtzensis Li & Metz.
Cymbellopsis apiculata Kram.
Cymbopleura acuta (Schm.) Kram.
Cymbopleura albanica Kram. & Miho
Cymbopleura amphicephala (Naeg.) Kram.
Cymbopleura anglica (Lager.) Kram.
Cymbopleura angustata (Smith) Kram.
Cymbopleura angustata var. *spitsbergensis* Kram.
Cymbopleura apiculata Kram.
Cymbopleura austriaca (Grun.) Kram.
Cymbopleura citrus (Cart. & Bail.-Wat.) Kram.
Cymbopleura cuspidata (Kütz.) Kram.
Cymbopleura elliptica Kram.
Cymbopleura florentina (Grun.) Kram.
Cymbopleura florentina var. *brevis* Kram.
Cymbopleura fluminea (Patr. & Frees.) Lang. -Bert. & Kram.
Cymbopleura hauckii (Heur.) Kram.
Cymbopleura hercynica (Schm.) Kram.
Cymbopleura hercynica var. *schweickrdtii* (Choln.) Shi
Cymbopleura heteropleura (Ehr.) Shi
Cymbopleura hustedtiana Kram.
Cymbopleura hybrida (Grun.) Kram.
Cymbopleura inaequalis (Ehr.) Kram.
Cymbopleura incerta (Grun.) Kram.
Cymbopleura incertiformis Kram.
Cymbopleura jianghanensis Li
Cymbopleura korana Kram.
Cymbopleura krasskei (Fog.) Kram.
Cymbopleura kuelbsii Kram.
Cymbopleura lapponica (Grun.) Kram.
Cymbopleura lata (Grun.) Kram.
Cymbopleura lata var. *lata* (Grun.) Kram.
Cymbopleura lata var. *minor* (Möl.) Shi
Cymbopleura lata var. *truncate* Kram.
Cymbopleura linearis (Fog.) Kram.
Cymbopleura metzeltinii var. *julma* Kram.
Cymbopleura naviculiformis (Auer.) Kram.

Cymbopleura neocaledonica Lang.-Bert. & Kram.
Cymbopleura neoheteropleura Kram.
Cymbopleura neoheteropleura var. *minor* (Cleve) Shi
Cymbopleura oblongata Kram.
Cymbopleura oblongata var. *streptoraphe* Kram.
Cymbopleura peranglica Kram.
Cymbopleura percuspidata Kram.
Cymbopleura problematica (Land.) Kram.
Cymbopleura pseudokuelbsii Shi
Cymbopleura rainierensis (Sover.) Li
Cymbopleura reinhardtii (Grun.) Kram.
Cymbopleura rhomboidea Kram.
Cymbopleura rhomboidea var. *angusta* Kram.
Cymbopleura rupicola (Grun.) Kram.
Cymbopleura rupicola var. *minor* Kram.
Cymbopleura schweickerdtii Chol.
Cymbopleura similis (Krass.) Kram.
Cymbopleura stauroneiformis (Lager.) Kram.
Cymbopleura subaequalis (Grun.) Kram.
Cymbopleura subaequalis var. *alpestris* Kram.
Cymbopleura subaequalis var. *pertruncata* Kram.
Cymbopleura subapiculata Kram.
Cymbopleura subcuspidata (Kram.) Kram.
Cymbopleura sublanceolata Kram.
Cymbopleura sublancettula Kram.
Cymbopleura subrostrata (Clev.) Kram.
Cymbopleura tenuistriata (Shi) Shi
Cymbopleura tsoneka Lang.-Bert.
Cymbopleura tynnii (Kram.) Kram.
Cymbopleura vrana Kram.
Cymbopleura yateana (Maill.) Kram.
Decussata placenta (Ehr.) Lang.-Bert.
Delicata chongqingensis Zhang, Yang & Blan.
Delicata delicatula (Kütz.) Kram.
Delicata delicatula var. *alpestris* Kram.
Delicata gadjiana (Maill.) Kram.
Delicata judaica (Lang.-Bert.) Kram. & Lang. -Bert.
Delicata sinensis Kram. & Metz.
Delicata sparsistriata Kram.
Delicata verena Lang.-Bert. & Kram.
Delicata williamsii Liu & Blan.
Delicatophycus liuweii Li
Denticula creticola (Ötr.) Lang.-Bert.
Denticula elegans Kütz.
Denticula elegans var. *hinganica* Skv.
Denticula kuetzingii Grun.
Denticula kuetzingii var. *rumrichae* Kram.
Denticula subtilis Grun.
Denticula tenuis (Kütz.) Hust.
Denticula tenuis var. *crassula* (Näg.) Hust.
Denticula tenuis var. *intermedia* Grun.
Denticula thermalis Kütz.
Denticula valida (Pedic.) Grun.
Desmogonium rabenhorstianum Grun.
Delphineis surirella (Ehr.) Andr.

Diadesmis biscutella Lang.-Bert.
Diadesmis brekkaensis (Peter.) Mann
Diadesmis brekkaensis var. *bigibba* (Hust.) Li & Qi
Diadesmis confervacea (Kütz.) Grun.
Diadesmis contenta (Grun. & Heur.) Mann
Diadesmis contenta f. *elliptica* (Krass.) Li & Qi
Diadesmis contenta f. *parallela* (Hust.) Li & Qi
Diadesmis contenta var. *boceps* (Clev.) Li & Qi
Diadesmis ingeaeformis Hamil. & Anton.
Diadesmis perousilla (Grun.) Mann
Diadesmis perousilla var. *asiatica* (Skv.) Li & Qi
Diatoma anceps (Ehr.) Grun.
Diatoma anceps var. *linearis* Perag.
Diatoma elongatum Ag.
Diatoma elongatum var. *subsalina* Clev.-Eul.
Diatoma elongatum var. *tenuis* (Ag.) Heur.
Diatoma elongatum f. *normalis* Kütz.
Diatoma hiemale (Roth) Heib.
Diatoma hiemale var. *mesodon* (Ehr.) Grun.
Diatoma hiemale var. *quadratum* (Kütz.) Ross
Diatoma hiemale var. *turgidulum* (Ehr.) Grun.
Diatoma hyemalis (Roth) Heib.
Diatoma kalakulensis Peng, Riou. & Will.
Diatoma lonatum (Lynb.) Ag.
Diatoma maximum (Grun.) Frick.
Diatoma mesodon (Ehr.) Kütz.
Diatoma moniliforme Kütz.
Diatoma rupestris Liu & Wang
Diatoma shenonngia Zhang & Qi
Diatoma tenue Ag.
Diatoma tenue var. *elongatum* Lyngb.
Diatoma tenuis Ag.
Diatoma vulgare Bory
Diatoma vulgare var. *brerve* (Brev.) Grun.
Diatom vulgare var. *chinensis* Yang & Fang
Diatoma vulgare var. *grande* (Smith) Grun.
Diatoma vulgare var. *ovalis* (Fric.) Hust.
Diatoma vulgare var. *linearis* Grun.
Diatoma vulgare var. *producta* Grun.
Diatoma vulgaris Bory
Diatomella balfouriana (Smith) Grev.
Didymosphania geminata (Lyngb.) Schm.
Didymosphania geminata var. *baicalensis* Skv.
Diploneis aestuarii Hust.
Diploneis barbatula Skv.
Diploneis boldtiana Clev.
Diploneis bombus (Ehr.) Clev.
Diploneis campylodiscus (Grun.) Clev.
Diploneis decipiens var. *parallela* Clev.-Eul.
Diploneis domblittensis (Grun.) Clev.
Diploneis elliptica (Kütz.) Clev.
Diploneis elliptica var. *genuina* Meist.
Diploneis elliptica var. *grosse-punctata* (Pant.) Mihi
Diploneis elliptica var. *hankae* Skv.
Diploneis elliptica var. *ladogensis* Clev.
Diploneis elliptica var. *mongolica* Mer.
Diploneis elliptica var. *ostracodarum* Pant.

Diploneis finica (Ehr.) Clev.
Diploneis finica f. *sinica* Skv.
Diploneis incurvata (Greg.) Clev.
Diploneis interrupta (Kütz.) Clev.
Diploneis lijiangensis Huang
Diploneis marginestriata Hust.
Diploneis marginestriata var. *nipponica* Skv.
Diploneis minuta Peter.
Diploneis oblongella (Näg. & Kütz.) Ross
Diploneis oculata (Bréb.) Clev.
Diploneis ostracodarum (Pant.) Jur.
Diploneis ovalis (Hils.) Clev.
Diploneis ovalis var. *oblongella* (Näg.) Clev.
Diploneis ovalis var. *bolongella* f. *gibbosa* McCall
Diploneis parma Clev.
Diploneis parma var. *sinoborealis* Skv.
Diploneis pseudovalis Hust.
Diploneis pseudoovalis var. *tiensinensis* Skv.
Diploneis puella (Schumann) Clev.
Diploneis puella var. *baikalensis* Skv.
Diploneis robusta (Clev.-Eul.) Clev.-Eul.
Diploneis rupestris Skv.
Diploneis separanda Lang.-Bert.
Diploneis smithii (Bréb.) Clev.
Diploneis smithii var. *denseareolata* Skv.
Diploneis smithii var. *pumila* (Grun.) Hust.
Diploneis subconstricta (Clev.) Clev.-Eul.
Diploneis subovalis Clev.
Diploneis suborbicularis (Greg.) Clev.
Discostella asterocostata (Xie, Lin & Cai) Houk & Klee
Discostella pseudostelligera (Hust.) Houk & Klee
Discostella stelligera (Clev. & Grun.) Houk & Klee:
Discostella stelligera var. *elliptica* (Freng.) Guerr. & Echen.
Discostella stelligeroides (Hust.) Houk & Klee
Discostella woltereckii (Hust.) Houk & Klee
Discoplea atmosphaerica Ehr.
Discoplea sinensis Ehr.
Dorofeyukea kotschyi (Grun.) Kulik.
Edtheriotia guizhoiana Koc et al.
Ellerbeckia arenaria (Moor. & Ralf.) Dorof. & Kulik.
Encyonema acuminatum (Clev.-Eul.) Shi
Encyonema alpinu (Grun.) Mann
Encyonema auerswaldii Rab.
Encyonema brehmii (Hust.) Mann
Encyonema brevicapitatum Kram.
Encyonema caronianum Kram.
Encyonema cespitosum Kütz.
Encyonema cespitum Kütz.
Encyonema dubium Kram.
Encyonema elginense (Kram.) Mann
Encyonema elginense var. *stigmaticum* (Kram.) Shi & Zhang
Encyonema excavatum (Clev.-Eul.) Shi
Encyonema fogedii Kram.

Encyonema gaeumannii (Meist.) Kram.
Encyonema gerstenbergeri Grun.
Encyonema gracile Rab.
Encyonema hebridicum Grun.
Encyonema hustedtii Kram.
Encyonema jemtlandicum Kram.
Encyonema jemtlandicum var. *venezolanum* Kram.
Encyonema jolmolungmensis (Jao & Lee) Li
Encyonema jordanii (Grun.) Mill.
Encyonema lacustre (Ag.) Mill.
Encyonema lange-bertalotii Kram.
Encyonema lange-bertalotii var. *inarensis* Kram.
Encyonema lange-bertalotii var. *obscuriformis* Kram.
Encyonema latens (Krass.) Mann
Encyonema lunatum (Smith) Heur.
Encyonema mesianum (Chol.) Shi
Encyonema metzeltinii Kram.
Encyonema minutum (Hils.) Mann
Encyonema muelleri (Müll.) Shi
Encyonema muscosa (Skv.) Shi
Encyonema neogracile Kram.
Encyonema norvegicum (Grun.) Mill.
Encyonema oblonga Liu & Xie
Encyonema obscuriforme Kram.
Encyonema obscurum var. *alpine* Kram.
Encyonema parvum Kram.
Encyonema paucistriatum (Clev.-Eul.) Mann
Encyonema pergracile Kram.
Encyonema perpusillum (Clev.) Mann
Encyonema procerum Kram.
Encyonema prostratum (Berk.) Kütz.
Encyonema reichardtii (Kram.) Mann
Encyonema rostratum Kram.
Encyonema rostratum var. *ventriformis* Kram.
Encyonema silesiacum (Bleis.) Mann
Encyonema silesiacum var. *altensis* Kram.
Encyonema silesiacum var. *excisa* Kram.
Encyonema silesiacum var. *lata* Kram.
Encyonema silesiacum var. *ventriformis* Kram.
Encyonema standeri (Chol.) Kram.
Encyonema temperei Kram.
Encyonema turgidum (Greg.) Grun.
Encyonema undulatum (Öst.) Shi
Encyonema ventricosum (Ag.) Grun.
Encyonema ventricosum var. *angusta* Kram.
Encyonema ventricosum var. *minuta* (Grun.) Ag.
Encyonema vulgare Kram.
Encyonopsis amphioxys (Kütz.) Liu & Shi
Encyonopsis azuleana Metz. & Kram.
Encyonopsis behrei (Fog.) Kram. & Metz.
Encyonopsis behrei var. *oblonga* Shi & Chen
Encyonopsis cesatiformis Kram.
Encyonopsis cesatii (Rab.) Kram.
Encyonopsis descripta (Hust.) Kram.
Encyonopsis falaisensis (Grun.) Kram.
Encyonopsis krammeri Reich.

Encyonopsis kriegeri (Krass.) Kram.
Encyonopsis leei Kram.
Encyonopsis microcephala (Grun.) Kram.
Encyonopsis minuta Kram. & Reich.
Encyonopsis namibiana Kram.
Encyonopsis neoamphioxys Kram.
Encyonopsis perborealis Kram.
Encyonopsis ruttneri (Hust.) Kram.
Encyonopsis subminuta Kram. & Reich.
Encyonopsis stodderi (Clev.) Kram.
Encyonopsis subcryptocephala (Krass.) Kram.
Encyonopsis thumensis Kram.
Encyonopsis tiroliana Kram. & Lang.-Bert.
Entomoneis triundulata Liu & Will.
Epithemia adnata (Kütz.) Bréb.
Epithemia adnata var. *adnata* (Kütz.) Bréb.
Epithemia adnata var. *porcellus* (Kütz.) Ross
Epithemia adnata var. *probossidea* (Kütz.) Patr.
Epithemia adnata var. *probossidea* f. *bidens* (Clev.) You & Wang
Epithemia adnata var. *saxonica* (Kütz.) Patr.
Epithemia arguiformis You & Wang
Epithemia argus Kütz.
Epithemia argus var. *alpestris* (Smith) Grun.
Epithemia argus var. *goeppertiana* Hisl.
Epithemia argus var. *longicornis* (Ehr.) Grun.
Epithemia argus var. *ocellata* Frick.
Epithemia argus var. *protracta* May.
Epithemia argus var. *testudo* Frick.
Epithemia cistula (Ehr.) Ralf.
Epithemia frickei Kram.
Epithemia hyndmanii Smith
Epithemia hyndmanii var. *chinensis* Skv.
Epithemia intermedia Fric.
Epithemia muelleri Fric.
Epithemia ocellata (Ehr.) Kütz
Epithemia reichelii Frick.
Epithemia smithii Carr.
Epithemia sorex Kütz.
Epithemia sorex var. *amphecephala* Öst.
Epithemia sorex var. *gracilis* Kütz.
Epithemia turgida (Ehr.) Kütz.
Epithemia turgida var. *capitata* Frick.
Epithemia turgida var. *granulata* (Ehr.) Grun.
Epithemia turgida var. *plicata* Meis.
Epithemia turgida var. *vertagus* (Kütz.) Grun.
Epithemia turgida var. *westermannii* (Ehr.) Grun.
Epithemia zebra (Ehr.) Kütz.
Epithemia zebra f. *bidens* (Clev.) Clev.-Eul.
Epithemia zebra var. *hankensis* Skv.
Epithemia zebra var. *intermedia* (Fric.) Hust.
Epithemia zebra var. *porcellus* (Kütz.) Grun.
Epithemia zebra var. *proboscoidea* (Kütz.) Grun.
Epithemia zebra var. *saxonica* (Kütz.) Grun.
Eucocconeis alpestris (Brun) Lang.-Bert.
Eucocconeis aretassii (Mang.) Lang.-Bert.
Eucocconeis flexalla Kütz.

Eucocconeis flexella var. *montana* Meist
Eucocconeis hinganica Skv.
Eucocconeis lapponica Hust.
Eucocconeis laevis (Öst.) Lang.-Bert.
Eucocconeis lichunhaii Li
Eucocconeis undulatum You & Wang
Eunotia aequlis Hust.
Eunotia alpina (Nägeli) Hust.
Eunotia ambivalens Lang.-Bert. & Tagl.
Eunotia amoyensis Skv.
Eunotia anhuiensis Yang
Eunotia arcubus Nörp. & Lang.-Bert.
Eunotia arcus Ehr.
Eunotia arcus var. *bidens* Grun.
Eunotia arcus var. *bindulata* Skv.
Eunotia arcus var. *crassistriata* Skv.
Eunotia arcus var. *fallax* Hust.
Eunotia arcus var. *hinganica* Skv.
Eunotia arcus var. *sphaerocephala* (Berg) Berg
Eunotia arcus var. *triundulata* Skv.
Eunotia arcus var. *uncinata* (Ehr.) Grun.
Eunotia arcus var. *undulata* Skv.
Eunotia asiatica Skv.
Eunotia asiatica var. *interrupta* Skv.
Eunotia bactriana Ehr.
Eunotia bidentula Smith
Eunotia bigibba Kütz.
Eunotia bigibba var. *pumila* Grun.
Eunotia bigibba var. *rupestris* Skv.
Eunotia bigibba var. *subcapitata* Skv.
Eunotia bigibboidea Lang.-Bert. & Witk.
Eunotia bilunaris (Ehr.) Souz.
Eunotia bilunaris var. *linearis* (Okun.) Lang. -Bert.
　& Nörp.
Eunotia bilunaris var. *mucophila* Lang.-Bert., Norp.
　& Alles
Eunotia botuliformis Wild
Eunotia camelus Ehr.
Eunotia circumborealis Lang.-Bert. & Norp.
　-Schem.
Eunotia clevei Grun.
Eunotia clevei var. *obliquestriata* (Lin & He) Shi &
　Emen.
Eunotia clevei var. *sinica* Skv.
Eunotia collinsii Kall.
Eunotia crassula Metz. & Lang.-Bert.
Eunotia cristagalli Clev.
Eunotia curtagrunowii Nörp.-Schem. & Lang.
　-Bert.
Eunotia curvata (Kütz.) Larg.
Eunotia didyma Grun.
Eunotia didyma f. *genuina* Hust.
Eunotia didyma var. *claviculata* Hust.
Eunotia didyma var. *elongata* (Grun.) Hust.
Eunotia didyma var. *tuberosa* Hust.
Eunotia dinghunsis Liu & Koc.
Eunotia diodon Ehr.

Eunotia diodon var. *dovreensis* Clev.-Eul.
Eunotia diodon var. *fukinensis* Skv.
Eunotia diodon var. *sinica* Skv.
Eunotia epithemioides Hust.
Eunotia eurycephala (Grun.) Nörp.-Schem. &
　Lang.-Bert.
Eunotia exigua (Bréb.) Rab.
Eunotia exigua var. *bidens* Hust.
Eunotia exigua var. *compacta* Hust.
Eunotia exigua var. *undulata* Magd.
Eunotia faba (Ehr.) Grun.
Eunotia faba var. *lunata* Skv.
Eunotia faba var. *minor* Skv.
Eunotia fallax Clev.
Eunotia fallax var. *gracillima* Krass.
Eunotia filiformis Luo et al.
Eunotia flexuosa (Bréb.) Kütz.
Eunotia formica Ehr.
Eunotia formica var. *elongata* Skv.
Eunotia fragilariodes var. *elongata* Skv.
Eunotia glacialis Meis.
Eunotia glacialis var. *rigida* Clev.-Eul.
Eunotia glacialispinosa Lang.-Bert. & Cant.
Eunotia gracilis var. *densestriata* Skv.
Eunotia grunowii var. *uplandica* Clev.-Eule.
Eunotia hainanensis Zhang & Qi
Eunotia hexaglyphis Ehr.
Eunotia hinganica Skv.
Eunotia implicata Nörp. et al.
Eunotia incisa Smith & Greg.
Eunotia intermedia (Krass.) Nörp. & Lang.-Bert.
Eunotia jemtlandica (Font) Clev.–Eul.
Eunotia kocheliensis Müll.
Eunotia lapponica Grun.
Eunotia lunaris (Ehr.) Bréb.
Eunotia lunaris var. *anomalus* Hust.
Eunotia lunaris var. *capitata* (Grun.) Schoen.
Eunotia lunaris var. *sicula* Clev.
Eunotia lunaris var. *subarcuata* (Näg.) Grun.
Eunotia lunaris var. *undulata* Skv.
Eunotia major (Smith) Rab.
Eunotia major var. *asiatica* Skv.
Eunotia major var. *hankensis* Skv.
Eunotia major var. *undulata* Grun.
Eunotia microcephala Krass.
Eunotia michaelis Metz. et al.
Eunotia minor (Kütz.) Grun.
Eunotia monnieri Lang.-Bert.
Eunotia monodon Ehr.
Eunotia monodon var. *amoyensis* Skv.
Eunotia monodon var. *asiatica* Skv.
Eunotia monodon var. *bidens* (Greg.) Hust.
Eunotia monodon var. *constricta* Hust.
Eunotia monodon var. *koreana* f. *undulata* Skv.
Eunotia monodon var. *major* (Smith) Hust.
Eunotia monodon var. *major* f. *asiatica* Skv.
Eunotia monodon var. *tropica* (Hust.) Hust.

Eunotia monodon var. *undulata* Hust.
Eunotia mugecuo Luo et al.
Eunotia muscicola Krass.
Eunotia muscicola var. *perminuta* (Grun.) Nörp. &
Lang.-Bert.
Eunotia muscicola var. *tridentula* Nörp. & Lang.
-Bert.
Eunotia naegelii Migul.
Eunotia nymaniana Grun.
Eunotia odebrechtiana Metz. & Lang.-Bert.
Eunotia palatina Lang.-Bert. & Krüg.
Eunotia paludosa Grun.
Eunotia papillo (Ehr.) Grun.
Eunotia parallela Ehr.
Eunotia parallela f. *asiatica* Skv.
Eunotia parallela var. *angusta* Grun.
Eunotia parallela var. *asiatica* Skv.
Eunotia parallela var. *hinganica* Skv.
Eunotia parallela var. *pseudoparalleia* Clev.
Eunotia pectinalis (Kütz.) Rab.
Eunotia pectinalis var. *amoyensis* Skv.
Eunotia pectinalis var. *bigibba* Skv.
Eunotia pectinalis var. *chinensis* Skv.
Eunotia pectinalis var. *curta* Skv.
Eunotia pectinalis var. *impressa* (Ehr.) Hust.
Eunotia pectinalis var. *impressa* f. *curta* V Heur.
Eunotia pectinalis var. *minor* (Kütz.) Rab.
Eunotia pectinalis var. *minor* f. *impressa* (Ehr.)
Hust.
Eunotia pectinalis var. *recta* May. & Patr.
Eunotia pectinalis var. *undulata* (Ralfs) Rab.
Eunotia pectinalis var. *ventralis* (Ehr.) Hust.
Eunotia pectinalis var. *ventricosa* Grun.
Eunotia pectinalis var. *sinica* Skv.
Eunotia perminuta (Grun.) Patr.
Eunotia perpusilla Grun.
Eunotia pirla Car. & Flow.
Eunotia plicata Jao
Eunotia pomeranica Lang.-Bert. & Witk.
Eunotia praenana Berg
Eunotia praerupta Ehr.
Eunotia praerupta var. *bidens* (Ehr.) Smith
Eunotia praerupta var. *bigibba* (Kütz.) Grun.
Eunotia praerupta var. *inflata* Grun.
Eunotia praerupta var. *muscicola* Peter.
Eunotia praerupta var. *sinica* Skv.
Eunotia praerupta var. *thermalis* Hust.
Eunotia praerupta var. *tibetica* Mer.
Eunotia pseudoclevei Wang
Eunotia pseudoflexuosa Hust.
Eunotia pseudogroenlandica Lang.-Bert. & Tagl.
Eunotia pseudopapilio Lang.-Bert. & Norp.
-Schem.
Eunotia pseudopectinalis Hust.
Eunotia rabenhorstiana (Grun.) Hust.
Eunotia rabenhorstii Clev. & Grun.
Eunotia recta Hust.

Eunotia rhomboidea Hust.
Eunotia robusta var. *bergii* Clev.-Eul.
Eunotia robusta var. *grandis* Clev.- Eul.
Eunotia scandiorussica Kulik. et al.
Eunotia sedina Lang.-Bert., Bak & Witk.
Eunotia septentrionalis Öst.
Eunotia serra Ehr.
Eunotia serra var. *diadema* (Ehr.) Patr.
Eunotia shantungensis Skv.
Eunotia shantungensis var. *linealata* Skv.
Eunotia soleirolii (Kütz.) Rab.
Eunotia subarcuatoides Alles et al.
Eunotia submonodon Hust.
Eunotia sudetica (Müll.) Hust.
Eunotia sudetica var. *emycephala* Clev.
Eunotia sudetica var. *hankensis* Skv.
Eunotia suecica f. *hankensis* Skv.
Eunotia suecica var. *hinganica* Skv.
Eunotia suecica var. *simplex* Skv.
Eunotia sudeticiformis Koc. et al.
Eunotia suecica Clev.
Eunotia sulcata Hust.
Eunotia superbidens Lang.-Bert.
Eunotia superpaludosa Lang.-Bert.
Eunotia tassii (Tassioe) Berg 4
Eunotia tautoniensis var. *hankensis* Skv.
Eunotia tautoniensis var. *undulata* Skv.
Eunotia tautoniensis var. *amoyensis* Skv.
Eunotia tenella (Grun.) Hust.
Eunotia tridentula Ehr.
Eunotia tridentula var. *perminuta* Grun.
Eunotia tridentula var. *perpusilla* Grun.
Eunotia tridentula var. *sinica* Skv.
Eunotia triodon Ehr.
Eunotia tropica Hust.
Eunotia tschirchiana Müll.
Eunotia ursamaioris Lang.-Bert. & Nörp.-Schem.
Eunotia valida Hust.
Eunotia valida var. *densistriata* Skv.
Eunotia valida var. *sinica* Skv.
Eunotia veneris (Kütz.) De Toni
Eunotia veneris var. *obtusiuscula* Clev.-Eul.
Eunotia zygodon Ehr.
Eunotia zygodon var. *elongata* Hust.
Eunotia vanheurckii Patr.
Eunotia vanheurckii var. *intermedia* (Krass. &
Hust.) Patr.
Eunotia zygodon var. *gracilis* Hust.
Fallacia indifferena (Hust.) Mann
Fallacia insociabilis (Krass.) Mann
Fallacia lucinensis (Hust.) Mann
Fallacia omissa (Hust.) Mann
Fallacia pygmaea (Kütz.) Stick. & Mann
Fallacia subforcipata (Hust.) Mann
Fallacia tenera (Hust.) Mann
Fragilaria acus (Kütz.) Lang.-Bert.
Fragilaria alpestris Krass.

Fragilaria arcus (Ehr.) Clev.
Fragilaria asiatica Hust.
Fragilaria atomus Hust.
Fragilaria bicapitata May.
Fragilaria biceps (Kütz.) Lang.-Bert.
Fragilaria bidens Heib.
Fragilaria binodis Ehr.
Fragilaria brevistriata Grun.
Fragilaria brevistriata var. *bigibba* Jao
Fragilaria brevistriata var. *capitata* Mang.
Fragilaria brevistriata var. *elliptica* Hérib.
Fragilaria brevistriata var. *genuina* Grun.
Fragilaria brevistriata var. *inflata* (Pant.) Hust.
Fragilaria brevistriata var. *linearis* May.
Fragilaria brevistriata var. *subcapitata* Grun.
Fragilaria brevistriata var. *tibetica* Mer.
Fragilaria capucina Desm.
Fragilaria capucina var. *acuta* (Ehr.) Rab.
Fragilaria capucina var. *amphicephala* (Grun.) Lang.-Bert.
Fragilaria capucina var. *austriaca* (Grun.) Lang.-Bert.
Fragilaria capucina var. *distans* (Grun.) Lang.-Bert.
Fragilaria capucina var. *gracilis* (Öst.) Hust.
Fragilaria capucina var. *lanceolata* Grun.
Fragilaria capucina var. *mesolepta* (Rab.) Grun.
Fragilaria capucina var. *perminuta* (Grun.) Lang.-Bert.
Fragilaria capucina var. *rumpens* (Kùtz.) Lang.-Bert.
Fragilaria capucina f. *sublanceolata-baikali* Flower & Will.
Fragilaria capucina var. *vaucheriae* (Kütz.) Lang.-Bert.
Fragilaria construens (Ehr.) Grun.
Fragilaria construens var. *binodis* (Ehr.) Grun.
Fragilaria construens var. *exigua* (Smith) Schul
Fragilaria construens var. *pumila* Grun.
Fragilaria construens var. *subsalina* Hust.
Fragilaria construens var. (f.) *venter* (Ehr.) Grun.
Fragilaria construens var. *triundulata* Reich.
Fragilaria construens var. *yiliangensis* Yang
Fragilaria crenophila Koc. & Rush.
Fragilaria crenophila var. *sinensis* Riou.
Fragilaria crotonensis Kitt.
Fragilaria crotonensis var. *oregona* Sov.
Fragilaria curvata Skv.
Fragilaria elliptica Schum
Fragilaria elliptica f. *minor* Grun.
Fragilaria delicatissima (Smith) Lang.-Bert.
Fragilaria fasciculata (Ag.) Lang.-Bert.
Fragilaria fragilarioides (Grun.) Chol.
Fragilaria goulardii (Brèb.) Lang.-Bert.
Fragilaria gracilis Öst.
Fragilaria gracillima var. *elliptica* Clev.-Eul.
Fragilaria hainanensis Zhang & Qi
Fragilaria harrissonsi Smith

Fragilaria harrissonii var. *rhomboids* Grun.
Fragilaria heidenii Öst.
Fragilaria hinganensis Skv.
Fragilaria hinganensis var. *longissima* Skv.
Fragilaria hungarica Pant.
Fragilaria indigema Skv.
Fragilaria inflata (Heid.) Hust.
Fragilaria inflata var. *abreviata* Clev.
Fragilaria intermedia Grun.
Fragilaria intermedia var. *kamtschatica* (Peter.) Prosch.-Lavr.
Fragilaria intermedia var. *littoralis* Grun.
Fragilaria investiens (Smith) Clev.
Fragilaria lapponica Grun.
Fragilaria lapponica var. *lanceolata* Zhang & Qi
Fragilaria lapponica var. *minuta* Clev.
Fragilaria lapponica var. *tenuis* (Ag.) Heur.
Fragilaria leptostauron (Ehr.) Hust.
Fragilaria leptostauron var. *dubia* (Grun.) Hust.
Fragilaria leptostauron var. *hainanensis* Zhang
Fragilaria leptostauron var. *rhomboides* (Grun.) Hust.
Fragilaria major Clev.
Fragilaria major var. *binedis* (Ehr.) Grun.
Fragilaria mesotyla Ehr.
Fragilaria nitzschioides Grun.
Fragilaria parasitica var. *subconstricta* Grun
Fragilaria pinnata Ehr.
Fragilaria pinnata var. *acuminata* May.
Fragilaria pinnata var. *intercedens* (Grun.) Hust.
Fragilaria pinnata var. *lancettula* (Schum.) Hust.
Fragilaria pinnata var. *trigona* (Brun. & Hér.) Hust.
Fragilaria pinnata var. *turgidula* (Schum.) Clev.-Eul.
Fragilaria producta var. *acuta* (Ehr.) Clev.-Eul.
Fragilaria pulchella var. *minuta* Hust.
Fragilaria shangdongensis Li
Fragilaria similes Krass.
Fragilaria striatula Lyng.
Fragilaria subtriundulata Li
Fragilaria tenera (Smith) Lang.-Bert.
Fragilaria turufanensis Miao
Fragilaria ulna (Nitzs.) Lang.-Bert.
Fragilaria ulna var. *acus* (Kütz.) Lang.-Bert.
Fragilaria ulna var. *danica* (Kütz.) Kalin.
Fragilaria ungeriana Grun.
Fragilaria vaucheriae (Kütz.) Peter.
Fragilaria vaucheriae var. *capitata* (Skv.) Bao & Reim.
Fragilaria vaucheriae var. *capitellata* (Grun.) Patr.
Fragilaria vaucheriae var. *distans* (Grun.) Clev.-Eul.
Fragilaria vaucheriae var. *elliptica* Mang
Fragilaria vaucheriae var. *genuina* (Heur.) Clev.
Fragilaria vaucheriae var. *gracilior* Clev.-Eul.
Fragilaria vaucheriae var. *truncata* (Greg.) Grun.
Fragilaria virescens Ralf.

Fragilaria virescens var. *acicularis* Skv.
Fragilaria virescens var. *acuminata* May.
Fragilaria virescens var. *capitata* Öst.
Fragilaria virescens var. *elliptica* Hust.
Fragilaria virescens var. *mesolepta* (Rab.) Schön.
Fragilaria virescens var. *oblongella* Grun.
Fragilaria virescens var. *obtusa* Skv.
Fragilaria virescens var. *restratus* Skv.
Fragilaria virescens var. *subsalina* Grun.
Fragilariforma virescens (Ralf.) Will. & Round
Frickea lewisiana (Grev.) Heid.
Frustulia chinensis Skv.
Frustulia crassinervia (Bréb.) Lang.-Bert. & Kram.
Frustulia interposita (Lewis) De Toni
Frustulia interposita var. *chinensis* Skv.
Frustulia rhomboides (Ehr.) De Toni
Frustulia rhomboides var. *amphipleuroides* (Grun.) De Toni
Frustulia rhomboides var. *capitata* (May.) Patr.
Frustulia rhomboides var. *chinensis* Skv.
Frustulia rhomboides var. *crassinervia* (Ehr. & Smith) Ross
Frustulia rhomboides var. *elongata* Krieg.
Frustulia rhomboides var. *leptocephala* Öst.
Frustulia rhomboides var. *lineolata* (Ehr.) Clev.
Frustulia rhomboides var. *saxonica* (Rab.) De Toni
Frustulia rhomboides var. *saxonica* f. *capitata* (May.) Hust.
Frustulia rhomboides var. *saxonica* f. *undulata* Hust.
Frustulia rhomboides var. *viridula* (Bréb.) Clev.
Frustulia saxonica Rab.
Frustulia splendida Hust.
Frustulia styriaca (Grun.) Clev.
Frustulia viridula (Bréb.) De Toni
Frustulia vulgaris (Thwait.) De Toni
Frustulia vulgaris var. *asiatica* Skv.
Frustulia vulgaris var. *capitata* Krass.
Frustulia vulgaris var. *constricta* Skv.
Frustulia vulgaris var. *muscosa* Skv.
Frustulia vulgaris var. *rupestris* Skv.
Geissleria acceptata (Hust.) Lang.-Bert. & Metz.
Geissleria aikenensis (Patr.) Torg. & Oliv.
Geissleria boreosiberica Lang.-Bert.
Geissleria decussis (Öst.) Lang.-Bert. & Kram.
Geissleria ignata (Krass.) Lang.-Bert. & Metz.
Geissleria jianghanensis Li
Geissleria kriegeri (Krass.) Lang.-Bert. & Metz.
Geissleria lateropunctata (Wall.) Potap. & Wint.
Geissleria paludosa (Hust.) Lang.-Bert. & Metz.
Geissleria schoenfeldii (Hust.) Lang.-Bert. & Metz.
Geissleria similis (Krass.) Lang.-Bert.
Geissleria tectissima (Lang.-Bert.) Lang.-Bert.
Genkalia alpina Luo et al.
Germainella engimaticoides Lang.-Bert. & Metz.
Germainella enigmatica (Germ.) Lang.-Bert. & Metz.

Germainella clandestina Le Cohu, Ten-Hage & Barth.
Germainella legionensis Blan. et al.
Germainella emmae (Vijv. & Cox) Koc. et al.
Germainella guizhouiana Koc. et al.
Germainella maolaniana Koc. et al.
Germainella sinica Koc. et al.
Gliwiczia calcar (Clev.) Kulik., Lang.-Bert. & Witk. (=*Achnanthes calcar* Clev.)
Gloeonema sinense Ehr.
Gomphocymbella ancyli (Clev.) Hust.
Gomphocymbella asymmetrica Shi & Li
Gomphocymbella brunii (Fric.) Müll.
Gomphocymbella laxistria Shi & Li
Gomphocymbella vulgaris (Kütz.) Müll.
Gomphocymbellopsis ancyli (Clev.) Kram.
Gomphoneis basiorobusta You & Koc.
Gomphoneis distorta You & Koc.
Gomphoneis olivacea (Horn.) Daw. et al.
Gomphoneis olivaceoides (Hust.) Cart.
Gomphoneis pseudokunoi Tuji
Gomphoneis pseudosubtiloides You & Koc.
Gomphoneis qii You & Koc.
Gomphoneis quadripunctatum (Öst.) Clev. & Daw.
Gomphoneis rostratoides You & Koc.
Gomphoneis stoermeri You & Koc.
Gomphoneis subtiloides You & Koc.
Gomphoneis xinjiangiana You & Koc.
Gomphonema abbreviatum Ag.
Gomphonema acidoclinatum Lang.-Bert. & Reich.
Gomphonema acuminatum Ehr.
Gomphonema acuminatum var. *brebissonii* (Kütz.) Clev.
Gomphonema acuminatum var. *brebissonii* f. *intermedia* Skv.
Gomphonema acuminatum var. *clavus* (Bréb.) Grun.
Gomphonema acuminatum var. *coronatum* (Ehr.) Smith
Gomphonema acuminatum var. *directum* Clev.-Eul.
Gomphonema acuminatum var. *elongatum* (Rab.) Smith
Gomphonema acuminatum var. *elongatum* f. *tenuis* (Clev.-Eul.) Clev.-Eul.
Gomphonema acuminatum var. *intermedium* Grun.
Gomphonema acuminatum var. *obtusum* Fan & Bao
Gomphonema acuminatum var. *pantocsekii* Clev.-Eul.
Gomphonema acuminatum var. *pusillum* Grun.
Gomphonema acuminatum var. *sinica* Skv.
Gomphonema acuminatum var. *subelliptica* Clev.
Gomphonema acuminatum var. *tibeticum* Jao
Gomphonema acuminatum var. *trigonocephalum* (Ehr.) Grun.
Gomphonema acuminatum var. *trigonocephala* f. *acuminatoides* May.
Gomphonema acuminatum var. *turris* (Ehr.) Clev.
Gomphonema acuminatum f. *elongatum* Skv.

Gomphonema acutiusculum (Müll.) Clev.-Eul.

Gomphonema aff. *affine* Kütz.

Gomphonema affine Kütz.

Gomphonema affine var. *insignis* (Greg.) And.

Gomphonema americobtusatum Reich. & Lang. -Bert.

Gomphonema anglicum Ehr.

Gomphonema angustatum (Kütz.) Rab.

Gomphonema angustatum var. *aequale* (Greg.) Clev.

Gomphonema angustatum var. *citera* Hohn & Hell.

Gomphonema angustatum var. *clinostriatum* f. *undata* Clev.-Eul.

Gomphonema angustatum var. *intermedia* Grun.

Gomphonema angustatum var. *lineare* Hust.

Gomphonema angustatum var. *obtusatum* (Kütz.) Grun.

Gomphonema angustatum var. *productum* Grun.

Gomphonema angustatum var. *sarcophagus* (Greg.) Grun.

Gomphonema angustatum var. *undulatum* Grun.

Gomphonema apicatum Ehr.

Gomphonema apunctum Wall.

Gomphonema argunensis Skv.

Gomphonema asiaticum Liu & Koc.

Gomphonema augur Ehr.

Gomphonema augur var. *gautieri* Heur.

Gomphonema augur var. *okamurae* Skv.

Gomphonema augur var. *poyangiana* Skv.

Gomphonema augur var. *sinica* Skv.

Gomphonema augur f. *hankensis* Skv.

Gomphonema augur f. *orientalis* Skv.

Gomphonema auritum Braun & Kütz.

Gomphonema bavaricum Reich. & Lang.-Bert.

Gomphonema berggrenii Clev.

Gomphonema berggrenii var. *asiaticum* (Skvortzow) Shi

Gomphonema biceps Meis.

Gomphonema bicepiformis Zhang & Koc.

Gomphonema bigutianchnensis Li

Gomphonema bohemicum Reich & Frick.

Gomphonema brasiliense Grun.

Gomphonema brebissonii (Kütz.) Schön.

Gomphonema capitatum Ehr.

Gomphonema carolinense Hagel.

Gomphonema changyangicum Li, Shi & Lei

Gomphonema chinense Lemm.

Gomphonema chinense Liu & Koc.

Gomphonema clava Reich.

Gomphonema clavatum Ehr.

Gomphonema clevei Frick.

Gomphonema clevei f. *heterovalvata* Voig.

Gomphonema clevei var. *oryzae* Skv.

Gomphonema clevei var. *sinensis* Voig.

Gomphonema consector Hohn & Hell.

Gomphonema constrictum Ehr.

Gomphonema constrictum f. *curta* Grun.

Gomphonema contrictum var. *amphicephala* Mer.

Gomphonema constrictum var. *capitata* (Ehr.) Clev.

Gomphonema constrictum var. *capitata* f. *italica* (Küt.) May.

Gomphonema constrictum var. *capitata* f. *robusta* May.

Gomphonema constrictum var. *capitata* f. *turgidum* (Ehr.) May.

Gomphonema constrictum var. *capitata* f. *ventricose* (Greg.) May.

Gomphonema constrictum var. *ellipticum* Shi & Chen

Gomphonema constrictum var. *elongata* Skv.

Gomphonema constrictum var. *elongatum* Perag. & Hérib.

Gomphonema constrictum var. *gautiert* (Heur.) Cholnoky

Gomphonema constrictum var. *hankensis* Skv.

Gomphonema constrictum var. *hedinii* (Hust.) Sabel.

Gomphonema constrictum var. *italicum* (Kütz.) Grun.

Gomphonema constrictum var. *parvum* (Grun.) Shi

Gomphonema constrictum var. *robustum* (May.) Shi

Gomphonema constrictum var. *subcapitatum* (Ehr.) Grun.

Gomphonema constrictum var. *subcapitatum* f. *elongata* (Clev.) Clev.

Gomphonema constrictum var. *subcapitatum* f. *typica* Clev.

Gomphonema constrictum var. *tumidum* Skv.

Gomphonema constrictum var. *turgidum* (Ehr.) Grun.

Gomphonema constrictum var. *ventricosum* (May.) Shi

Gomphonema cumrhis Hohn & Hell.

Gomphonema curtum Hust.

Gomphonema cymbelliclinum Reich. & Lang. -Bert.

Gomphonema dichotomiforme (May.) Shi

Gomphonema dichotomum Kütz.

Gomphonema distans (Clev.-Eul.) Lang.-Bert. & Reich.

Gomphonema eminens Skuj.

Gomphonema entolejum Öst.

Gomphonema exilissimum (Grun.) Lang.-Bert. & Reich.

Gomphonema fanensis Maill.

Gomphonema fortissimo Liu et al.

Gomphonema geisslerae Reich. & Lang.-Bert.

Gomphonema geminatum var. *siberica* Grun.

Gomphonema genestoermeri Liu & Koc.

Gomphonema germainii Koc. & Stoer.

Gomphonema gordejevi Skv.

Gomphonema gracile (lis) Ehr.

Gomphonema gracile f. *turris* Hust.

Gomphonema gracile var. *auritum* (Braun) Grun.

Gomphonema gracile var. *dichotoma* (Kütz.) Grun.

Gomphonema gracile var. *intricatiforme* May.
Gomphonema gracile var. *lanceolatum* Kütz.
Gomphonema gracile var. *major* (Grun.) Clev.
Gomphonema gracile var. *naviculoides* Smith
Gomphonema grovei Schm.
Gomphonema grunowii Patr.
Gomphonema hasta Metz.
Gomphonema hebridense Greg.
Gomphonema hedinii Hust.
Gomphonema hedinii var. *lineare* Shi & Chen
Gomphonema heidenii Frick.
Gomphonema heidenii var. *mingiana* Skv.
Gomphonema heidenii var. *sinicum* Skv.
Gomphonema heilongtanensis Li, Koc. & Metz.
Gomphonema helveticum Brun
Gomphonema helveticum var. *genuinum* May.
Gomphonema helveticum var. *tenuis* (Fric.) Hust.
Gomphonema hinganicum Skv.
Gomphonema hinganicum var. *apiculatum* Skv.
Gomphonema hubeicum Li, Shi & Lei
Gomphonema insigne Greg.
Gomphonema instabilis Hohn & Hell.
Gomphonema instabilis var. *rhombicum* Xie & Shi
Gomphonema instabillis f. *wangii* Bao & Reim.
Gomphonema interruptum Chen & Zhu
Gomphonema intricatoides You & Koc.
Gomphonema intricatum Kütz.
Gomphonema intricatum var. *curvatum* Skv.
Gomphonema intricatum var. *dichotomiformis* May.
Gomphonema intricatum var. *dichtomum* (Kütz.) Grun.
Gomphonema intricatum var. *dichtomum* f. *semipura* May.
Gomphonema intricatum var. *fossile* Pant.
Gomphonema intricatum var. *mirum* Shi & Zhu
Gomphonema intricatum var. *pulvinatum* (Braun) Grun.
Gomphonema intricatum var. *pumila* Grun.
Gomphonema intricatum var. *vibrio* (Ehr.) Clev.
Gomphonema jao Skv.
Gomphonema jianghanensis Li
Gomphonema jilinense Huan.
Gomphonema kaznakowii Mer.
Gomphonema kaznakowii var. *cruciatum* Shi & Li
Gomphonema kaznakowii var. *distinctum* Skv.
Gomphonema kaznakowi var. *mingiana* Skv.
Gomphonema khentiiense Metz., Lang.-Bert. & Nerg.
Gomphonema kobayasii Koc. & King.
Gomphonema kobayashiae Metz. & Lang.-Bert.
Gomphonema lagenula Kütz.
Gomphonema lagerheimii Clev.
Gomphonema lanceolatoides Liu et al.
Gomphonema lanceolatum var. *amuricum* Skv.
Gomphonema lanceolatum var. *curtum* Skv.
Gomphonema lanceloatum var. *insignis* (Greg.) Clev.

Gomphonema lanceolatum Ehr.
Gomphonema lanceolatum var. *major* Grun.
Gomphonema laojunshanensis Li et al.
Gomphonema lateripunctatum Reich. & Lang.-Bert.
Gomphonema cf. *lateripunctatum* Reich. & Lang.-Bert.
Gomphonema laticollum Reich.
Gomphonema latipes Reich.
Gomphonema licenti Skv.
Gomphonema licenti var. *curta* Skv.
Gomphonema lingulatum Hust.
Gomphonema lippertii Reich. & Lang.- Bert.
Gomphonema liyanlingae Metz. & Lang.-Bert.
Gomphonema longiceps Ehr.
Gompphonema longiceps f. *gracilis* Hust.
Gomphonema longiceps f. *minuta* Skv.
Gomphonema longiceps var. *australica* Skv.
Gomphonema longiceps var. *capitata* Tynn.
Gomphonema longiceps var. *hankensis* Skv.
Gomphonema longiceps var. *montana* f. *minuta* Skv.
Gomphonema longiceps var. *rupestris* Skv.
Gomphonema longiceps var. *subclavata* Grun.
Gomphonema longiceps var. *subclavatum* f. *gracilis* Hust.
Gomphonema longilineare Reich.
Gomphonema maclaughlinii Reich.
Gomphonema makarovae Lang.-Bert.
Gomphonema manubrium Frick.
Gomphonema martini var. *genuinum* Frick.
Gomphonema martini var. *intermedium* Clev.-Eul.
Gomphonema martini var. *subulatum* Clev.-Eul.
Gomphonema martinii Frick.
Gomphonema mediocris Skv.
Gomphonema mediocris var. *capitatum* Skv.
Gomphonema mereschkowskyii Skv.
Gomphonema mereschkowskyii subsp. *lancetulum* Skv.
Gomphonema metzeltinii You & Koc.
Gomphonema microlanceolatum You & Koc.
Gomphonema micropus Kütz.
Gomphonema minusculum Krass.
Gomphonema minutiforme Lang.-Bert. & Reich.
Gomphonema minutum (Ag.) Ag.
Gomphonema montanaviva Liu et al.
Gomphonema montanum Schum
Gomphonema montanum f. *hankensis* Skv.
Gomphonema montanum var. *acuminata* (Perag. & Hérib.) May.
Gomphonema montanum var. *medium* Grun.
Gomphonema montanum var. *minutum* (Skv.) Shi
Gomphonema montanum var. *multipunctatum* Shi & Zhu
Gomphonema montanum var. *mustella* (Grun.) Müll.
Gomphonema montanum var. *subclavatum* Grun.
Gomphonema montanum var. *suecicum* Grun.

Gomphonema musteta Schum.

Gomphonema occultum Reich. & Lang.-Bert.

Gomphonema olivaceoides Hust.

Gomphonema olivaceoides var. *densestriata* Fog.

Gomphonema olivaceum (Lyngb.) Kütz.

Gomphonema olivaceum var. *argunensis* Skv.

Gomphonema olivaceum var. *balticum* (Clev.) Grun.

Gomphonema olivaceum var. *brevistriatum* Li & Shi

Gomphonema olivaceum var. *calcarea* (Clev.) Clev.

Gomphonema olivaceum var. *densostriatum* Shi & Zhu

Gomphonema olivaceum var. *minutissimum* Hust.

Gomphonema olivaceum var. *punctatum* Shi & Li

Gomphonema olivaceum var. *pusillum* Clev.

Gomphonema olivaceum var. *quadripunctata* Öst.

Gomphonema olivaceum var. *stauroneiforme* Grun.

Gomphonema olivaceum var. *tenellum* (Kütz.) Clev.

Gomphonema olivaceum var. *tibetica* Mer.

Gomphonema pala Reich.

Gomphonema pararhombicum Reich. et al.

Gomphonema parbalum (Kütz.) Grun.

Gomphonema parvulius (Lang.-Bert. & Reich.) Lang.-Bert. & Reich.

Gomphonema parvulum (Kütz.) Kütz.

Gomphonema parvulum var. *deserta* Skv.

Gomphonema parvulum var. *exilissimum* Grun.

Gomphonema parvulum var. *lagenula* (Kütz.) Hust.

Gomphonema parvulum var. *micropus* (Kütz.) Clev.

Gomphonema parvulum var. *sinica* Skv.

Gomphonema parvulum var. *subellipticum* Clev.

Gomphonema patricki Koc. & Stoer.

Gomphonema productum (Grun.) Lang.-Bert. & Reich.

Gomphonema procerum Reich. & Lang.-Bert.

Gomphonema protractum Koc. & Stoer.

Gomphonema pseudintricatum Liu et al.

Gomphonema pseudoaugur Lang.-Bert.

Gomphonema pseudopusillum Reich.

Gomphonema pseudosphaerophorum Kob.

Gomphonema puiggarianum Grun.

Gomphonema puiggarianum var. *sinica* Skv.

Gomphonema pumilum (Grun.) Reich. & Lang.-Bert.

Gomphonema pumilum var. *rigidum* Reich. & Lang.-Bert.

Gomphonema punae Lang.-Bert. & Rumr.

Gomphonema pygmaeoides You & Koc.

Gomphonema qingyiensis Zhang et al.

Gomphonema quadripunctatum (Öst.) Wisl.

Gomphonema quadripunctatum var. *hastata* Wisl.

Gomphonema reimeri Koc. & King.

Gomphonema rexlowei Liu & Koc.

Gomphonema rhombicum Frick.

Gomphonema ruttneri var. *liaotungensis* Skv.

Gomphonema sagitta Schum.

Gomphonema semiapertum Grun.

Gomphonema shanghaiensis Zhang & Koc.

Gomphonema shangtungensis Skv.

Gomphonema shangtungensis var. *rostratum* Skv.

Gomphonema shipangulense Li

Gomphonema shiwania Liu et al.

Gomphonema sichuanensis Li & Koc.

Gomphonema simus Hohn & Hell.

Gomphonema sinica Skv.

Gomphonema sparsistriatum Müll.

Gomphonema sphaerophorum Ehr.

Gomphonema sphaerophorum var. *asiatica* Skv.

Gomphonema sphaerophorum var. *densestriatum* Zhu & Chen

Gomphonema staurophorum (Pant.) Clev.-Eul.

Gomphonema staurophorum var. *oblongum* Li & Shi

Gomphonema subclavatum (Grun.) Grun.

Gomphonema subclavatum var. *acuminatum* Perag. & Hérib.

Gomphonema subclavatum var. *commutatum* (Grun.) May.

Gomphonema subclavatum var. *elongatum* (Skv.) Shi

Gomphonema subclavatum var. *gracilis* (Hust.) Fren.

Gomphonema subclavatum var. *hankensis* Skv.

Gomphonema subclavatum var. *mexicanum* (Grun.) Patr.

Gomphonema subinsigniforme Ge, Liu & Koc.

Gomphonema subtile Ehr.

Gomphonema subtile var. *rotundatum* Clev.

Gomphonema subtile var. *sagitta* (Schum.) Clev.

Gomphonema tenellum Kütz.

Gomphonema tenue Frick.

Gomphonema tenuissimum Frick.

Gomphonema tergestinum (Grun.) Frick.

Gomphonema tergestinum var. *shantungensis* Skv.

Gomphonema tropicale Brun.

Gomphonema tropicale var. *nonpunctatum* Shi

Gomphonema truncatum Ehr.

Gomphonema truncatum var. *capitatum* (Ehr.) Patr.

Gomphonema truncatum var. *ambigua* (Ehr.) Partr.

Gomphonema tumida Liu & Koc.

Gomphonema turris Ehr.

Gomphonema turris var. *elongatum* Shi & Zhu

Gomphonema turris var. *latum* Fan & Wang

Gomphonema turris var. *okamurae* (Skv.) Fan & Bao

Gomphonema turris var. *reimeri* Zhang & Cai

Gomphonema turris var. *sinicum* (Skv.) Shi

Gomphonema validum Clev.

Gomphonema validum var. *elongatum* Clev.

Gomphonema vastum Hust.

Gomphonema vastum var. *cuneatum* Skv.

Gomphonema vastum var. *elongatum* Skv.

Gomphonema ventricosum Greg.

Gomphonema ventricosum var. *curtum* (Skv. &

Mey.) Shi
Gomphonema vibrio Ehr.
Gomphonema vibrioides Reich. & Lang.-Bert.
Gomphonema vulgaris (Kütz.) Müll.
Gomphonema wangii Skv.
Gomphonema williamsii Koc. & Liu
Gomphonema witkowskii Koc. & Liu
Gomphonema wuyiensis Zhang & Koc.
Gomphonema xiantaoicum Shi & Li
Gomphonema xinjiangianum You & Koc.
Gomphonema xiphoides Skv.
Gomphonema yangtzensis Li
Gomphonema yaominae Li
Gomphonema yunnaniana Liu & Koc.
Gomphonema yuntaiensis Liu
Gomphosinica capitata Koc.
Gomphosinica chubichuensis Jütt. & Cox
Gomphosinica hedinii (Hust.) Koc. et al.
Gomphosinica kalakulensis Koc. et al.
Gomphosinica lacustris Koc et al.
Gomphosinica lugunsis Liu et al.
Gomphosinica robusta Koc. et al.
Gomphosinica selincuoensis Zhang et al.
Gomphosinica simsiae Koc. et al.
Gomphosinica subtilis Koc. et al.
Gomphosphenia lingulatiformis (Lang.-Bert. & Reich.) Lang.-Bert.
Gomphosphenia tenerrima (Hust.) Reich.
Gyrosigma acuminatum (Kütz.) Rab.
Gyrosigma acuminatum var. *breissonii* Grun.
Gyrosigma acuminatum var. *gallica* (Grun.) Clev.
Gyrosigma affenuatum (Kütz.) Rab.
Gyrosigma attenuatum (Kütz.) Rab.
Gyrosigma attenuatum var. *asiatica* Skv.
Gyrosigma attenuatum var. *tientsinensis* Skv.
Gyrosigma balticum (Ehr.) Rab.
Gyrosigma balticum var. *sinensis* (Ehr.) Clev.
Gyrosigma distortum var. *parkeri* (Harr.) Clev.
Gyrosigma eximium (Thwait.) Boy.
Gyrosigma fasciola var. *arcuata* (Donk.) Clev.
Gyrosigma grovci Clev.
Gyrosigma hankensis Skv.
Gyrosigma kuetzingii (Grun.) Clev.
Gyrosigma macrum (Smith) Griff. & Henf.
Gyrosigma obliquum (Grun.) Boy.
Gyrosigma obscurum (Smith) Griff. & Henf.
Gyrosigma obtusatum (Sull. & Worm.) Boy.
Gyrosigma peisonis (Grun.) Hust.
Gyrosigma peisonis var. *major* Peng et al.
Gyrosigma rautenbachiae Chol.
Gyrosigma rostratum Liu, Will. & Huan.
Gyrosigma scalproides (Rab.) Clev.
Gyrosigma sciotense (Sull. & Worm.) Clev.
Gyrosigma spencerii (Smith) Griff. & Henf.
Gyrosigma spencerii var. *nodifera* (Grun.) Clev.
Gyrosigma spencerii var. *sinica* Skv.
Gyrosigma spencerii var. *smithii* (Grun.) Greng.

Gyrosigma strigilis (Smith) Grif. & Henf.
Gyrosigma terryanum (Perag.) Clev.
Gyrosigma wansbeckii (Donk.) Clev.
Gyrosigma wormleyi (Sull.) Boy.
Halamphora daochengensis Zhang et al.
Halamphora dusenii (Brun) Levk.
Halamphora elongata Benn. & Koc.
Halamphora hezhangii You & Koc.
Halamphora montana (Krass.) Levk.
Halamphora normanii var. *undulata* (Krass.) Levk.
Halamphora sabiniana (Reimer) Levk.
Halamphora schroederi (Hust.) Levk.
Halamphora subfontinalis You & Koc.
Halamphora submontana (Hust.) Levk.
Halamphora tenella Lang.-Bert. & Levk.
Halamphora thumensis (May.) Levk.
Hannaea arcus (Ehr.) Patr.
Hannaea arcus var. *amphioxys* (Rab.) Brun
Hannaea arcus var. *kamtchatica* (Boye-Peter.) Bao & Reim.
Hannaea clavata Luo et al.
Hannaea hattoriana (Meist.) Liu et al.
Hannaea hengduanensis Luo et al.
Hannaea inaequidentata (Lager.) Genk. & Khar.
Hannaea kamtchatica (Peter.) Luo et al.
Hannaea linearis (Holm.) Álvar.-Blan. & Blan.
Hannaea orientalis (Skuj.) Liu et al.
Hannaea recta f. *subarcus* Iwah.
Hannaea tibetiana Liu et al.
Hannaea yalaensis Luo et al.
Hantzschia abundans Lang.-Bert.
Hantzschia alkalpila Lang.-Bert.
Hantzschia amphioxys (Ehr.) Grun.
Hantzschia amphioxys f. *capitata* Müll.
Hantzschia amphioxys f. *hankensis* Skv.
Hantzschia amphioxys var. *aequalis* Clev.-Eul.
Hantzschia amphioxys var. *amphilepta* Grun.
Hantzschia amphioxys var. *austroborealis* Clev.-Eul.
Hantzschia amphioxys var. *capitata* (Müll.) Fren.
Hantzschia amphioxys var. *capitellata* Grun.
Hantzschia amphioxys var. *compacta* Hust.
Hantzschia amphioxys var. *elonata* Grun.
Hantzschia amphioxys var. *genuina* Meis.
Hantzschia amphioxys var. *gracilis* Hust.
Hantzschia amphioxys var. *hinganensis* Skv.
Hantzschia amphioxys var. *intermedia* Grun.
Hantzschia amphioxys var. *leptocephala* Ösrup
Hantzschia amphioxys var. *linearis* (Müll.) Clev.-Eul.
Hantzschia amphioxys var. *major* Grun.
Hantzschia amphioxys var. *rupestris* Grun.
Hantzschia amphioxys var. *sinica* Skv.
Hantzschia amphioxys var. *subsalsa* Wisl. & Poret.
Hantzschia amphioxys var. *vivax* Grun.
Hantzschia amphioxys var. *xerophila* Grun.
Hantzschia asiatica Skv.

Hantzschia asiatica var. *capitellata* Skv.
Hantzschia barckhausenii Lang.-Bert.
Hantzschia calcifuga Reich. & Lang.-Bert.
Hantzschia compacta (Hust.) Lang.-Bert.
Hantzschia compactoides Lang.-Bert. et al.
Hantzschia distinctepunctata (Hust.) Hust.
Hantzschia elongata (Hantz.) Grun.
Hantzschia elongata var. *curta* Skv.
Hantzschia elongata var. *densestriata* Skv.
Hantzschia elongata var. *obtusa* Skv.
Hantzschia elongata var. *tenua* Skv.
Hantzschia giessiana Lang.-Bert. & Rumr.
Hantzschia lineolata Skv.
Hantzschia longa Lang.-Bert.
Hantzschia nitzschioides (Ehr.) Hust.
Hantzschia nitzschioides Lang.-Bert. et al.
Hantzschia paracompacta Lang.-Bert.
Hantzschia pseudobardii You & Koc.
Hantzschia rhaetica Meis.
Hantzschia robusta Öst.
Hantzschia sinensis You & Koc.
Hantzschia spectabilis (Ehr.) Hust.
Hantzschia subrobusta You & Kociolek
Hantzschia subrupestris Lang.-Bert.
Hantzschia subvivacior Lang.-Bert.
Hantzschia yili You & Koc.
Hantzschia virenta (Rop.) Grun.
Hantzschia virgata (Rop.) Grun.
Hantzschia virgata var. *capitellata* Hust.
Hantzschia virgata var. *dalaica* Skv.
Hantzschia vivacior Lang.-Bert.
Hantzschia vivax (Smith) Perag.
Haslea specula (Hick.) Lang.-Bert.
Hippodonta capitata (Ehr.) Lang.-Bert. et al.
Hippodonta capitata subsp. *iberoamericana* Metz. et al.
Hippodonta geocollegarum Lang.-Bert. et al.
Hippodonta hungarica (Grun.) Lang.-Bert. et al.
Hippodonta lanceodata (Skv.) Li & Qi
Hippodonta linearis (Öst.) Lang.-Bert. et al.
Hippodonta luenebuogensis (Grun.) Lang.-Bert. & Witk.
Hippodonta neglecta Lang.-Bert. et al.
Hippodonta pseudorostrata Metz. et al.
Hippodonta qinghainensis Peng & Riou.
Humidophila bigibba (Hust.) Lowe et al.
Humidophila cavernaphila Lowe et al.
Humidophila contenta (Grun.) Lowe et al.
Humidophila minuta Lowe et al.
Humidophila panduriformis Lowe et al.
Humidophila potapovae Lowe et al.
Humidophila undulocontenta Lowe et al.
Hydrosera whampoensis (Sch.) Deb.
Hygropetra balfouriana (Grun. & Cleve) Kram. & Lang.-Bert.
Hygropetra balfouriana var. *stauroptera* (Skv.) Li & Qi

Iconella sanyatangum Liu & Koc.
Iconella shiwana Liu et al.
Iconella pseudoconstricta Liu et al.
Iconella uniformis Liu et al.
Karayevia clevei (Grun.) Round & Bukh.
Karayevia laterostrata (Hust.) Bukh.
Karayevia oblongella (Öst.) Aboal
Karayevia suchlandtii (Hust.) Bukh.
Kobayasiella subtilissima (Clev.) Lang.-Bert.
Kolbesia sichuanenis Yu et al.
Kulikovskiyia triundulata Roy et al.
Kurtkrammeria tiancaiensis Li & Zhang
Lemnicula hungarica (Grun.) Round & Bass.
Lindavia affinis (Grun.) Nak. et al.
Lindavia antique (Smith) Nak. et al.
Lindavia comta (Kütz.) Nak. et al.
Lindavia khinganensis Riou.
Lindavia praetermissa (Lund) Nak. et al.
Lindavia radiosa (Grou.) Toni & Fort.
Lindavia tenuistriata (Hust.) Nak.
Luticola acidoclinata Lang.-Bert.
Luticola charlatii (Perag.) Metz., Lang.-Bert.
Luticola cohnii (Hils.) Grun.
Luticola dapaliformis (Hust.) Mann
Luticola dismutica (Hust.) Mann
Luticola goeppertiana (Bleis.) Mann
Luticola hongkongensis (Skv.) Li & Qi
Luticola hunanensis Liu & Will.
Luticola kotschyi Li & Qi
Luticola kotschyi var. *robusta* (Hust.) Li & Qi
Luticola kotschyi var. *rupestris* (Hust.) Li & Qi
Luticola lagerherimii (Clev.) Li & Qi
Luticola lagerherimii var. *capitata* (Skv.) Li & Qi
Luticola lagerherimii var. *hangkongosis* (Skv.) Li & Qi
Luticola lagerherimii var. *intermedia* (Hust.) Li & Qi
Luticola lagerherimii var. *lanceolata* (Skv.) Li & Qi
Luticola lagerherimii var. *ovata* (Skv.) Li & Qi
Luticola lagerherimii var. *robusta* (Skv.) Li & Qi
Luticola major (Zhu & Chen) Li & Qi
Luticola minor (Patrick) May.
Luticola mitigate (Hust.) Mann
Luticola murrayi (West & West) Li & Qi
Luticola mutica (Kütz.) Mann
Luticola mutica var. *lanceolara* (Fren.) Li & Qi
Luticola mutica var. *rhombia* (Skv.) Li & Qi
Luticola muticoldes (Hust.) Mann
Luticola muticopsis (Heur.) Mann
Luticola muticopsis f. *reducta* (West & West) Spaul.
Luticola nivalis (Ehr.) Mann
Luticola nivalis var. *chinensis* (Skv.) Li & Qi
Luticola nivaloides (Bock) Li & Qi
Luticola palaearctica (Hus. & Sim.) Mann
Luticola paramutica (Bock) Mann
Luticola paramutica var. *binods* (Bock) Li & Qi
Luticola peguana (Grun.) Mann

Luticola plausibilis (Hust. & Sim.) Mann
Luticola pseudomerarae (Hust.) Li & Qi
Luticola suecorum (Carl.) Li & Qi
Luticola terminata (Hust.) Li & Qi
Luticola ventricosa (Kütz.) Mann
Luticola wulingensis Liu & Blan.
Mastogloia baltica Grun.
Mastogloia braunii Grun.
Mastogloia braunii f. *elongata* Voig.
Mastogloia braunii var. *sinensis* Skv.
Mastogloia grevillei var. *sinica* Skv.
Mastogloia decipiens Hust.
Mastogloia elliptica (Ag.) Clev.
Mastogloia elliptica var. *dansei* (Thwait.) Clev.
Mastogloia exigua Lew.
Mastogloia pseudosmithii Lee et al.
Mastogloia pumila (Grun.) Clev.
Mastogloia smithii Thwait.
Mastogloia smithii var. *amphicephala* Grun.
Mastogloia smithii var. *lacustris* Grun.
Mastogloia tibetica Li & Wei
Mayamaea agrestis (Hust.) Lang.-Bert.
Mayamaea asellus (Wein.) Lang.-Bert.
Mayamaea atomus (Kütz.) Lang.-Bert.
Mayamaea atomus var. *permitis* (Hust.) Lang.-Bert.
Mayamaea disjuncta (Hust.) Li & Qi
Mayamaea disjuncta f. *anglica* Hust.
Mayamaea excelsa (Krass.) Lang.-Bert.
Mayamaea fossalis (Krass.) Lang.-Bert.
Mayamaea fukiensis (Skv.) Li & Qi
Mayamaea pemitis (Hust.) Li & Qi
Melosira ambigua (Grun.) Müll.
Melosira arenaria Moor.
Melosira arenaria var. *definita* Öst.
Melosira asiatica Skv.
Melosira baicalensis f. *soochowensis* Skv.
Melosira baikalensis (May.) Wisl.
Melosira binderana Kütz.
Melosira binder Kütz.
Melosira bruni var. *sinensis* Skv.
Melosira capsularum Yang & Wang
Melosira cuculleta Chen
Melosira distans (Ehr.) Kütz.
Melosira distans var. *africana* Müll.
Melosira distans var. *alpigena* Grun.
Melosira distans var. *lirata* (Ehr.) Müll.
Melosria distans var. *lirata* f. *lacustris* (Grun.) Beth.
Melosira distans var. *lirata* f. *seriata* (Müll.) Hust.
Melosira distans var. *pfaffeana* (Rein.) Clev.
Melosira fennoscandica Clev.-Eul.
Melosira granulata (Ehr.) Ralf. *Melosira granulata* f. *curvata* Grun.
Melosira granulata var. *angustissima* Müll.
Melosira granulata var. *angustissima* f. *spiralis* Hust.
Melosira granulata var. *baikalensis* (Wisl.) Beth.

Melosira granulata var. *curvata* Grun.
Melosira granulata f. *procera* (Ehr.) Grun.
Melosira hunanica Chen & Zhu
Melosira ikapoensis var. *procera* Müll.
Melosira irregularis var. *hankensis* Skv.
Melosira islandica Müll.
Melosira islandica subsp. *helvetica* Müll.
Melosira islandica f. *curvata* vel. *spiralis* (Ehr.) Müll.
Melosira islandica var. *helvetica* Müll.
Melosira islandica ssp. *subarctica* Müll.
Melosira italica (Ehr.) Kütz.
Melosira italica f. *curvata* (Pantocsek) Hust.
Melosira italica var. *hankensis* Skv.
Melosira italica var. *genuina* f. *tenuis* (Kütz.) Müll.
Melosira italica var. *tenuissima* (Grun.) Müll.
Melosira italica var. *valida* (Grun.) Hust.
Melosira italica subsp. *subarctica* Müll.
Melosira juergensi Ag.
Melosira juergensi var. *bothnica* (Grun.) Clev. -Eul.
Melosira lineata (Dillwyn) Ag.
Melosira moniliformis (Müller) Ag.
Melosira moniliformis var. *hispidum* (Castr.) Limm.
Melosira moniliformis var. *octogona* (Grun.) Hust.
Melosira nummuloides (Dillw.) Ag.
Melosira radiato-sinuata Chen
Melosira radiato-sinuata var. *yunnanica* Chen
Melosira roeseana Rab.
Melosira roseana f. *spinosa* Skv.
Melsoria roseana var. *asiatica* Skv.
Melosira roeseana var. *epidendron* (Ehr.) Grun.
Melosira roeseana var. *epidendron* f. *spinosa* Skv.
Melosira roeseana var. *xizangensis* Chen
Melosira scabrosa Öst.
Melosira sinensis Chen
Melosira smithii var. *lacustris* Grun.
Melosira soochowensis Skv.
Melosira teres Brun
Melosira undulata (Ehr.) Kütz.
Melosira undulata var. *normannii* Arnott
Melosira undulata var. *producta* Schm.
Melosira varians Ag.
Melosira varums Ag.
Melosira vasianse Ag.
Melosira youngi Skv.
Melosira youngi var. *tenuissima* Skv.
Meridion anceps (Ehr.) Will.
Meridion circulare (Grev.) Ag.
Meridion circulare var. *constrictum* Ralf.
Meridion circulare var. *subcapitatum* Skv.
Meridion constrictum (Ralfs) Heurck
Microneis minutissima (Grun.) Clev.
Microcostatus krasskei (Hust.) Johansen & Sray
Microcostatus maceria (Schim.) Lang.-Bert.
Microcostatus muscus Liu & Koc.
Muelleria pseudogibbula Liu & Wang
Navicula abiskoensis Hust.

Navicula absoluta Hust.
Navicula acceptata Hust.
Navicula accomoda Hust.
Navicula adversa Kras.
Navicula ajajensis Skab.
Navicula aktinoides Skuj.
Navicula ambigua Ehr.
Navicula ambigua f. *craticula* Grun.
Navicula americana Ehr.
Navicula americana f. *hankensis* Skv.
Navicula ammophila Grun.
Navicula ammophila f. *minuta* Grun.
Navicula amphibola Clev.
Navicula amphibola var. *manschurica* Skv.
Navicula amphigomphus Ehr.
Navicula amphirhynchus Ehr.
Navicula anglica Ralf.
Navicula anglica var. *minuta* Clev.
Navicula angusta Grun.
Navicula anhuiensis Yang
Navicula antonii Lang.-Bert.
Navicula arenaria Donk.
Navicula argunensis Skv.
Navicula arkona Lang.-Bert. & Witk.
Navicula arvensis Hust.
Navicula arvensis f. *major* Man.
Navicula asellus Weig. & Hust.
Navicula atomus (Kütz.) Grun.
Navicula atomus var. *circularis* Öst.
Navicula australasiatica Li & Metz.
Navicula avenacea (Rab.) Brébi. & Grun.
Navicula avensis Hust.
Navicula bacilliformis Grun.
Navicula bacilloides Hust.
Navicula bacillum Ehr.
Navicula bacillum var. *elongata* Skv.
Navicula bacillum var. *hankensis* Skv.
Navicula bacillum var. *gregoryana* Clev. & Grun.
Navicula bacillum var. *minor* Heur.
Navicula bacillum var. *parallela* Skv.
Navicula barentsii var. *capitata* Bao & Reim.
Navicula basilliformis Hust.
Navicula basilliformis var. *subcapitata* Öst.
Navicula begeri Kras.
Navicula bergii Clev.-Eul.
Navicula bengalensis Grun.
Navicula bicapitellata Hust.
Navicula bigibba Chen & Zhu
Navicula binodis Ehr.
Navicula bisculcata Lag.
Navicula bombus (Ehr.) Kütz.
Navicula borealis Kütz.
Navicula braunii Grun.
Navicula brebissonii Kütz.
Navicula brekkaensis Peter.
Navicula bremensis Hust.
Navicula brockmannii var. *undulata* Zhu & Chen

Navicula broetzii Lang.-Bert. & Reich.
Navicula bryophila Peter.
Navicula bryophila var. *lapponica* Hust.
Navicula bryophila var. *paucistriata* Zhu & Chen
Navicula canalis Patr.
Navicula cantonensis Ehr.
Navicula capitata Ehr.
Navicula capitata var. *hungarica* (Grun.) Ross
Navicula capitata var. *lunebergensis* Patr.
Navicula capitatoradiata Germ.
Navicula cari Ehr.
Navicula cari var. *angusta* (Grun.) Grun.
Navicula cari var. *linearis* (Öst.) Clev.-Eul.
Navicula cari var. *rostrata* Skv.
Navicula caterva Hoh. & Hell.
Navicula chansiensis Skv.
Navicula charlatii f. *simplex* Hust.
Navicula chinensis Skv.
Navicula cincta (Ehr.) Ralf.
Navicula cincta var. *angusta* Clev.
Navicula cincta var. *heufleri* (Grun.) Grun.
Navicula cincta var. *kansouensis* Skv.
Navicula cincta var. *leptocephala* (Bréb.) Grun.
Navicula cincta var. *minuta* Skv.
Navicula cincta var. *sphagnicola* Skv.
Navicula clamans Hust.
Navicula clementis Grun.
Navicula clementis var. *linearis* Bran. & Hust.
Navicula cocconeiformis Greg.
Navicula compositestriata var. *rostrata* Skal.
Navicula concentrica Cart. & Bail.-Watt.
Navicula confervacea (Kütz.) Grun.
Navicula constans var. *symmetrica* Hust.
Navicula contenta f. *biceps* (Arn.) Grun.
Navicula contenta f. *parallela* (Petersen) Hust.
Navicula contenta Grun.
Navicula costulata Grun.
Navicula costulata var. *nipponica* Skv.
Navicula craticuloides Li & Metz.
Navicula crucicula Douk.
Navicula crucicula var. *obtusata* Grun.
Navicula crucieula var. *orientalis* Skv.
Navicula cryptocephala (Kütz.) Clev.
Navicula cryptocephala var. *australis* Sku.
Navicula cryptocephala var. *exilis* (Kütz.) Grun.
Navicula cryptocephala var. *hankensis* Skv.
Navicula cryptocephala var. *intermedia* Grun.
Navicula cryptocephala var. *pumila* Grun.
Navicula cryptocephala var. *veneta* (Kütz.) Rab.
Navicula cryptocephaloides Hust.
Navicula cryptofallax Lang.-Bert. & Hofm.
Navicula cryptofallax var. *tibetica* Chud.
Navicula cryptotenella Lang.-Bert.
Navicula cuspidata f. *craticularis* Skv.
Navicula cuspidata f. *subrostrata* Dipp.
Navicula cuspidata Kütz.
Navicula cuspidata f. *craticularis* Hérib.

Navicula cuspidata f. *subrostrata* Dipp.
Navicula cuspidata var. *ambigua* (Ehr.) Clev.
Navicula cuspidata var. *hankae* Skv.
Navicula cuspidata var. *heribaudii* Per.
Navicula cuspidata var. *tibetica* Jao
Navicula cymbula Donk.
Navicula daochengensis Zhang et al.
Navicula decussis Öst.
Navicula delicatula Clev.
Navicula deltoides Hust.
Navicula demissa Hust.
Navicula denselineolata (Lang.-Bert.) Lang.- Bert.
Navicula dicephala (Ehr.) Smith
Navicula dicephala var. *Constricta* f. *densestriata* Clev.-Eul.
Navicula dicephala var. *constricta* Clev.-Eul.
Navicula dicephala var. *elginensis* (Greg.) Clev.
Navicula dicephala var. *subcapitata* Grun.
Navicula dicephala var. *sphaerophora* Kütz.
Navicula dicephala var. *undulata* Öst.
Navicula digitoradiata (Greg.) Ralf.
Navicula difficillima Hust.
Navicula diluriana Kras.
Navicula disjuncta Hust.
Navicula disjuncta f. *anglica* Hust.
Navicula dismutica Hust.
Navicula doehleri Lang.-Bert.
Navicula dorogostaiskyi Öst.
Navicula dubitanda Hust. & Kolb.
Navicula elegans Smith
Navicula elegantoides Hust.
Navicula elginensis (Greg.) Ralf.
Navicula elginensis var. *neglecta* (Krass.) Patr.
Navicula elginensis var. *rostrata* (May.) Patr.
Navicula elliptica Kütz.
Navicula elliptica var. *grosse-punctata* Pant.
Navicula elliptica var. *ladogensis* Dokin
Navicula elpotienvski Öst.
Navicula elsae (Thum.) Pant.
Navicula elsae f. *craticularis* Pant.
Navicula erifuga Lang.-Bert.
Navicula europaea Clev.-Eul.
Navicula evanida Hust.
Navicula excelsa Kras.
Navicula exigua (Greg.) Müll.
Navicula exigua var. *signata* Skv.
Navicula exigua var. *sinica* Skv.
Navicula exilis Kütz.
Navicula falaisiensis Grun.
Navicula falaisiensis var. *lanceola* Grun.
Navicula fasciata Lager.
Navicula fluviatilis Hust.
Navicula forciata Grev.
Navicula fossalis Kras.
Navicula fukiensis Skv.
Navicula gastrum Ehr.
Navicula gastrum var. *hankensis* Skv.

Navicula gastrum var. *limnetica* Skv.
Navicula gastrum var. *mongolica* Skv.
Navicula germainii Wall.
Navicula gibbula Clev.
Navicula globosa Meis.
Navicula glomus Cart. & Bail.-Watt.
Navicula gololobovae Chud.
Navicula gongii Metz. & Li
Navicula gothlandica Grun.
Navicula gracilis Ehr.
Navicula gracilis var. *neglecta* (Thw.) Grun.
Navicula gracilis var. *schizonemoides* Heur.
Navicula gracillima (Greg.) Ralf.
Navicula graciloides May.
Navicula granulate Bail.
Navicula gregaria Donk.
Navicula grimmii (Grim.) Kras.
Navicula grociloides May.
Navicula halophila (Grun.) Clev.
Navicula halophila f. *tenuirostrus* Hust.
Navicula halophila var. *brevis* Skv.
Navicula halophila var. *capitata* (Ehr.) Clev.
Navicula halophilioides Hust.
Navicula hambergi Hust.
Navicula hangchowensis Skv.
Navicula hankae Skv.
Navicula hasta Pant.
Navicula hedini Hust.
Navicula heimansioides Lang.-Bert.
Navicula helensis Schul.
Navicula heufleuri var. *leptocephala* (Bréb. & Grun.) Patr.
Navicula hintzii Lang.-Bert.
Navicula humerosa Bréb.
Navicula humerosa var. *capitata* (Ehr.) Clev.
Navicula hunanensis Chen & Zhu
Navicula hungaria f. *elliptica* (Schulz) Clev.-Eul.
Navicula hungaria var. *capitata* (Ehr.) Clev.
Navicula hungaria var. *linearis* Öst.
Navicula hungaria var. *lanceolata* Skv.
Navicula hungarica var. *luneburgensis* Grun.
Navicula hustedtii Kras.
Navicula hyrthii f. *minor* Öst.
Navicula ignorata Skv.
Navicula ignota Kras.
Navicula ignota var. *plaustris* (Hust.) Lund
Navicula ilopangoensis Hust.
Navicula imbricata Bock
Navicula impexa Hust.
Navicula incerta f. *asiaatica* Skv.
Navicula incerta var. *interrupta* Skv.
Navicula incurva Greg.
Navicula indifferens Hust.
Navicula inflexa (Greg.) Ralfs
Navicula ingapirca Lang.-Bert. & Rum.
Navicula ingirmata Hust. & Man.
Navicula ingrata Kras.

Navicula insociabilis Kras.

Navicula inserata Hust.

Navicula inpexa Hust.

Navicula invicta Hust.

Navicula iridis var. *ampliata* (Ehr.) Dip.

Navicula iridis var. *dubis* (Schmidt) Freguelli

Navicula jentzschii Grun.

Navicula jkarii Skv.

Navicula kalganica Skv.

Navicula keufleri Grun.

Navicula kotschyi Grun.

Navicula kotschyi f. *hinganica* Skv.

Navicula kotschyi var. *robusta* Hust.

Navicula kotschyi var. *rupestris* Skv.

Navicula kovalchookiana Skv.

Navicula krasskei Hust.

Navicula lacunararum Grun.

Navicula laevissima Kütz.

Navicula laevissima var. *lanceolata* Skv.

Navicula laevissima var. *ovata* Skv.

Navicula laevissima var. *robusta* Skv.

Navicula lagerheimii Clev.

Navicula lagerheimii var. *capitata* Skv.

Navicula lagerheimii var. *lanceolata* Skv.

Navicula lagerheimii var. *intermadia* Hust.

Navicula lagerheimii var. *ovata* Skv.

Navicula lagerheimii Clev.

Navicula lagerheimii var. *elliptica* Clev.-Eul.

Navicula lambda Clev.

Navicula lambda var. *recta* Skv.

Navicula lambda var. *sinica* Skv.

Navicula lanceolata (Ag.) Kütz.

Navicula lanceolata f. *curta* Heur.

Navicula lanceolata var. *phyllepta* (Kütz.) De Toni

Navicula lanceolata var. *producta* Pant.

Navicula lanceolata var. *tenuirostris* Skv.

Navicula lapidosa Kras.

Navicula latens Kras.

Navicula laterostrata Hust.

Navicula leistikowii Lang.-Bert.

Navicula lenzii Hust.

Navicula libonensis Schoem.

Navicula licenti Skv.

Navicula liotungiensis Skv.

Navicula longicephala Hust.

Navicula longirostris Hust.

Navicula lucidula Grun.

Navicula lucinensis Hust.

Navicula lundii Reich.

Navicula major Kütz.

Navicula margaritacea Hust.

Navicula mayeri var. *acutinscula* Clev.- Eul.

Navicula medioconvexa Hust.

Navicula mediocris Kras.

Navicula menisculus Schum

Navicula menisculus var. *shansiensis* Skv.

Navicula menisculus var. *sinica* Skv.

Navicula menisculus var. *upsaliensis* (Grun.) Grun.

Navicula mesolepta var. *tenuis* Clev.

Navicula microcari Lang.-Bert.

Navicula microstauron var. *subproducta* (Grun.) Frenguelli

Navicula minima Grun.

Navicula minuewaukonensis Elmor.

Navicula minuscula Grun.

Navicula modica Hust.

Navicula monoculata Hust.

Navicula mongolica Skv.

Navicula mucicola Hust.

Navicula multipunctata Chen & Zhu

Navicula muraliformis Hust.

Navicula muralis Grun.

Navicula murrayi West & West

Navicula muscosa Skv.

Navicula mutica Kütz.

Navicula mutica var. *binodis* (Hust.) Peter.

Navicula mutica var. *cohnii* (Hils.) Grun.

Navicula mutica var. *goeppertiana* (Bleis.) Grun.

Navicula mutica var. *lanceolata* (Freng.) Hust.

Navicula mutica var. *nivilis* (Ehr.) Hust.

Navicula mutica var. *polymorpha* Skv.

Navicula mutica var. *rhombica* Skv.

Navicula mutica var. *sinica* Yang

Navicula mutica var. *stigma* Patr.

Navicula mutica var. *tropica* Hust.

Navicula mutica var. *undulata* (Hils.) Grun.

Navicula mutica var. *ventricosa* (Kütz.) Clev.

Navicula mutica var. *intermedia* Hust.

Navicula mutica f. *intermedia* (Hust.) Hust.

Navicula muticoides Hust.

Navicula multicopsis Heur.

Navicula naumanni Hust.

Navicula naumanni var. *simplex* Fog.

Navicula nitrophila Bory & Peter.

Navicula nivalis Ehr.

Navicula nivalis var. *chinensis* Skv.

Navicula nivaloides Bock

Navicula nolens Simon.

Navicula normaloides Chol.

Navicula notanda Öst.

Navicula notha Wall.

Navicula oblonga Kütz.

Navicula oblonga var. *acuminata* Grun.

Navicula oblonga var. *genuina* Grun.

Navicula oblonga var. *linearis* Mer.

Navicula oblonga var. *subparallela* Rattray

Navicula obtusangula Hust.

Navicula ocellata Skv.

Navicula ocellata var. *polymorpha* Skv.

Navicula oculzta Bréb.

Navicula oligotraphenta Lang.-Bert. & Hofmann

Navicula omissa Hust.

Navicula orbiculata Patr.

Navicula paanaensis Clev.-Eul.

Navicula palaearctica Hust. & Simonsen
Navicula parabilis Hohn & Hell.
Navicula paramutica Bock
Navicula paramutica var. *binodis* Bock
Navicula parva (Ehr.) Ralfs
Navicula parva Skv.
Navicula paulseniana Peter.
Navicula pelliculosa (Bréb. & Kütz.) Hils.
Navicula perangustissima Li & Metz.
Navicula peregrina (Ehr.) Kütz.
Navicula peregrina f. *curta* Skv.
Navicula peregrina var. *asiatica* Skv.
Navicula peregrina var. *hankensis* Skv.
Navicula peregrina var. *lanceolata* Skv.
Navicula peregrina var. *minuta* Skv.
Navicula peregrina var. *sinica* Skv.
Navicula perminuta Grun.
Navicula permitis Hust.
Navicula peroblonga Metz.
Navicula perparva Hust.
Navicula perpusilla (Kütz.) Grun.
Navicula perpusilla var. *asiatica* Grun.
Navicula perpusilloides Chen & Zhu
Navicula perrostrata Hust.
Navicula perrotettii (Grun.) Clev.
Navicula phylleptosoma Lang.-Bert.
Navicula placenta Ehr.
Navicula placentula Ehr.
Navicula placentula f. *jenisseyensis* (Grun.) Meist
Navicula placentula f. *lanceolata* (Grun.) Hust.
Navicula placentula f. *latiuscula* (Grun.) Meis.
Navicula placentula f. *rostrata* May.
Navicula placentula var. *jenisseyensis* (Grun.) Meis.
Navicula plathi Broc.
Navicula platystoma Ehr.
Navicula plausibilis Hust.
Navicula plicata Bod.
Navicula praegnans Skuj.
Navicula problematica Öst.
Navicula protracta (Grun.) Clev.
Navicula protracta f. *elliptica* Hust.
Navicula protracta var. *elliptica* Gall.
Navicula pseudanglica Lang.-Bert.
Navicula pseudo-bacillum Grun.
Navicula pseudolinearis Hust.
Navicula pseudogracilis Skv.
Navicula pseudohalophila Chol.
Navicula pseudolanceolata Lang.-Bert.
Navicula pseudomuralis Hust.
Navicula pseudoreinhardtii Patr.
Navicula pseudoscutiformis Hust.
Navicula pseudoseminulum Skv.
Navicula pseudosilicula Hust.
Navicula pseudotuscula Hust.
Navicula puncticulata Skv.
Navicula pupula Kütz.
Navicula pupula f. *capitata* (Hust.) Hust.

Navicula pupula var. *mutata* (Krass.) Hust.
Navicula pupula f. *rostrata* (Hust.) Hust.
Navicula pupula var. *aequaeductae* (Krass.) Hust.
Navicula pupula var. *capitata* Hust.
Navicula pupula var. *elliptica* Hust.
Navicula pupula var. *elongata* Skv.
Navicula pupula var. *jamalinensis* Grun.
Navicula pupula var. *mutata* (Krass.) Hust.
Navicula pupula var. *pseudopupula* (Krass.) Hust.
Navicula pupula var. *rectangularis* (Greg.) Grun.
Navicula pupula var. *rostrata* Hust.
Navicula pupula var. *sinica* Skv.
Navicula pusilla Smith
Navicula pygmaea Kütz.
Navicula turriformis Li & Metz.
Navicula radiosa Kütz.
Navicula radiosa var. *acuta* (Smith) Grun.
Navicula radiosa var. *cunata* Clev.-Eul.
Navicula radiosa var. *hankensis* Skv.
Navicula radiosa var. *manschurica* Skv.
Navicula radiosa var. *minor* Hagel.
Navicula radiosa var. *parva* Wall.
Navicula radiosa var. *subalpina* Clev.-Eul.
Navicula radiosa var. *subrostrata* Clev.
Navicula radiosa var. *tenella* (Bréb.) Clev.
Navicula radiosafallax Lang.-Bert.
Navicula rakowskae Lang.-Bert.
Navicula recens (Lang.-Bert.) Lang.-Bert.
Navicula recondita Hust.
Navicula recta Hant.
Navicula reichardtiana Lang.-Bert.
Navicula reinhardtii f. *lanceolata* Öst.
Navicula reichardii Grun.
Navicula reinhardtii var. *elliptica* Heib.
Navicula reinhardtii var. *ovalis* (May.) Dip.
Navicula riediana Lang.-Bert. & Rum.
Navicula rhynchocephala Kütz.
Navicula rhynchocephala f. *hankensis* Skv.
Navicula rhynchocephala var. *amphiceros* (Kütz.) Grun.
Navicula rhynchocephala var. *constricta* Hust.
Navicula rhynchocephala var. *hankensis* Skv.
Navicula rhynchocephala var. *tenua* Skv.
Navicula rostellata Kütz.
Navicula rotaenea (Rab.) Grun.
Navicula rotaeana var. *minor* f. *tenuistriata* Heur.
Navicula rotaeana var. *oblongella* Grun.
Navicula ruttneri var. *capitata* Hust.
Navicula salinarum f. *capitata* Schul.
Navicula salinarum Grun.
Navicula salinarum f. *gracilis* Skv.
Navicula salinarum var. *intermedia* (Grun.)
Navicula sanci-naumii Levk. & Metz.
Navicula scabellum Hust.
Navicula satura Schm.
Navicula saxophila Bock
Navicula schadei Kras.

Navicula schilberszkyi var. *gibba* Pant.
Navicula schmassmannii Hust.
Navicula schoenfeldii Hust.
Navicula schroeteri Meis.
Navicula schroeteri var. *escambia* Patr.
Navicula schweigeri Bahls
Navicula scutelloides Hérib.
Navicula seibigiana Lang.-Bert.
Navicula semen var. *lineata* Skv.
Navicula seminuda Jao
Navicula seminuloides Hust.
Navicula seminulum Grun.
Navicula seminulum var. *intermedia* Hust.
Navicula seposita Hust.
Navicula seposita var. *major* Zhu & Chen
Navicula setchwanensis Skuj.
Navicula shackletoni West
Navicula siberica Skv.
Navicula similis Kras.
Navicula similis var. *strigosa* Hust.
Navicula simplex Kras.
Navicula simplex var. *minor* Chol.
Navicula sinensis Ehr.
Navicula slesvicensis Grun.
Navicula soehrensis Kras.
Navicula soehrensis var. *capitata* Kras.
Navicula soehrensis var. *parallela* Skv.
Navicula soochowensis Skv.
Navicula soodensis var. *isostauron* Kras.
Navicula soodensis var. *mongolica* Skv.
Navicula soodensis var. *parallela* Kras.
Navicula spicula (Hickie) Clev.
Navicula spirata Hust.
Navicula stagna Chen & Zhu
Navicula stagnalis Clev.
Navicula stautoptera Grun.
Navicula stroemii Hust.
Navicula subadnata Hust.
Navicula cf. *subadnata* Hust.
Navicula subbacillum Hust.
Navicula subconcentrica Lang.-Bert.
Navicula subhamulata Grun.
Navicula subminuscula Mang.
Navicula aff. *subminuscula* Mang.
Navicula subnympharum Hust.
Navicula subocculta Hust.
Navicula subocculata var. *barkalensis* Skv.
Navicula subocculata var. *parallelistriata* Skv.
Navicula subplacentula Hust.
Navicula subprocera Hust.
Navicula subrhombica Hust.
Navicula subrhynchocephala Hust.
Navicula subrotundata Hust.
Navicula subseminulum Hust.
Navicula subtilissima Clev.
Navicula subtilissima var. *paucistriata* Chen & Zhu
Navicula subvitrea var. *maxima* Skv.

Navicula suecorum Calson
Navicula symmetrica Patr.
Navicula taishanensis Guo & Xie
Navicula taishanica Guo & Xie
Navicula tantula Hust.
Navicula tenelloides Hust.
Navicula teneroides Hust.
Navicula terminata Hust.
Navicula thienemanni Hust.
Navicula tibetica Jao
Navicula tientsinensis Skv.
Navicula torneensis Clev.
Navicula torneensis var. *aboensis* Clev.
Navicula tridentula Kras.
Navicula tripunctata (Müll.) Bory
Navicula tripunctata var. *schizonemoides* (Heur.) Patr.
Navicula trivialis Lang.-Bert.
Navicula tuscula (Ehr.) Grun.
Navicula tuscula var. *minor* Hust.
Navicula tuscula var. *rostrata* (Hust.) Hust.
Navicula tuscula var. *stroesei* Öst.
Navicula tytthocephala Skv.
Navicula ulvacea (Berkeley) Heur.
Navicula upsaliensis (Grun.) Per.
Navicula vaucheriae Peter.
Navicula venerablis Hohn & Hell.
Navicula veneta Kütz.
Navicula ventralis Kras.
Navicula ventralis var. *simplex* Hust.
Navicula ventricosa Ehr.
Navicula verecunda Hust.
Navicula vilaplanii (Lang.-Bert.) Lang.-Bert. & Sab.
Navicula viridis Kütz.
Navicula viridis var. *abbreviata* Grun.
Navicula viridis var. *slesvicensis* (Grun.) De Toni
Navicula viridula f. *capitata* May.
Navicula viridula (Kütz.) Ehr.
Navicula viridula var. *alisoviana* Skv.
Navicula viridula var. *arguensis* Skv.
Navicula viridula var. *avenacea* (Bréb. & Grun.) Heur.
Navicula viridula var. *hankensis* Skv.
Navicula viridula var. *linearis* Hust.
Navicula viridula var. *pamirensis* Hust.
Navicula viridula var. *rostata* Skv.
Navicula viridula var. *rostellata* (Kütz.) Clev.
Navicula viridula var. *slesvicensis* Grun.
Navicula viridulacalcis Lang.-Bert.
Navicula virihensis Clev.-Eul.
Navicula vitabunda Hust.
Navicula vulpina Kütz.
Navicula wallacei Reim.
Navicula wangii Skv.
Navicula wangii f. *constricta* Skv.
Navicula wangii var. *obtusa* Skv.

Navicula wangii var. *subcapitata* Skv.
Navicula weberi Bahl.
Navicula wittrockii (Lag.) Temp. & Per.
Navicula wittrockii f. *fusticulus* (Öst.) Hust.
Navicula yarrensis Grun.
Navicula yunnanensis Li & Metz.
Naviculadicta amphiboliformis Metz.
Navicymbula pusilla (Grun.) Kram.
Navicymbula pusilla var. *rhombica* Shi & Xie
Neidiomorpha binodiformis (Kram.) Cant., Lang. -Bert. & Ang.
Neidiomorpha binodis (Ehr.) Cantonati, Lang. -Bert. & Ang.
Neidiomorpha dianshaniana Luo, You & Wang
Neidiomorpha sichuaniana Liu, Wang & Koc.
Neidiopsis levanderi (Hust.) Lang.-Bert. & Metz.
Neidium cf. *khentiiense* Metz.
Neidium affine (Ehr.) Pfit.
Neidium affine f. *hankensis* Skv.
Neidium affine f. *manschurica* Skv.
Neidium affine var. *amphirhynchus* (Ehr.) Clev.
Neidium affine var. *amphirhynchus* f. *manschuria* Skv.
Neidium affine var. *ceylonica* (Skv.) Reim.
Neidium affine var. *genuina* f. *media* Clev.
Neidium affine var. *humeris* Reim.
Neidium affine var. *longiceps* (Greg.) Clev.
Neidium affine var. *undulata* (Grun.) Clev.
Neidium alpinum Hust.
Neidium amphirhynchus Pfit.
Neidium ampliatum (Ehr.) Kram.
Neidium ampliatum cf. *ampliatum* (Ehr.) Kram.
Neidium angustatum Liu et al.
Neidium apiculatum Reim.
Neidium apiculatoides Liu, Wang & Koc.
Neidium avenaceum Liu, Wang & Koc.
Neidium bacillum Liu, Wang & Koc.
Neidium bigibborum Zhu & Chen
Neidium binodis (Ehr.) Hust.
Neidium binodeformis Kram.
Neidium bisulcatum (Lag.) Clev.
Neidium bisulcatum f. *hankensis* Skv. *Neidium bisulcatum* f. *latior* Skv.
Neidium bisulcatum f. *longissima* Skv.
Neidium bisulcatum f. *subcapitatum* Skv.
Neidium bisulcatum f. *undulata* (Müll.) Hust.
Neidium bisulcatum var. *baicalensis* (Skv. & May.) Reim.
Neidium bisulcatum (Lag.) Clev.
Neidium bisulcatum var. *japonica* Skv.
Neidium bisulcatum var. *nipponica* Skv.
Neidium bisulcatum var. *nipponicum* Skv.
Neidium bisulcatum var. *notata* Mer.
Neidium cheni Liu & Koc.
Neidium constrictum Zhu & Chen
Neidium convexum Liu, Wang & Koc.
Neidium convolutum Liu & Koc.

Neidium dicephalum Liu, Wang & Koc.
Neidium dilatatum var. *angustatum* Skv.
Neidium distinctepunctatum Hust.
Neidium didelta Hust.
Neidium dippellii Clev.
Neidium dubium (Ehr.) Clev.
Neidium dubium f. *argunensis* Skv.
Neidium dubium f. *constricta* (Hust.) Hust.
Neidium dubium f. *major* Font.
Neidium dubium var. *constrictum* (Ehr.) Clev.
Neidium dubium var. *peisonis* (Grun.) May.
Neidium dubium var. *quadrundulatum* Kren.
Neidium elegantulum Wang
Neidium ellipticis Zhu & Chen
Neidium ellipticum Voig.
Neidium gracile f. *aequale* Hust.
Neidium gracile Hust.
Neidium khentiiense Metz., Lang.-Bert. & Nerg.
Neidium hankensis Skv.
Neidium hercynicum f. *subrostratum* Wall.
Neidium hitchcockii (Ehr.) Clev.
Neidium hitchcockii f. *hankensis* Skv.
Neidium hitchcockii var. *obliquestriatum* Skv.
Neidium hitchcockii var. *obliquestriatum* f. *densestriatum* Skv.
Neidium inconspicum Hust.
Neidium iridis (Ehr.) Clev.
Neidium iridis f. *hanganica* Skv.
Neidium iridis f. *vernalis* Reich.
Neidium iridis var. *amphiata* (Ehr.) Clev.
Neidium iridis var. *amphigomphus* (Ehr.) Heur.
Neidium iridis var. *ampliatum* (Ehr.) Clev.
Neidium iridis var. *dissimilia* Jao & Zhu
Neidium iridis var. *firma* Heur.
Neidium iridis var. *luminosa* Brun
Neidium iridis var. *orochenicum* Skv.
Neidium iridis var. *parallela* Krieg.
Neidium iridis var. *subundulatum* (Clev.-Eul.) Reim.
Neidium javanicum Hust.
Neidium kozlowii Mer.
Neidium kozlowii var. *elpatievskyi* f. *majus* Zhu & Chen
Neidium kozlowii var. *amphicephala* Mer.
Neidium kozlowii var. *ceylonica* Skv.
Neidium kozlowii var. *densestriatum* Chen & Zhu
Neidium kozlowii var. *elliptica* Mer.
Neidium kozlowii var. *elpatievskyi* f. *majorius* Zhu & Chen
Neidium kozlowi var. *hankensis* Skv.
Neidium kozlowii var. *moniliforme* Clev.-Eul.
Neidium kozlowi var. *parva* Mer.
Neidium lacusflorum Liu, Wang & Koc.
Neidium ligulatum Liu, Wang & Koc.
Neidium limuae Liu & Koc.
Neidium manshuricum Skv.
Neidium mirabile Hust.
Neidium maximum var. *hankensis* Skv.

Neidium oblongum Zhu & Chen
Neidium productum (Smith) Clev.
Neidium productum var. *minor* Cleve-Ehr.
Neidium punctulatum Hust.
Neidium qia Liu, Wang & Koc.
Neidium rectum Hust.
Neidium radiosum Voig.
Neidium rostratum Liu, Wang & Koc.
Neidium rostellatum Liu, Wang & Koc.
Neidium sauramoi Moel.
Neidium subampliatum (Grun.) Flow.
Neidium suboblongum Liu, Wang & Koc.
Neidium suoxiyuae Liu & Koc.
Neidium tibetianum Liu, Wang & Koc.
Neidium tibeticum Liu & Koc.
Neidium triundulatum Liu, Wang & Koc.
Neidium tortum Liu, Wang & Koc.
Neidium viridis (Ehr.) Clev.
Neidium zhui Liu & Koc.
Neidium zoigeaeum Liu, Wang & Koc.
Nitzschia acicularis (Kütz.) Smith
Nitzschia acicularis var. *closterioifes* Grun.
Nitzschia acidoclinata Lang.-Bert.
Nitzschia actinastroides (Lemm.) Goor
Nitzschia acula (Kütz.) Hantz.
Nitzschia acuminata (Smith) Grun.
Nitzschia acuta Hantz.
Nitzschia acuta var. *argunensis* Skv.
Nitzschia acuta var. *hinganica* Skv.
Nitzschia acutiuscula Grun.
Nitzschia adamata Hust.
Nitzschia alpina Hust.
Nitzschia agnita Hust.
Nitzschia amoyensis Skv.
Nitzschia amphibia Grun.
Nitzschia amphibia var. *curta* Skv.
Nitzschia amphibia var. *minor* Fort.
Nitzschia amphibioides Hust.
Nitzschia angustata Grun.
Nitzschia angustata Grun.
Nitzschia angustata var. *acuta* Grun.
Nitzschia angustata var. *curta* Heur.
Nitzschia angustata var. *dalaica* Skv.
Nitzschia angustata var. *producta* Grun.
Nitzschia angustatula Lang.-Bert.
Nitzschia apiculata (Greg.) Grun.
Nitzschia apiculata var. *latostriata* Skv.
Nitzschia archibaldii Lang.-Bert.
Nitzschia arierae Liu, Blan. & Huang
Nitzschia aurariae Chol.
Nitzschia bacillariaeformis Hust.
Nitzschia bacilliformis Hust.
Nitzschia bacilliformis var. *elongaata* Skv.
Nitzschia bacillum Hust.
Nitzschia bremensis var. *sinica* Skv.
Nitzschia brevissima Grun. & Heur.
Nitzschia calida Grun.

Nitzschia capitellata Hust.
Nitzschiaa capitellata var. *mongolica* Skv.
Nitzschia capitellata var. *montata* Skv.
Nitzschia capitellata var. *sinica* Skv.
Nitzschia chinensis Hust.
Nitzschia clausii Hantz.
Nitzschia closterium Smith
Nitzschia cocconeiformis Grun.
Nitzschia cocconiformis var. *pinnata* Grun.
Nitzschia communis Rab.
Nitzschia communis var. *abbreviata* Grun.
Nitzschia communis var. *obtusa* Grun.
Nitzschia commutata Grun.
Nitzschia commutata var. *parmirensis* (Hust.) Clev.
　-Eul.
Nitzschia costricta (Kütz.) Ralf.
Nitzschia debilis var. *sinensis* Skv.
Nitzschia denticula Grun.
Nitzschia denticula var. *undulata* Skv.
Nitzschia denticula var. *balcalensis* Skv.
Nitzschia denticula var. *elongata* Mer.
Nitzschia denticulata Skv.
Nitzschia denticulata var. *undulata* Skv.
Nitzschia dieselbe var. *tabellaria* Orig.
Nitzschia dingrica Jao & Lee
Nitzschia dissipata (Kütz.) Grun.
Nitzschia dissipata var. *media* (Hantz.) Grun.
Nitzschia diversa Hust.
Nitzschia draveillensis Cost. & Ric.
Nitzschia dubia Smith
Nitzschia dubia var. *latestriata* Øst.
Nitzschia eglei Lang.-Bert.
Nitzschia elegantula Grun.
Nitzschia epithemoides Grun.
Nitzschia fasciculata Grun.
Nitzschia filia Skv.
Nitzschia filia var. *apiculata* Skv.
Nitzschia filiformis (Smith) Hust.
Nitzschia flexa Schum.
Nitzschia flumiensis Grun.
Nitzschia fonticola Grun.
Nitzschia fonticola var. *acuta* Skv.
Nitzschia fossilis (Grun.) Grun.
Nitzschia frustulum (Kütz.) Grun.
Nitzschia frustulum var. *glacialis* Grun.
Nitzschia frustulum var. *mongolica* Skv.
Nitzschia frustulum var. *perminuta* Grun.
Nitzschia frustulum var. *perpusilla* (Rabenhorst)
　Grun.
Nitzschia frustulum var. *subsalina* Hust.
Nitzschia frustulum var. *asiatica* Hust.
Nitzschia fruticosa Hust.
Nitzschia gaoi Liu, Blan. & Huang
Nitzschia gessneri Hust.
Nitzschia gisela Lang.-Bert.
Nitzschia gracilis Hantz.
Nitzschia gracilis var. *minuta* Skv.

Nitzschia grandersheimiensis Kras.
Nitzschia grandifera Hust.
Nitzschia granulata Grun.
Nitzschia grigoriewi Mer.
Nitzschia guadalupensis Mang.
Nitzschia hankensis Skv.
Nitzschia hantzschiana Rab.
Nitzschia hastata Skv.
Nitzschia hastata var. *obtusa* Skv.
Nitzschia hastata var. *parallelistriata* Skv.
Nitzschia heidenii (Meis.) Hust.
Nitzschia heidenii var. *pamirensis* Boy.
Nitzschia heufleriana Grun.
Nitzschia heufleriana var. *asiatica* Skv.
Nitzschia heufleriana var. *nikitiniana* Skv.
Nitzschia heufleriana var. *robusta* Skv.
Nitzschia holsatica Hust.
Nitzschia homburgiensis Lang.-Bert.
　Nitzschia hungarica Grun.
Nitzschia hungarica var. *linearis* Grun.
Nitzschia hybrida Grun.
Nitzschia ignorata Kras.
Nitzschia ignorata var. *asiatica* Skv.
Nitzschia inconspicua Grun.
Nitzschia intermedia Hantz.
Nitzschia intermedia var. *sinica* Skv.
Nitzschia interrupta (Reich.) Hust.
Nitzschia iugiformis Hust.
Nitzschia kalganica Skv.
Nitzschia kittlii Grun.
Nitzschia kutzingiana Hils.
Nitzschia lacuna Patr. & Fres.
Nitzschia lacunarum Hust.
Nitzschia lacuum Lang.-Bert.
Nitzschia lanceolata f. *minor* Grun.
Nitzschia lanceolata Smith
Nitzschia lanceolata var. *minima* Heur.
Nitzschia latens Hust.
Nitzschia latestriata var. *minor* Clev.-Eul.
Nitzschia limes Pant.
Nitzschia linearis Smith
Nitzschia linearis var. *robustrior* Skv.
Nitzschia linearis var. *tenuis* (Smith) Grun.
Nitzschia littoralis Grun.
Nitzschia littoralis var. *tergestina* Grun.
Nitzschia longissima (Breb.) Ralf.
Nitzschia longssima var. *reversa* Grun.
Nitzschia lorenziana Grun.
Nitzschia lorenziana var. *subtilis* Grun.
Nitzschia metzii Lang.-Bert.
Nitzschia microcephala Grun.
Nitzschia microcephola var. *elegantula* Grun.
Nitzschia monachorum Lang.-Bert.
Nitzschia mongolica Skv.
Nitzschia nana Grun.
Nitzschia nikitiniana Skv.
Nitzschia nikitiniana var. *robusta* Skv.

Nitzschia obtusa Smith
Nitzschia obtusa var. *scalpelliformis* Grun.
Nitzschia obtusa var. *minuta* Skv.
Nitzschia ostenfeldii Hust.
Nitzschia ovalis Arn.
Nitzschia palea (Kütz.) Smith
Nitzschia paleacea Grun.
Nitzschia palea var. *gracilis* Skv.
Nitzschia palea var. *capitata* Wisl. & Poret.
Nitzschia palea var. *debilis* (Kütz.) Grun.
Nitzschia palea var. *fonticola* Grun.
Nitzschia palea var. *hinganica* Skv.
Nitzschia palea var. *gracilis* Skv.
Nitzschia palea var. *magna* (Kütz.) Smith
Nitzschia palea var. *minuta* (Bleis.) May.
Nitzschia palea var. *hinganica* Skv.
Nitzschia palea var. *tenuirostris* Grun.
Nitzschia paleace Grun.
Nitzschia pamirensis Hust.
Nitzschia pantocseckii Per.
Nitzschia parvula Lewis
Nitzschia parvula var. *recta* Skv.
Nitzschia pararostrata (Lang.-Bert.) Lang.-Bert.
Nitzschia pekinensis Skv.
Nitzschia pellucida Grun.
Nitzschia perminuta (Grun.) Per.
Nitzschia perspicua Chol.
Nitzschia polaris Grun.
Nitzschia pseudoamphioxys Hust.
Nitzschia pseudofonticola Hust.
Nitzschia pseudolinearis Hust.
Nitzschia pubens Chol.
Nitzschia pumila Hust.
Nitzschia pusilla Kütz.
Nitzschia radicula Hust.
Nitzschia recta Hantzsch
Nitzschia recta var. *lanceolata* Skv.
Nitzschia recta var. *tenuirostris* Skv.
Nitzschia regula Hust.
Nitzschia regula f. *pekinensis* Skv.
Nitzschia reversa Smith
Nitzschia rigida var. *sinensis* Skv.
Nitzschia romana Grun.
Nitzschia rosenstockii Lang.-Bert.
Nitzschia rostellata Hust.
Nitzschia scalpelliformis Grun.
Nitzschia shanxiensis Liu & Xie
Nitzschia sheshukowae Skv.
Nitzschia sigma (Kütz.) Smith
Nitzschia sigma var. *rigida* (Kütz.) Grun.
Nitzschia sigma var. *serpentina* Skv. S
Nitzschia sigmoidea (Nitz.) Smith
Nitzschai similis Hust.
Nitzschia sinuata (Smith) Grun.
Nitzschia sinuata var. *constricta* Chen & Zhu
Nitzschia sinuata var. *delognei* Lang.-Bert.
Nitzschia sinuata var. *tabellaria* (Grun.) Grun.

Nitzschia sinuata var. *undulata* Skv.
Nitzschia sinuate var. *delognei* (Grun.) Lang. -Bert.
Nitzschia socialis Greg.
Nitzschia sociabilis Hust.
Nitzschia solgensis Clev.-Eul.
Nitzschia solita Hust.
Nitzschia spectablis (Ehr.) Ralfs
Nitzschia stagnorum Rab.
Nitzschia subacicularis Hust.
Nitzschia subcohaerens var. *scotica* (Grun.) Van Heurck
Nitzschia sublinearis Hust.
Nitzschia subtilis (Kütz.) Grun.
Nitzschia subtilioides Hust.
Nitzschia subvitrea Hust.
Nitzschia sungariensis Skv.
Nitzschia tabellaria (Grun.) Grun.
Nitzschia terrestris (Peter) Hust.
Nitzschia thermalis (Ehr.) Auer.
Nitzschia thermalis var. *minor* Hilse
Nitzschia tibetana Hust.
Nitzschia tingica Jao
Nitzschia tryblionella Hantz.
Nitzschia tryblionella f. *mongolica* Skv.
Nitzschia tryblionella var. *debilis* (Arn.) Grun.
Nitzschia tryblionella var. *debilis* f. *sinensis* Skv.
Nitzschia tryblionella var. *levidensis* (Smith) Grunow
Nitzschia tryblionella var. *levidensis* f. *sinensis* Skv.
Nitzschia tryblionella var. *littoralis* Grun.
Nitzschia tryblionella var. *tungtingiana* Skv.
Nitzschia tryblionella var. *victoriae* Grun.
Nitzschia tubicola Grun.
Nitzschia tungtingiana Skv.
Nitzschia umbilicata Hust.
Nitzschia umbonata (Ehr.) Lang.-Bert.
Nitzschia valdecostata Lang.-Bert. & Simon.
Nitzschia valdestriata Aleem & Hust.
Nitzschia vermica Skv.
Nitzschia vermicularis (Kütz.) Grun.
Nitzschia vermicularis var. *minor* Grun.
Nitzschia vitrea Norm.
Nitzschia vivax Smith
Nitzschia wangtzianii Skv.
Nitzschia yunchengensis Xie & Li
Nitzschia zabelinae Skv.
Nitzschia zabelini var. *hinganica* Skv.
Nupela carolina Potap. & Clas.
Nupela fennica (Hust.) Lang.-Bert.
Nupela lapidosa (Krass.) Lang.-Bert.
Nupela major Yu, You & Koc.
Nupela wellneri (Lang.-Bert.) Lang.-Bert.
Opephora martyi Hérib.
Opephora martyi var. *baicalensis* Skv.
Oricymba gongshanensis Guo & Li
Oricymba rhynchocephala Zhang & Koc.
Oricymba tianmuensis Zhang & Li
Oricymba xianjuensis Zhang & Koc.

Orthoseira roeseana (Rab.) O'Mear.
Parlibellus crucicula (Smith) Witk. et al.
Parlibellus protracta (Grun.) Witk. et al.
Paralia sulcata (Ehr.) Clev.
Petrodictyon gemma (Ehr.) Mann
Petroneis deltoids (Hust.) Mann
Petroneis humerosa (Bréb.) Stric. & Mann
Pinnularia abaujensis (Pant.) Ross
Pinnularia abaujensis var. *linearis* (Hust.) Patr.
Pinnularia abaujensis var. *subundulata* (May. & Hust.) Patr.
Pinnularia acrosphaeria (Bréb.) Smith
Pinnularia acrosphaeria f. *hankensis* Skv.
Pinnularia acrosphaeria f. *minor* Clev.
Pinnularia acrosphaeria var. *genuina* Clev.
Pinnularia acrosphaeria var. *laevis* Clev.
Pinnularia acrosphaeria var. *parva* Kram.
Pinnularia acrosphaeria var. *sandvicensis* (Clev.) Kram.
Pinnularia acuminata Smith
Pinnularia acuminata var. *bielawskii* (Hérib. et Perag.) Patr.
Pinnularia acuminata var. *interrupta* (Cleve) Patr.
Pinnularia acuminata var. *novaezealandica* Kram.
Pinnularia aestuari var. *hinganica* Skv.
Pinnularia aestuarii Clev.
Pinnularia aestuarii var. *rupestris* Skv.
Pinnularia alpina f. *symmetrica* Mer.
Pinnularia amabilis Kram.
Pinnularia amurensis Skv.
Pinnularia angusta (Clev.) Kram.
Pinnularia angusta f. *sinica* Skv.
Pinnularia angusta var. *rostrata* Kram.
Pinnularia angusta var. *transversa* (Schm.) Clev.
Pinnularia appendiculata (Ag.) Clev.
Pinnularia appendiculata var. *budensis* (Grun.) Clev.
Pinnularia appendiculata var. *densestriata* Skv.
Pinnularia appendiculata var. *paenisulae-koreana* Skv.
Pinnularia aquaedulcis Liu, Koc. & Wang
Pinnularia aquaedulics Liu et al.
Pinnularia archaica Skv.
Pinnularia argunensis Skv.
Pinnularia asiatica Liu et al.
Pinnularia balfouriana var. *brevicostata* Skv.
Pinnularia baltica (Schulz) Clev.-Eul.
Pinnularia beyensii (Lang.-Bert. & Kram.) Liu
Pinnularia biceps f. *petersenii* Ross
Pinnularia biclavata Clev.-Eul.
Pinnularia biglobosa f. *interrupta* Clev.-Eul.
Pinnularia biglobosa Schum.
Pinnularia biglobosa var. *minuta* Clev.-Eul.
Pinnularia bihastata (Mann) Mill.
Pinnularia bilobata Clev.-Eul.
Pinnularia bogotensis (Grun.) Clev.
Pinnularia bogotensis var. *asiatica* Skv.

Pinnularia bogotensis var. *hankensis* Skv.
Pinnularia borealis Ehr.
Pinnularia borealis f. *subcapitata* Boy.
Pinnularia borealis var. *brevicostata* Hust.
Pinnularia borealis var. *densestriata* Skv. et al.
Pinnularia borealis var. *islandica* Kram. & Lang.-Bert.
Pinnularia borealis var. *rupestris* Skv.
Pinnularia borealis var. *scalaris* (Ehr.) Rab.
Pinnularia borealis var. *subislandica* Kram.
Pinnularia borealis var. *sublinearis* Kram.
Pinnularia brandelii Clev.
Pinnularia brauniana (Grun.) Mill.
Pinnularia braunii (Gruow) Clev.
Pinnularia braunii var. *amphicephala* (May.) Hust.
Pinnularia braunii var. *angustata* Skv.
Pinnularia braunii var. *curta* Skv.
Pinnularia brebissonii f. *curta* Skv.
Pinnularia brebissonii Rab.
Pinnularia brebissonii var. *acuta* Clev.-Eul.
Pinnularia brebissonii var. *bicuneata* Grun.
Pinnularia brebissonii var. *dininuta* (Grun.) Clev.
Pinnularia brebissonii var. *lanceolata* Öst.
Pinnularia brebissonii var. *linearis* Müll.
Pinnularia brebissonii var. *notata* (Perag. & Hérib.) Clev.
Pinnularia brevicostata Clev.
Pinnularia budensis (Grun.) Clev.
Pinnularia cardinaliculus Clev.
Pinnularia cardinalis (Ehr.) Smith
Pinnularia cardinalis f. *angustior* Skv. S
Pinnularia cardinalis f. *hankensis* Skv.
Pinnularia cardinalis f. *minuta* Skv.
Pinnularia cardinalis var. *constricta* Skv.
Pinnularia cardinalis var. *fenestrata* f. *angustior* Skv.
Pinnularia cardinalis var. *fenestrata* Skv.
Pinnularia cardinalis var. *hinganica* f. *minuta* Skv.
Pinnularia cardinalis var. *hinganica* Skv.
Pinnularia centropuncta Skv.
Pinnularia centropuncta var. *lineata* Skv.
Pinnularia ceylanica var. *gigantea* Skv.
Pinnularia ceylonica var. *costulata* Skv.
Pinnularia cf. *genkalii* Kram. & Lang.-Bert.
Pinnularia cheng Skv.
Pinnularia chinensis Skv.
Pinnularia Choli Skv.
Pinnularia Choli var. *unilaleralis* Skv.
Pinnularia choyiliangi Skv.
Pinnularia clavata Liu et al.
Pinnularia composita Skv.
Pinnularia composita var. *acuta* Skv.
Pinnularia composita var. *distincta* Skv.
Pinnularia composita var. *linearis* Skv.
Pinnularia congerii Skv.
Pinnularia covergens Skv.
Pinnularia crater-lapis Liu et al.

Pinnularia crucifera Clev.-Eul.
Pinnularia cruxarea Kram.
Pinnularia cuneala Reich.
Pinnularia cuneata (Öst.) Clev.-Eul.
Pinnularia cuneata var. *constricta* Clev.-Eul.
Pinnularia curticostata Kram. & Lang.-Bert.
Pinnularia dactylus Ehr.
Pinnularia dactylus var. *convergentissima* Skv.
Pinnularia dactylus var. *horrida* (Perag. & Hérib.) Clev.-Eul.
Pinnularia dactylus var. *mingiana* Skv.
Pinnularia dactylus var. *semitropica* Skv.
Pinnularia daerbinsis Liu et al.
Pinnularia dalaica Skv.
Pinnularia dicephala Liu, Koc. & Wang
Pinnularia distans Liu et al.
Pinnularia distinguenda Clev.
Pinnularia distinguenda f. *striolata* Skv.
Pinnularia distinguenda var. *asiatica* f. *striolata* Skv.
Pinnularia distinguenda var. *asiatica* Skv.
Pinnularia distinguenda var. *obtusa* Kram.
Pinnularia distinguenda var. *sphagnalis* Skv.
Pinnularia divergens Smith
Pinnularia divergens var. *capitata* Clev.-Eul.
Pinnularia divergens var. *continua* Mer.
Pinnularia divergens var. *elliptica* Clev.
Pinnularia divergens var. *linearis* Öst.
Pinnularia divergens var. *media* Kram.
Pinnularia divergens var. *mesoleptiformis* Kram. & Metz.
Pinnularia divergens var. *rhombundulata* Kram.
Pinnularia divergens var. *sublinearis* Clev.
Pinnularia divergens var. *tumida* Skv.
Pinnularia divergens var. *udulata* (Perag. & Hérib.) Hust.
Pinnularia divergentissima (Grun.) Clev.
Pinnularia divergentissima var. *capitata* Hust.
Pinnularia divergentissima var. *subrostrata* Clev.-Eul.
Pinnularia divergentissima var. *wulfii* Peter.
Pinnularia divergentissma var. *hustiana* Ross
Pinnularia divergentissma var. *lata* Skv.
Pinnularia diversa Öst.
Pinnularia diversa var. *subcapitata* Kram. & Lang.-Bert.
Pinnularia dorogostaiskii var. *latior* Skv.
Pinnularia dubitabilis Hust.
Pinnularia dubitabilis var. *minor* Kram.
Pinnularia eifelana (Kram.) Kram.
Pinnularia episcopalis Clev.
Pinnularia episcopalis var. *hankensis* Skv.
Pinnularia episcopalis var. *lineata* Skv.
Pinnularia episcopalis var. *manschurica* Skv.
Pinnularia episcopalis var. *mingiana* Skv.
Pinnularia erratica Kram.
Pinnularia esox Ehr.

Pinnularia esox var. *hinganica* Skv.
Pinnularia esoxiformis Fusey
Pinnularia esoxiformis var. *angusta* Kram.
Pinnularia essentialis Skv.
Pinnularia fasciata (Lag.) Temp. & Per.
Pinnularia flexuosa Kram.
Pinnularia fonticula Hust.
Pinnularia fristschiana Skv.
Pinnularia gentilis (Donk) Clev.
Pinnularia gibba Ehr.
Pinnularia gibba f. *constricta* Skv.
Pinnularia gibba f. *polymorpha* Skv.
Pinnularia gibba f. *subundulata* May.
Pinnularia gibba var. *lata* Skv.
Pinnularia gibba var. *linearis* Hust.
Pinnularia gibba var. *mesogongla* (Ehr.) Hust.
Pinnularia gibba var. *mingiana* Skv.
Pinnularia gibbiformis Kram.
Pinnularia gigantea Skv.
Pinnularia gigantea var. *interrupta* Skv.
Pinnularia gigantea var. *minor* Skv.
Pinnularia gigas Ehr.
Pinnularia globiceps Greg.
Pinnularia gracile Liu et al.
Pinnularia gracillima Greg.
Pinnularia gracillima var. *hinganica* Skv.
Pinnularia gracillima var. *interrupta* Fon.
Pinnularia grunowii Kram.
Pinnularia halophila Kram.
Pinnularia handel-mazzettii Skv.
Pinnularia hartleyana f. *minor* Skv.
Pinnularia hartleyana Grev.
Pinnularia hartleyana var. *amurensis* Skv.
Pinnularia hedini Hust.
Pinnularia hemiptera (Kütz.) Rab.
Pinnularia hemiptera var. *longilineata* Skv.
Pinnularia hilseana Janis.
Pinnularia hinganica Skv.
Pinnularia humilis Kram. & Lang.-Bert.
Pinnularia hunanica Zhu & Chen
Pinnularia hyperborea Clev.
Pinnularia hyperborea var. *clevei* Clev.-Eul.
Pinnularia ilkaschoenfelderae Kram.
Pinnularia incrassatu Clev.-Eul.
Pinnularia infirma Kram.
Pinnularia intermedia (Lag.) Clev.
Pinnularia interrrupta var. *sinica* Skv.
Pinnularia interrupta f. *biceps* (Greg.) Clev.
Pinnularia interrupta f. *hankensis* Skv.
Pinnularia interrupta f. *minutissima* Hust.
Pinnularia interrupta Smith
Pinnularia interrupta var. *tungtingiana* Skv.
Pinnularia irrorata (Grun.) Hust.
Pinnularia isostauron (Grun.) Hust.
Pinnularia isostauron var. *orientalis* Skv.
Pinnularia isselana Kram.
Pinnularia jao Skv.

Pinnularia karelica Clev.
Pinnularia karelica var. *subcapitata* Skv.
Pinnularia kisselewii Skv.
Pinnularia kisselewii var. *attenuata* (Skvortzow) Skv.
Pinnularia kisselewii var. *gracilis* Skv.
Pinnularia kisselewii var. *hinganica* Skv.
Pinnularia kisselewii var. *intermdeia* Skv.
Pinnularia kisselewii var. *parallela* Skv.
Pinnularia kisselewii var. *soochowensis* (Skvortzow) Skv.
Pinnularia kisselewii var. *subacuta* Skv.
Pinnularia kolbei Skv.
Pinnularia krammeri Metz.
Pinnularia krasskei Skvortzov
Pinnularia krasskei var. *latior* Skv.
Pinnularia lacushankae Skv.
Pinnularia lacushankae var. *convergenda* Skv.
Pinnularia lagerstedtii (Cleve) Clev.-Eul.
Pinnularia lariarhombarea var. *variarea* Kram.
Pinnularia lata (Bréb.) Smith
Pinnularia lata f. *thuringiaca* (Raben.) May.
Pinnularia lata var. *amurensis* Skv.
Pinnularia lata var. *hinganica* Skv.
Pinnularia lata var. *intermedia* Skv.
Pinnularia lata var. *linearis* Skv.
Pinnularia latarea Kram.
Pinnularia latevittata Clev.
Pinnularia latevittata var. *domingensis* Clev.
Pinnularia latofasciata Skv.
Pinnularia legumen Ehr.
Pinnularia legumen var. *florentina* Grun.
Pinnularia legumen var. *hinganica* Skv.
Pinnularia legumen var. *sinica* Skv.
Pinnularia legumen var. *subolaris* May.
Pinnularia lenticula Clev.-Eul.
Pinnularia leporina Clev.-Eul.
Pinnularia leptosoma (Grun.) Clev.
Pinnularia leptosoma var. *hinganica* Skv.
Pinnularia levkovii Metz.
Pinnularia lignitica Clev.
Pinnularia liouana var. *hinganica* Skv.
Pinnularia liouniata Skv. *Pinnularia lokana* Kram.
Pinnularia lunata Kram. & Lang.-Bert.
Pinnularia lundii var. *linearis* Kram.
Pinnularia macilenta (Ehr.) Clev.
Pinnularia major (Kütz.) Clev.
Pinnularia major f. *hankensis* Skv.
Pinnularia major f. *hinganica* Skv.
Pinnularia major var. *genuina* Rab.
Pinnularia major var. *hyalina* Hust.
Pinnularia major var. *linearis* Clev.
Pinnularia major var. *linearis* f. *neglecta* (May.) Hust.
Pinnularia major var. *manschurica* Skv.
Pinnularia major var. *neglecta* (May.) Hust.
Pinnularia major var. *shantungensis* Skv.

Pinnularia major var. *sinica* Skv.
Pinnularia major var. *subacuta* (Ehr.) Clev.
Pinnularia major var. *transversa* (Schm.) Clev.
Pinnularia marchica Schom.
Pinnularia meisteriana Skv.
Pinnularia mesolepta (Ehr.) Smith
Pinnularia mesolepta f. *hankensis* Skv.
Pinnularia mesolepta f. *hinganica* Skv.
Pinnularia mesolepta f. *sinica* Skv.
Pinnularia mesolepta f. *subundulata* Skv.
Pinnularia mesolepta var. *angusta* Clev.
Pinnularia mesolepta var. *angusta* f. *sinica* Skv.
Pinnularia mesolepta var. *stauroneiformis* (Grun.) Clev.
Pinnularia meyerii Skv.
Pinnularia meyerii var. *hingaica* Skv.
Pinnularia microstauoa f. *diminuta* Grun.
Pinnularia microstauron (Ehr.) Clev.
Pinnularia microstauron f. *curta* Skv.
Pinnularia microstauron var. *ambigua* Meis.
Pinnularia microstauron var. *biundulata* (Müll.) Hust.
Pinnularia microstauron var. *brebissonii* f. *linearis* Müll.
Pinnularia microstauron var. *brebissonii* May.
Pinnularia microstauron var. *diminuta* Grun.
Pinnularia microstauron var. *genuina* May.
Pinnularia microstauron var. *longirostris* Font
Pinnularia microstauron var. *subproducta* (Grun.) Fren.
Pinnularia molaris (Grun.) Clev.
Pinnularia molaris var. *asiatica* Skv.
Pinnularia molaris var. *constricta* Skv.
Pinnularia molaris var. *hinganica* Skv.
Pinnularia mongolica Skv.
Pinnularia mongolica var. *lanceolata* Skv.
Pinnularia montana Hust.
Pinnularia montana var. *sinica* Skv.
Pinnularia montium Liu et al.
Pinnularia mormonorum (Grun.) Patr.
Pinnularia neglecta (May.) Berg
Pinnularia nobilis Ehr.
Pinnularia nobilis f. *minor* Skv.
Pinnularia nobilis var. *constricta* Skv.
Pinnularia nobilis var. *densestriata* Skv.
Pinnularia nobilis var. *distincta* Skv.
Pinnularia nobilis var. *gracillima* Skv.
Pinnularia nobilis var. *intermedia* Dip.
Pinnularia nobilis var. *manschurica* Skv.
Pinnularia nobilis var. *mingiana* Skv.
Pinnularia nobilis var. *obesa* Skv.
Pinnularia nobilis var. *parallela* f. *minor* Skv.
Pinnularia nobilis var. *parallela* Skv.
Pinnularia nobilis var. *soochowensis* Skv.
Pinnularia nobilis var. *triundulata* Skv.
Pinnularia nodosa (Ehr.) Smith
Pinnularia nodosa var. *hankensis* Skv.

Pinnularia nodosa var. *maakii* Skv.
Pinnularia nodosa var. *montana* Skv.
Pinnularia nodosa var. *recta* Clev.-Eul.
Pinnularia nodosa var. *robusta* (Fog.) Kram.
Pinnularia nordica Kul. et al.
Pinnularia notabilis Kram.
Pinnularia oblonga var. *genuina* Grun.
Pinnularia obscura Kras.
Pinnularia obscuriformis Kram.
Pinnularia oriunda Kram.
Pinnularia östrupii Clev.
Pinnularia ovata Kram.
Pinnularia paeninsulae-koreana Skv.
Pinnularia palidis Liu et al.
Pinnularia paliobducta Liu, Koc. & Wang
Pinnularia paludosa Liu & Wang
Pinnularia parallela Brun
Pinnularia parva Greg.
Pinnularia parva var. *brevistriata* (Grun.) Clev. -Eul.
Pinnularia parva var. *lagerstedtii* Clev.
Pinnularia parvulissima Lang.-Bert.
Pinnularia parvulum Liu et al.
Pinnularia patrickii Skv.
Pinnularia patrickii var. *angustata* Skv.
Pinnularia patrickii var. *interrupta* Skv.
Pinnularia patrickii var. *pandurinifomis* Skv.
Pinnularia peracuminata Kram.
Pinnularia perspicua Kram.
Pinnularia petsamensis Clev.
Pinnularia platycephala (Ehr.) Clev.
Pinnularia platycephala var. *hattoriana* Meis.
Pinnularia platycephala var. *nipponica* Skv.
Pinnularia polyonca (Bréb.) Smith
Pinnularia polyonca var. *hinganica* Skv.
Pinnularia polyonca var. *major* Skv.
Pinnularia polyonca var. *nipponica* f. *australis* Skv.
Pinnularia polyonca var. *prima* Skv.
Pinnularia polyonca var. *subcapitata* Skv.
Pinnularia polyonca var. *sublinearis* Skv.
Pinnularia prima Skv.
Pinnularia prima var. *subcapitata* Skv.
Pinnularia pseudacuminata Metz. & Kram.
Pinnularia pseudogibba Kram.
Pinnularia pseudogibba var. *rostrata* Kram.
Pinnularia pseudosinistra Liu et al.
Pinnularia pulchra Øst.
Pinnularia qii Liu et al.
Pinnularia quadratarea (Schm.) Clev.
Pinnularia quadratarea var. *fluminensis* (Grun.) Clev.
Pinnularia rabenhorstii (Grun.) Kram.
Pinnularia rabenhorstii var. *franconica* Kram.
Pinnularia rangoonenesis Grun. & Clev.
Pinnularia rathsbergiana Kram.
Pinnularia rectangularis Liu et al.
Pinnularia reichardtii Kram.

Pinnularia reimerii Skv.
Pinnularia reimerii var. *interrupta* Skv.
Pinnularia rhombarea Kram.
Pinnularia rhombarea var. *brevicapitata* Kram.
Pinnularia rhombarea var. *varirea* Kram.
Pinnularia rivularis Hust.
Pinnularia rupestris Hantz.
Pinnularia ruquestris Liu et al.
Pinnularia saga Skv.
Pinnularia saga var. *isostauron* Skv.
Pinnularia savanensis Petor.
Pinnularia savanensis var. *hinganica* Skv.
Pinnularia savanensis var. *ignota* Skv.
Pinnularia schoenfelderi Kram.
Pinnularia schroederii (Hust.) Kram.
Pinnularia schweinfurthii (Schm.) Patr.
Pinnularia secunda Skv.
Pinnularia selengensis var. *hinganica* Skv.
Pinnularia septentrionalis Kram.
Pinnularia shackletoni (West & West) Mills
Pinnularia shii Liu et al.
Pinnularia similis Hust.
Pinnularia sinicorum Skv.
Pinnularia sinistra Kram.
Pinnularia sinomongolica Skv.
Pinnularia sinomongolica var. *angustior* Skv.
Pinnularia sphagnicola Skv.
Pinnularia spitsbergensis Clev.
Pinnularia spitzbergensis var. *hinganica* Skv.
Pinnularia stauroptera f. *hankensis* Skv.
Pinnularia stauroptera f. *subcapitata* Skv.
Pinnularia stauroptera Rab.
Pinnularia stauroptera var. *chinensis* Skv.
Pinnularia stauroptera var. *interrupta* Clev.
Pinnularia stauroptera var. *lanceolata* Clev.-Eul.
Pinnularia stauroptera var. *longa* (Clev.-Eul.)
　Clev.- Eul.
Pinnularia stauroptera var. *mingiana* Skv.
Pinnularia stauroptera var. *minuta* May.
Pinnularia stauroptera var. *recta* Clev.-Eul.
Pinnularia stauroptera var. *rostrata* Skv.
Pinnularia stauroptera var. *subundulata* May.
Pinnularia stomatophoides May.
Pinnularia stomatophoides var. *nuda* Clev.-Eul.
Pinnularia stomatophoides var. *ornata* (Clev.)
　Clev.-Eul.
Pinnularia stomatophora (Grun.) Clev.
Pinnularia stomatophora var. *bergii* Clev.-Eul.
Pinnularia stomatophora var. *erlangensisi* (May.)
　Kram.
Pinnularia stomatophora var. *hinganica* Skv.
Pinnularia stomatophora var. *irregularis* Kram.
Pinnularia stomatophora var. *nuda* Clev.-Eul.
Pinnularia streptoraphe Clev.
Pinnularia streptoraphe var. *argunensis* Skv.
Pinnularia streptoraphe var. *asiatica* Skv.
Pinnularia streptoraphe var. *minor* Clev.

Pinnularia streptoraphe var. *muscicola* Skv.
Pinnularia streptoraphe var. *parva* Kram.
Pinnularia streptoraphe var. *tumida* Skv.
Pinnularia subaldenii Wang & Liu
Pinnularia subborealis Hust.
Pinnularia subbrebissonii Liu et al.
Pinnularia subcapitata f. *constricata* Skv.
Pinnularia subcapitata f. *tenua* Skv.
Pinnularia subcapitata Greg.
Pinnularia subcapitata var. *asiatica* Skv.
Pinnularia subcapitata var. *hilseana* (Jan.) Müll.
Pinnularia subcapitata var. *mingiana* Skv.
Pinnularia subcapitata var. *paucistriata* Grun.
Pinnularia subcapitata var. *sinica* Skv.
Pinnularia subcapitata var. *stauroneiformis* (Heur.)
　Mull.
Pinnularia subcapitata var. *sublanceolata* Peter.
Pinnularia subcapitata var. *subrostrate* Kram.
Pinnularia subcommutata Kram.
Pinnularia subgibba Kram.
Pinnularia subgibba var. *sublinearis* Kram.
Pinnularia subgibba var. *undulata* Kram.
Pinnularia subnotabilis Liu et al.
Pinnularia subobscura Liu et al.
Pinnularia suborealis Hust.
Pinnularia subsalaris var. *sinica* Skv.
Pinnularia subsolaris var. *asiatica* Skv.
Pinnularia subsolaris var. *interrupta* Skv.
Pinnularia substomatophora Hust.
Pinnularia substreptoraphe Kram.
Pinnularia substreptoraphe var. *bornholmiana* Kram.
Pinnularia subviridis Clev.-Eul.
Pinnularia sudetica var. *commutata* (Grun.) Clev.
　-Eul.
Pinnularia sundaensis Hust.
Pinnularia superba Clev.-Eul.
Pinnularia tabellaria Ehr.
Pinnularia tabellaria var. *sinica* Skv.
Pinnularia termes Ehr.
Pinnularia termitina (Ehr.) Patr.
Pinnularia tibetana Hust.
Pinnularia tibetana var. *arganensis* Skv.
Pinnularia tibetana var. *stauroneiformis* Skv.
Pinnularia tibetana var. *truncata* Skv.
Pinnularia tibetica Mer.
Pinnularia tirolensis (Metz. & Kram.) Kram.
Pinnularia torta (Mann) Patr.
Pinnularia tschangbaischanica Skv.
Pinnularia turbulenta (Clev.-Eul.) Kram.
Pinnularia turczaninow Skv.
Pinnularia tynnii Kram.
Pinnularia undula (Schum.) Kram.
Pinnularia undula var. *mesoleptiformis* Kram.
Pinnularia undulata Greg.
Pinnularia viridiformis Kram.
Pinnularia viridiformis var. *minor* Kram.
Pinnularia viridis (Nitzsch) Ehr.

Pinnularia viridis f. *argunnensis* Skv.
Pinnularia viridis f. *hankensis* Skv.
Pinnularia viridis f. *hinganica* Skv.
Pinnularia viridis f. *muscicola* Skv.
Pinnularia viridis var. *acuminata* (Smith) Brun
Pinnularia viridis var. *caudata* Boy.
Pinnularia viridis var. *commutata* (Grun.) Clev.
Pinnularia viridis var. *commutata* f. *argunensis* Skv.
Pinnularia viridis var. *elliptica* Meis.
Pinnularia viridis var. *fallax* Clev.
Pinnularia viridis var. *fallax* f. *hinganica* Skv.
Pinnularia viridis var. *fasoiata* Skv.
Pinnularia viridis var. *hinganica* Skv.
Pinnularia viridis var. *intermedia* Clev.
Pinnularia viridis var. *mayi* Clev.-Eul.
Pinnularia viridis var. *meisteri* Skv.
Pinnularia viridis var. *minor* Clev.
Pinnularia viridis var. *orientalis* Skv.
Pinnularia viridis var. *rupestris* (Nitz.) Clev.
Pinnularia viridis var. *semicruciata* f. *muscicola* Skv.
Pinnularia viridis var. *semicruciata* Skv.
Pinnularia viridis var. *sinica* Skv.
Pinnularia viridis var. *jenisseyensis* Skv.
Pinnularia viridis var. *sudetica* (Hilse) Hust.
Pinnularia viridis var. *ussuriensis* Skv.
Pinnularia wuyiensis Zhang et al.
Pinnularia xianhensis Liu et al.
Pinnularia zabelini Skv.
Pinnularia zabelini var. *amurensis* Skv.
Pinnularia zabelini var. *dimidia* Skv.
Pinnularia zabelini var. *interrupta* Skv.
Pinnularia zabelini var. *zeaana* Skv.
Pinnularia zebra Liu et al.
Placoneis abiskoensis (Hust.) Lang.-Bert. & Metz.
Placoneis amphibola (Clev.) Cox
Placoneis amphibola var. *manscharica* (Skv.) Li & Qi
Placoneis anglophila var. *signata* (Hust.) Lang.-Bert.
Placoneis bukhchuluunae Metz. et al.
Placoneis clementis (Grun.) Cox
Placoneis clementis var. *linearis* (Brand. & Hust.) Li & Qi
Placoneis clementoides (Hust.) Cox
Placoneis dicephala (Smith) Mer.
Placoneis dicephala var. *constricta* (Clev.-Eul.) Li & Qi
Placoneis dicephala var. *constricta* f. *densestriata* (Clev.-Eul.) Li & Qi
Placoneis dicephala var. *subcapitatata* (Grun.) Mer.
Placoneis dicephala var. *undulata* (Öst.) Li & Qi
Placoneis elginensis (Greg.) Cox
Placoneis elginensis var. *neglecta* (Krass.) Patr.
Placoneis exigua (Greg.) Mer.
Placoneis exigua var. *sinica* (Skv.) Li & Qi
Placoneis explanata (Hust.) May.

Placoneis gastrum (Ehr.) Mer.
Placoneis gastrum var. *jenisseyensis* Grun.
Placoneis hambergii Ehr.
Placoneis interglacialis (Hust.) Cox
Placoneis placentula (Ehr.) Hein.
Placoneis placentula f. *lanceolata* (Grun.) Li & Qi
Placoneis placentula f. *rostrata* (May.) Li & Qi
Placoneis placentula var. *jenisseyensis* (Grun.) Li & Qi
Placoneis placentula var. *latiuscula* (Grun.) Li & Qi
Placoneis pseudanglica Cox
Placoneis prespanensis Levk. et al.
Placoneis obtuseprotracta (Hust.) Li & Metz.
Placoneis opportuna (Hust.) Chud. & Golol.
Placoneis sinensis Li & Metz.
Plagiotropis neopolitana Padd.
Planothidium alekseevae Gog. & Lang.
Planothidium amphibium Wetz. et al.
Planothidium apiculatum (Patr.) Bukh.
Planothidium biporomum (Hohn & Hell.) Lang.-Bert.
Planothidium cryptolanceolatum Jahn & Abar.
Planothidium daui (Foged) Lang.-Bert.
Planothidium dubium (Grun.) Round & Bukh.
Planothidium ellipticum (Clev.) Round & Bukh.
Planothidium frequentissimum (Lang.-Bert.) Lang.-Bert.
Planothidium frequentissimum var. *magnum* (Stra.) Lang.-Bert.
Planothidium lanceolata (Bréb. & Kütz.) Lang.-Bert.
Planothidium lanceolata var. *minor* Clev.
Planothidium lanceolatoide (Sov.) Lang.-Bert.
Planothidium haynaldii (Schaar.) Lang.-Bert.
Planothidium lanceolatum (Bréb. & Kütz.) Lang.-Bert.
Planothidium lanceolatum var. *minor* Clev.
Planothidium oestrupii (Clev.-Eul.) Edlun. et al.
Planothidium Peragi (Brun & Hérib.) Round & Bukh.
Planothidium piaficum (Cart. & Denn.) Wetz. & Ector
Planothidium potapovae Wetz. & Ect.
Planothidium rostratoholoarcticum Lang.-Bert. & Bąk
Planothidium rostratum (Øst.) Lang.-Bert.
Planothidium victorii Nov. et al.
Platessa brevicostata (Hust.) Lang.-Bert.
Platessa conspicua (May.) Lang.-Bert.
Platessa guangzhouae Liu & Koc. b
Platessa hustedtii (Krass.) Lang.-Bert.
Platessa lutheri (Hust.) Potap.
Platessa lanceolata Wang & You
Platessa montana (Krass.) Lang.-Bert.
Platessa montana var. *tropica* (Hust.) Lang.-Bert.
Platessa mugecuonesis Wang & You
Platessa ziegleri (Lang.-Bert.) Lang.-Bert.

Pleurosigma acuminatum (Kütz.) Grun.
Pleurosigma angulaum (Ouek.) Smith
Pleurosigma attenuatum Smith
Pleurosigma delicatulum Smith
Pleurosigma decorum Smith
Pleurosigma elongatum Smith
Pleurosigma elongatum var. *sinica* Skv.
Pleurosigma rigidum Smith
Pleurosigma spencerii var. *sinensis* Skv.
Pleurosigma spencerii var. *smithii* Grun.
Pleurosigma spencerii var. *tientsinsis* Skv.
Pleurosira laevis (Ehr.) Comp.
Pleurosira minor Metz. et al.
Pliocaenicus cathayanus Wang
Pliocaenicus changbaiense Stach.-Such. & Jahn
Pliocaenicus jilinensis Wang
Podosira stelliger (Bail.) Mann
Poperia latiovala Chen & Qian
Porosularia amoyensis Skv.
Porosularia borgei Skv.
Porosularia calawayi Skv.
Porosularia calawayi var. *undulata* Skv.
Porosularia chowyiliangi Skv.
Porosularia handel-mazzettii Skv.
Porosularia jurilyi Skv.
Porosularia jurilyi var. *striata* Skv.
Porosularia kolbei Skv.
Porosularia lackeyi Skv.
Porosularia lioumingyanii Skv.
Porosularia meisteri Skv.
Porosularia merrilli Skv.
Porosularia poretskyi Skv.
Porosularia poroidea Skv.
Porosularia pseudoviridis Skv.
Porosularia pullchra Skv.
Porosularia scheschukewii Skv.
Porosularia Skuj.e Skv.
Porosularia Skuj.e var. *unilateralis* Skv.
Porosularia striata Skv.
Porosularia subsalsa Skv.
Porosularia wislouchii Skv.
Prestauroneis lowei Liu et al.
Prestauroneis nenwai Liu et al.
Prestauroneis tumida Levk.
Proteucylindrus taiwanensis Li & Chiang
Psammodictyon taihuensis Yang et al.
Psammothidium acidoclinatum (Lang.-Bert.) Metz. & Lang.-Bert.
Psammothidium bioretii (Germ.) Bukh. et Round
Psammothidium daonense (Lang.-Bert.) Lang. -Bert.
Psammothidium didymum (Hust.) Bukh. & Round
Psammothidium grischunum (Wuth.) Bukh. & Round
Psammothidium hainanii Koc. & Liu
Psammothidium lauenburgianum (Hust.) Bukh. & Round
Psammothidium rossii (Hust.) Bukh. & Round

Psammothidium sacculus (Carter) Bukh.
Psammothidium scoticum (Flow. & Jon.) Bukh. & Round
Psammothidium subatomoides (Hust.) Bukh. & Round
Psammothidium ventralis (Krass.) Bukh. & Round
Pseudofallacia occulta (Krass.) Liu et al.
Pseudostaurosira cataractarum (Hust.) Wetz. et al.
Pseudostaurosira brevistriata (Grun.) Will. & Round
Pseudostaurosira brevistriata var. *inflata* (Pant.) Edlun.
Pseudostaurosira parasitica (Smith) Moral.
Pseudostaurosira parasitica var. *subconstricta* Kram.
Pseudostaurosira pseudoconstruens (Marc.) Will. & Round
Pseudostaurosira robusta (Fus.) Will. & Round
Pseudostaurosira trainorii Mor.
Pseudostaurosiropsis connecticutensis Mor.
Reimeria fontinalis Levk.
Reimeria ovata (Hust.) Levk. & Ect.
Reimeria sinuata (Greg.) Koc. & Stoer.
Reimeria uniseriata Sala, Guer. & Ferr.
Rexlowea navicularis (Ehr.) Koc. & Thom.
Rhizosolenia eriensis Smith
Rhizosolenia longiseta Zach.
Rhoicosphenia abbreviata (Ag.) Lang.-Bert.
Rhoicosphenia curvata (Kütz.) Grun.
Rhopalodia brebissonii Kram.
Rhopalodia constricta (Smith) Kram.
Rhopalodia gibba Müll.
Rhopalodia gibba var. *dalaica* Skv.
Rhopalodia gibba var. *gracilis* Skv.
Rhopalodia gibba var. *major* Skv.
Rhopalodia gibba var. *ventricosa* (Ehr.) Grun.
Rhopalodia gibberula (Ehr.) Müll.
Rhopalodia gibberula f. *tibetica* Mer.
Rhopalodia gibberula f. *mongolica* Mer.
Rhopalodia gibberula var. *producta* (Grun.) Müll.
Rhopalodia gibberula var. *protracta* Bréb.
Rhopalodia gibberula var. *vanheurckii* Müll.
Rhopalodia gracilis Müll.
Rhopalodia musculus (Kütz.) Müll.
Rhopalodia operculata (Ag.) Hakan.
Rhopalodia parallela (Grun.) Müll.
Rhopalodia parallela var. *distorta* Fric.
Rhopalodia parallela var. *ingens* Fric.
Rhopalodia pseudogibba Skv.
Rhopalodia pseudogibba var. *arcuate* Skv.
Rhopalodia pseudogibba var. *pseudoventricosa* Skv.
Rhopalodia rupestris (Smith) Kram.
Rhopalodia tibetica Mer.
Rhopalodia ventricosa (Kütz.) Öst.
Rhopalodia ventricosa var. *mongolica* Öst.
Rhoplaodia vermicularis Müll.
Rossithidium petersennii (Hust.) Round & Bukh.
Rossithidium pusillum (Grun.) Round & Bukh.
Rhaphoneis belgica Grun.

Schizostauron sorokninii Mer.
Scoliopleura pavlovi Skv.
Scoliopleura peisonis Grun.
Scoliopleura tumida (Bréb.) Rab.
Sellaphora americana (Ehr.) Mann
Sellaphora americana var. *moesta* (Tempére & Perag.) Lang.-Bert. & Metz.
Sellaphora aquaeductae (Krass.) Li & Qi
Sellaphora bacilloides (Hust.) Levk. et al.
Sellaphora bacillum (Ehr.) Mann
Sellaphora bacillum var. *parallela* (Skv.) Li & Qi
Sellaphora blackfordensis Mann & Droop
Sellaphora boltziana Metz.
Sellaphora cf. *californica* Potapova
Sellaphora capitata Mann & McDon.
Sellaphora constrictum Koc. & You
Sellaphora fusticulus (Öst.) Lang.-Bert.
Sellaphora fuxianensis Li
Sellaphora gregeryana (Clev. & Grun.) Metz. & Lang.-Bert.
Sellaphora hustedtii (Krass.) Lang.-Bert. & Werum
Sellaphora kretschmeri Metz.
Sellaphora krsticii Levk. et al.
Sellaphora kusberi Metz.
Sellaphora laevissima (Kütz.) Mann
Sellaphora lambda (Clev.) Metz. & Lang.-Bert.
Sellaphora lambda var. *recta* (Skv.) Li & Qi
Sellaphora lambda var. *sinica* (Skv.) Li & Qi
Sellaphora madida (Koc.) Wetz.
Sellaphora mongoleilleganum Metz. et al.
Sellaphora mongolcollegarum Metz. & Lang.-Bert.
Sellaphora ohridana Levk. & Krst.
Sellaphora perlaevissima Metz.
Sellaphora perobesa Metz. et al.
Sellaphora permutata Metz.
Sellaphora perilaevissima Metz. et al.
Sellaphora pseudobacillum (Grun.) Lang.-Bert. & Metz.
Sellaphora pseudopupula (Krass.) Li & Qi
Sellaphora pseudoventralis (Hust.) Chudaev & Gololobova
Sellaphora pupula (Kütz.) Meresckowsky
Sellaphora pupula var. *elliptica* (Hust.) Li & Qi
Sellaphora pupula var. *mutata* (Hust.) Li & Qi
Sellaphora rectangularis (Greg.) Lange- Bertalot & Metz.
Sellaphora rostratus (Hust.) Li & Qi
Sellaphora schrothiana Metz.
Sellaphora seminulum (Grun.) Mann
Sellaphora sinensis Li & Metz.
Sellaphora wangii Liu & Koc.
Sellaphora yunnanensis Li & Metz.
Seminavis gracilenta (Grun. ex Schm.) Mann
Seminavis lata (Kram.) Riou.
Seminavis pusilla (Grun.) Cox & Reid
Sichuania lacustris Li et al.
Sichuaniella lacustris (Li et al.) Li

Sichuaniella deqinensis Li
Simonsenia delognei (Grun.) Lang.-Bert.
Simonsenia maolaniana You & Koc.
Sinoperonia polyraphiamorpha Koc. et al.
Skeletonema costatum (Grev.) Clev.
Skeletonema potamos (Web.) Hasle
Skeletonema subsalsum (Clev.) Bethge
Stauroforma exiguiformis (Lang.-Bert.) Flower et al.
Stauroneis acuta Smith
Stauroneis agrestis Peter.
Stauroneis amphicephala Kütz.
Stauroneis amphioxys Greg.
Stauroneis anceps Ehr.
Stauroneis anceps var. *asiatica* Skv.
Stauroneis anceps f. *gracilis* Rab.
Stauroneis anceps var. *hankensis* Skv.
Stauroneis anceps var. *hinganica* Skv.
Stauroneis anceps f. *lineari* (Ehr.) Clev.
Stauroneis anceps var. *argentina* Clev.
Stauroneis anceps var. *amphicephala* (Kütz.) Clev.
Stauroneis anceps var. *birostris* (Ehr.) Clev.
Stauroneis anceps var. *hyalina* Brun & Per.
Stauroneis anceps var. *gracilis* Ehr.
Stauroneis anceps var. *javanica* Hust.
Stauroneis anceps var. *kansouensis* Skv.
Stauroneis anceps var. *linearis* (Ehr.) Brun
Stauroneis anceps var. *oblonga* Skv.
Stauroneis anceps var. *obtusa* Grun.
Stauroneis anceps var. *orientalis* Skv.
Stauroneis anceps var. *siberica* Grun.
Stauroneis anceps var. *ussuriensis* Skv.
Stauroneis borrichii (Petersen) Lund
Stauroneis borrichii var. *subcapitata* (Peter.) Lund
Stauroneis branderi Hust.
Stauroneis chinensis Skv.
Stauroneis clevei (Lages.) Clev.
Stauroneis dilatata Ehr.
Stauroneis distinguenda Hust.
Stauroneis dubitabilis Hust.
Stauroneis fluminopsis Vijv. & Lang.-Bert.
Stauroneis gracilior Reich.
Stauroneis gracilis Ehr.
Stauroenis gregori var. *hankensis* Skv.
Stauroneis groenlandica Öst.
Stauroneis incurvata Roch.
Stauroneis javanica (Grun.) Clev.
Stauroneis javanica f. *lapponica* (Hust.) Hust.
Stauroneis javanica var. *truncate* Skv.
Stauroneis jimeiensis Lin & Wang
Stauroneis kriegeri Patr.
Stauroneis kriegeri f. *undulata* Hust.
Stauroneis lacusvulcani Rioual
Stauroneis lapponica Clev.
Stauroneis laticeps Hust.
Stauroneis lauenburgiana Hust.
Stauroneis leguminiformis Lang.-Bert. & Kram.
Stauroneis mediterranea Lang.-Bert. & de Vijv.

Stauroneis nobilis Schum.
Stauroneis obtusa Lag.
Stauroneis okamurae Skv.
Stauroneis palustris Hust.
Stauroneis parvula var. *rupestris* Skv.
Stauroneis parvula var. *prominula* Grun.
Stauroneis pellucida var. *oreantalis* Skv.
Stauroneis perlucens Öst.
Stauroneis perminuta Grun.
Stauroneis phoenicenteron Ehr.
Stauroneis phoenicenteron (Nitzs.) Ehr.
Stauroneis phoenicenteron f. *angulata* Hust.
Stauroneis phoenicenteron f. curta Skv.
Stauroneis phoenicenteron f. *gracilis* (Ehr.) Hust.
Stauroneis phoenicenteron f. *hankensis* Skv.
Stauroneis phoenicenteron var. *amphilepta* (Ehr.) Clev.
Stauroneis phoenicenteron var. *brevis* Dip.
Stauroneis phoenicenteron var. *brunii* Perag. & Hérib.
Stauroneis phoenicenteron var. *genuina* Clev.
Stauroneis phoenicenteron var. *hankensis* Skv.
Stauroneis phoenicenteron var. *lanceolata* (Kütz.) Dip.
Stauroneis phoenicenteron var. *oblongella* Skv.
Stauroneis phoenicenteron var. *vulgaris* Dip.
Stauroneis phoenicenteron var. *vulgaris* f. *intermedia* Dip.
Stauroneis producta Grun.
Stauroneis prominula (Grun.) Hust.
Stauroneis pseudosubobtusoides Germ.
Stauroneis pygmaea Krieg.
Stauroneis reichardtii Lang.-Bert.
Stauroneis rupestris Skv.
Stauroneis salina Smith
Stauroneis schroederi Hust.
Stauroneis smithii Grun.
Stauroneis smithii var. *incisa* Pant.
Stauroneis smithii var. *rupestris* Skv.
Stauroneis smithii var. *sagitta* (Clev.) Hust.
Stauroneis smithii var. *sinica* Pant.
Stauroneis splcula Hick.
Stauroneis supergracilis Vijv. & Lang.-Bert.
Stauroneis thermicola (Peter.) Lund
Stauroneis tibetica Mer.
Stauroneis wislouckii Poret. & Anis.
Stauroptera granulata Ehr.
Staurosira construens Ehr.
Staurosira construens Grun.
Staurosira construens var. *binodis* (Ehr.) Ham.
Staurosira construens var. *venter* (Ehr.) Ham.
Staurosira longwanensis Rioual et al.
Staurosira aff. *sviridae* Chud. & Golol.
Staurosira venter (Ehr.) Grun.
Staurosirella berolinensis (Lemm.) Bukh.
Staurosirella frigida Vijv. & Mor.
Staurosirella leptostauron (Ehr.) Will. & Round

Staurosirella martyi (Hérib.-Jos.) Mor. & Manoy.
Staurosirella ovata Mor.
Staurosirella pinnata (Ehr.) Will. & Round
Stenopterobia anceps (Lew.) Bréb.
Stenopterobia curvula (Smith) Kram.
Stenopterobia delicatissima (Lewis) Heur.
Stenopterobia intermedia Lew.
Stenopterobia intermedia var. *capitata* Skv.
Stenopterobia recta Skv.
Stenopterobia sigmoidea Skv.
Stephanodiscus alpinus Hust.
Stephanodiscus astraea Ehr.
Stephanodiscus astraea var. *minutula* (Kütz.) Grun.
Stephanodiscus argunensis Skv.
Stephanodiscus argunensis var. *simple* Skv.
Stephanodiscus dubius (Fric.) Hust.
Stephanodiscus dubius var. *disperses* Clev.-Eul.
Stephanodiscus hantzschii f. *tenuis* (Hust.) Hak. & Stoer.
Stephanodiscus hantzschii Grun.
Stephanodiscus Hustii Skv.
Stephanodiscus invisitatus Hohn & Hell
Stephanodiscus minutulus (Kütz.) Clev. & Müll.
Stephanodiscus neoastraea Hakan. & Hick.
Stephanodiscus niagarae Ehr.
Stephanodiscus parvus Stoer. & Hakan.
Stephanodiscus sinensis Ehr.
Stephanodiscus soochowensis Skv.
Surirella alisoviana Skv.
Surirella angusta Kütz.
Surirella angusta f. *ovata* Skv.
Surirella angusta var. *amoyensis* Skv.
Surirella angusta var. *hankensis* f. *abnorme* Skv.
Surirella angusta var. *hankensis* Skv.
Surirella angustata Kütz.
Surirella angustata var. *apiculate* Skv.
Surirella angustata var. *constricta* Hust.
Surirella angusta var. *curta* Skv.
Surirella angusta var. *elongata* Skv.
Surirella angustata var. *ovata* Skv.
Surirella angusta var. *hankensis* Skv.
Surirella apiculata (Hust.) Smith
Surirella aquastudia (Koc. & You) Koc.
Surirella arcta Schm.
Surirella astride Hust.
Surirella asymmetrica Öst.
Surirella bengalensis Grun.
Surirella bifrons Ehr.
Surirella bifrons f. *minor* Öst.
Surirella birostrata Hust.
Surirella biseriata Bréb.
Surirella biseriata var. *bifrons* (Ehr.) Hust.
Surirella biseriata f. *punctata* (Meis.) Kras.
Surirella biseriata var. *diminuta* Clev.-Eul.
Surirella biseriata var. *orientalis* Skv.
Surirella biseriata var. *ussuriensis* Skv.
Surirella bohamica Maly

Surirella borscowi Mres.
Surirella brebissonii Kram. & Lang.-Bert.
Surirella brebissonii var. *kuetzingii* Kram. & Lang.-Bert.
Surirella brightwellii Smith
Surirella capronii Bréb.
Surirella capronii var. *calcarata* (Pfit.) Hust.
Surirella capronii var. *hankensis* Skv.
Surirella chachinae Skv.
Surirella constricta Ehr.
Surirella crumena Bréb. & Kütz.
Surirella delicatissima Lew.
Surirella didyma Kütz.
Surirella didyma var. *hinganica* Skv.
Surirella dongtingensis Liu & Ector
Surirella elegans Ehr.
Surirella elegans var. *hankensis* Skv.
Surirella elongata (Pant.) Clev.-Eul.
Surirella elliptica Ehr.
Surirella engleri Müll.
Surirella engleri f. *subconstricta* Müll.
Surirella engleri var. *hankensis* Skv.
Surirella fukiensis Skv.
Surirella fluminensis Grun.
Surirella gracilis (Smith) Grun.
Surirella gracilis f. *curvta* Skv.
Surirella granulata Öst.
Surirella helvetica Brun
Surirella helvetica var. *tibetica* (Mer.) Clev.-Eul.
Surirella hinganica Skv.
Surirella islandica Öst.
Surirella islandica var. *minuta* Clev.-Eul.
Surirella lagerheimii Clev.
Surirella lanicostata Öst.
Surirella lapponica Clev.
Surirella linearis var. *constircta* (Ehr.) Grun.
Surirella linearis var. *elliptica* Müll.
Surirella linearis var. *helvetica* (Brum) Meis.
Surirella linearis var. *vermifera* Skv.
Surirella linearis Smith
Surirella minuta Bréb.
Surirella minuta f. *tientsinensis* Skv.
Surirella moelleriana Grun.
Surirella nervosa (Schmidt) May.
Surirella ovalis Bréb.
Surirella ovalis f. *tientsineensis* Skv.
Surirella ovalis var. *aequalis* (Kütz.) Clev.
Surirella ovalis var. *brightwellii* (Smith) Perag. & Per.
Surirella ovalis var. *maxima* Grun.
Surirella ovalis var. *pinnata* Heur.
Surirella ovalis var. *salina* (Smith) Heur.
Surirella ovata Kütz.
Surirella ovata f. *curta* Skv.
Surirella ovata f. *mongolica* Skv.
Surirella ovata var. *apiculata* Smith
Surirella ovata var. *crumena* (Bréb.) Hust.

Surirella ovata var. *pinnata* (Smith) Brun
Surirella ovata var. *pseudopinnata* May.
Surirella ovata var. *salina* Hust.
Surirella ovulum Hust.
Surirella panduriformis Smith
Surirella Pantii Meis.
Surirella patella Ehr.
Surirella patella var. *hankensis* Skv.
Surirella peisonis Pant.
Surirella robusta Ehr.
Surirella robusta f. *punctata* Hust.
Surirella robusta f. *lata* Hust.
Surirella robusta var. *amart* Hust.
Surirella robusta var. *hankensis* Skv.
Surirella robusta var. *manschurica* Skv.
Surirella robusta var. *splendida* (Ehr.) Heur.
Surirella robusta var. *splendida* f. *elongata* (May.) Skv.
Surirella robusta var. *splendida* f. *genuine* (May.) Skv.
Surirella saxonica Auser.
Surirella saxonica var. *sinica* Skv.
Surirella splendida (Ehr.) Kütz.
Surirella splendida var. *elongata* May.
Surirella splendida var. *hankensis* Skv.
Surirella spiralis Kütz.
Surirella spiraloides Hust.
Surirella stalagma Hohn & Hell.
Surirella striatula Turp.
Surirella subsalsa Smith
Surirella tenera Greg.
Surirella tenera var. *hinganica* Skv.
Surirella tenera var. *nervosa* Schm.
Surirella tenera var. *splendidula* Schm.
Surirella terryi var. *arctica* Patr. & Frees.
Surirella tientsinensis var. *striolata* Skv.
Surirella tibetica Mer.
Surirella tientsinensis Skv.
Surirella turgica var. *marginata* Pant.
Surirella undulata (Ehr.) Ehr.
Surirella uninodes Skv.
Surirella ussuriensis Skv.
Surirella ussuriensis var. *elegans* Skv.
Surirella ussuriensis var. *elongata* Skv.
Surirella variabilis Clev.
Surirella verrucosa Pant.
Surirella visurgis Hust.
Surirella voigtii Skv.
Surirella wulingensis Liu & Ector
Surirella xinjiangiana (You & Koc.) Koc.
Synedra actinastroides var. *opoliensis* Lemm.
Synedra acus Kütz.
Synedra acus var. *angustissima* Grun.
Synedra acus var. *delicatisima* Smith
Synedra acus var. *radians* (Kütz.) Hust.
Synedra affinis Kütz.
Syndera affinis var. *sinica* Skv.

Synedra amoyensis Skv.
Synedra amphicephala Kütz.
Synedra amphicephala var. *asiatica* Skv.
Synedra amphicephala var. *austriaca* Hust.
Synedra amphicephala var. *intermedia* Clev.-Eul.
Synedra arguinensis Skv.
Synedra berolinensis Lemm.
Synedra biceps Smith
Synedra capitata Ehr.
Synedra chungii Skv.
Synedra cyclopum Brut.
Synedra delicatissima var. *angustissima* Grun.
Synedra delicatissima Smith
Synedra dorsiventralis Müll.
Synedra fasciculata Ag.
Synedra famelica Kütz.
Synedra gaillonii (Bory) Ehr.
Synedra goukardii var. *teezkoensis* Povez.
Synedra goulardi Bréb.
Synedra hyperborese Grun.
Synedra incisa Boy.
Synedra investiens Smith
Synedra licenti Skv.
Synedra longiceps Ehr.
Synedra longissima var. *subcapitata* Lemm.
Synedra mazamaensis Sover.
Synedra mazamaensis var. *changbaiensis* Bao & Reim.
Synedra minuscula Grun.
Synedra montana Kras. & Hust.
Synedra nana Meis.
Synedra parasitica (Smith) Hust.
Synedra parasitica var. *subconstricta* Grun.
Synedra pulchella (Ralfs & Kütz.) Kütz.
Synedra pulhella var. *lacerata* Hust.
Synedra pulchella var. *lanceolata* Mear.
Synedra pulckerrima Hantz.
Synedra robusta Ralfs
Synedra rostrata Meist.
Synedra rumpens Kütz.
Synedra rumpens var. *familiaris* (Kütz.) Grun.
Synedra rumpens var. *scotica* Grun.
Sy nedra rumpens var. *sinica* Skv.
Synedra sinica Skv.
Synedra sinica var. *recta* Skv.
Synedra socia Wall.
Synedra tabulata (Ag.) Kütz.
Synedra tabulate (Ag.) Snoe.
Synedra tabulata var. *fasciculata* (Kütz.) Hust.
Synedra tabulata var. *genuina* Clev.
Synedra tabulata var. *parva* (Kütz.) Grun.
Synedra tabulata var. *obtusa* (Arn. & Heur.) Hust.
Synedra tabulata var. *rostrata* (Juh.-Dan.) Clev.
Synedra tenera Smith
Synedra tenera var. *sinica* Skv.
Synedra tenera var. *subtenera* Skv.
Syndra tenera var. *lanceolata* Öst.

Synedra ulna (Nitzsch) Ehr.
Synedra ulna var. *aequalis* (Kütz.) Brun
Synedra ulna var. *amphirhynchus* (Ehr.) Grun.
Synedra ulna f. *constricta* Skv.
Synedra ulna f. *curta* Skv.
Synedra ulna var. *anhuiensis* Yang
Synedra ulna var. *biceps* (Kütz.) Kkir.
Synedra ulna var. *chaseana* Thom.
Synedra ulna var. *constracta* Öst.
Synedra ulna var. *danica* (Kütz.) Grun.
Synedra ulna var. *danica* f. *continua* (Kütz.) Grun.
Synedra ulna var. *danica* f. *latestriata* Öst.
Synedra ulna var. *impressa* Hust.
Synedra ulna var. *intermedia* Mer.
Synedra ulna var. *lanceolata* f. *constricta* Skv.
Synedra ulna var. *mongolica* Skv.
Synedra ulna var. *tenuirostris* Skv.
Synedra ulna var. *obtusa* Heur.
Synedra ulna var. *oxyrhychus* f. *contracta* Hust.
Synedra ulna var. *oxyrhynchus* (Kütz.) Heur.
Synedra ulna var. *oxyrhynchus* f. *mediocontracta* Hust.
Synedra ulna var. *ramesi* (Hérib.) Hust.
Synedra ulna var. *repanda* Wang & You
Synedra ulna var. *spathulifera* Grun.
Synedra ulna var. *splendens* (Kütz.) Brun
Synedra ulna var. *subaequalis* (Grun.) Heur.
Synedra vancheriae Kütz.
Synedra vancheriae var. *capitellata* Grun.
Synedra vancheriae var. *parvula* (Kütz.) Rab.
Synedra vancheriae var. *truncata* (Grev.) Grun.
Synedra vaucheriae var. *capitata* Skv.
Tabellaria fenestrala var. *aslerionelloides* Grun.
Tabellaria fenestrata (Lyog.) Kütz.
Tabellaria flocculasa (Roth) Kütz.
Tabellaria flocculosa var. *ventricosa* Grun.
Tabularia fasiculata (Ag.) Will. & Round
Tabularia sinensis Cao
Tabularia tabulata (Ag.) Snoe.
Tetracyclus celatom Okun.
Tetracyclus celatom var. *minor* Li
Tetracyclus clypeus (Ehr.) Li
Tetracyclus cruciformis Andr.
Tetracyclus divisium (Ehr.) Li
Tetracyclus dunhuanensis Li
Tetracyclus ellipticus (Ehr.) Grun.
Tetracyclus ellipticus var. *austrochinensis* Zhang
Tetracyclus ellipticus var. *constricta* Hust.
Tetracyclus ellipticus var. *inflatus* Hust.
Tetracyclus ellipticus var. *lancea* (Ehr.) Hust.
Tetracyclus ellipticus var. *lancea* f. *lata* Hust.
Tetracyclus ellipticus var. *lancea* f. *subrostrata* Hust.
Tetracyclus ellipticus var.*latissima* Hust.
Tetracyclus ellipticus var. *linearis* (Ehr.) Hust.
Tetracyclus ellipticus var. *ovaliformis* Li
Tetracyclus ellipticus var. *rostrata* Li

Tetracyclus emarginatus (Ehr.) Smith
Tetracyclus excentricum (Ehr.) Will.
Tetracyclus glans (Ehr.) Mill.
Tetracyclus jaoi Li
Tetracyclus japonicus (Petit) Temp. & Per.
Tetracyclus lacustris Ralf.
Tetracyclus lacustris var. *tenuis* Hust.
Tetracyclus minutus Li
Tetracyclus mucronatus Li
Tetracyclus navicularis Li
Tetracyclus ovaliformis Li
Tetracyclus pagesi Hérib.
Tetracyclus peragalii Hérib.
Tetracyclus radiatus Li
Tetracyclus rostratus Hust.
Tetracyclus rupestris (Braun & Rab.) Grun.
Tetracyclus rupestris var. *subclypeatus* Li
Tetracyclus shangduensis Li
Tetracyclus sinensis Li
Tetracyclus stellarei Hérib.
Tetracyclus subclypeus Li & Will.
Tetracyclus subdivisium Will. & Li
Tetracyclus subdivisium var. *ellipticus* Li
Tetracyclus tripartitus Brun & Hérib.
Thalassiosira bramaputrae (Ehr.) Hak.
Thalassiosira bramaputrae var. *crassiospinua* (Gai & Xie)
Thalassiosira eccentrica (Ehr.) Clev.
Thalassiosira fluviatilis Hust.
Thalassiosira lacustria (Grun.) Hasl.
Thalassiosira lacustria var. *cassiospinua* Cai & Xie
Thalassiosira leptopus (Grun.) Hasl. & Fryx.
Thalassiosira weissflogii (Grun.) Fryx. & Hasl.
Theriotia guizhoiana Koc. et al.
Theriotia shanxiensis (Xie & Qi) Koc. et al.
Tibetiella pulchra Li, Will. & Metz.
Triceratium favus Ehr.
Triceratium javanicum Clev.
Triceratium whampoense Schw.
Tropidoneis maxima var. *sinensis* Skv.
Tryblionella acuminata Smith
Tryblionella acuminate Smith

Tryblionella angustata Smith
Tryblionella angustata var. *acuta* (Grun.) Bukh.
Trybionella angustatula (Lang.-Bert.) You & Wang
Tryblionella apiculata Greg.
Tryblionella calida (Grun.) Mann
Tryblionella coarcata (Grun.) Mann
Tryblionella debilis Arn. & Omear.
Tryblionella debilis var. *sinensis* Skv.
Tryblionella hantzschiana f. *sinensiis* Skv.
Tryblionella hungarica (Grun.) Freng.
Tryblionella gracilis Smith
Tryblionella levidensis Smith
Tryblionella littoralis (Grun.) Mann
Tryblionella salinarum (Grun.) Pell.
Tryblionella tryblionella Hantz.
Tryblionella tryblionella f. *hankensis* Skv.
Tryblionella tryblionella var. *levidensis* Smith
Tryblionella victoriae Grun.
Tryblioptychus cocconeiformis (Grun.) Hend.
Ulnaria acus (Kütz.) Aboal
Ulnaria biceps (Kütz.) Comp.
Ulnaria capitata (Ehr.) Comp.
Ulnaria contracta (Öst.) Mor. & Vis
Ulnaria delicatissima var. *angustissima* (Grun.) Aboal & Silva
Ulnaria dongtingensis Liu
Ulnaria gaowangjiensis Liu & Will.
Ulnaria jinbianensis Blanco & Liu
Ulnaria oxybiseriata Will. & Liu
Ulnaria rhombus Will.
Ulnaria sinensis Liu et Will.
Ulnaria ulna (Nitzs.) Compère
Ulnaria ulna var. *danica* (Kütz.) Liu
Ulnaria ulnabiseriata Will. & Liu
Ulnaria wulingensis Liu
Urosolenia delicatissima Sala, Núñez-Avel. & Vouil.
Urosolenia subtenuis Koc. & Liu
Urosolenia truncata Liu & Koc.
Urosolenia yalongii Koc. & Liu
Williamsella angusta Graeff, Koc. & Rush.

科属中文名索引

科属拉丁名索引